住房和城乡建设部标准定额研究所　　　　建设工程造价技术资料

房屋建筑与装饰工程消耗量

TY 01-31-2021

FANGWU JIANZHU YU ZHUANGSHI GONGCHENG XIAOHAOLIANG

中国计划出版社

北　京

图书在版编目（CIP）数据

房屋建筑与装饰工程消耗量 : TY01-31-2021 / 住房和城乡建设部标准定额研究所组织编制. -- 北京 : 中国计划出版社, 2022.2
ISBN 978-7-5182-1411-2

Ⅰ. ①房… Ⅱ. ①住… Ⅲ. ①建筑装饰－物资消耗定额－中国 Ⅳ. ①TU723.3

中国版本图书馆CIP数据核字(2022)第002871号

责任编辑：陈　飞　　封面设计：韩可斌
责任校对：杨奇志　谭佳艺　　责任印制：赵文斌　康媛媛

中国计划出版社出版发行
网址：www. jhpress. com
地址：北京市西城区木樨地北里甲 11 号国宏大厦 C 座 3 层
邮政编码：100038　电话：（010）63906433（发行部）
北京市科星印刷有限责任公司印刷

880mm × 1230mm　1/16　47.25 印张　1434 千字
2022 年 2 月第 1 版　2022 年 2 月第 1 次印刷

定价：329.00 元

前　　言

工程造价是工程建设管理的重要内容。以人工、材料、机械消耗量分析为基础进行工程计价，是确定和控制工程造价的重要手段之一，也是基于成本的通用计价方法。长期以来，我国建立了以施工阶段为重点，涵盖房屋建筑、市政工程、轨道交通工程等各个专业的计价体系，为确定和控制工程造价、提高我国工程建设的投资效益发挥了重要作用。

随着我国工程建设技术的发展，新的工程技术、工艺、材料和设备不断涌现和应用，落后的工艺、材料、设备和施工组织方式不断被淘汰，工程建设中的人材机消耗量也随之发生变化。2020 年我部办公厅发布《工程造价改革工作方案》（建办标〔2020〕38 号），要求加快转变政府职能，优化概算定额、估算指标编制发布和动态管理，取消最高投标限价按定额计价的规定，逐步停止发布预算定额。为做好改革期间的过渡衔接，在住房和城乡建设部标准定额司的指导下，我所根据工程造价改革的精神，协调 2015 年版《房屋建筑与装饰工程消耗量定额》《市政工程消耗量定额》《通用安装工程消耗量定额》的部分主编单位、参编单位以及全国有关造价管理机构和专家，按照简明适用、动态调整的原则，对上述专业的消耗量定额进行了修订，形成了新的《房屋建筑与装饰工程消耗量》《市政工程消耗量》《通用安装工程消耗量》，由我所以技术资料形式印刷出版，供社会参考使用。

本次经过修订的各专业消耗量，是完成一定计量单位的分部分项工程人工、材料和机械用量，是一段时间内工程建设生产效率社会平均水平的反映。因每个工程项目情况不同，其设计方案、施工队伍、实际的市场信息、招投标竞争程度等内外条件各不相同，工程造价应当在本地区、企业实际人材机消耗量和市场价格的基础上，结合竞争规则、竞争激烈程度等参考选用与合理调整，不应机械地套用。使用本书消耗量造成的任何造价偏差由当事人自行负责。

本次修订中，各主编单位、参编单位、编制人员和审查人员付出了大量心血，在此一并表示感谢。由于水平所限，本书难免有所疏漏，执行中遇到的问题和反馈意见请及时联系主编单位。

住房和城乡建设部标准定额研究所

2021 年 11 月

总 说 明

一、《房屋建筑与装饰工程消耗量》(以下简称本消耗量)包括:土石方工程,地基处理与边坡支护工程,桩基工程,砌筑工程,混凝土及钢筋混凝土工程,金属结构工程,木结构工程,门窗工程,屋面及防水工程,保温、隔热、防腐工程,楼地面装饰工程,墙、柱面装饰与隔断、幕墙工程,天棚工程,油漆、涂料、裱糊工程,其他装饰工程,拆除工程,措施项目共十七章。

二、本消耗量是完成规定计量单位分部分项工程、措施项目所需的人工、材料、施工机械台班的用量标准,是各地区、部门工程造价管理机构编制建设工程消耗量确定用量的依据,是编制国有资金投资工程投资估算、设计概算、最高投标限价(标底)的依据。

三、本消耗量适用于工业与民用建筑的新建、扩建和改建房屋建筑与装饰工程。涉及室外地(路)面、室外给排水等工程的项目,按《市政工程消耗量》ZYA 1-31-2021 的相应项目执行。

四、本消耗量以国家和有关部门发布的国家现行设计规范、施工验收规范、技术操作规程、质量评定标准、产品标准和安全操作规程,现行工程量清单计价规范、计算规范和有关定额为依据编制,主要编制依据如下:

1.《建设工程工程量清单计价规范》GB 50500—2013;

2.《房屋建筑与装饰工程工程量计算规范》GB 50854—2013;

3.《房屋建筑与装饰工程消耗量定额》TY 01-31-2015;

4.《装配式建筑工程消耗量定额》TY 01-01(01)-2016;

5.《绿色建筑工程消耗量定额》TY 01-01(02)-2017;

6.《建设工程劳动定额　建筑工程》LD/T 72.1~11—2008;

7.《建设工程劳动定额　装饰工程》LD/T 73.1~4—2008;

8.《建筑安装工程工期定额》TY 01-89-2016;

9.《建筑工程建筑面积计算规范》GB/T 50353—2013。

五、本消耗量按正常施工工期和施工条件,考虑企业常规的施工工艺、合理的施工组织设计进行编制。

1. 材料、设备、成品、半成品、构配件完整无损,符合质量标准和设计要求,附有合格证书和试验记录。

2. 建筑工程和安装工程之间的正常交叉作业。

3. 正常的气候、地理条件和施工环境。

六、本消耗量未包括的项目,可执行其他相应工程消耗量有关项目,如仍缺项的,应编制补充消耗量,并按有关规定报住建部备案。

七、关于人工:

1. 本消耗量的人工以合计工日表示,并分别列出普工、一般技工和高级技工的工日用量。

2. 本消耗量的人工包括基本用工、超运距用工、辅助用工和人工幅度差。

3. 本消耗量的人工每工日按 8 小时工作制计算。

4. 机械土、石方,桩基础,构件运输及安装等工程,人工随机械产量计算的,人工幅度差按机械幅度差计算。

八、关于材料:

1. 本消耗量采用的材料(包括构配件、零件、半成品、成品)均为符合国家质量标准和相应设计要求的合格产品。

2. 本消耗量中的材料包括施工中消耗的主要材料、辅助材料、周转材料和其他材料。

3. 本消耗量中材料用量包括净用量和损耗量。损耗量包括：从工地仓库、现场集中堆放地点（或现场加工地点）至操作（或安装）地点的施工场内运输损耗，施工操作损耗，施工现场堆放损耗等，规范（设计文件）规定的预留量、搭接量不在损耗中考虑。

4. 本消耗量中除特殊说明外，大理石和花岗岩均按工程成品石材考虑，用量中仅包括了场内运输、施工及零星切割的损耗。

5. 混凝土、砌筑砂浆、抹灰砂浆及各种胶泥等均按半成品用量以体积“m^3”表示，其配合比由各地区、部门按现行规范及当地材料质量情况进行编制。

6. 本消耗量中所使用干混预拌砂浆的项目，若实际使用现拌砂浆或湿拌预拌砂浆时，按以下方法调整：

（1）使用现拌砂浆的，除将干混预拌砂浆调换为现拌砂浆外，砌筑项目按每立方米砂浆增加：一般技工为 0.342 工日、200L 灰浆搅拌机为 0.1 台班，同时，扣除原干混砂浆罐式搅拌机台班，其余项目按每立方米砂浆增加一般技工 0.94 工日，同时，将原干混砂浆罐式搅拌机调换为 200L 灰浆搅拌机，台班含量不变；

（2）使用湿拌预拌砂浆的，除将干混预拌砂浆调换为湿拌预拌砂浆外，另按相应项目中每立方米砂浆扣除人工 0.20 工日，并扣除干混砂浆罐式搅拌机台班数量。

7. 本消耗量中木材不分板材与方材，均以“××（指硬木、杉木或松木）板方材”取定。木种分类如下：

第一、二类：红松、水桐木、樟木松、白松（云杉、冷杉）、杉木、杨木、柳木、椴木。

第三、四类：青松、黄花松、秋子木、马尾松、东北榆木、柏木、苦楝木、梓木、黄菠萝、椿木、楠木、柚木、樟木、栎木（柞木）、檀木、色木、槐木、荔木、麻栗木（麻栎、青刚）、桦木、荷木、水曲柳、华北榆木、榉木、橡木、枫木、核桃木、樱桃木。

本消耗量装饰项目中以木质饰面板、装饰线条表示的，其材质包括：榉木、橡木、柚木、枫木、核桃木、樱桃木、檀木、色木、水曲柳等；部分列有榉木或橡木、枫木等的项目，如设计使用的材质与项目取定的不符者，可以换算。

8. 当设计要求采用的材料、半成品、成品品种、规格型号与项目不同时，可按各章规定调整。

9. 本消耗量中的周转性材料按不同施工方法、不同类别、材质，计算出一次摊销量计入消耗量。一次使用量和摊销次数见附录。

10. 对于用量少、低值易耗的零星材料，列为其他材料费。

11. 现浇混凝土工程的承重支模架、钢结构或空间网架结构安装使用的满堂承重架以及其他施工用承重架，满足下列条件之一的应另行计算相应费用，不再执行相应增加层项目：

（1）搭设高度 8m 及以上；

（2）搭设跨度 18m 及以上；

（3）施工总荷载 $15kN/m^2$ 及以上；

（4）集中线荷载 20kN/m 及以上。

九、关于机械：

1. 本消耗量中的机械按常用机械、合理机械配备和施工企业的机械化装备程度，并结合工程实际综合确定。

2. 本消耗量的机械台班用量按正常机械施工工效并考虑机械幅度差综合确定。

3. 挖掘机械、打桩机械、吊装机械、运输机械（包括推土机、铲运机及构件运输机械等）分别按机械、容量或性能及工作物对象，按单机或主机与配合辅助机械，分别以台班用量表示。

4. 凡单位价值 2 000 元以内、使用年限在一年以内的不构成固定资产的施工机械，不列入机械台班用量，作为工具用具在建筑安装工程费的企业管理费中考虑，其消耗的燃料动力等已列入材料内。

十、关于水平和垂直运输：

1. 材料、成品、半成品：是指自施工单位现场仓库或现场指定堆放地点运至安装地点的水平和垂直运输。

2. 垂直运输基准面：室内以室内地（楼）平面为基准面，室外以设计室外地坪面为基准面。

十一、本消耗量按建筑面积计算的综合脚手架、垂直运输等，是按一个整体工程考虑的。如遇结构与装饰分别发包，则应根据工程具体情况确定划分比例。

十二、本消耗量除注明高度的以外，均按单层建筑物檐高 20m、多层建筑物 6 层（不含地下室）以内编制，单层建筑物檐高在 20m 以上、多层建筑物在 6 层（不含地下室）以上的工程，其降效应增加的人工、机械及有关费用，另按本消耗量中的建筑物超高增加费计算。

十三、本消耗量中的工作内容已说明了主要的施工工序，次要工序虽未说明，但均已包括在内。

十四、施工与生产同时进行、在有害身体健康的环境中施工时的降效增加费，本消耗量未考虑，发生时另行计算。

十五、《房屋建筑与装饰工程工程量计算规范》GB 50854—2013 中的安全文明施工及其他措施项目，本消耗量未编入，由各地区、各部门自行考虑。

十六、本消耗量适用于海拔 2 000m 以下地区，超过上述情况时，由各地区、各部门结合高原地区的特殊情况，自行制订调整办法。

十七、本消耗量中遇有两个或两个以上系数时，按连乘法计算。

十八、本消耗量注有“××以内”或“××以下”及“小于”者，均包括××本身；“××以外”或“××以上”及“大于”者，则不包括××本身。

消耗量说明中未注明（或省略）尺寸单位的宽度、厚度、断面等，均以“mm”为单位。

十九、工程计量时每一项目汇总的有效位数应遵守下列规定：

1. 以“t”为单位，应保留小数点后三位数字，第四位小数四舍五入。

2. 以“m”“m^2”“m^3”“kg”为单位，应保留小数点后两位数字，第三位小数四舍五入。

3. 以“个”“件”“根”“组”“系统”为单位，应取整数。

二十、凡本说明未尽事宜，详见各章说明和附录。

目　　录

第五章　混凝土及钢筋混凝土工程

第六章　金属结构工程

第七章　木结构工程

第八章　门 窗 工 程

第九章　屋面及防水工程

第十章　保温、隔热、防腐工程

第十一章　楼地面装饰工程

第十二章　墙、柱面装饰与隔断、幕墙工程

第十三章　天 棚 工 程

第十四章　油漆、涂料、裱糊工程

第十五章　其他装饰工程

第十六章 拆除工程

第十七章 措施项目

附录

第一章　土石方工程

说　　明

一、本章包括土方工程、石方工程、回填及其他三节。

二、土及岩石分类：

1. 本章土按一、二类土，三类土，四类土分类，其具体分类见表 1–1。

表 1-1　土分类表

土分类	土名称	开挖方法
一、二类土	粉土、砂土（粉砂、细砂、中砂、粗砂、砾砂）、粉质黏土、弱中盐渍土、软土（淤泥质土、泥炭、泥炭质土）、软塑红黏土、冲填土	用锹，少许用镐、条锄开挖。机械能全部直接铲挖满载者
三类土	黏土、碎石土（圆砾、角砾）混合土、可塑红黏土、硬塑红黏土、强盐渍土、素填土、压实填土	主要用镐、条锄，少许用锹开挖。机械需部分刨松方能铲挖满载者，或可直接铲挖但不能满载者
四类土	碎石土（卵石、碎石、漂石、块石）、坚硬红黏土、超盐渍土、杂填土	全部用镐、条锄挖掘，少许用撬棍挖掘。机械需普遍刨松方能铲挖满载者

注：本表土的名称及其含义按现行国家标准《岩土工程勘察规范》GB 50021—2001（2009 年版）定义。

2. 本章岩石按极软岩、软岩、较软岩、较硬岩、坚硬岩分类，其具体分类见表 1–2。

表 1-2　岩石分类表

岩石分类		代表性岩石	开挖方法	单轴饱和抗压强度（MPa）
软质岩	极软岩	1. 全风化的各种岩石； 2. 各种半成岩	部分用手凿工具、部分用爆破法开挖	≤5
	软岩	1. 强风化的坚硬岩或较硬岩； 2. 中等风化 ~ 强风化的较软岩； 3. 未风化 ~ 微风化的页岩、泥岩、泥质砂岩等	用风镐和爆破法开挖	5~15
	较软岩	1. 中等风化 ~ 强风化的坚硬岩或较硬岩； 2. 未风化 ~ 微风化的凝灰岩、千枚岩、泥灰岩、砂质泥岩等	用爆破法开挖	15~30
硬质岩	较硬岩	1. 微风化的坚硬岩； 2. 未风化 ~ 微风化的大理岩、板岩、石灰岩、白云岩、钙质砂岩等		30~60
	坚硬岩	未风化 ~ 微风化的花岗岩、闪长岩、辉绿岩、玄武岩、安山岩、片麻岩、石英岩、石英砂岩、硅质砾岩、硅质石灰岩等		>60

注：本表依据现行国家标准《工程岩体分级标准》GB/T 50218—2014 和《岩土工程勘察规范》GB 50021—2001（2009 年版）整理。

三、干土、湿土、淤泥的划分：

干土、湿土的划分以地质勘测资料的地下常水位为准。地下常水位以上为干土，以下为湿土。

地表水排出后，土壤含水率≥25% 时为湿土。

含水率超过液限，土和水的混合物呈现流动状态时为淤泥。

温度在 0℃及以下，并夹含有冰的土壤为冻土。本章中的冻土指短时冻土和季节冻土。

四、沟槽、基坑、一般土石方的划分：

底宽（设计图示垫层或基础的底宽，下同）≤7m、且底长 >3 倍底宽为沟槽；底长≤3 倍底宽、且底面积≤150m² 为基坑；超出上述范围，又非平整场地的，为一般土石方。

五、挖掘机（含小型挖掘机）挖土方项目，已综合了挖掘机挖土方和挖掘机挖土后，基底和边坡遗留厚度≤0.30m 的人工清理和修整。使用时不得调整，人工基底清理和边坡修整不另行计算。

六、小型挖掘机系指斗容量≤0.30m³ 的挖掘机，适用于基础（含垫层）底宽≤1.20m 的沟槽土方工程或底面积≤20m² 的基坑土方工程。

七、下列土石方工程执行相应项目时乘以规定的系数：

1. 土方项目按干土编制。人工挖、运湿土时，相应项目人工乘以系数 1.18；机械挖、运湿土时，相应项目人工、机械乘以系数 1.15。采取降水措施后，人工挖、运土相应项目人工乘以系数 1.05，机械挖、运土不再乘系数。

2. 挡土板内人工挖槽坑时，相应项目人工乘以系数 1.43。

3. 挖桩间土方时，人工开挖土方相应项目乘以系数 1.25；机械挖土方相应项目乘以系数 1.10。

4. 满堂基础垫层底以下局部加深的槽坑，按槽坑相应规则计算工程量，相应项目人工、机械乘以系数 1.25。

5. 人工垂直运土按照人工运土相应消耗量乘以系数 5.00 执行，运输距离按照垂直距离计算。

6. 推土机推土，当土层平均厚度≤0.30m 时，相应项目人工、机械乘以系数 1.25。

7. 挖掘机在垫板上作业时，相应项目人工、机械乘以系数 1.25。挖掘机下铺设垫板、汽车运输道路上铺设材料时，其费用另行计算。

8. 场区（含地下室顶板以上）回填，相应项目人工、机械乘以系数 0.90。

9. 基础（地下室）周边回填灰土材料时，执行第二章“地基处理与边坡支护工程”第一节“地基处理”相应项目，人工、机械乘以系数 1.10。

10. 在强夯后的地基上挖土方，执行挖四类土相应子目。

11. 人工挖土方深度大于 2m 项目适用于深度 2m 以外 4m 以内的人工挖土方，人工挖土深度超过 4m 时，应按机械挖土考虑。如局部超过 4m 且仍采用人工挖土的，超过 4m 部分土方依据方案另行计算。

八、石方开挖不计算放坡，允许考虑超挖量。

九、爆破岩石的允许超挖量分别为：极软岩、软岩 0.20m，较软岩、较硬岩、坚硬岩 0.15m。

十、土石方运输：

1. 本章土石方运输按施工现场范围内运输编制。弃土外运以及弃土处理等其他费用按各地的有关规定执行。

2. 场内运距指施工现场范围内的运输距离，指施工按挖土区重心至填方区（或堆放区）重心间的最短距离计算。

3. 人工、人力车、汽车的负载上坡（坡度≤15%）降效因素已综合在相应运输项目中，不另计算。推土机、装载机负载上坡时，其降效因素按坡道斜长乘以表 1-3 内相应系数计算。

表 1-3　重车上坡降效系数表

坡度（%）	5~10	≤15	≤20	≤25
系数	1.75	2.00	2.25	2.50

十一、平整场地系指建筑物所在现场厚度≤±30cm 的就地挖、填及平整。

挖填土方厚度 >±30cm 时，全部厚度按一般土方相应规定另行计算，但仍应计算平整场地。

十二、原土夯实按设计规范要求综合考虑。

十三、本章未包括现场障碍物清除、地下常水位以下的施工降水、土石方开挖过程中的地表水排除与边坡支护，实际发生时，另按其他章节相应规定计算。

工程量计算规则

一、土石方的开挖、运输均按开挖前的天然密实体积计算。土方回填按回填后的竣工体积计算。不同状态的土石方体积按表 1–4 换算。

表 1-4　土石方体积换算系数表

名称	虚方	松填	天然密实	夯填
土方	1.00	0.83	0.77	0.67
	1.20	1.00	0.92	0.80
	1.30	1.08	1.00	0.87
	1.50	1.25	1.15	1.00
石方	1.00	0.85	0.65	—
	1.18	1.00	0.76	—
	1.54	1.31	1.00	—
块石	1.75	1.43	1.00	1.67（码方）
砂夹石	1.07	0.94	1.00	—

二、基础土石方的开挖深度按设计室外地坪至基础（含垫层）底标高计算。交付施工场地标高与设计室外地坪不同时，按交付施工场地标高计算。

三、基础施工的工作面宽度按施工组织设计（经过批准，下同）计算；施工组织设计无规定时，按下列规定计算：

1. 当组成基础的材料不同或施工方式不同时，基础施工的工作面宽度按表 1–5 计算。

表 1-5　基础施工单面工作面宽度计算表

基础材料	每面增加工作面宽度（mm）
砖基础	200
浆砌毛石、条石基础	250
混凝土基础（支模板）	300
混凝土基础垫层（支模板）	300
基础垂直面做砂浆防潮层	400（自防潮层面）
基础垂直面做防水层或防腐层	1 000（自防水层或防腐层面）
支挡土板	100（另加）

2. 基础施工需要搭设脚手架时，基础施工的工作面宽度，条形基础按 1.50m 计算（只计算一面），独立基础按 0.45m 计算（四面均计算）。

3. 基坑土方大开挖需做边坡支护时，以及基坑内施工各种桩时，基础施工的工作面宽度均按 2.00m 计算。

4. 管道施工的工作面宽度按表 1–6 计算。

四、基础土方的放坡：

1. 土方放坡的起点深度和放坡坡度按施工组织设计计算；施工组织设计无规定时，按表 1–7 计算。

表 1-6 管道施工单面工作面宽度计算表

管道材质	管道基础外沿宽度（无基础时管道外径）（mm）			
	≤500	≤1 000	≤2 500	>2 500
混凝土管、水泥管	400	500	600	700
其他管道	300	400	500	600

表 1-7 土方放坡起点深度和放坡坡度表

土壤类别	起点深度（m）	放坡坡度			
		人工挖土	机械挖土		
			基坑内作业	基坑上作业	沟槽上作业
一、二类土	>1.20	1∶0.50	1∶0.33	1∶0.75	1∶0.50
三类土	>1.50	1∶0.33	1∶0.25	1∶0.67	1∶0.33
四类土	>2.00	1∶0.25	1∶0.10	1∶0.33	1∶0.25

2. 基础土方放坡自基础（含垫层）底标高算起。

3. 混合土质的基础土方，其放坡的起点深度和放坡坡度按不同土类厚度加权平均计算。

4. 计算基础土方放坡时，不扣除放坡交叉处的重复工程量。

5. 基础土方支挡土板时，土方放坡不另计算。

五、沟槽土石方按设计图示沟槽长度乘以沟槽断面面积（包括工作面宽度和土方放坡宽度），以体积计算。

1. 条形基础的沟槽长度按设计规定计算；设计无规定时，按下列规定计算：

（1）外墙沟槽按外墙中心线长度计算；

（2）内墙（框架间墙）沟槽按内墙（框架间墙）条形基础的垫层（基础底坪）净长度计算；

（3）突出墙面的墙垛的沟槽按墙垛突出墙面的中心线长度并入相应工程量内计算。

2. 管道的沟槽长度按设计规定计算；设计无规定时，以设计图示管道垫层（无垫层时按管道）中心线长度（不扣除下口直径或边长≤1.5m 的井池）计算。下口直径或边长 >1.5m 的井池的土石方，另按基坑的相应规定计算。

3. 沟槽的断面面积应包括工作面宽度、放坡宽度或石方允许超挖量的面积。

六、基坑土石方按设计图示基础（含垫层）尺寸，另加工作面宽度、土方放坡宽度或石方允许超挖量乘以开挖深度，以体积计算。

七、一般土石方按设计图示基础（含垫层）尺寸，另加工作面宽度、土方放坡宽度或石方允许超挖量乘以开挖深度，以体积计算。机械施工坡道的土石方工程量并入相应工程量内计算。

八、挖淤泥流砂按设计图示位置、界限，以体积计算。

九、桩间挖土按各类桩（抗浮锚杆）、桩承台外边线向外 1.2m 范围内，或相邻桩（抗浮锚杆）、桩承台外边线间距离≤4m 范围内，桩顶设计标高另加加灌长度至设计基础垫层底标高之间的全部土方以体积计算，扣除桩体和空孔所占体积。

十、人工挖（含爆破后挖）冻土按设计图示尺寸，另加工作面宽度，以体积计算。

十一、挖内支撑土方工程量按挖土区域水平投影面积乘以支撑下挖土深度以体积计算，支撑下挖土深度为最上一道支撑梁的上表面至基坑底面的高度。

十二、岩石爆破后人工清理基底与修整边坡，按岩石爆破的规定尺寸（含工作面宽度和允许超挖量），以面积计算。

十三、回填及其他：

1. 平整场地按设计图示尺寸，以建筑物首层建筑面积计算。建筑物地下室结构外边线突出首层结构外边线时，其突出部分的建筑面积合并计算。

2. 基底钎探以垫层（或基础）底面积计算。

3. 原土夯实与碾压按施工组织设计规定的尺寸，以面积计算。

4. 回填按下列规定以体积计算：

（1）沟槽、基坑回填，按挖方体积减去设计室外地坪以下建筑物、基础（含垫层）的体积计算；

（2）管道沟槽回填，按挖方体积减去管道基础和管道所占体积计算；

（3）房心（含地下室内）回填，按主墙间净面积（扣除单个底面积 $2m^2$ 以上的基础等）乘以回填厚度计算；

（4）场区（含地下室顶板以上）回填，按回填面积乘以回填平均厚度计算。

十四、土方运输按挖方体积（减去回填方体积）以天然密实体积计算。

挖土总体积减去回填土（折合天然密实体积），总体积为正，则为余土外运；总体积为负，则为取土回运。

一、土 方 工 程

1. 人 工 土 方

工作内容：挖土，弃土于 5m 以内，修整边底。　　　　**计量单位：**$10m^3$

编　号			1-1	1-2	1-3	1-4	1-5	1-6
项　目			人工挖一般土方（基深 m）					
			一、二类土		三类土		四类土	
			≤2	>2	≤2	>2	≤2	>2
名　称		单位	消　耗　量					
人工	合计工日	工日	1.754	3.079	3.100	5.169	4.498	6.453
	普工	工日	1.754	3.079	3.100	5.169	4.498	6.453

工作内容：挖土，弃土于槽边 5m 以内，修整边底。　　　　**计量单位：**$10m^3$

编　号			1-7	1-8	1-9	1-10	1-11	1-12
项　目			人工挖沟槽土方（槽深 m）					
			一、二类土		三类土		四类土	
			≤2	>2	≤2	>2	≤2	>2
名　称		单位	消　耗　量					
人工	合计工日	工日	1.911	3.324	4.736	6.220	7.061	8.818
	普工	工日	1.911	3.324	4.736	6.220	7.061	8.818

工作内容：挖土，弃土于坑边5m以内，修整边底。　　**计量单位：**10m³

编号			1-13	1-14	1-15	1-16	1-17	1-18
项目			人工挖基坑土方（坑深 m）					
			一、二类土		三类土		四类土	
			≤2	>2	≤2	>2	≤2	>2
名称		单位	消耗量					
人工	合计工日	工日	2.289	3.502	5.144	7.006	7.681	9.440
	普工	工日	2.289	3.502	5.144	7.006	7.681	9.440

工作内容：1. 挖冻土，弃土于5m以内，修整边底。
2. 人工打眼，装药，爆破；挖冻土，弃土于5m以内或装土，修整边底。　　**计量单位：**10m³

编号			1-19	1-20
项目			人工挖冻土 基深≤2m	
			人工开挖	爆破后人工开挖
名称		单位	消耗量	
人工	合计工日	工日	10.365	5.239
	普工	工日	10.365	5.239
材料	电雷管	个	—	5.396
	乳化炸药	kg	—	2.632
	六角空心钢（综合）	kg	—	0.202
	合金钢钻头	个	—	0.101
	铜芯塑料绝缘电线 BV-1.5mm²	m	—	4.935
	铜芯塑料绝缘电线 BV-2.5mm²	m	—	2.405

工作内容: 1. 装土,清理车下余土。
2. 装土,运土,弃土。

计量单位: $10m^3$

编号			1-21	1-22	1-23	1-24	1-25
项目			人工装车	人工运土方		人力车运土方	
			土方	运距(m)			
				≤20	≤200,每增 20	≤50	≤500,每增 50
名称		单位	消耗量				
人工	合计工日	工日	1.214	1.276	0.244	1.148	0.244
	普工	工日	1.214	1.276	0.244	1.148	0.244

工作内容: 1. 挖泥砂,弃泥砂于 5m 以内,修整边底。
2. 装泥砂,运泥砂,弃泥砂。

计量单位: $10m^3$

编号			1-26	1-27	1-28	1-29	1-30
项目			人工挖淤泥流砂	人工运淤泥流砂		人力车运淤泥流砂	
				运距(m)			
				≤20	≤200,每增 20	≤50	≤500,每增 50
名称		单位	消耗量				
人工	合计工日	工日	5.660	2.424	0.463	1.907	0.462
	普工	工日	5.660	2.424	0.463	1.907	0.462

2. 机 械 土 方

工作内容：推土，弃土；清理机下余土。　　**计量单位：**10m³

编　号			1-31	1-32	1-33	1-34
项　目			推土机推运一般土方			
			运距(m)			
			≤20			≤100，每增 20
			一、二类土	三类土	四类土	
名　称		单位	消　耗　量			
人工	合计工日	工日	0.038	0.038	0.038	—
	普工	工日	0.038	0.038	0.038	—
机械	履带式推土机 105kW	台班	0.019	0.022	0.026	0.019

工作内容：装运土，弃土；清理机下余土。　　**计量单位：**10m³

编　号			1-35	1-36
项　目			装载机装运一般土方	
			运距(m)	
			≤20	≤200，每增 20
名　称		单位	消　耗　量	
人工	合计工日	工日	0.038	—
	普工	工日	0.038	—
机械	轮胎式装载机 1m³	台班	0.037	0.012

工作内容： 挖土，弃土于5m以内，清理机下余土；人工清底修边。　　**计量单位：** $10m^3$

编号			1-37	1-38	1-39
项目			挖掘机挖一般土方		
			一、二类土	三类土	四类土
名称		单位	消耗量		
人工	合计工日	工日	0.088	0.130	0.181
	普工	工日	0.088	0.130	0.181
机械	履带式推土机 75kW	台班	0.002	0.002	0.002
	履带式单斗机械挖掘机 $1.5m^3$	台班	0.015	0.018	0.020

工作内容： 挖土，装土，清理机下余土；人工清底修边。　　**计量单位：** $10m^3$

编号			1-40	1-41	1-42
项目			挖掘机挖装一般土方		
			一、二类土	三类土	四类土
名称		单位	消耗量		
人工	合计工日	工日	0.088	0.130	0.181
	普工	工日	0.088	0.130	0.181
机械	履带式推土机 75kW	台班	0.015	0.018	0.021
	履带式单斗机械挖掘机 $1.5m^3$	台班	0.016	0.019	0.022

工作内容：挖土，弃土于5m以内，清理机下余土；人工清底修边。　　**计量单位：**$10m^3$

编　号			1-43	1-44	1-45
项　目			挖掘机挖槽坑土方		
			一、二类土	三类土	四类土
名　称		单位	消　耗　量		
人工	合计工日	工日	0.135	0.212	0.301
	普工	工日	0.135	0.212	0.301
机械	履带式推土机 75kW	台班	0.002	0.002	0.002
	履带式单斗液压挖掘机 $1m^3$	台班	0.021	0.023	0.026

工作内容：挖土，装土，清理机下余土；人工清底修边。　　**计量单位：**$10m^3$

编　号			1-46	1-47	1-48
项　目			挖掘机挖装槽坑土方		
			一、二类土	三类土	四类土
名　称		单位	消　耗　量		
人工	合计工日	工日	0.135	0.212	0.301
	普工	工日	0.135	0.212	0.301
机械	履带式推土机 75kW	台班	0.021	0.023	0.025
	履带式单斗液压挖掘机 $1m^3$	台班	0.027	0.030	0.033

工作内容：挖土，弃土于5m以内，清理机下余土；人工清底修边。 **计量单位：**$10m^3$

编号			1-49	1-50	1-51
项目			小型挖掘机挖槽坑土方		
			一、二类土	三类土	四类土
名称		单位	消耗量		
人工	合计工日	工日	0.187	0.187	0.187
	普工	工日	0.187	0.187	0.187
机械	履带式推土机 75kW	台班	0.003	0.004	0.005
	履带式单斗挖掘机液压 斗容量 $0.3m^3$	台班	0.044	0.052	0.060

工作内容：挖土，装土，清理机下余土；人工清底修边。 **计量单位：**$10m^3$

编号			1-52	1-53	1-54
项目			小型挖掘机挖装槽坑土方		
			一、二类土	三类土	四类土
名称		单位	消耗量		
人工	合计工日	工日	0.187	0.187	0.187
	普工	工日	0.187	0.187	0.187
机械	履带式推土机 75kW	台班	0.039	0.043	0.052
	履带式单斗挖掘机液压 斗容量 $0.3m^3$	台班	0.057	0.067	0.078

工作内容: 1. 挖土,装土,清理机下余土;人工清底修边。
2. 安装机械设备,垂直运输土方到槽、坑上面。　　　　**计量单位:** $10m^3$

编　号			1-55	1-56	1-57	1-58
项　目			挖掘机挖内支撑土方			机械垂直提土
			一、二类土	三类土	四类土	
名　称		单位	消　耗　量			
人工	合计工日	工日	0.197	0.247	0.275	0.276
	普工	工日	0.197	0.247	0.275	0.276
机械	卷扬机带 40m 塔 50kN	台班	—	—	—	0.148
	履带式推土机 75kW	台班	0.023	0.029	0.033	—
	履带式单斗液压挖掘机 $0.6m^3$	台班	0.169	0.204	0.252	—

工作内容: 装土,清理车下余土。　　　　**计量单位:** $10m^3$

编　号			1-59	1-60
项　目			装载机装车	挖掘机装车
			土方	
名　称		单位	消　耗　量	
人工	合计工日	工日	0.040	0.040
	普工	工日	0.040	0.040
机械	轮胎式装载机 $1.5m^3$	台班	0.020	—
	履带式推土机 75kW	台班	—	0.014
	履带式单斗液压挖掘机 $1m^3$	台班	—	0.015

工作内容：运土，弃土。 **计量单位**：10m³

编号			1-61	1-62	1-63	1-64
项目			机动翻斗车运土方		自卸汽车运土方	
			运距（m）		运距（km）	
			≤100	≤500，每增100	≤1	每增1
名称		单位	消耗量			
人工	合计工日	工日	—	—	0.026	—
	普工	工日	—	—	0.026	—
机械	机动翻斗车 1t	台班	0.584	0.064	—	—
	自卸汽车 15t	台班	—	—	0.058	0.014

工作内容：1. 挖泥砂，弃泥砂于5m以内或装车，清底修边；清理机下余泥。

2. 装泥砂，运泥砂，弃泥砂；清理机下余泥。 **计量单位**：10m³

编号			1-65	1-66	1-67
项目			挖掘机挖淤泥流砂	泥浆罐车运淤泥流砂	
				运距（km）	
				≤1	每增1
名称		单位	消耗量		
人工	合计工日	工日	0.115	2.676	—
	普工	工日	0.115	2.676	—
机械	履带式单斗液压挖掘机 1m³	台班	0.049	—	—
	泥浆罐车 5 000L	台班	—	1.010	0.150
	泥浆泵 100mm	台班	—	0.340	—

二、石 方 工 程

1. 人 工 石 方

工作内容：凿石，清渣攒堆，清底修边。 **计量单位：**$10m^3$

编 号			1-68	1-69	1-70	1-71	1-72
项 目			人工凿一般石方				
			极软岩	软岩	较软岩	较硬岩	坚硬岩
名 称		单位	消 耗 量				
人工	合计工日	工日	4.862	6.087	7.692	17.585	29.652
	普工	工日	4.862	6.087	7.692	17.585	29.652

工作内容：凿石，清渣攒堆，清底修边。 **计量单位：**$10m^3$

编 号			1-73	1-74	1-75	1-76	1-77
项 目			人工凿沟槽石方				
			极软岩	软岩	较软岩	较硬岩	坚硬岩
名 称		单位	消 耗 量				
人工	合计工日	工日	5.604	8.881	11.935	29.397	48.432
	普工	工日	5.604	8.881	48.432	32.663	53.813

工作内容：凿石，清渣攒堆，清底修边。 计量单位：$10m^3$

编号			1-78	1-79	1-80	1-81	1-82
项目			人工凿基坑石方				
			极软岩	软岩	较软岩	较硬岩	坚硬岩
名称		单位	消耗量				
人工	合计工日	工日	5.758	9.157	21.766	45.142	68.720
	普工	工日	5.758	9.157	21.766	45.142	68.720

工作内容：凿石，清渣攒堆，清底修边。 计量单位：$100m^3$

编号			1-83	1-84	1-85	1-86	1-87
项目			人工清理爆破基底				
			一般石方				
			极软岩	软岩	较软岩	较硬岩	坚硬岩
名称		单位	消耗量				
人工	合计工日	工日	8.648	10.750	13.374	30.296	52.051
	普工	工日	8.648	10.750	13.374	30.296	52.051

工作内容：凿石，清渣攒堆，清底修边。　　**计量单位**：100m²

编　号			1-88	1-89	1-90	1-91	1-92
项　目			人工清理爆破基底				
			槽坑石方				
			极软岩	软岩	较软岩	较硬岩	坚硬岩
名　称		单位	消　耗　量				
人工	合计工日	工日	9.540	14.271	26.234	59.183	118.343
	普工	工日	9.540	14.271	26.234	59.183	118.343

工作内容：凿石，清渣攒堆，清底修边。　　**计量单位**：100m²

编　号			1-93	1-94	1-95	1-96	1-97
项　目			人工修整爆破边坡				
			极软岩	软岩	较软岩	较硬岩	坚硬岩
名　称		单位	消　耗　量				
人工	合计工日	工日	7.186	9.298	14.801	33.483	64.360
	普工	工日	7.186	9.298	14.801	33.483	64.360

工作内容：挖渣，弃渣于5m以内。

计量单位：$10m^3$

编号			1-98	1-99
项目			人工挖石渣	
			一般石方	槽坑
名称		单位	消耗量	
人工	合计工日	工日	1.900	2.794
	普工	工日	1.900	2.794

工作内容：1. 装渣，清理车下余渣。
2. 装渣，运渣，弃渣。

计量单位：$10m^3$

编号			1-100	1-101	1-102	1-103	1-104
项目			人工装机动车	人工运石渣		人力车运石渣	
			石渣	运距（m）			
				≤20	≤200，每增20	≤50	≤500，每增50
名称		单位	消耗量				
人工	合计工日	工日	1.624	2.642	0.521	1.901	0.312
	普工	工日	1.624	2.642	0.521	1.901	0.312

2. 机 械 石 方

工作内容： 1. 装卸机头，机械移动，破碎岩石。

2. 静力破碎岩石：布孔，钻孔，验收，膨胀剂拌和与装填，风镐二次破碎。　**计量单位：** $10m^3$

编号			1-105	1-106	1-107	1-108	1-109	1-110
项目			液压锤破碎石方					静力破碎石方
			极软岩	软岩	较软岩	较硬岩	坚硬岩	
名称		单位	消耗量					
人工	合计工日	工日	0.150	0.192	0.292	0.415	0.591	10.471
	普工	工日	0.150	0.192	0.292	0.415	0.591	10.471
材料	合金钢钻头 一字型	个	—	—	—	—	—	3.620
	六角空心钢（综合）	kg	—	—	—	—	—	7.324
	高压风管 ϕ25-6P-20m	m	—	—	—	—	—	0.626
	其他材料费	元	—	—	—	—	—	62.66
	膨胀剂	kg	—	—	—	—	—	195.840
机械	气腿式风动凿岩机	台班	—	—	—	—	—	6.557
	电动修钎机	台班	—	—	—	—	—	0.531
	履带式单斗液压挖掘机 $1m^3$	台班	0.186	0.238	0.362	0.514	0.732	—
	液压锤 HM960	台班	0.186	0.238	0.362	0.514	0.732	—
	电动空气压缩机 $9m^3/min$	台班	—	—	—	—	—	2.265

工作内容： 1. 推渣，弃渣；清理机下余渣。

2. 挖渣，弃渣。

3. 挖渣，装渣。　**计量单位：** $10m^3$

编号			1-111	1-112	1-113	1-114
项目			推土机推运石渣		挖掘机挖石渣	挖掘机挖装石渣
			运距（m）			
			≤20	≤100，每增 20		
名称		单位	消耗量			
人工	合计工日	工日	0.040	—	0.040	0.040
	普工	工日	0.040	—	0.040	0.040
机械	履带式推土机 105kW	台班	0.055	0.038	—	—
	履带式单斗液压挖掘机 $0.6m^3$	台班	—	—	0.038	0.041
	履带式推土机 75kW	台班	—	—	0.004	0.049

工作内容：装渣，清理机下余渣。 **计量单位：**$10m^3$

编号			1-115	1-116
项目			装载机装车	挖掘机装车
			石渣	
名称		单位	消耗量	
人工	合计工日	工日	0.040	0.040
	普工	工日	0.040	0.040
机械	轮胎式装载机 $1.5m^3$	台班	0.034	—
	履带式推土机 75kW	台班	—	0.037
	履带式单斗液压挖掘机 $1m^3$	台班	—	0.031

工作内容：运渣，弃渣；维护行驶道路。 **计量单位：**$10m^3$

编号			1-117	1-118	1-119	1-120
项目			机动翻斗车运石渣		自卸汽车运石渣	
			运距（m）		运距（km）	
			运距≤100	≤500m，每增 100	≤1	每增 1
名称		单位	消耗量			
人工	合计工日	工日	—	—	0.026	—
	普工	工日	—	—	0.026	—
机械	机动翻斗车 1t	台班	1.529	0.131	—	—
	自卸汽车 15t	台班	—	—	0.112	0.026

三、回填及其他

工作内容：就地挖、填、平整。 **计量单位**：100m²

编号			1-121	1-122
项目			人工平整场地	机械平整场地
名称		单位	消耗量	
人工	合计工日	工日	3.161	0.062
	普工	工日	3.161	0.062
机械	履带式推土机 75kW	台班	—	0.150

工作内容：1. 钎孔布置，打钎，拔钎，灌砂堵眼。
2. 碎土，5m 内就地取土，筛土。
3. 碎土，5m 内就地取土，分层填土，平整。

编号			1-123	1-124	1-125
项目			基底钎探	筛土	松填土
			100m²	10m³	
名称		单位	消耗量		
人工	合计工日	工日	3.570	3.143	0.448
	普工	工日	3.570	3.143	0.448
材料	砂子 中粗砂	m³	0.251	—	—
	钢钎 ϕ22~25	kg	8.173	—	—
	水	m³	0.050	—	—
	混凝土实心砖 240×115×53	千块	0.029	—	—
机械	轻便钎探器	台班	0.800	—	—

工作内容：打夯，平整。　　　　**计量单位：**100m²

编号			1-126	1-127
项目			原土夯实	
			人工	机械
名称		单位	消耗量	
人工	合计工日	工日	1.387	0.786
	普工	工日	1.387	0.786
机械	夯实机电动 20~62N·m	台班	—	0.500

工作内容：碎土，5m 内就地取土，分层填土，洒水，打夯，平整。　　　　**计量单位：**10m³

编号			1-128	1-129	1-130	1-131
项目			夯填土			
			人工		机械	
			地坪	槽坑	地坪	槽坑
名称		单位	消耗量			
人工	合计工日	工日	1.303	1.705	0.652	0.852
	普工	工日	1.303	1.705	0.652	0.852
材料	水	m³	0.155	0.155	—	—
机械	电动夯实机 250N·m	台班	—	—	0.730	0.955

工作内容：碎土，5m 内就地取土，分层填土，洒水，碾压，平整。

编　号			1-132	1-133	1-134
项　目			机械碾压		
			原土	填土	
			一遍	两遍	每增加一遍
			$100m^2$	$10m^3$	
名　称		单位	消　耗　量		
人工	合计工日	工日	0.085	0.687	—
	普工	工日	0.085	0.687	—
材料	水	m^3	—	0.155	—
机械	钢轮内燃压路机 15t	台班	0.020	0.020	0.010
	履带式推土机 75kW	台班	—	0.002	—
	洒水车 4 000L	台班	—	0.008	—

第二章　地基处理与边坡支护工程

说　明

一、本章包括地基处理和基坑与边坡支护两节。

二、地基处理。

1. 换填地基。

(1)换填地基项目适用于基坑开挖后对软弱土层或不均匀土层地基的加固处理；

(2)换填地基夯填灰土子目，熟石灰含量按3∶7灰土编制，如设计规定与消耗量不同时，可调整换算；

(3)换填地基不包括外购土的费用，发生时另行计算；

(4)换填地基工作内容不包括挖除原土，发生时执行第一章“土石方工程”相应项目；

(5)复合地基褥垫层执行填铺相应项目。

2. 强夯。

(1)强夯项目中每单位面积($100m^2$)夯点数指设计文件规定单位面积内的夯点数量，若设计文件中的夯点数量与消耗量不同时，采用内插法计算用量；

(2)强夯的夯击击数指夯锤在同一夯点夯击的次数；

(3)强夯工程量应区别不同夯击能级、夯点密度和夯击遍数，按设计图示夯击范围计算；

(4)满夯项目按满夯一遍编制，设计遍数不同时，每增一遍按相应项目乘以系数0.75。

3. 填料桩复合地基。

(1)碎石桩与砂石桩的充盈系数为1.30，损耗率为2%，实测砂石配合比及充盈系数不同时可以调整，其中灌注砂石桩除上述充盈系数和损耗率外，还包括级配密实系数1.334；

(2)水泥粉煤灰碎石桩按照长螺旋钻中心压灌方式编制，设计采用其他方式成桩的，或采用材料不同时，可调整换算；

(3)素土挤密桩执行灰土挤密桩项目，材料换算为素土，人工乘以系数0.80。

4. 搅拌桩复合地基。

(1)深层搅拌水泥桩按1喷2搅施工编制，实际施工为2喷4搅时，相应项目的人工、机械乘以系数1.43，实际施工为2喷2搅、4喷4搅时分别按1喷2搅、2喷4搅计算；

(2)水泥搅拌桩的水泥掺入量按加固土重($1\ 800kg/m^3$)的13%考虑，如设计不同时，按每增减1%项目计算；

(3)深层水泥搅拌桩空搅部分按相应项目的人工及搅拌桩机台班乘以系数0.50；

(4)三轴水泥搅拌桩项目水泥掺入量按加固土重($1\ 800kg/m^3$)的18%考虑，如设计不同时，按深层水泥搅拌桩每增减1%项目计算，按2搅2喷施工工艺考虑，设计不同时，每增(减)1搅1喷按相应项目人工和机械费增(减)40%计算，空搅部分按相应项目的人工、机械乘以系数0.50；

(5)三轴水泥搅拌桩设计要求全断面套打时，相应项目的人工、机械乘以系数1.50。

5. 注浆桩复合地基。

(1)高压旋喷桩项目已综合接头处的复喷工料，高压喷射注浆桩的水泥设计用量与消耗量不同时，应予以调整；

(2)注浆桩复合地基所用的浆体材料用量应按照设计含量调整；

(3)废浆处理及外运按处理方案另行计算。

6. 打桩工程按陆地打垂直桩编制设计，要求打斜桩时斜度≤1∶6时，相应项目的人工、机械乘以系数1.25。斜度>1∶6时，相应项目的人工、机械乘以系数1.43。

7. 桩间补桩或在地槽(坑)中及强夯后的地基上打桩时，相应项目的人工、机械乘以系数1.15。

8. 单独打试桩、锚桩、试夯，按相应项目的人工、机械乘以系数 1.50。

9. 若单位工程的碎石桩、砂石桩的工程量≤60m^3 时，其相应项目的人工、机械乘以系数 1.25。

10. 本章凿水泥桩桩头适用于水泥粉煤灰碎石桩、深层水泥搅拌桩、三轴水泥搅拌桩、高压旋喷水泥桩等项目。

三、基坑与边坡支护。

1. 地下连续墙未包括导墙挖土方、泥浆处理及外运、钢筋制作安装、成槽机下部路面硬化，发生时另行计算。锁口管吊拔已包括锁口管的摊销费用。

2. 钢制桩。

（1）现场制作的型钢桩、钢板桩，其制作执行第六章“金属结构工程”中钢柱制作相应项目；

（2）消耗量未包括型钢桩、钢板桩的制作、除锈、刷油；

（3）打拔钢板桩仅考虑施工费用和施工损耗，未包括钢板桩的使用费；

（4）打拉森钢板桩打拔项目，按钢板桩项目，其人工、机械乘以系数 1.10。

3. 挡土板项目分为疏板和密板。疏板是指间隔支挡土板，且板间净空距离≤150cm；密板是指满堂支挡土板或板间净空距离≤30cm。

4. 单位工程的钢板桩的工程量≤50t 时，其相应项目的人工、机械乘以系数 1.25。

5. 内支撑项目按钢支撑编制。钢支撑仅适用于基坑开挖的大型支撑安装、拆除。钢支撑中各类钢构件按照摊销编制，采用租赁形式的可以另行换算。钢制内支撑按照水平支撑钢梁编制，设计有采用八字支撑钢梁、水平钢桁架、环形钢桁架、竖向钢斜撑、格构式钢柱、型钢柱、钢管柱等，发生时执行第六章“金属结构工程”相应项目。混凝土支撑项目执行第五章“混凝土及钢筋混凝土工程”相应项目。

6. 注浆项目中注浆管用量为摊销量，若为一次性使用，可调整换算。

7. 砂浆土钉（钻孔灌浆）和土层锚杆锚孔注浆按水泥砂浆编制，实际灌浆材料不同时，可调整换算。

8. 喷射混凝土护坡中不含钢筋网、钢板网、钢丝网等，发生时执行第五章“混凝土及钢筋混凝土工程”钢筋网片项目，材料不同时可调整换算。

9. 消耗量中不包括复合地基、基坑与边坡的检测、变形观测等费用，发生时另行计算。

10. 用于边坡支护工程的板桩围护墙结构中预制钢筋混凝土板桩，发生时执行第三章“桩基工程”相应项目。

11. 用于边坡支护工程的灌注桩排桩围护墙结构中的混凝土灌注桩，发生时执行第三章“桩基工程”相应项目。

工程量计算规则

一、地基处理。

1. 换填地基按设计图示尺寸以体积计算。

2. 加筋地基按设计图示尺寸以面积计算。

3. 强夯按设计图示强夯处理范围以面积计算。设计无规定时，一般场地按建筑外围轴线每边各加3m计算；液化场地按外围轴线每边各加5m计算。

4. 碎石桩、砂石桩、水泥粉煤灰碎石桩、灰土挤密桩均按设计桩长（包括桩尖）另加加灌长度乘以设计桩外径截面面积，以体积计算。加灌长设计有规定者，按设计要求计算，无规定者，按0.5m计算。

5. 搅拌桩复合地基。

（1）深层水泥搅拌桩按设计桩长另加加灌长度乘以设计桩外径截面面积，以体积计算，加灌长度设计有规定者，按设计要求计算，无规定者，按0.5m计算；

（2）三轴水泥搅拌桩单独成桩扣除重叠部分体积，不扣除每次成桩与群桩间的搭接部分体积，三轴水泥搅拌桩中的插、拔型钢工程量按设计图示型钢以质量计算。

6. 高压旋喷水泥桩成孔按设计桩长另加加灌长度，以长度计算。喷浆按设计加固桩截面面积乘以设计桩长另加加灌长度，以体积计算。加灌长度设计有规定者，按设计要求计算，无规定者，按0.5m计算。

7. 分层注浆钻孔按设计图示钻孔深度以长度计算。注浆按设计图示加固土体的体积计算。

8. 压密注浆钻孔按设计图示钻孔深度以长度计算。注浆按下列规定计算：

（1）设计图纸明确加固土体体积的，按设计图纸注明的体积计算；

（2）设计图纸以布点形式图示土体加固范围的，按两孔间距的一半作为扩散半径，以布点边线，各加扩散半径，形成计算平面，计算注浆体积；

（3）如果设计图纸注浆点在钻孔灌注桩之间，按两注浆孔的一半作为每孔的扩散半径，依此圆柱体体积计算注浆体积。

9. 凿桩头按凿桩长度乘以桩断面以体积计算。

二、基坑与边坡支护。

1. 地下连续墙。

（1）现浇导墙混凝土按设计图示以体积计算，现浇导墙混凝土模板按混凝土与模板接触面的面积，以面积计算；

（2）成槽工程量按设计长度乘以墙厚及成槽深度（设计室外地坪至连续墙底）以体积计算；

（3）锁口管以“段”为单位（段指槽壁单元槽段），锁口管吊拔按连续墙段数以数量计算；

（4）清底置换按设计图示段数（段指槽壁单元槽段）以数量计算；

（5）浇筑连续墙混凝土工程量按设计图示墙中心线长度乘以厚度乘以槽深另加加灌长度，以体积计算，加灌长度设计有规定者，按设计要求计算，无规定者，按0.5m计算；

（6）凿地下连续墙超灌混凝土按加灌混凝土体积计算。

2. 圆木桩打桩按设计桩长（包括接桩）及梢径，按木材材积表计算，其预留长度的材积已考虑在内。送桩深度按设计桩顶标高至打桩前的交付地坪标高另加0.50m计算。接桩按设计图示以数量计算。

3. 钢板桩。

打拔钢板桩按设计桩体以质量计算。安装、拆除导向夹具按设计图示尺寸以长度计算。

4. 土钉与锚喷联合支护。

（1）砂浆土钉的钻孔灌浆按设计图示尺寸以长度计算；

（2）土层锚杆钻孔、注浆按设计图示尺寸以长度计算；

（3）钢筋锚杆（土钉）和钢管锚杆（土钉）制作、安装按设计图示尺寸以质量计算；

（4）锚杆锚头制作、安装、张拉、锁定按设计图示以数量计算；

（5）锚索制作、安装、张拉按设计图示尺寸以质量计算；

（6）锚墩、承压板制作、安装按设计图示以数量计算；

（7）喷射混凝土护坡按设计图示尺寸以面积计算。

5. 挡土板按设计图示尺寸以面积计算。

6. 腰梁、冠梁混凝土按设计图示尺寸以体积计算；冠梁、腰梁模板按与混凝土的接触面积计算。

7. 钢支撑按设计图示尺寸以质量计算，不扣除孔眼质量，焊条、铆钉、螺栓等也不另增加质量。

8. 钢腰梁按设计图示尺寸以质量计算，不扣除孔眼质量，焊条、铆钉、螺栓等也不另增加质量。

一、地 基 处 理

1. 换 填 地 基

工作内容： 拌和、铺设、找平、夯实（碾压）。　　　　**计量单位：** $10m^3$

编　号				2-1	2-2	2-3
项　目				夯填灰土	人工填砂石	
					机械振动	机械碾压
名　称			单位	消　耗　量		
人工	合计工日		工日	5.218	2.202	1.900
	其中	普工	工日	1.565	0.661	0.570
		一般技工	工日	3.131	1.321	1.140
		高级技工	工日	0.522	0.220	0.190
材料	熟石灰		kg	3 808.000	—	—
	天然砂石		m^3	—	12.240	12.954
	水		m^3	1.000	1.000	1.000
机械	电动夯实机 250N·m		台班	0.460	0.250	—
	钢轮内燃压路机 8t		台班	—	—	0.017

工作内容： 推土机推砂、填砂、碾压。　　　　**计量单位：** $10m^3$

编　号				2-4	2-5
项　目				推土机填砂石	
				机械碾压	挤淤碾压
名　称			单位	消　耗　量	
人工	合计工日		工日	0.047	0.081
	其中	普工	工日	0.014	0.024
		一般技工	工日	0.028	0.049
		高级技工	工日	0.005	0.008
材料	水		m^3	1.000	0.550
	天然砂石		m^3	12.954	12.954
机械	钢轮内燃压路机 8t		台班	0.017	—
	履带式推土机 105kW		台班	0.012	0.054

工作内容: 1. 铺设、找平、夯实。

2. 铺设、捣固、找平、养护。

计量单位: $10m^3$

编号			2-6	2-7	2-8	2-9
项目			填铺			填筑毛石混凝土
			砂	石屑	碎石	
名称		单位	消耗量			
人工	合计工日		工日	2.927	2.927	4.223	2.377
	其中	普工	工日	0.878	0.878	1.267	0.713
		一般技工	工日	1.756	1.756	2.534	1.426
		高级技工	工日	0.293	0.293	0.422	0.238
材料	砂子 中砂		m^3	11.526	—	—	—
	石屑		m^3	—	11.526	—	—
	碎石(综合)		m^3	—	—	11.016	—
	预拌混凝土 C15		m^3	—	—	—	8.585
	毛石(综合)		m^3	—	—	—	2.754
	水		m^3	1.000	1.000	1.000	1.000
	电		kW·h	—	—	—	3.304
机械	电动夯实机 250N·m		台班	0.167	0.167	0.257	—

2. 加筋地基

工作内容: 清理整平,挖填锚固沟,铺设土工材料,锚固,材料场内运输。

计量单位: $100m^2$

编号				2-10	2-11	2-12
项目				铺土工织物	铺土工格栅	铺塑料排水板
名称			单位	消耗量		
人工	合计工日		工日	3.010	4.133	2.928
	其中	普工	工日	0.903	1.240	0.878
		一般技工	工日	1.806	2.480	1.757
		高级技工	工日	0.301	0.413	0.293
材料	土工布		m^2	111.520	—	—
	土工格栅(双向)		m^2	—	110.000	—
	网状交织排水板		m^2	—	—	105.000
	其他材料费		%	1.00	1.00	1.00

3.强 夯 地 基

(1)点　　夯

工作内容:机具准备、按设计要求布置锤位线,夯击、夯锤位移、施工场地平整、资料记载。

计量单位:100m²

编　　号				2-13	2-14	2-15	2-16
项　　目				夯击能 1 000kN·m			
				7 夯点(击)		4 夯点(击)	
				4	每增减 1	4	每增减 1
名　　称			单位	消　耗　量			
人工	合计工日		工日	1.166	0.214	0.667	0.122
	其中	普工	工日	0.349	0.065	0.200	0.037
		一般技工	工日	0.700	0.128	0.400	0.073
		高级技工	工日	0.117	0.021	0.067	0.012
机械	履带式推土机 135kW		台班	0.159	0.029	0.091	0.017
	强夯机械 1 000kN·m		台班	0.227	0.042	0.130	0.024

工作内容:机具准备、按设计要求布置锤位线,夯击、夯锤位移、施工场地平整、资料记载。

计量单位:100m²

编　　号				2-17	2-18	2-19	2-20
项　　目				夯击能 2 000kN·m			
				7 夯点(击)		4 夯点(击)	
				4	每增减 1	4	每增减 1
名　　称			单位	消　耗　量			
人工	合计工日		工日	1.557	0.284	0.890	0.162
	其中	普工	工日	0.467	0.086	0.267	0.049
		一般技工	工日	0.934	0.170	0.534	0.097
		高级技工	工日	0.156	0.028	0.089	0.016
机械	履带式推土机 135kW		台班	0.212	0.039	0.121	0.022
	强夯机械 2 000kN·m		台班	0.303	0.055	0.173	0.032

工作内容:机具准备、按设计要求布置锤位线,夯击、夯锤位移、施工场地平整、资料记载。

计量单位:100m²

编号				2-21	2-22	2-23	2-24
项目				夯击能 3 000kN·m			
				7 夯点(击)		4 夯点(击)	
				4	每增减 1	4	每增减 1
名称			单位	消耗量			
人工	合计工日		工日	1.840	0.329	1.052	0.201
	其中	普工	工日	0.552	0.099	0.316	0.060
		一般技工	工日	1.104	0.197	0.631	0.121
		高级技工	工日	0.184	0.033	0.105	0.020
机械	履带式推土机 135kW		台班	0.251	0.048	0.143	0.027
	强夯机械 3 000kN·m		台班	0.358	0.068	0.204	0.039

工作内容:机具准备、按设计要求布置锤位线,夯击、夯锤位移、施工场地平整、资料记载。

计量单位:100m²

编号				2-25	2-26	2-27	2-28
项目				夯击能 4 000kN·m			
				7 夯点(击)		4 夯点(击)	
				4	每增减 1	4	每增减 1
名称			单位	消耗量			
人工	合计工日		工日	3.510	0.738	2.006	0.422
	其中	普工	工日	1.053	0.221	0.601	0.127
		一般技工	工日	2.106	0.443	1.204	0.253
		高级技工	工日	0.351	0.074	0.201	0.042
机械	强夯机械 4 000kN·m		台班	0.682	0.143	0.390	0.082
	履带式推土机 135kW		台班	0.477	0.100	0.273	0.057

工作内容：机具准备、按设计要求布置锤位线，夯击、夯锤位移、施工场地平整、资料记载。

计量单位：100m²

<table>
<tr><td colspan="3">编　　号</td><td>2-29</td><td>2-30</td><td>2-31</td><td>2-32</td></tr>
<tr><td colspan="3" rowspan="3">项　　目</td><td colspan="4">夯击能 5 000kN·m</td></tr>
<tr><td colspan="2">7 夯点（击）</td><td colspan="2">4 夯点（击）</td></tr>
<tr><td>4</td><td>每增减 1</td><td>4</td><td>每增减 1</td></tr>
<tr><td colspan="2">名　　称</td><td>单位</td><td colspan="4">消　耗　量</td></tr>
<tr><td rowspan="4">人工</td><td>合计工日</td><td>工日</td><td>3.803</td><td>0.799</td><td>2.173</td><td>0.456</td></tr>
<tr><td>其中 普工</td><td>工日</td><td>1.141</td><td>0.240</td><td>0.652</td><td>0.136</td></tr>
<tr><td>其中 一般技工</td><td>工日</td><td>2.282</td><td>0.479</td><td>1.304</td><td>0.274</td></tr>
<tr><td>其中 高级技工</td><td>工日</td><td>0.380</td><td>0.080</td><td>0.217</td><td>0.046</td></tr>
<tr><td rowspan="2">机械</td><td>强夯机械　5 000kN·m</td><td>台班</td><td>0.739</td><td>0.155</td><td>0.422</td><td>0.089</td></tr>
<tr><td>履带式推土机　135kW</td><td>台班</td><td>0.517</td><td>0.109</td><td>0.295</td><td>0.062</td></tr>
</table>

工作内容：机具准备、按设计要求布置锤位线，夯击、夯锤位移、施工场地平整、资料记载。

计量单位：100m²

<table>
<tr><td colspan="3">编　　号</td><td>2-33</td><td>2-34</td><td>2-35</td><td>2-36</td></tr>
<tr><td colspan="3" rowspan="3">项　　目</td><td colspan="4">夯击能 6 000kN·m</td></tr>
<tr><td colspan="2">7 夯点（击）</td><td colspan="2">4 夯点（击）</td></tr>
<tr><td>4</td><td>每增减 1</td><td>4</td><td>每增减 1</td></tr>
<tr><td colspan="2">名　　称</td><td>单位</td><td colspan="4">消　耗　量</td></tr>
<tr><td rowspan="4">人工</td><td>合计工日</td><td>工日</td><td>4.184</td><td>0.880</td><td>2.391</td><td>0.503</td></tr>
<tr><td>其中 普工</td><td>工日</td><td>1.256</td><td>0.264</td><td>0.717</td><td>0.151</td></tr>
<tr><td>其中 一般技工</td><td>工日</td><td>2.510</td><td>0.528</td><td>1.435</td><td>0.302</td></tr>
<tr><td>其中 高级技工</td><td>工日</td><td>0.418</td><td>0.088</td><td>0.239</td><td>0.050</td></tr>
<tr><td rowspan="2">机械</td><td>强夯机械　5 000kN·m</td><td>台班</td><td>0.813</td><td>0.171</td><td>0.465</td><td>0.098</td></tr>
<tr><td>履带式推土机　135kW</td><td>台班</td><td>0.569</td><td>0.120</td><td>0.326</td><td>0.069</td></tr>
</table>

工作内容:机具准备、按设计要求布置锤位线,夯击、夯锤位移、施工场地平整、资料记载。

计量单位:100m²

编号				2-37	2-38	2-39	2-40
项目				夯击能 8 000kN·m		夯击能 10 000kN·m	
				4 夯点(击)			
				4	每增减 1	4	每增减 1
名称			单位	消耗量			
人工	合计工日		工日	2.794	0.551	3.355	0.627
	其中	普工	工日	0.839	0.165	1.006	0.188
		一般技工	工日	1.676	0.331	2.013	0.376
		高级技工	工日	0.279	0.055	0.336	0.063
机械	强夯机械 8 000kN·m		台班	0.543	0.107	—	—
	强夯机械 10 000kN·m		台班	—	—	0.652	0.122
	履带式推土机 135kW		台班	0.380	0.075	0.456	0.085

(2)满　　夯

工作内容:机具准备、按设计要求布置锤位线,夯击、夯锤位移、施工场地平整、资料记载。

计量单位:100m²

编号				2-41	2-42	2-43	2-44	2-45	2-46
项目				夯击能 800kN·m		夯击能 1 000kN·m		夯击能 1 500kN·m	
				1 遍 2 击	每增加 1 击	1 遍 2 击	每增加 1 击	1 遍 2 击	每增加 1 击
名称			单位	消耗量					
人工	合计工日		工日	1.456	0.728	1.832	0.916	2.547	1.274
	其中	普工	工日	0.436	0.218	0.550	0.274	0.764	0.383
		一般技工	工日	0.874	0.437	1.099	0.550	1.528	0.764
		高级技工	工日	0.146	0.073	0.183	0.092	0.255	0.127
机械	强夯机械 800kN·m		台班	0.249	0.125	—	—	—	—
	强夯机械 1 000kN·m		台班	—	—	0.319	0.160	—	—
	强夯机械 1 500kN·m		台班	—	—	—	—	0.390	0.195
	履带式推土机 135kW		台班	0.176	0.088	0.226	0.113	0.276	0.138

工作内容：机具准备、按设计要求布置锤位线，夯击、夯锤位移、施工场地平整、资料记载。

计量单位：$100m^2$

编　　号				2-47	2-48
项　　目				夯击能 2 000kN·m	
				1 遍 2 击	每增加 1 击
名　　称			单位	消　耗　量	
人工	合计工日		工日	4.272	2.136
	其中	普工	工日	1.282	0.640
		一般技工	工日	2.563	1.282
		高级技工	工日	0.427	0.214
机械	强夯机械 2 000kN·m		台班	0.648	0.324
	履带式推土机 135kW		台班	0.457	0.229

4. 填料桩复合地基

工作内容：1. 准备机具，移动桩机，成孔，灌注碎石，振实。

2. 准备机具，移动桩机，成孔，灌注碎石，振实，压浆。

计量单位：$10m^3$

编　　号				2-49	2-50
项　　目				振冲碎石桩	钻孔压浆碎石桩
名　　称			单位	消　耗　量	
人工	合计工日		工日	3.779	11.047
	其中	普工	工日	1.134	3.314
		一般技工	工日	2.267	6.628
		高级技工	工日	0.378	1.105
材料	碎石 20~40		m^3	13.260	13.260
	水		m^3	—	2.500
	水泥 P·O 42.5		t	—	4.908
	塑料管（综合）		kg	—	12.720
	塑料薄膜		m^2	—	18.500
	金属材料（摊销）		kg	—	6.355
机械	55kW 以内振冲器		台班	0.413	—
	履带式起重机 50t		台班	0.413	—
	螺旋钻机 600mm		台班	0.413	0.413
	轮胎式装载机 $1m^3$		台班	—	0.413
	注浆机 BW320		台班	—	0.413
	灰浆搅拌机 200L		台班	—	0.413

工作内容：准备机具，移动桩机，打钢管成孔，灌注砂石，振实，拔钢管。　　计量单位：$10m^3$

编　号				2-51	2-52	2-53
项　目				沉管碎石桩（桩长 m）		
				≤10	≤15	>15
名　称			单位	消　耗　量		
人工	合计工日		工日	10.957	8.182	7.762
	其中	普工	工日	3.287	2.455	2.329
		一般技工	工日	6.574	4.909	4.657
		高级技工	工日	1.096	0.818	0.776
材料	碎石 20~40		m^3	13.260	13.260	13.260
	板枋材		m^3	0.046	0.046	0.046
	金属材料（摊销）		kg	6.355	6.355	6.355
	其他材料费		%	1.00	1.00	1.00
机械	振动沉拔桩机 300kN		台班	1.070	—	—
	振动沉拔桩机 400kN		台班	—	0.760	0.720
	挖掘装载机 $0.3m^3$		台班	1.070	0.760	0.720

工作内容：准备机具，移动桩机，打钢管成孔，灌注砂石，振实，拔钢管。　　计量单位：$10m^3$

编　号				2-54	2-55	2-56
项　目				砂石桩（桩长 m）		
				≤10	≤15	>15
名　称			单位	消　耗　量		
人工	合计工日		工日	11.185	8.404	7.976
	其中	普工	工日	3.355	2.522	2.392
		一般技工	工日	6.711	5.042	4.786
		高级技工	工日	1.119	0.840	0.798
材料	黄砂（过筛中砂）		m^3	7.638	7.638	7.638
	碎石 20~40		m^3	10.051	10.051	10.051
	板枋材		m^3	0.046	0.046	0.046
	金属材料（摊销）		kg	6.355	6.355	6.355
	其他材料费		%	2.00	2.00	2.00
机械	振动沉拔桩机 300kN		台班	1.070	—	—
	振动沉拔桩机 400kN		台班	—	0.760	0.720
	挖掘装载机 $0.3m^3$		台班	1.070	0.760	0.720

工作内容：准备机具，移动钻机，钻孔，测量校正；拌和，灌注，提管移位，操作范围内料具搬运。

计量单位：$10m^3$

编　　号				2-57
项　　目				水泥粉煤灰碎石桩（桩径≤500mm）
名　　称			单位	消　耗　量
人工	合计工日		工日	6.706
	其中	普工	工日	2.011
		一般技工	工日	4.024
		高级技工	工日	0.671
材料	水泥 P·O 42.5		t	2.586
	砂子 中粗砂		m^3	6.865
	碎石 40 以内		m^3	9.037
	粉煤灰		m^3	2.256
	水		m^3	3.000
机械	螺旋钻机 600mm		台班	1.315
	履带式起重机 50t		台班	0.203
	挖掘装载机 $0.3m^3$		台班	0.860
	灰浆搅拌机 200L		台班	0.203

工作内容：准备机具，移动桩机，打钢管成孔，灰土过筛拌和、灌注灰土，振实，拔钢管。

计量单位：$10m^3$

编　　号				2-58	2-59
项　　目				灰土挤密桩（桩长 m）	
				≤6	>6
名　　称			单位	消　耗　量	
人工	合计工日		工日	9.541	6.258
	其中	普工	工日	2.862	1.877
		一般技工	工日	5.725	3.755
		高级技工	工日	0.954	0.626
材料	垫木		m^3	0.074	0.074
	灰土 3∶7		m^3	11.220	11.220
	水		m^3	2.200	2.200
	金属材料（摊销）		kg	4.131	4.131
机械	步履式电动打桩机 60kW		台班	0.894	0.666

5. 搅拌桩复合地基

工作内容：桩机就位，预搅下沉，拌制水泥浆或筛水泥粉，喷水泥浆或水泥粉并搅拌上升，重复上、下搅拌，移位。

计量单位：$10m^3$

编号				2-60	2-61	2-62
项目				深层水泥搅拌桩		
				粉喷桩（水泥掺量 13%）	浆喷桩（水泥掺量 13%）	水泥掺量每增加 1%
名称			单位	消耗量		
人工	合计工日		工日	3.293	2.363	—
	其中	普工	工日	0.988	0.709	—
		一般技工	工日	1.976	1.418	—
		高级技工	工日	0.329	0.236	—
材料	水泥 P·O 42.5		t	2.387	2.387	0.184
	水		m^3	—	3.200	0.800
	金属材料（摊销）		kg	11.430	11.430	—
机械	粉喷桩机		台班	0.592	0.592	—
	电动空气压缩机 $3m^3/min$		台班	0.592	—	—
	偏心式振动筛 $16m^3/h$		台班	0.200	—	—
	灰浆搅拌机 200L		台班	—	0.592	—
	挤压式灰浆输送泵 $3m^3/h$		台班	—	0.300	—

工作内容：1. 桩机就位，预搅下沉，拌制水泥浆，喷水泥浆并搅拌上升，重复上、下搅拌，移位。

2. 准备工作，安装、拆卸插桩机具，刷脱模剂，插型钢桩，安装、拆卸拔桩机具，拔桩，堆放，清理。

编　号				2-63	2-64
项　目				三轴水泥搅拌桩	
				2 搅 2 喷	插、拔型钢
				$10m^3$	10t
名　称			单位	消　耗　量	
人工	合计工日		工日	1.729	4.608
	其中	普工	工日	0.519	1.382
		一般技工	工日	1.037	2.765
		高级技工	工日	0.173	0.461
材料	水泥 P·O 42.5		t	3.305	—
	水		m^3	4.430	—
	型钢（综合）		t	—	2.500
	低碳钢焊条（综合）		kg	—	51.650
	减磨剂		kg	—	140.000
	氧气		m^3	—	25.817
	乙炔气		kg	—	9.930
	其他材料费		%	1.00	1.00
机械	三轴搅拌桩机 850mm		台班	0.210	—
	灰浆搅拌机 200L		台班	0.210	—
	挤压式灰浆输送泵 $3m^3/h$		台班	0.210	—
	电动空气压缩机 $10m^3/min$		台班	0.210	—
	履带式起重机 50t		台班	—	1.200
	交流弧焊机 32kV·A		台班	—	0.800
	立式油压千斤顶 200t		台班	—	1.300
	液压泵车		台班	—	0.700

6. 注浆桩复合地基

工作内容：1. 准备机具，移动桩机，定位、校测，钻孔。

2. 调制水泥浆、喷射装置定位，分层喷射注浆。

编号			2-65	2-66	2-67	2-68
项目			预钻孔道高压旋喷（摆喷）水泥桩			
			成孔	单重管	双重管	三重管
			100m	$10m^3$		
名称		单位	消耗量			
人工	合计工日	工日	8.379	5.549	6.233	6.417
	其中 普工	工日	2.514	1.665	1.870	1.925
	其中 一般技工	工日	5.027	3.329	3.740	3.850
	其中 高级技工	工日	0.838	0.555	0.623	0.642
材料	水泥 P·O 42.5	t	—	2.550	3.060	4.641
	氯化钙	kg	—	94.000	87.098	77.500
	水	m^3	—	3.825	4.682	15.917
	金属材料（摊销）	kg	24.800	—	—	—
	其他材料费	%	—	1.00	1.00	1.00
机械	工程地质液压钻机	台班	3.000	—	—	—
	泥浆泵 100mm	台班	3.000	—	—	—
	单重管旋喷机	台班	—	0.300	—	—
	双重管旋喷机	台班	—	—	0.400	—
	三重管旋喷机	台班	—	—	—	0.500
	灰浆搅拌机 200L	台班	—	0.300	0.400	0.500
	电动多级离心清水泵 100mm 120m 以下	台班	—	—	—	0.500
	液压注浆泵 HYB50/50-1	台班	—	0.300	0.400	0.500
	电动空气压缩机 $9m^3/min$	台班	—	—	0.400	0.500

工作内容：1. 定位、钻孔、注护壁泥浆、配置浆液、插入注浆芯管。
2. 分层劈裂注浆，检测注浆效果。

编　号				2-69	2-70
项　目				分层注浆	
				钻孔	注浆
				100m	$10m^3$
名　称			单位	消　耗　量	
人工	合计工日		工日	8.085	2.573
	其中	普工	工日	2.425	0.772
		一般技工	工日	4.851	1.544
		高级技工	工日	0.809	0.257
材料	塑料注浆阀管		m	100.000	—
	膨润土		kg	185.470	—
	水		m^3	12.000	—
	水泥　P·O　42.5		t	—	1.091
	粉煤灰		t	—	0.803
	硅酸钠（水玻璃）		kg	—	56.700
	促进剂　KA		kg	—	103.000
	其他材料费		%	—	1.00
机械	工程地质液压钻机		台班	1.200	—
	泥浆泵　50mm		台班	1.200	—
	电动灌浆机		台班	—	0.400
	灰浆搅拌机　200L		台班	—	0.400

工作内容：1. 定位、钻孔。

2. 注护壁泥浆，配置浆液、插入注浆管，压密注浆，检测注浆效果。

编号				2-71	2-72
项目				压密注浆	
				钻孔	注浆
				100m	$10m^3$
名称			单位	消耗量	
人工	合计工日		工日	12.000	2.411
	其中	普工	工日	3.600	0.723
		一般技工	工日	7.200	1.447
		高级技工	工日	1.200	0.241
材料	塑料注浆阀管		m	100.000	—
	膨润土		kg	185.470	—
	水		m^3	12.000	0.400
	水泥 P·O 32.5		t	—	0.796
	粉煤灰		t	—	0.700
	硅酸钠（水玻璃）		kg	—	8.000
	其他材料费		%	—	1.00
机械	工程地质液压钻机		台班	1.200	—
	泥浆泵 100mm		台班	1.200	—
	电动灌浆机		台班	—	0.360
	灰浆搅拌机 200L		台班	—	0.360

7. 凿桩头

工作内容：桩头凿除。　　　　**计量单位：**$10m^3$

编号				2-73	2-74
项目				凿水泥桩桩头	凿素混凝土桩头
名称			单位	消耗量	
人工	合计工日		工日	9.357	11.600
	其中	普工	工日	2.807	3.480
		一般技工	工日	5.614	6.960
		高级技工	工日	0.936	1.160
机械	手持式风动凿岩机		台班	2.180	3.300
	电动空气压缩机 $1m^3/min$		台班	2.180	3.300

二、基坑与边坡支护

1. 地下连续墙

工作内容： 1. 浇捣混凝土、养护。

2. 配模单边立模、拆模、清理堆放。

编　号				2-75	2-76
项　目				现浇导墙混凝土	现浇导墙混凝土模板
				$10m^3$	$10m^2$
名　称			单位	消　耗　量	
人工	合计工日		工日	2.565	2.249
	其中	普工	工日	0.769	0.675
		一般技工	工日	1.539	1.349
		高级技工	工日	0.257	0.225
材料	预拌混凝土 C20		m^3	10.100	—
	电		kW·h	2.760	—
	板枋材		m^3	—	0.074
	铁件（综合）		kg	—	9.714
	钢模板		kg	—	6.232
	钢模板连接件		kg	—	1.173
	钢模支撑		kg	—	3.672
	其他材料费		%	—	2.00

工作内容：机具定位、安放跑板导轨、制浆、输送、循环分离泥浆，钻孔、挖土成槽、护壁整修、测量。

计量单位：$10m^3$

编号				2-77	2-78	2-79	2-80
项目				地下连续墙成槽(m)			
				≤25	≤35	≤45	≤55
名称			单位	消耗量			
人工	合计工日		工日	4.695	5.310	8.848	9.935
	其中	普工	工日	1.408	1.593	2.654	2.980
		一般技工	工日	2.817	3.186	5.309	5.961
		高级技工	工日	0.470	0.531	0.885	0.994
材料	黏土		m^3	6.859	6.859	6.859	6.859
	水		m^3	21.148	21.148	21.148	21.148
	其他材料费		%	2.00	2.00	2.00	2.00
机械	履带式液压抓斗成槽机 KH180MHL-800		台班	0.296	0.317	0.417	—
	履带式液压抓斗成槽机 SG60A		台班	—	—	—	0.550
	泥浆制作循环设备		台班	0.296	0.317	0.398	0.550
	超声波测壁机		台班	0.173	0.185	0.211	0.291
	自卸汽车 5t		台班	0.296	0.317	0.398	0.550

工作内容：锁口管对接组装，入槽就位，浇捣混凝土工程中上下移动，拔除、拆卸、冲洗堆放。

计量单位：10段

编号				2-81	2-82	2-83	2-84
项目				锁口管吊拔(m)			
				≤25	≤35	≤45	≤55
名称			单位	消耗量			
人工	合计工日		工日	123.220	158.970	196.290	235.440
	其中	普工	工日	36.966	47.691	58.887	70.632
		一般技工	工日	73.932	95.382	117.774	141.264
		高级技工	工日	12.322	15.897	19.629	23.544
材料	锁口管		kg	481.600	909.500	1 228.300	1 289.700
机械	锁口管顶升机		台班	2.185	2.185	2.185	2.185
	履带式起重机 25t		台班	10.925	—	—	—
	履带式起重机 40t		台班	—	10.925	—	—
	履带式起重机 60t		台班	—	—	9.833	—
	履带式起重机 100t		台班	—	—	—	9.833

工作内容：1. 地下墙接缝清刷，空气压缩机吹气搅拌吸泥，清底置换。
2. 浇捣架就位，导管安装、拆卸，混凝土浇筑，吸泥浆入池。
3. 混凝土凿除。

<table>
<tr><td colspan="4">编 号</td><td>2-85</td><td>2-86</td><td>2-87</td></tr>
<tr><td colspan="4" rowspan="3">项 目</td><td colspan="2">地下连续墙</td><td rowspan="2">凿地下连续墙超灌混凝土</td></tr>
<tr><td>清底置换</td><td>浇筑混凝土</td></tr>
<tr><td>10 段</td><td colspan="2">$10m^3$</td></tr>
<tr><td colspan="3">名 称</td><td>单位</td><td colspan="3">消 耗 量</td></tr>
<tr><td rowspan="4">人工</td><td colspan="2">合计工日</td><td>工日</td><td>72.177</td><td>2.019</td><td>13.601</td></tr>
<tr><td rowspan="3">其中</td><td>普工</td><td>工日</td><td>21.653</td><td>0.606</td><td>4.080</td></tr>
<tr><td>一般技工</td><td>工日</td><td>43.306</td><td>1.211</td><td>8.161</td></tr>
<tr><td>高级技工</td><td>工日</td><td>7.218</td><td>0.202</td><td>1.360</td></tr>
<tr><td rowspan="4">材料</td><td colspan="2">预拌水下混凝土 C30</td><td>m^3</td><td>—</td><td>11.730</td><td>—</td></tr>
<tr><td colspan="2">水</td><td>m^3</td><td>—</td><td>6.000</td><td>—</td></tr>
<tr><td colspan="2">铁件(综合)</td><td>kg</td><td>—</td><td>5.750</td><td>—</td></tr>
<tr><td colspan="2">其他材料费</td><td>%</td><td>1.00</td><td>1.00</td><td>—</td></tr>
<tr><td rowspan="5">机械</td><td colspan="2">履带式起重机 25t</td><td>台班</td><td>9.000</td><td>—</td><td>—</td></tr>
<tr><td colspan="2">泥浆泵 100mm</td><td>台班</td><td>9.000</td><td>—</td><td>—</td></tr>
<tr><td colspan="2">电动空气压缩机 $1m^3/min$</td><td>台班</td><td>—</td><td>—</td><td>4.144</td></tr>
<tr><td colspan="2">电动空气压缩机 $3m^3/min$</td><td>台班</td><td>9.000</td><td>—</td><td>—</td></tr>
<tr><td colspan="2">手持式风动凿岩机</td><td>台班</td><td>—</td><td>—</td><td>4.144</td></tr>
</table>

2.圆　木　桩

工作内容: 制作木桩、安装桩靴及桩箍、准备打桩机具、移动打桩架及轨道、吊装定位、打桩校正、拆卸桩箍、锯桩头,接桩。

编　　号			2-88	2-89	2-90
项　　目			打桩	送桩	接桩头
			$10m^3$	100m	10 个
名　　称		单位	消　耗　量		
人工	合计工日		工日	53.722	21.847	3.167
	其中	普工	工日	16.117	6.554	0.950
		一般技工	工日	32.233	13.108	1.900
		高级技工	工日	5.372	2.185	0.317
材料	桩木		m^3	11.300	—	—
	金属周转材料		kg	40.400	—	—
	其他材料费		%	1.00	—	—

3. 钢　板　桩

工作内容： 1. 准备打桩机具，移动打桩机及其轨道，吊桩定位，安装、拆卸桩帽，校正，打桩，系桩，拔桩，15m 以内临时堆放。

2. 准备工作，15m 以内临时堆放，安装及拆除导向夹具。

编　号				2-91	2-92	2-93	2-94	2-95
项　目				打、拔钢板桩（桩长 m）				安拆导向夹具
				≤6	≤10	≤15	>15	
				10t				100m
名　称			单位	消　耗　量				
人工	合计工日		工日	19.200	13.920	9.200	8.560	2.808
	其中	普工	工日	7.200	5.220	3.450	3.210	0.842
		一般技工	工日	14.400	10.440	6.900	6.420	1.685
		高级技工	工日	2.400	1.740	1.150	1.070	0.281
材料	钢板桩		kg	100.000	100.000	100.000	100.000	—
	垫木		m^3	0.063	0.063	0.063	0.063	—
	板枋材		m^3	0.021	0.021	0.021	0.021	0.179
	铁件（综合）		kg	—	—	—	—	4.000
	其他材料费		%	1.00	1.00	1.00	1.00	—
机械	履带式柴油打桩机 2.5t		台班	2.608	1.776	1.280	0.992	0.400
	履带式起重机 15t		台班	2.608	1.776	1.280	0.992	—
	振动沉拔桩机 400kN		台班	1.904	1.328	1.072	1.040	—
	载重汽车 6t		台班	0.300	0.300	0.300	0.300	—

4. 土钉与锚喷联合支护

工作内容： 钻孔机具安装、拆卸，钻孔，安装、拔除防护套管，搅拌灰浆，灌浆。 **计量单位：** 100m

编号				2-96	2-97
项目				土钉支护（钻孔、注浆）	
				钢筋	钢管
名称			单位	消耗量	
人工	合计工日		工日	15.220	7.472
	其中	普工	工日	4.566	2.242
		一般技工	工日	9.132	4.483
		高级技工	工日	1.522	0.747
材料	水泥砂浆 1∶1		m^3	1.266	1.266
	耐压胶管 ϕ50		m	0.800	0.800
机械	气动灌浆机		台班	0.466	0.466
	灰浆搅拌机 200L		台班	0.211	0.211
	锚杆钻孔机 32mm		台班	1.300	1.300

工作内容： 钻孔机具安装、拆卸，钻孔，安装、拔除防护套管。 **计量单位：** 100m

编号				2-98	2-99	2-100	2-101
项目				土层锚杆机械钻孔（孔径 mm）			锚杆机入岩增加
				≤100	≤150	≤200	
名称			单位	消耗量			
人工	合计工日		工日	9.658	11.128	12.598	26.115
	其中	普工	工日	2.897	3.338	3.779	7.834
		一般技工	工日	5.795	6.677	7.559	15.669
		高级技工	工日	0.966	1.113	1.260	2.612
材料	金属材料（摊销）		kg	—	—	—	37.200
机械	工程地质液压钻机		台班	2.072	2.438	2.743	7.008

工作内容：钻孔机具安装、拆卸，钻孔，安装、拔除防护套管。　　**计量单位：**100m

编号				2-102	2-103	2-104
项目				土层套管机械钻孔（孔径 mm）		
				≤100	≤150	≤200
名称			单位	消耗量		
人工	合计工日		工日	10.623	12.241	13.858
	其中	普工	工日	3.187	3.672	4.157
		一般技工	工日	6.374	7.345	8.315
		高级技工	工日	1.062	1.224	1.386
机械	套管钻机		台班	2.579	2.940	3.293

工作内容：搅拌灰浆，灌浆，浇捣端头锚固件保护混凝土。　　**计量单位：**100m

编号				2-105	2-106	2-107
项目				土层锚杆锚孔注浆（孔径 mm）		
				≤100	≤150	≤200
名称			单位	消耗量		
人工	合计工日		工日	2.337	2.918	3.785
	其中	普工	工日	0.701	0.875	1.135
		一般技工	工日	1.402	1.751	2.271
		高级技工	工日	0.234	0.292	0.379
材料	预拌混凝土 C25		m^3	0.101	0.129	0.169
	水泥砂浆 1∶1		m^3	2.009	2.481	4.274
	高压胶管 ϕ50		m	1.500	1.500	1.500
机械	灰浆搅拌机 200L		台班	0.700	0.700	0.900
	电动灌浆机		台班	0.700	0.700	0.900

工作内容：搅拌灰浆，灌浆，浇捣端头锚固件保护混凝土。　　　　**计量单位：**100m

编号				2-108	2-109	2-110
项目				土层套管锚孔注浆（孔径 mm）		
				≤100	≤150	≤200
名称			单位	消耗量		
人工	合计工日		工日	2.571	3.210	4.164
	其中	普工	工日	0.771	0.963	1.250
		一般技工	工日	1.543	1.926	2.498
		高级技工	工日	0.257	0.321	0.416
材料	预拌混凝土 C25		m^3	0.101	0.129	0.169
	水泥砂浆 1∶1		m^3	4.922	6.078	10.471
	高压胶管 ϕ50		m	1.500	1.500	1.500
机械	灰浆搅拌机 200L		台班	1.400	1.400	1.800
	电动灌浆机		台班	1.680	1.680	2.160

工作内容： 1. 钢筋锚杆制作、安装。
2. 钢管锚杆制作、安装。
3. 锚杆锚头制作、安装、张拉、锁定。

编号				2-111	2-112	2-113
项目				钢筋锚杆（土钉）	钢管锚杆（土钉）	锚杆锚头
				制作、安装		制作、安装、张拉、锁定
				10t		10套
名称			单位	消耗量		
人工	合计工日		工日	40.793	35.207	10.805
	其中	普工	工日	12.238	10.562	3.241
		一般技工	工日	24.476	21.124	6.483
		高级技工	工日	4.079	3.521	1.081
材料	螺纹钢筋 ϕ25 以外		t	10.250	—	—
	焊接钢管（综合）		t	—	10.200	—
	钢板（综合）		t	—	—	0.350
	低合金钢焊条 E43 系列		kg	40.000	30.000	—
	钢筋 ϕ10 以内		t	—	—	0.061
	氧气		m^3	—	—	3.498
	乙炔气		kg	—	—	1.345
	六角螺母		套	—	—	20.400
	低碳钢焊条（综合）		kg	—	—	28.000
	其他材料费		%	0.50	0.50	0.50
机械	交流弧焊机 32kV·A		台班	2.500	1.800	1.400
	汽车式起重机 8t		台班	6.300	6.300	0.600
	对焊机 75kV·A		台班	1.000	—	—
	钢筋弯曲机 40mm		台班	0.200	—	—
	钢筋切断机 40mm		台班	0.900	—	—
	管子切断机 250mm		台班	—	2.300	—
	立式油压千斤顶 200t		台班	—	—	2.000

工作内容：1. 除锈、防锈，调直切断、焊接、成型、包裹；穿入孔内，就位、固定。
2. 锚头制作、安装、张拉、锚固、锁定。

编号				2-114	2-115
项目				锚索	
				制作、安装及张拉	锚墩、承压板制作、安装
				t	10套
名称			单位	消耗量	
人工	合计工日		工日	40.793	35.207
	其中	普工	工日	12.238	10.562
		一般技工	工日	24.476	21.124
		高级技工	工日	4.079	3.521
材料	钢筋 ϕ10 以外		kg	51.500	—
	钢绞线(钢丝束)(综合)		t	1.030	—
	钢板(综合)		kg	—	98.280
	波纹管		kg	36.900	—
	钢绞线群锚		套	8.601	—
	聚氯乙烯软管 $D20\times2.5$		m	233.900	—
	铁件(综合)		kg	19.330	12.700
	低合金钢焊条 E43 系列		kg	8.710	—
	预拌混凝土 C30		m^3	—	0.428
	其他材料费		%	2.00	2.00
机械	交流弧焊机 32kV·A		台班	0.491	—
	半自动切割机 100mm		台班	0.162	—
	预应力钢筋拉伸机 650kN		台班	3.468	—
	高压油泵 80MPa		台班	3.468	—

工作内容：基层清理，喷射混凝土，收回弹料，找平面层。　　　　**计量单位：**$100m^2$

编　号			2-116	2-117
项　目			喷射混凝土护坡(厚度 mm)	
			初喷 50	每增减 10
名　称		单位	消　耗　量	
人工	合计工日	工日	9.886	1.801
	其中 普工	工日	2.965	0.540
	其中 一般技工	工日	5.932	1.081
	其中 高级技工	工日	0.989	0.180
材料	预拌混凝土 C25	m^3	5.500	1.100
	耐压胶管 $\phi 50$	m	1.860	0.370
	水	m^3	11.260	2.250
机械	电动空气压缩机 $10m^3/min$	台班	0.520	0.100
	混凝土湿喷机 $5m^3/h$	台班	0.560	0.110

5. 挡　土　板

工作内容：木挡土板的安装及拆卸。　　　　**计量单位：**$100m^2$

编　号			2-118	2-119	2-120	2-121
项　目			木挡土板			
			疏板		密板	
			木撑	钢撑	木撑	钢撑
名　称		单位	消　耗　量			
人工	合计工日	工日	11.099	8.489	14.296	10.893
	其中 普工	工日	3.330	2.547	4.288	3.268
	其中 一般技工	工日	6.659	5.093	8.578	6.536
	其中 高级技工	工日	1.110	0.849	1.430	1.089
材料	原木	m^3	0.226	—	0.231	—
	板枋材	m^3	0.291	0.315	0.462	0.473
	标准砖 240×115×53	千块	0.188	0.188	—	—
	扒钉	kg	22.140	—	26.780	—
	脚手架钢管	kg	—	17.098	—	17.992
	扣件	个	—	1.730	—	1.825
	其他材料费	%	1.00	1.00	1.00	1.00

工作内容：钢挡土板的安装及折卸。 **计量单位：**$100m^2$

编号			2-122	2-123	2-124	2-125
项目			钢挡土板			
			疏板		密板	
			木撑	钢撑	木撑	钢撑
名称		单位	消耗量			
人工	合计工日	工日	11.246	8.555	14.296	11.025
	其中 普工	工日	3.373	2.566	4.288	3.307
	其中 一般技工	工日	6.748	5.133	8.578	6.615
	其中 高级技工	工日	1.125	0.856	1.430	1.103
材料	钢挡土板	kg	63.600	63.600	92.220	92.220
	原木	m^3	0.221	—	0.231	—
	板枋材	m^3	0.063	0.060	0.063	0.058
	标准砖 240×115×53	千块	0.160	0.160	—	—
	脚手架钢管	kg	—	17.098	—	17.098
	扣件	个	—	1.730	—	1.730
	其他材料费	%	1.00	1.00	1.00	1.00

6. 混凝土腰梁、冠梁

工作内容：1. 混凝土浇筑、振捣、养护。

2. 模板及支撑制作、安装、拆除、堆放、运输及清理模内杂物、刷隔离剂。

编号				2-126	2-127	2-128	2-129
项目				混凝土冠梁	混凝土冠梁模板	混凝土腰梁	混凝土腰梁模板
				$10m^3$	$100m^2$	$10m^3$	$100m^2$
名称			单位	消耗量			
人工	合计工日		工日	2.444	16.941	2.715	18.245
	其中	普工	工日	0.734	5.082	0.814	5.473
		一般技工	工日	1.466	10.165	1.629	10.947
		高级技工	工日	0.244	1.694	0.272	1.825
材料	预拌混凝土 C20		m^3	10.100	—	10.100	—
	塑料薄膜		m^2	31.765	—	31.765	—
	土工布		m^2	3.168	—	3.168	—
	水		m^3	3.040	—	3.040	—
	电		kW·h	3.750	—	3.750	—
	复合模板		m^2	—	24.675	—	24.675
	板枋材		m^3	—	0.447	—	0.447
	梁卡具 模板用		kg	—	17.150	—	17.150
	隔离剂		kg	—	10.000	—	10.000
	水泥砂浆 1∶2		m^3	—	0.012	—	0.012
	硬塑料管 $\phi20$		m	—	52.930	—	52.930
	塑料粘胶带 20mm×50m		卷	—	4.500	—	4.500
	对拉螺栓		kg	—	6.477	—	6.477
	其他材料费		%	1.00	1.00	1.00	1.00
机械	木工圆锯机 500mm		台班	—	0.037	—	0.037

7. 钢 支 撑

工作内容：1. 内支撑安装：吊车配合、围檩、支撑驳运卸车，定位放样，槽壁面凿出预埋件，钢牛腿焊接，支撑拼接、焊接安全栏杆、安装定位，活络接头固定。
2. 内支撑拆除：切割、吊出支撑分段，装车及堆放。

计量单位：10t

编号				2-130	2-131	2-132	2-133
项目				钢支撑（基坑深度 m）			
				≤15		>15	
				安装	拆除	安装	拆除
名称			单位	消耗量			
人工	合计工日		工日	14.039	19.184	13.296	16.170
	其中	普工	工日	4.212	5.756	3.988	4.851
		一般技工	工日	8.423	11.510	7.978	9.702
		高级技工	工日	1.404	1.918	1.330	1.617
材料	钢支撑		kg	270.000	—	270.000	—
	六角螺栓带螺母（综合）		kg	25.500	—	21.400	—
	枕木		m^3	0.300	—	0.200	—
	中厚钢板（综合）		kg	78.900	—	47.500	—
	预埋铁件		kg	116.200	—	70.000	—
	低碳钢焊条（综合）		kg	10.900	4.500	6.600	4.500
	钢围檩		kg	52.500	—	31.800	—
机械	履带式起重机 25t		台班	1.600	1.500	—	—
	履带式起重机 40t		台班	—	—	1.600	1.500
	交流弧焊机 32kV·A		台班	1.300	0.500	0.800	0.300
	电动空气压缩机 10m^3/min		台班	0.200	0.200	0.100	0.100
	立式油压千斤顶 100t		台班	1.100	1.100	1.100	1.100
	载重汽车 4t		台班	0.870	0.400	0.870	0.400
	汽车式起重机 8t		台班	0.290	—	0.270	—

8. 钢　腰　梁

工作内容：制作、运输、安装。　　　　**计量单位：**10t

编　号				2-134
项　目				钢腰梁
名　称			单位	消　耗　量
人工	合计工日		工日	19.595
	其中	普工	工日	5.878
		一般技工	工日	11.757
		高级技工	工日	1.960
材料	型钢（综合）		t	8.232
	热轧普通钢板 Q235		t	2.126
	低碳钢焊条 J422（综合）		kg	77.851
机械	轮胎式起重机 16t		台班	0.337
	交流弧焊机 32kV·A		台班	11.125

第三章　桩 基 工 程

说　　明

一、本章包括预制桩、灌注桩两节。

二、本章适用于陆地上桩基工程，所列打桩机械的规格、型号按常规施工工艺和方法综合取定，施工场地的土质级别也进行了综合取定。

三、桩基施工前场地平整、压实地表、地下障碍处理等均未考虑，发生时另行计算。

四、探桩位已综合考虑在各类桩基内，不另行计算。

五、单位工程的桩基工程量少于表3–1对应数量时，相应项目人工、机械乘以系数1.25。灌注桩单位工程的桩基工程量指按照工程量计算规则计算的工程量。

表3-1　单位工程的桩基工程量表

项　　目	单位工程的工程量	项　　目	单位工程的工程量
预制钢筋混凝土方桩	$200m^3$	回旋、旋挖、螺旋成孔灌注桩	$150m^3$
预应力钢筋混凝土管桩	1 000m	冲击、冲孔、扩孔、沉管成孔灌注桩	$100m^3$
预制钢筋混凝土板桩	$100m^3$	钢管桩	50t

六、预制桩。

1. 单独打试桩、锚桩按相应打桩人工及机械乘以系数1.50。

2. 预制桩工程按陆地打垂直桩编制。设计要求打斜桩时，斜度≤1∶6，相应项目人工、机械乘以系数1.25；斜度>1∶6，相应项目人工、机械乘以系数1.43。

3. 预制桩工程以平地（坡度≤15°）打桩为准，坡度>15°打桩时，按相应项目人工、机械乘以系数1.15。如在基坑内（基坑深度>1.5m，基坑面积≤$500m^2$）打桩或在地坪上打坑槽内（坑槽深度>1m）桩时，按相应项目人工、机械乘以系数1.11。

4. 在桩间补桩或在强夯后的地基上打桩时，相应项目人工、机械乘以系数1.15。

5. 预制桩工程，如遇送桩时，人工、机械可按打桩相应项目乘以表3–2中的系数。

表3-2　送桩深度系数表

送桩深度（m）	系　　数
≤2	1.25
≤4	1.43
>4	1.67

6. 打、压预制钢筋混凝土桩、预应力钢筋混凝土管桩，按购入成品构件考虑，已包含桩位半径在15m范围内的移动、起吊、就位；超过15m时的场内运输，按第五章“混凝土及钢筋混凝土工程”第四节构件运输1km以内的相应项目计算。

7. 本章未包括预应力钢筋混凝土管桩钢桩尖制作安装项目，实际发生时按第五章“混凝土及钢筋混凝土工程”中的预埋铁件项目执行。

8. 预应力钢筋混凝土管桩，如设计要求加注填充材料时，填充部分另按本章钢管桩填芯相应项目执行。

七、灌注桩。

1. 回旋、旋挖、冲击、冲孔成孔等灌注桩设计要求进入岩石层时执行入岩项目，入岩指钻入第一章

“岩石分类表”中的较软岩、较硬岩或坚硬岩。

2. 旋挖成孔、冲孔桩机带冲抓锤成孔灌注桩项目按湿作业成孔考虑，采用干作业成孔工艺时，则扣除项目中的黏土、水和机械中的泥浆泵。

3. 各种灌注桩的材料用量中，均已包括了充盈系数和材料损耗，见表 3–3。

表 3-3　灌注桩充盈系数和材料损耗率表

项目名称	充盈系数	损耗率（%）
冲孔、扩孔桩机成孔灌注混凝土桩	1.30	1
旋挖、冲击钻机成孔灌注混凝土桩	1.25	1
回旋、螺旋钻机钻孔灌注混凝土桩	1.20	1

注：各省可根据实际情况适当调整灌注桩充盈系数。

4. 桩孔空钻部分回填应根据施工组织设计要求套用相应项目，填土执行第一章“土石方工程”松填土相应项目，填碎石执行第二章“地基处理与边坡支护工程”填铺项目乘以系数 0.70。

5. 旋挖桩、螺旋桩等干作业成孔桩的土石方场内、场外运输，执行第一章“土石方工程”相应的土石方装车、运输项目。

6. 挤扩支盘钻孔未包括成孔项目，实际发生时按成孔方式执行相应项目。

7. 本章未包括泥浆池制作，实际发生时执行第四章“砌筑工程”的相应项目。

8. 本章未包括泥浆场外运输，废浆处理及外运按处理方案另行计算。

9. 本章未包括桩钢筋笼、铁件制作安装项目，实际发生时执行第五章“混凝土及钢筋混凝土工程”中的相应项目。

10. 本章未包括沉管灌注桩的预制桩尖制作安装项目，实际发生时执行第五章“混凝土及钢筋混凝土工程”中的小型构件项目。

11. 灌注桩后压浆注浆管、声测管埋设，注浆管、声测管如遇材质、规格不同时，可以换算，其余不变。

12. 注浆管埋设按桩底注浆考虑，如设计采用侧向注浆，则人工、机械乘以系数 1.20。

13. 桩底（侧）后压浆已综合考虑了桩长、桩径不同因素，若水泥品种、强度等级与项目不同时，可以换算。

工程量计算规则

一、预制桩。

1. 预制钢筋混凝土桩。

打、压预制钢筋混凝土桩按设计桩长（包括桩尖）乘以桩截面面积，以体积计算。

2. 预应力钢筋混凝土管桩。

（1）打、压预应力钢筋混凝土管桩按设计桩长（不包括桩尖），以长度计算；

（2）预应力钢筋混凝土管桩钢桩尖按设计图示尺寸，以质量计算；

（3）桩头灌芯按设计尺寸，以灌注体积计算。

3. 钢管桩。

（1）钢管桩按设计尺寸，以桩体质量计算；

（2）钢管桩内切割、精割盖帽按设计尺寸，以数量计算；

（3）钢管桩管内钻孔取土、填芯，按设计桩长（包括桩尖）乘以填芯截面面积，以体积计算。

4. 打桩工程的送桩均按设计桩顶标高至打桩前的自然地坪标高另加 0.5m 计算相应的送桩工程量。

5. 预制混凝土桩、钢管桩电焊接桩，按设计尺寸，以接桩头的数量计算。

6. 预制混凝土桩截桩按设计要求截桩的数量计算。截桩长度≤1m 时，不扣减相应桩的打桩工程量；截桩长度 >1m 时，其超过部分按实扣减打桩工程量，但桩体的价格不扣除。

7. 预制混凝土桩凿桩头按设计图示桩截面面积乘以凿桩头长度，以体积计算。凿桩头长度设计无规定时，桩头长度按桩体高 40d（d 为桩体主筋直径，主筋直径不同时取大者）计算；回旋桩、旋挖桩、冲击桩、冲孔桩、扩孔桩灌注混凝土桩凿桩头按设计超灌高度（设计有规定按设计要求，设计无规定按 1m）乘以桩身设计截面面积，以体积计算；沉管桩、螺旋桩灌注混凝土桩凿桩头按设计超灌高度（设计有规定按设计要求，设计无规定按 0.5m）乘以桩身设计截面面积，以体积计算。

二、灌注桩。

1. 回旋桩、旋挖桩、冲击桩、螺旋桩成孔工程量按打桩前自然地坪标高至设计桩底标高的成孔长度乘以设计桩径截面面积，以体积计算。入岩增加项目工程量按实际入岩深度乘以设计桩径截面面积，以体积计算。

2. 冲孔桩机带冲击（抓）锤冲孔工程量分别按进入土层、岩石层的成孔长度乘以设计桩径截面面积，以体积计算。

3. 挤扩支盘钻孔按设计图示挤扩部分工程量，以体积计算。

4. 回旋桩、旋挖桩、冲击桩、冲孔桩、扩孔桩、螺旋桩灌注混凝土工程量按设计桩径截面面积乘以设计桩长（包括桩尖）另加加灌长度，以体积计算。回旋桩、旋挖桩、冲击桩、冲孔桩、扩孔桩加灌长度设计有规定者，按设计要求计算，无规定者，按 1m 计算。螺旋桩加灌长度设计有规定者，按设计要求计算，无规定者，按 0.5m 计算。

5. 沉管成孔工程量按打桩前自然地坪标高至设计桩底标高（不包括预制桩尖）的成孔长度乘以钢管外径截面面积，以体积计算。

6. 沉管桩灌注混凝土工程量按设计桩外径截面面积乘以设计桩长（不包括预制桩尖）另加加灌长度，以体积计算。加灌长度设计有规定者，按设计要求计算，无规定者，按 0.5m 计算。

7. 钻（冲）孔灌注桩设计要求扩底时，其扩底工程量按设计尺寸，以体积计算，并入相应的工程量内。

8. 泥浆运输按成孔工程量，以体积计算。

9. 桩孔回填工程量按打桩前自然地坪标高至桩加灌长度的顶面乘以桩孔截面面积，以体积计算。

10. 钻孔压浆桩工程量按设计桩长，以长度计算。

11. 注浆管、声测管埋设工程量按打桩前的自然地坪标高至设计桩底标高的另加 0.5m，以长度计算。

12. 桩底（侧）后压浆工程量按设计注入水泥用量，以质量计算。

一、预　制　桩

1. 预制钢筋混凝土方桩

工作内容：准备打桩机具，探桩位，行走打桩机，吊装定位，安装和拆卸桩垫、桩帽，校正，打桩。

计量单位：$10m^3$

编　　号				3-1	3-2	3-3	3-4
项　　目				打预制钢筋混凝土方桩（桩长 m）			
				≤12	≤25	≤45	>45
名　　称			单位	消　耗　量			
人工	合计工日		工日	4.748	3.936	3.374	2.936
	其中	普工	工日	1.424	1.180	1.013	0.880
		一般技工	工日	2.849	2.362	2.024	1.762
		高级技工	工日	0.475	0.394	0.337	0.294
材料	预制钢筋混凝土方桩		m^3	(10.100)	(10.100)	(10.100)	(10.100)
	其他材料费		%	0.50	0.50	0.50	0.50
机械	履带式柴油打桩机 2.5t		台班	0.760	—	—	—
	履带式柴油打桩机 5t		台班	—	0.630	0.540	—
	履带式柴油打桩机 7t		台班	—	—	—	0.470
	履带式起重机 25t		台班	0.460	0.380	0.320	0.280

工作内容：准备压桩机具，探桩位，行走压桩机，吊装定位，安装和拆卸桩垫、桩帽，校正，压桩。

计量单位：$10m^3$

编　　号				3-5	3-6	3-7	3-8
项　　目				压预制钢筋混凝土方桩（桩长 m）			
				≤12	≤25	≤45	>45
名　　称			单位	消　耗　量			
人工	合计工日		工日	3.186	2.499	1.999	1.749
	其中	普工	工日	0.955	0.750	0.600	0.525
		一般技工	工日	1.912	1.499	1.199	1.049
		高级技工	工日	0.319	0.250	0.200	0.175
材料	预制钢筋混凝土方桩		m^3	(10.100)	(10.100)	(10.100)	(10.100)
	其他材料费		%	0.50	0.50	0.50	0.50
机械	静力压桩机 900kN		台班	0.510	—	—	—
	静力压桩机 2 000kN		台班	—	0.400	—	—
	静力压桩机 3 000kN		台班	—	—	0.320	—
	静力压桩机 4 000kN		台班	—	—	—	0.280
	履带式起重机 25t		台班	0.300	0.240	0.190	0.170

2. 预应力钢筋混凝土管桩

工作内容：准备打桩机具，探桩位，行走打桩机，吊装定位，安装和拆卸桩垫、桩帽，校正，打桩。

计量单位：100m

编号				3-9	3-10	3-11	3-12
项目				打预应力钢筋混凝土管桩（桩径 mm）			
				≤400	≤500	≤600	>600
名称			单位	消耗量			
人工	合计工日		工日	4.498	4.954	5.089	5.307
	其中	普工	工日	1.349	1.487	1.527	1.592
		一般技工	工日	2.699	2.972	3.053	3.184
		高级技工	工日	0.450	0.495	0.509	0.531
材料	预应力钢筋混凝土管桩		m	（101.000）	（101.000）	（101.000）	（101.000）
	其他材料费		%	0.50	0.50	0.50	0.50
机械	履带式柴油打桩机 2.5t		台班	0.750	—	—	—
	履带式柴油打桩机 5t		台班	—	0.826	—	—
	履带式柴油打桩机 7t		台班	—	—	0.848	0.885
	履带式起重机 25t		台班	0.469	0.516	0.530	0.553

工作内容：准备压桩机具，探桩位，行走压桩机，吊装定位，安装和拆卸桩垫、桩帽，校正，压桩。

计量单位：100m

编号				3-13	3-14	3-15	3-16
项目				压预应力钢筋混凝土管桩（桩径 mm）			
				≤400	≤500	≤600	>600
名称			单位	消耗量			
人工	合计工日		工日	3.598	3.963	4.071	4.943
	其中	普工	工日	1.079	1.189	1.221	1.483
		一般技工	工日	2.159	2.378	2.443	2.966
		高级技工	工日	0.360	0.396	0.407	0.494
材料	预应力钢筋混凝土管桩		m	（101.000）	（101.000）	（101.000）	（101.000）
	其他材料费		%	0.50	0.50	0.50	0.50
机械	静力压桩机 8 000kN		台班	0.554	0.610	0.627	0.762
	履带式起重机 25t		台班	0.472	0.520	0.536	0.656

3. 预制钢筋混凝土板桩

工作内容：准备打桩机具，移动打桩机及其轨道，吊装就位，安装和拆卸桩帽，测量，校正，打桩。

计量单位：10m³

编号				3-17	3-18	3-19	3-20
项目				打预制钢筋混凝土板桩（单桩体积 m³）			
				≤1	≤1.5	≤2.5	>2.5
名称			单位	消耗量			
人工	合计工日		工日	6.787	5.628	4.296	3.773
	其中	普工	工日	2.036	1.688	1.288	1.132
		一般技工	工日	4.072	3.377	2.578	2.264
		高级技工	工日	0.679	0.563	0.430	0.377
材料	预制钢筋混凝土板桩		m³	（10.100）	（10.100）	（10.100）	（10.100）
	其他材料费		%	0.50	0.50	0.50	0.50
机械	轨道式柴油打桩机 3.5t		台班	1.207	1.001	—	—
	轨道式柴油打桩机 4t		台班	—	—	0.764	0.671
	履带式起重机 25t		台班	1.207	1.001	0.764	0.671

4. 钢　管　桩

工作内容：准备打桩机具，移动打桩机，吊装定位，安装和拆卸桩帽，校正，打桩。

计量单位：10t

编号				3-21	3-22	3-23	3-24	3-25	3-26
项目				打钢管桩（桩径 mm）					
				≤450		≤650		≤1 000	
				桩长（m）					
				≤30	>30	≤30	>30	≤30	>30
名称			单位	消耗量					
人工	合计工日		工日	10.858	8.047	7.697	6.035	5.623	4.186
	其中	普工	工日	3.257	2.414	2.309	1.810	1.687	1.255
		一般技工	工日	6.515	4.828	4.618	3.621	3.374	2.512
		高级技工	工日	1.086	0.805	0.770	0.604	0.562	0.419
材料	钢管桩		t	（10.100）	（10.100）	（10.100）	（10.100）	（10.100）	（10.100）
	其他材料费		%	0.50	0.50	0.50	0.50	0.50	0.50
机械	履带式柴油打桩机 2.5t		台班	1.738	1.288	—	—	—	—
	履带式柴油打桩机 5t		台班	—	—	1.232	0.966	—	—
	履带式柴油打桩机 8t		台班	—	—	—	—	0.900	0.670
	履带式起重机 25t		台班	1.738	1.288	1.232	0.966	0.900	0.670
	风割机		台班	1.738	1.288	1.232	0.966	0.900	0.670

工作内容：准备机具，测定标高，钢管桩内排水，内切割钢管，截除钢管，就地安放。 **计量单位**：10根

编号			3-27	3-28	3-29
项目			钢管桩内切割（桩径 mm）		
			≤450	≤650	≤1 000
名称		单位	消耗量		
人工	合计工日	工日	4.007	4.441	4.876
其中	普工	工日	1.202	1.332	1.462
	一般技工	工日	2.404	2.665	2.926
	高级技工	工日	0.401	0.444	0.488
材料	氧气	m^3	31.800	32.500	39.001
	乙炔气	kg	12.231	12.500	15.000
机械	内切割机	台班	0.900	1.000	1.100
	履带式起重机 25t	台班	0.900	1.000	1.100

工作内容：准备机具；测定标高划线，整圆；钢管桩内排水；精割；清泥；除锈；安放及焊接盖帽。 **计量单位**：10个

编号			3-30	3-31	3-32
项目			钢管桩精割盖帽（桩径 mm）		
			≤450	≤650	≤1 000
名称		单位	消耗量		
人工	合计工日	工日	4.800	6.600	9.656
其中	普工	工日	1.440	1.980	2.896
	一般技工	工日	2.880	3.960	5.794
	高级技工	工日	0.480	0.660	0.966
材料	钢帽 ϕ400	个	（10.000）	—	—
	钢帽 ϕ600	个	—	（10.000）	—
	钢帽 ϕ900	个	—	—	（10.000）
	焊丝 ϕ3.2	kg	17.200	25.900	38.600
	焊剂	kg	8.601	12.950	19.300
机械	交流弧焊机 32kV·A	台班	0.800	1.100	1.600
	履带式起重机 25t	台班	0.800	1.100	1.600
	风割机	台班	1.100	1.200	1.300

工作内容：1. 准备钻孔机具，钻机就位，钻孔取土，土方弃土于桩外侧5m以内。
2. 冲洗管桩内芯，排水，填芯。

计量单位：$10m^3$

编号				3-33	3-34	3-35	3-36
项目				钢管内取土、填芯			
				管内钻孔取土	管内填混凝土	管内填黄砂	管内填碎石
名称			单位	消耗量			
人工	合计工日		工日	5.846	3.987	1.051	1.744
	其中	普工	工日	1.753	1.196	0.315	0.524
		一般技工	工日	3.508	2.392	0.631	1.046
		高级技工	工日	0.585	0.399	0.105	0.174
材料	预拌混凝土 C30		m^3	—	10.100	—	—
	黄砂（过筛中砂）		m^3	—	—	11.333	—
	碎石（综合）		m^3	—	—	—	11.333
	水		m^3	—	3.000	4.000	4.000
机械	螺旋钻机 600mm		台班	0.800	—	—	—
	潜水泵 100mm		台班	—	0.070	0.070	0.070

5. 接桩、截(凿)桩头

工作内容: 准备接桩工具,对接桩、放置接桩,筒铁,钢板焊制,焊接,安放,拆卸夹箍。

计量单位: 10 个

编号				3-37	3-38	3-39
项目				预制钢筋混凝土桩接桩		
				包角钢	包钢板	法兰连接
名称			单位	消耗量		
人工	合计工日		工日	6.181	4.809	4.689
	其中	普工	工日	1.854	1.443	1.407
		一般技工	工日	3.709	2.885	2.813
		高级技工	工日	0.618	0.481	0.469
材料	角钢 30×4		kg	80.000	—	—
	钢板(综合)		kg	—	599.000	—
	低合金钢焊条 E4303 $\phi3.2$		kg	6.500	20.300	10.400
	镀锌六角螺栓(综合)		kg	—	—	37.400
	石油沥青 30#		kg	—	—	140.000
	其他材料费		%	1.00	1.00	1.00
机械	履带式柴油打桩机 3.5t		台班	0.342	0.306	0.700
	交流弧焊机 40kV·A		台班	1.060	0.830	0.700
	履带式起重机 25t		台班	0.342	0.306	0.700

工作内容: 准备工具,磨焊接头,上、下节桩对接,焊接。

计量单位: 10 个

编号				3-40	3-41	3-42
项目				钢管桩电焊接桩(桩径 mm)		
				≤450	≤650	≤1 000
名称			单位	消耗量		
人工	合计工日		工日	4.089	4.373	4.771
	其中	普工	工日	1.227	1.312	1.431
		一般技工	工日	2.453	2.624	2.863
		高级技工	工日	0.409	0.437	0.477
材料	低合金钢焊条 E4303 $\phi3.2$		kg	20.296	30.562	46.728
	其他材料费		%	1.00	1.00	1.00
机械	履带式柴油打桩机 2.5t		台班	0.700	—	—
	履带式柴油打桩机 5t		台班	—	0.700	—
	履带式柴油打桩机 8t		台班	—	—	0.900
	交流弧焊机 32kV·A		台班	0.700	0.700	1.800

工作内容：定位，切割，桩头运至50m内堆放。

计量单位：10根

编号				3-43	3-44
项目				预制钢筋混凝土桩截桩	
				方桩	管桩
名称			单位	消耗量	
人工	合计工日		工日	2.658	2.159
	其中	普工	工日	0.797	0.648
		一般技工	工日	1.595	1.295
		高级技工	工日	0.266	0.216
材料	石料切割锯片		片	10.000	6.750
机械	岩石切割机 3kW		台班	2.120	1.430

工作内容：桩头混凝土凿除，钢筋截断，桩头钢筋梳理整形。

计量单位：$10m^3$

编号				3-45	3-46
项目				凿桩头	
				预制钢筋混凝土桩	灌注钢筋混凝土桩
名称			单位	消耗量	
人工	合计工日		工日	8.493	7.043
	其中	普工	工日	2.548	2.113
		一般技工	工日	5.096	4.226
		高级技工	工日	0.849	0.704
机械	电动空气压缩机 $1m^3/min$		台班	5.005	3.575
	手持式风动凿岩机		台班	5.005	3.575

二、灌 注 桩

1. 回旋钻机成孔

工作内容: 护筒埋设及拆除;安装、拆卸泥浆系统,造浆;准备钻具,钻机就位;钻孔、出渣、提钻、压浆、清孔。

计量单位:$10m^3$

编 号				3-47	3-48	3-49	3-50
项 目				回旋钻机钻桩孔(桩径 mm)			
				≤800	≤1 000	≤1 200	≤1 500
名 称			单位	消 耗 量			
人工	合计工日		工日	6.287	5.546	4.805	3.817
	其中	普工	工日	1.886	1.663	1.441	1.145
		一般技工	工日	3.772	3.328	2.883	2.290
		高级技工	工日	0.629	0.555	0.481	0.382
材料	黏土		m^3	0.668	0.543	0.417	0.290
	水		m^3	27.600	26.560	26.560	22.100
	垫木		m^3	0.040	0.040	0.043	0.040
	低合金钢焊条 E43 系列		kg	1.120	1.050	0.980	0.840
	金属周转材料		kg	2.880	2.315	1.750	1.000
机械	回旋钻机 800mm		台班	1.937	—	—	—
	回旋钻机 1 000mm		台班	—	1.498	—	—
	回旋钻机 1 500mm		台班	—	—	1.059	0.840
	泥浆泵 100mm		台班	1.937	1.498	1.059	0.840
	交流弧焊机 32kV·A		台班	0.160	0.140	0.140	0.120

计量单位：$10m^3$

编　　号				3-51	3-52	3-53	3-54
项　　目				回旋钻机钻桩孔（桩径 mm）			
				≤800	≤1 000	≤1 200	≤1 500
				入岩增加			
名　　称			单位	消　耗　量			
人工	合计工日		工日	47.612	40.949	34.285	28.574
	其中	普工	工日	14.284	12.285	10.285	8.573
		一般技工	工日	28.567	24.569	20.571	17.144
		高级技工	工日	4.761	4.095	3.429	2.857
材料	金属周转材料		kg	4.500	3.760	3.030	2.400
机械	回旋钻机 800mm		台班	10.480	—	—	—
	回旋钻机 1 000mm		台班	—	9.444	—	—
	回旋钻机 1 500mm		台班	—	—	8.408	6.290
	泥浆泵 100mm		台班	1.937	1.498	1.059	0.840

2. 旋挖钻机成孔

工作内容： 护筒埋设及拆除；钻机就位；钻孔、提钻、出渣、渣土清理堆放；造浆、压浆、清孔。

计量单位： $10m^3$

编号				3-55	3-56	3-57	3-58
项目				旋挖钻机钻桩孔（桩径 mm）			
				≤800	≤1 000	≤1 200	≤1 500
名称			单位	消耗量			
人工	合计工日		工日	4.937	3.360	3.330	2.480
	其中	普工	工日	1.481	1.008	0.999	0.744
		一般技工	工日	2.962	2.016	1.998	1.488
		高级技工	工日	0.494	0.336	0.333	0.248
材料	黏土		m^3	0.730	0.610	0.560	0.510
	水		m^3	5.000	5.000	5.000	5.000
	低合金钢焊条 E43 系列		kg	1.040	1.040	1.040	1.040
	金属周转材料		kg	6.300	5.200	4.700	3.900
机械	履带式旋挖钻机 800mm		台班	0.461	—	—	—
	履带式旋挖钻机 1 000mm		台班	—	0.378	—	—
	履带式旋挖钻机 1 200mm		台班	—	—	0.373	—
	履带式旋挖钻机 1 500mm		台班	—	—	—	0.278
	履带式单斗液压挖掘机 $1m^3$		台班	0.305	0.265	0.230	0.195
	履带式起重机 40t		台班	0.460	0.390	0.330	0.270
	交流弧焊机 32kV·A		台班	0.183	0.180	0.180	0.100
	泥浆泵 100mm		台班	0.396	0.330	0.275	0.220

工作内容：护筒埋设及拆除；钻机就位；钻孔、提钻、出渣、渣土清理堆放；造浆、压浆、清孔。

计量单位：10m³

编　号				3-59	3-60	3-61	3-62
项　目				旋挖钻机钻桩孔(桩径 mm)			
				≤800	≤1 000	≤1 200	≤1 500
				入岩增加			
名　称			单位	消　耗　量			
人工	合计工日		工日	6.802	6.700	6.600	4.940
	其中	普工	工日	2.041	2.010	1.980	1.482
		一般技工	工日	4.081	4.020	3.960	2.964
		高级技工	工日	0.680	0.670	0.660	0.494
材料	低合金钢焊条 E43 系列		kg	1.920	1.920	1.920	0.960
	金属周转材料		kg	9.600	7.900	6.200	4.900
机械	履带式旋挖钻机 800mm		台班	4.768	—	—	—
	履带式旋挖钻机 1 000mm		台班	—	2.508	—	—
	履带式旋挖钻机 1 200mm		台班	—	—	1.319	—
	履带式旋挖钻机 1 500mm		台班	—	—	—	0.990
	交流弧焊机 32kV·A		台班	0.260	0.260	0.260	0.150
	泥浆泵 100mm		台班	0.695	0.695	0.695	0.533

3. 冲击成孔机成孔

工作内容：护筒埋设及拆除；装拆钻架，就位，移动；钻进、提钻、造浆、压浆、出渣、清孔；测量孔径、孔深。

计量单位：$10m^3$

编号				3-63	3-64	3-65	3-66
项目				冲击钻机成孔（桩径 mm）			
				≤1 000	≤1 500	≤1 000	≤1 500
						入岩增加	
名称			单位	消耗量			
人工	合计工日		工日	8.750	7.090	42.116	37.608
	其中	普工	工日	2.625	2.127	12.634	11.282
		一般技工	工日	5.250	4.254	25.270	22.565
		高级技工	工日	0.875	0.709	4.212	3.761
材料	黏土		m^3	6.859	6.670	—	—
	水		m^3	21.148	20.565	—	—
	低碳钢焊条（综合）		kg	0.917	0.890	2.670	1.189
	金属周转材料		kg	14.106	13.690	3.990	1.772
机械	冲击成孔机 1 000mm		台班	2.188	—	10.529	—
	冲击成孔机 1 500mm		台班	—	1.773	—	9.402
	泥浆泵 100mm		台班	0.875	0.709	0.875	0.709
	交流弧焊机 32kV·A		台班	0.140	0.110	0.382	0.170

4. 冲孔桩机成孔

工作内容：护筒埋设及拆除；准备抓锤，桩机就位；冲抓、提锤、出渣、加水、加黏土、清孔。

计量单位：$10m^3$

编号				3-67	3-68	3-69
项目				冲孔桩机带冲抓锤成孔（桩长 m）		
				≤15	≤30	>30
名称			单位	消耗量		
人工	合计工日		工日	16.608	20.414	23.719
	其中	普工	工日	4.982	6.125	7.116
		一般技工	工日	9.965	12.248	14.231
		高级技工	工日	1.661	2.041	2.372
材料	黏土		m^3	17.436	17.436	17.436
	水		m^3	18.540	18.540	18.540
	低碳钢焊条（综合）		kg	0.918	0.918	0.918
	金属周转材料		kg	40.540	40.540	40.540
机械	带冲抓锤冲孔桩机		台班	5.536	6.805	7.906
	交流弧焊机 32kV·A		台班	0.153	0.153	0.153
	泥浆泵 100mm		台班	1.949	2.396	2.784

工作内容：护筒埋设及拆除；准备冲锤，桩机就位；循环冲锤、提锤；加水、加黏土、清孔。

计量单位：$10m^3$

编号				3-70	3-71	3-72
项目				冲孔桩机带冲击锤成孔（桩长 m）		
				≤15	≤30	>30
名称			单位	消耗量		
人工	合计工日		工日	17.720	21.782	25.308
	其中	普工	工日	5.316	6.535	7.592
		一般技工	工日	10.632	13.069	15.185
		高级技工	工日	1.772	2.178	2.531
材料	黏土		m^3	17.436	17.436	17.436
	水		m^3	18.540	18.540	18.540
	低碳钢焊条（综合）		kg	0.918	0.918	0.918
	金属周转材料		kg	35.780	35.780	35.780
机械	带冲击锤冲孔桩机		台班	5.907	7.261	8.436
	交流弧焊机 32kV·A		台班	0.153	0.153	0.153
	泥浆泵 100mm		台班	2.105	2.587	3.006

工作内容：护筒埋设及拆除；准备冲锤，桩机就位；循环冲锤、提锤；加水、加黏土、清孔。

计量单位：10m³

编号				3-73	3-74	3-75
项目				冲孔桩机带冲击锤成孔（桩长 m）		
				≤15	≤30	>30
				入岩		
名称			单位	消耗量		
人工	合计工日		工日	68.224	83.861	97.436
	其中	普工	工日	20.468	25.158	29.230
		一般技工	工日	40.934	50.317	58.462
		高级技工	工日	6.822	8.386	9.744
材料	黏土		m³	9.192	9.192	9.192
	水		m³	20.394	20.394	20.394
	低碳钢焊条（综合）		kg	3.337	3.337	3.337
	金属周转材料		kg	75.200	75.200	75.200
机械	带冲击锤冲孔桩机		台班	22.741	27.954	32.478
	交流弧焊机 32kV·A		台班	0.558	0.558	0.558
	泥浆泵 100mm		台班	8.104	9.962	11.574

5. 扩孔成孔

工作内容：准备挤扩机具，制作泥浆，加泥浆，吊装，就位，挤扩，回钻，清桩孔泥浆。

计量单位：10m³

编号				3-76	3-77
项目				挤扩支盘钻孔（桩径 mm）	
				≤800	>800
名称			单位	消耗量	
人工	合计工日		工日	2.080	1.706
	其中	普工	工日	0.624	0.511
		一般技工	工日	1.248	1.024
		高级技工	工日	0.208	0.171
材料	黏土		m³	0.135	0.135
	水		m³	4.473	2.723
	其他材料费		%	2.00	2.00
机械	挤扩机 ZJ600-Ⅱ		台班	0.956	0.783
	泥浆泵 100mm		台班	0.956	0.783
	汽车式起重机 16t		台班	0.956	0.783

6. 沉管成孔

工作内容：准备打桩机具，移动打桩机，桩位校测，打钢管成孔，拔钢管。　　**计量单位：**$10m^3$

编号				3-78	3-79	3-80	3-81	3-82
项目				沉管桩成孔（桩长 m）			沉管桩成孔	
				振动式			锤击式	夯扩式
				≤12	≤25	>25		
名称			单位	消耗量				
人工	合计工日		工日	5.623	4.373	3.919	5.169	9.542
	其中	普工	工日	1.687	1.312	1.176	1.551	2.863
		一般技工	工日	3.374	2.624	2.351	3.101	5.725
		高级技工	工日	0.562	0.437	0.392	0.517	0.954
材料	垫木		m^3	0.030	0.030	0.030	0.030	0.030
	金属周转材料		kg	6.600	7.000	7.500	7.500	7.500
机械	振动沉拔桩机 400kN		台班	0.830	0.640	0.580	—	—
	履带式柴油打桩机 2.5t		台班	—	—	—	0.760	1.400

7. 螺旋钻机成孔

工作内容：护筒埋设及拆除；准备打桩机具，移动打桩机，钻孔，测量，校正，清理钻孔泥土，就地弃土 5m 以内。　　**计量单位：**$10m^3$

编号				3-83	3-84	3-85
项目				螺旋钻机钻桩孔（桩径 mm）		
				≤400	≤600	≤800
名称			单位	消耗量		
人工	合计工日		工日	5.260	4.500	3.500
	其中	普工	工日	1.578	1.350	1.050
		一般技工	工日	3.156	2.700	2.100
		高级技工	工日	0.526	0.450	0.350
材料	低合金钢焊条 E43 系列		kg	1.152	1.008	1.008
	金属周转材料		kg	3.537	3.537	3.537
机械	螺旋钻机 400mm		台班	0.880	—	—
	螺旋钻机 600mm		台班	—	0.670	—
	螺旋钻机 800mm		台班	—	—	0.580
	交流弧焊机 32kV·A		台班	0.192	0.168	0.168

8. 灌注混凝土

工作内容：预拌混凝土灌注，安装、拆除导管及漏斗。 **计量单位**：$10m^3$

编号				3-86	3-87	3-88	3-89	3-90	3-91
项目				回旋钻孔	旋挖钻孔	冲击钻孔	冲孔钻孔	沉管成孔	螺旋钻孔
名称			单位	消耗量					
人工	合计工日		工日	1.167	1.500	2.333	2.278	2.159	1.446
	其中	普工	工日	0.350	0.450	0.700	0.683	0.648	0.433
		一般技工	工日	0.700	0.900	1.400	1.367	1.295	0.868
		高级技工	工日	0.117	0.150	0.233	0.228	0.216	0.145
材料	预拌水下混凝土 C30		m^3	12.120	12.625	12.625	13.130	—	—
	预拌混凝土 C30		m^3	—	—	—	—	11.615	12.120
	其他材料费		%	1.00	1.00	1.00	1.00	1.00	1.00
机械	履带式起重机 25t		台班	0.171	0.171	0.171	0.171	0.171	0.171

9. 钻孔压浆桩

工作内容：准备机具，移动桩机，定位，钻孔，校测，浆液配制，压浆，投放石子骨料。　**计量单位：**100m

编　号				3-92	3-93	3-94
项　目				钻孔压浆桩（主杆直径 mm）		
				≤300	≤400	≤600
名　称			单位	消　耗　量		
人工	合计工日		工日	132.163	148.066	158.936
	其中	普工	工日	39.649	44.419	47.680
		一般技工	工日	79.298	88.840	95.362
		高级技工	工日	13.216	14.807	15.894
材料	水泥 P·O 42.5		t	15.130	20.240	25.360
	水		m^3	20.000	25.000	30.000
	石子		m^3	7.100	13.000	20.300
	外加剂 SN-2		kg	500.000	600.000	700.000
	黏土		m^3	5.000	5.500	6.000
	注浆管		kg	317.100	420.000	528.400
	低碳钢焊条（综合）		kg	75.500	100.000	125.800
机械	螺旋钻机 400mm		台班	6.500	7.500	—
	螺旋钻机 600mm		台班	—	—	8.500
	双液压注浆泵 PH2X5		台班	8.000	9.000	10.000
	交流弧焊机 32kV·A		台班	5.000	6.000	7.000
	泥浆泵 100mm		台班	8.000	9.000	10.000
	电动多级离心清水泵 100mm 120m 以下		台班	8.000	9.000	10.000
	灰浆搅拌机 200L		台班	6.500	7.500	8.500

10. 灌注桩埋管、后压浆

工作内容：1. 声测管制作，埋设安装道。
2. 注浆管制作，焊接，埋设安装。
3. 准备机具，浆液配置，压注浆。

编号				3-95	3-96	3-97
项目				声测管埋设	注浆管埋设	桩底（侧）后压浆
				100m		10t
名称			单位	消耗量		
人工	合计工日		工日	0.993	2.002	27.110
	其中	普工	工日	0.298	0.601	8.133
		一般技工	工日	0.596	1.201	16.266
		高级技工	工日	0.099	0.200	2.711
材料	钢管 $D60\times3.5$		m	106.000	—	—
	接头管箍		个	17.000	—	—
	水泥 P·O 42.5		t	—	—	10.200
	镀锌铁丝 $\phi1.2\sim1.6$		kg	3.920	—	—
	氧气		m^3	—	0.660	—
	乙炔气		kg	—	0.254	—
	低合金钢焊条 E43 系列		kg	—	2.500	—
	无缝钢管 $D32\times2.5$		m	—	106.000	—
	水		m^3	—	—	6.400
	其他材料费		%	1.00	1.00	1.00
机械	管子切断机 250mm		台班	—	0.110	—
	交流弧焊机 32kV·A		台班	—	0.320	—
	电动灌浆机		台班	—	—	6.100
	灰浆搅拌机 200L		台班	—	—	6.100

第四章　砌 筑 工 程

说　明

一、本章包括砖砌体、砌块砌体、石砌体和轻质墙板四节。

二、砖砌体、砌块砌体、石砌体。

1. 砖、砌块和石料按标准或常用规格以常规品种编制，遇设计与消耗量不同时，涉及规格变化的，砖、砌块、石料及砌筑砂浆、砌筑粘结剂的用量应做调整；涉及品种变化的，砖、砌块、石料的施工损耗率可做换算。砌筑砂浆按干混预拌砂浆考虑，若实际使用现拌砂浆或湿拌预拌砂浆的，按总说明相应规定进行调整。

2. 砖（石）基础与墙（柱）身的划分：

（1）基础与墙（柱）身使用相同种类及品种的材料时，有地下室者，以地下室室内设计地面为界；无地下室者，以设计室内地面为界。

（2）基础与墙（柱）身使用不同种类及品种的材料时，材料界线位于设计室内地面的高度≤±300mm的，以不同材料为界；材料界线位于设计室内地面的高度>±300mm的，按有、无地下室分别以地下室室内设计地面和设计室内地面为界。

（3）石基础与石墙之间遇有石勒脚时，基础与勒脚以设计室外地坪为界，勒脚与墙身以设计室内地面为界。

（4）围墙内、外地坪标高相同的，以设计室外地坪为界，以下为基础，以上为墙身；围墙内、外地坪标高不同的，以较低地坪标高为界，以下为基础，内、外地坪高差部分为挡土墙，挡土墙以上为墙身。

3. 砖基础不分柱基础、墙基础、管道基础及砌筑宽度与有否大放脚，以砖品种及规格按相应项目执行；石基础不分柱基础、墙基础及砌筑宽度与截面形状，以石料成形规格及砌筑方法按相应项目执行。地下筏板基础下翻混凝土构件所用砖模、砖砌挡土墙及砖砌挖孔桩护壁套用砖基础项目。

4. 砖（砌块）墙不分外墙、内墙及砌筑高度，以砖（砌块）品种、规格及墙体厚度与组砌方式（或胶结材料种类）按相应项目执行；石墙不分外墙、内墙及墙体厚度与砌筑高度，以石料成形规格及砌筑方法按相应项目执行。其中：

（1）除空花墙外的砖墙项目已包括立门窗框的调直以及腰线、窗台线、挑檐等一般出线用工；砌块墙、石墙项目均包括立门窗框的调直用工。

（2）空斗墙项目未包括装填充料（空斗灌肚），遇设计有要求时，每10m^3砌体增加普工2.30工日，填充（灌肚）材料就地取材或按设计要求另行计算。

（3）空花墙与实砌墙相连时，应按各自项目分别计算。遇设计采用预制混凝土镂空花格砌筑的空花墙，按第五章“混凝土及钢筋混凝土工程”相关项目及规定进行计算。

（4）填充墙（夹心保温墙）按单侧墙厚套用墙相应项目，人工用量乘以系数1.15，保温填充料按第十章“保温、隔热、防腐工程”相应项目及规定另行计算。

（5）轻集料混凝土小型空心砌块墙项目已包括门、窗、洞口的同类实心砖镶砌，不单独另行计算。

（6）烧结空心砌块墙项目的砌筑砂浆用量已包括洞口侧边竖砌砌块的灌芯砂浆。

（7）女儿墙、围墙套用墙相应项目。

5. 砌块砌体项目中的蒸压加气混凝土砌块分为蒸压粉煤灰加气混凝土砌块和蒸压砂加气混凝土砌块。其中：

（1）蒸压砂加气混凝土砌块仅适用于粘结剂砌筑。

（2）蒸压加气混凝土砌块墙项目均已包括砌块零星切割改锯和拉结筋启槽的损耗及费用。

（3）轻质砌块L形专用连接件项目按蒸压加气混凝土砌块与混凝土柱（墙）间连接考虑，若为蒸压加气混凝土砌块间的连接，扣除射钉弹用量，水泥钉用量乘以系数2.00，其余不变。

（4）蒸压加气混凝土砌块墙顶部与混凝土梁或楼板之间的缝隙，已按刚性材料嵌缝考虑，若实际采用柔性材料嵌缝，柔性材料嵌缝按规定另列项目计算，并扣除原消耗量中刚性材料嵌缝部分费用，具体调整方法如下：

①采用砂浆砌筑的，每 $10m^3$ 砌体扣除干混砌筑砂浆 $0.10m^3$，一般技工 0.60 工日，干混砂浆罐式搅拌机 0.005 台班；

②采用粘结剂砌筑的，每 $10m^3$ 砌体扣除干混抹灰砂浆 $0.10m^3$，一般技工 0.60 工日，干混砂浆罐式搅拌机 0.005 台班。

（5）采用粘结剂砌筑的蒸压加气混凝土砌块墙，其墙端与混凝土柱或墙等侧面交接处，已按粘结剂胶结考虑，若实际需要以柔性材料嵌缝连接的，柔性材料嵌缝按规定另列项目计算，原消耗量每 $10m^3$ 砌体扣除蒸压加气混凝土砌块 $0.05m^3$，砌块砌筑粘结剂 33.5kg。

（6）柔性材料嵌缝已包括两侧嵌缝所需用量，其中 PU 发泡剂的单侧嵌缝尺寸按 2.0×2.5（cm^2）考虑，如实际与消耗量不同时，PU 发泡剂用量按比例调整，其余用量不变。

6. 砖（石）柱均不分截面大小及砌筑高度，砖柱以砖品种、规格与截面形状按相应项目执行；石柱以石料成形规格及砌筑方法按相应项目执行。其中：

（1）砖（石）柱项目按独立柱编制，依附于砖（石）墙体砌筑的柱按墙垛考虑。

（2）墙垛与墙体的材料种类、品种及组砌方式相同时，墙垛并入墙体计算，套用墙相应项目。

（3）墙垛与墙体的材料种类、品种及组砌方式不同时，墙垛应另行单独计算，套用柱相应项目。

（4）方柱包括矩形柱，圆形、半圆形及多边形柱等套用异型柱项目。

7. 砖（砌块）墙、砖柱项目统一按混水砌筑编制，若为清水砌筑者，按相应墙、柱项目人工用量乘以系数调整，其中单面清水墙乘以系数 1.15，双面清水墙乘以系数 1.35，清水柱乘以系数 1.10。调整后的人工用量包括原浆勾缝用工，遇设计需加浆勾缝的，应按第十二章“墙、柱面装饰与隔断、幕墙工程”相应项目及规定另行计算。

8. 砖碹项目按平碹编制。

9. 零星砌砖系指台阶、台阶挡墙、梯带、锅台、炉灶、蹲台、小便槽、池槽、池槽腿、预制构件胎模、花台、花池、楼梯栏板、阳台栏板、地垄墙等体量较小且分散砌筑的砖砌体。墙体内遇有不同组砌方式或材料种类、品种时，按以下原则处理：

（1）空斗墙的窗间墙、窗下墙、楼板下、梁头下等部位之中，遇设计有实砌要求的，实砌部分应另行单独计算，套用零星砌砖项目。

（2）多孔砖、空心砖及砌块砌筑的墙体，遇有防水、防潮要求时，若以实心砖作为导墙砌筑的，导墙与墙身主体应分别计算，导墙部分套用零星砌砖项目。

（3）多孔砖、空心砖及砌块砌筑或空斗墙、空花墙组砌的围墙，以及采用预制混凝土、铁艺等成品栏杆（板）安装的围墙，如设计要求底部为实心砖实砌的，实砌部分应另行单独计算，套用零星砌砖项目。

（4）多孔砖、空心砖及砌块与石材砌筑的围墙，若为实心砖压顶的，实心砖压顶应另行单独计算，套用零星砌砖项目。

（5）除另有说明者外，多孔砖、空心砖及砌块与石墙项目未包括墙体顶缝及门窗洞口立边等的实心砖镶砌，发生时另行单独计算，套用零星砌砖项目。

10. 贴砌砖墙项目适用于依附墙体或构件砌筑的贴砌砖。

11. 石挡土墙、石护坡项目按垂直高度 4m 以内编制，垂直高度超过 4m 时，人工用量乘以系数 1.15。其中：

（1）石挡土墙项目已综合考虑预留变形缝、泄水孔所需用工，未包括变形缝、泄水管安装及滤水层铺设，发生时应按市政相应项目及规定另行计算。

（2）石护坡项目已综合考虑预留泄水孔所需用工，未包括泄水管安装，发生时应按市政相应项目及规定另行计算。

12. 石台阶项目已包括石梯带(垂带),不包括石梯膀,石梯膀应另行单独计算,套用石挡土墙相应项目。

13. 石砌体勾缝项目适用于毛石面、料石面的勾缝,方整石面遇设计需要勾缝时,按料石面勾缝相应项目人工用量乘以系数0.85。

14. 轻质墙板项目适用于框架、框剪结构中的内外墙或隔墙。

15. 各砌体项目均按直形砌筑编制,如为圆弧形砌筑者,人工按相应砌体项目乘以系数1.10,砖、砌块及石砌体及砂浆(粘结剂)乘以系数1.03。

16. 除另有说明者外,本章均不包括土方、垫层、混凝土、钢筋、防潮、防水及抹灰,发生时应按其他相关章节的项目及规定执行。其中:

(1)土方的挖、运、填应按第一章"土石方工程"相应项目及规定另行计算。

(2)垫层应按第十一章"楼地面装饰工程"相应项目及规定另行计算。

(3)砌体加固钢筋与拉接钢筋(丝)网片、墙体芯柱插筋与拉接钢筋及其植筋、检查井爬梯与井圈(盖)钢筋的制作、安装和砌体垂直灰缝(宽>30mm)、墙体芯柱等的细石混凝土灌注、浇灌,以及砖地沟的混凝土或钢筋混凝土底板、盖板,应按第五章"混凝土及钢筋混凝土工程"相应项目及规定另行计算。

(4)墙(柱)基、墙(柱)身与砖地沟等的防潮、防水与抹灰,以及检查井井底、井壁的防潮层,应分别按第九章"屋面及防水工程"、第十二章"墙、柱面装饰与隔断、幕墙工程"相应项目及规定另行计算。

工程量计算规则

一、砖砌体、砌块砌体。

1. 砖基础按设计图示尺寸以包括大放脚在内的体积计算。其中:

(1)基础长度:外墙基础按外墙中心线长度计算,内墙基础按内墙净长计算;独立柱基间的墙基础,不分内、外墙按墙体净长计算;围墙基础按围墙中心线长度计算;管道基础按管道长度计算。附墙垛(含围墙柱)基础宽出部分体积按折加长度合并计算。

(2)独立柱砖基础按设计图示尺寸的体积计算。

(3)扣除钢筋混凝土地梁(圈梁)、构造柱所占体积,不扣除基础大放脚T形接头、附墙垛(含围墙柱)基础搭接、独立柱基础搭接等的重叠部分及嵌入基础内的钢筋、铁件、管道、基础砂浆防潮层和单个面积≤$0.3m^2$的孔洞所占体积,靠墙暖气沟的挑檐和附墙垛(含围墙柱)基础加深部分亦不增加。

2. 砖墙、砌块墙按设计图示尺寸以体积计算。

(1)墙长度:外墙按外墙中心线长度计算,内墙按内墙净长计算;框架间墙不分内、外墙按墙体净长计算;女儿墙、围墙按各自中心线长度计算。

(2)墙高度:

①外墙:平屋面算至钢筋混凝土屋面板底。斜(坡)屋面有屋架时,无檐口天棚者不分出檐宽度及室内有无天棚算至屋面板底;室内、外均有天棚者不分出檐宽度算至屋架下弦底另加200mm;有檐口天棚而无室内天棚者算至屋架下弦底另加300mm,若出檐宽度超过600mm时按实际砌筑高度计算。斜(坡)屋面无屋架时,不分出檐宽度及室内、外有无天棚均算至屋面板底。遇有钢筋混凝土楼板隔层时算至楼板顶。

②内墙:位于屋架下方者,不分有无天棚算至屋架下弦底;未位于屋架下方或无屋架者,有天棚时算至天棚底另加100mm,无天棚时按实际砌筑高度计算。遇有钢筋混凝土楼板隔层时算至楼板底。

③内、外山墙:按其平均高度计算,其余部位的墙体遇墙顶设有坡度时参照执行。

④框架间墙:不分内、外墙按墙体净高计算。

⑤女儿墙:按屋面板上表面至女儿墙顶面的高度计算,如有混凝土(现浇或预制)压顶或砌块墙身设有砖压顶时算至压顶下表面。

⑥围墙:按设计室外地坪至压顶上表面的高度计算,如为混凝土(现浇或预制)压顶或砌块墙身设有砖压顶时算至压顶下表面。

(3)墙厚度:

①标准砖尺寸以240mm×115mm×53mm为准,标准砖墙厚度应按表4-1计算。

表4-1 标准砖砌体计算厚度表

砖数(厚度)	$\frac{1}{4}$	$\frac{1}{2}$	$\frac{3}{4}$	1	$1\frac{1}{2}$	2	$2\frac{1}{2}$	3
计算厚度(mm)	53	115	178	240	365	490	615	740

②非标准砖墙厚度按设计厚度计算,遇设计厚度与实际规格的厚度不符时,按实际规格厚度计算。

(4)遇墙身底部设有导墙时,砖砌导墙按设计图示尺寸的体积单独以零星砌砖计算,其中厚度与长度按墙身主体,高度以设计要求的砌筑高度确定,墙身主体的计算高度相应扣减。

(5)空斗墙按设计图示尺寸以空斗墙外形体积计算,空斗墙外形体积应包括墙角、内外墙交接处、门窗洞口立边、窗台砖、屋檐处等按砌筑规范要求的实砌部分体积。

（6）空花墙按设计图示尺寸以空花部分外形体积计算，不扣除空花镂空部分体积。

（7）填充墙（夹心保温墙）砌体按设计图示尺寸以砌体部分体积计算。

（8）砖碹按设计图示尺寸以砖碹外形体积计算。

（9）附墙烟囱、通风道、垃圾道按设计图示尺寸以扣除孔道空孔体积后的实体积并入所依附的实砌墙体积内计算；依附于空斗墙的，按其孔道侧壁厚度以实体积计入相同厚度的实砌墙工程量内。

（10）附墙垛按设计图示尺寸以凸出墙面部分体积并入所依附的实砌墙体积内计算；依附于空斗墙的，空斗墙与附墙垛按各自体积分别计算，其中附墙垛以含嵌入墙体部分在内的全部体积计入柱工程量内，空斗墙的体积相应扣减。

（11）实砌女儿墙、围墙的柱按设计图示尺寸以凸出墙面部分体积分别并入女儿墙、围墙体积内计算；遇女儿墙、围墙的墙体为部分实砌或非实砌（含非砌筑）者时，墙体与柱按各自体积分别计算，其中柱以含嵌入墙体部分在内的全部体积计入柱工程量内，墙体的体积相应扣减。

（12）扣除门窗、洞口及嵌入墙内的砖碹和钢筋混凝土柱、梁（含梯段梁）、圈梁、挑梁、过梁与凹进墙内壁龛、管槽、暖气槽、消火栓箱所占体积，不扣除梁头、板头、檩头、垫木（块）、木楞头、沿椽木、木砖、木楔卡固、门窗走头及墙内加固钢筋、木筋、铁件、钢管、刚（柔）性材料嵌缝和单个面积≤$0.3m^2$的孔洞所占的体积，凸出墙面的腰线、挑檐、压顶、窗台线、虎头砖、门窗套的体积亦不增加。

3. 砖柱按设计图示尺寸以体积计算，扣除混凝土及钢筋混凝土梁垫、梁头、板头所占体积。

4. 零星砌砖按设计图示尺寸以体积计算。

5. 砖散水、地坪按设计图示尺寸以面积计算。

6. 砖地沟不分沟壁砖基础与砖砌沟壁，按设计图示尺寸以沟壁砖基础和砖砌沟壁体积之和合并计算。

7. 贴砌砖墙按设计图示尺寸的贴砌面积乘以贴砌砖厚度（不含贴砌面砂浆厚度）以体积计算。

8. 轻质砌块 L 形专用连接件按设计（规范）要求，以数量“个”计算。

9. 柔性材料嵌缝按设计（规范）要求，以轻质砌块（加气砌块）隔墙与钢筋混凝土梁或楼板、柱或墙之间的缝隙长度计算。

二、石砌体。

1. 石基础按设计图示尺寸以体积计算。

（1）基础长度：外墙基础按外墙中心线长度计算，内墙基础按内墙净长计算；独立柱基间的墙基础，不分内、外墙按墙体净长计算；围墙基础按围墙中心线长度计算。附墙垛（含围墙柱）基础宽出部分体积按折加长度合并计算。

（2）独立柱石基础按设计图示尺寸的体积计算。

（3）不扣除附墙垛（含围墙柱）基础搭接、独立柱基础搭接等的重叠部分及嵌入基础内的砂浆防潮层和单个面积≤$0.3m^2$的孔洞所占体积，靠墙暖气沟的挑檐和附墙垛（含围墙柱）基础加深部分亦不增加。

2. 石勒脚按设计图示尺寸以体积计算，扣除单个面积 >$0.3m^2$的孔洞所占的体积。

3. 石墙按设计图示尺寸以体积计算。

（1）墙长度：外墙按外墙中心线长度计算，内墙按内墙净长计算；女儿墙、围墙按各自中心线长度计算。

（2）墙高度：

①外墙：平屋面算至钢筋混凝土屋面板底。斜（坡）屋面有屋架时，无檐口天棚者不分出檐宽度及室内有无天棚算至屋面板底；室内、外均有天棚者不分出檐宽度算至屋架下弦底另加 200mm；有檐口天棚而无室内天棚者算至屋架下弦底另加 300mm，出檐宽度超过 600mm 时按实际砌筑高度计算。斜（坡）屋面无屋架时，不分出檐宽度及室内、外有无天棚均算至屋面板底。遇有钢筋混凝土楼板隔层时算至楼板顶。

②内墙：位于屋架下方者，不分有无天棚算至屋架下弦底；未位于屋架下方或无屋架者，有天棚时

算至天棚底另加 100mm，无天棚时按实际砌筑高度计算。遇有钢筋混凝土楼板隔层时算至楼板底，有框架梁时算至梁底。

③内、外山墙：按其平均高度计算，其余部位的墙体遇墙顶设有坡度时参照执行。

④女儿墙：按屋面板上表面至女儿墙顶面的高度计算，如有混凝土（现浇或预制）及砖压顶时算至压顶下表面。

⑤围墙：按设计室外地坪至压顶上表面的高度计算，如为混凝土（现浇或预制）及砖压顶时算至压顶下表面。

内、外墙的砌筑高度应满足消防设计、施工、验收等规范的要求，遇本规则的计算高度与规范不符时，按规范要求的高度进行计算。

（3）墙厚度：按设计厚度计算。

（4）附墙垛按设计图示尺寸以凸出墙面部分体积并入所依附的墙体积内计算。

（5）女儿墙、围墙的柱按设计图示尺寸以凸出墙面部分体积分别并入女儿墙、围墙体积内计算；遇女儿墙、围墙的墙体为部分石砌或非石砌者时，墙体与柱按各自体积分别计算，其中柱以含嵌入墙体部分在内的全部体积计入柱工程量内，墙体的体积相应扣减。

（6）扣除门窗、洞口及嵌入墙内的钢筋混凝土柱、梁（含梯段梁）、圈梁、挑梁、过梁、配套砌砖与凹进墙内壁龛、管槽、暖气槽、消火栓箱所占体积，不扣除梁头、板头、檩头、垫木（块）、木楞头、沿椽木、木砖、门窗走头及墙内加固钢筋、木筋、铁件、钢管和单个面积≤$0.3m^2$ 的孔洞所占的体积，凸出墙面的腰线、挑檐、压顶、窗台线、虎头砖、门窗套的体积亦不增加。

4. 石挡土墙按设计图示尺寸以体积计算。

5. 石柱按设计图示尺寸以体积计算，扣除混凝土及钢筋混凝土梁垫、梁头、板头所占体积。

6. 石护坡按设计图示尺寸以体积计算。

7. 石台阶按设计图示尺寸以体积计算。

8. 石坡道按设计图示以水平投影面积计算。

9. 石砌体勾缝按设计图示尺寸以石砌体表面展开面积计算。

三、轻质墙板。

轻质墙板按设计图示尺寸以面积计算，扣除门窗洞及单个面积 >$0.3m^2$ 的孔洞所占的面积。

一、砖 砌 体

1. 砖 基 础

工作内容：清理基槽坑，调、运、铺砂浆，运、砌砖。 **计量单位：**10m^3

编号				4-1	4-2
项目				实心砖基础	
				240×115×53	190×90×53
名称			单位	消耗量	
人工	合计工日		工日	8.852	10.727
	其中	普工	工日	2.078	2.521
		一般技工	工日	5.806	7.037
		高级技工	工日	0.968	1.169
材料	混凝土实心砖 240×115×53		千块	5.288	—
	混凝土实心砖 190×90×53		千块	—	8.340
	干混砌筑砂浆 DM M10		m^3	2.399	2.507
	水		m^3	0.100	0.100
机械	干混砂浆罐式搅拌机		台班	0.240	0.251

2. 砖 墙

工作内容：调、运、铺砂浆，运、砌砖，安放木砖、垫块。 **计量单位：**10m^3

编号				4-3	4-4	4-5	4-6	4-7
项目				实心砖实砌墙				
				240×115×53				
				1/4砖	1/2砖	3/4砖	1砖	1砖半及以上
名称			单位	消耗量				
人工	合计工日		工日	21.898	14.662	14.109	10.700	9.579
	其中	普工	工日	6.281	3.895	3.684	2.621	2.299
		一般技工	工日	13.387	9.228	8.936	6.924	6.226
		高级技工	工日	2.230	1.539	1.489	1.155	1.054
材料	混凝土实心砖 240×115×53		千块	6.131	5.613	5.483	5.363	5.305
	干混砌筑砂浆 DM M10		m^3	1.199	1.958	2.153	2.313	2.414
	水		m^3	0.100	0.100	0.100	0.100	0.100
	其他材料费		%	0.20	0.20	0.20	0.20	0.20
机械	干混砂浆罐式搅拌机		台班	0.120	0.196	0.215	0.231	0.241

工作内容：调、运、铺砂浆，运、砌砖，安放木砖、垫块。 **计量单位**：$10m^3$

编号				4-8	4-9
项目				实心砖实砌墙	
				190×90×53	
				1/2砖	1砖
名称			单位	消耗量	
人工	合计工日		工日	18.136	13.148
	其中	普工	工日	4.824	3.222
		一般技工	工日	11.415	8.509
		高级技工	工日	1.897	1.417
材料	混凝土实心砖 190×90×53		千块	8.890	8.390
	干混砌筑砂浆 DM M10		m^3	2.121	2.568
	水		m^3	0.100	0.100
	其他材料费		%	0.20	0.20
机械	干混砂浆罐式搅拌机		台班	0.212	0.257

工作内容：调、运、铺砂浆，运、砌砖，安放木砖、垫块。 **计量单位**：$10m^3$

编号				4-10	4-11	4-12	4-13
项目				多孔砖实砌墙			
				240×115×90			190×190×90
				1/2砖	1砖	1砖半及以上	1砖
名称			单位	消耗量			
人工	合计工日		工日	9.269	8.650	8.072	7.852
	其中	普工	工日	2.420	2.139	1.937	1.939
		一般技工	工日	5.870	5.582	5.247	5.065
		高级技工	工日	0.979	0.929	0.888	0.848
材料	混凝土多孔砖 240×115×90		千块	3.565	3.413	3.363	—
	混凝土多孔砖 190×190×90		千块	—	—	—	2.670
	干混砌筑砂浆 DM M10		m^3	1.496	1.892	2.046	1.656
	水		m^3	0.100	0.100	0.100	0.100
	其他材料费		%	0.20	0.20	0.20	0.20
机械	干混砂浆罐式搅拌机		台班	0.150	0.189	0.205	0.166

工作内容：调、运、铺砂浆，运、砌砖，安放木砖、垫块。　　　　**计量单位：**$10m^3$

编　　号				4-14	4-15	4-16
项　　目				空心砖实砌墙（卧砌）		
				240×240×115		
				1/2 砖	1 砖	1 砖半及以上
名　　称			单位	消　耗　量		
人工	合计工日		工日	9.094	7.447	6.521
	其中	普工	工日	2.512	1.913	1.604
		一般技工	工日	5.641	4.743	4.219
		高级技工	工日	0.941	0.791	0.698
材料	非黏土烧结页岩空心砖 240×240×115		千块	1.433	1.370	1.350
	干混砌筑砂浆 DM M10		m^3	0.894	1.332	1.503
	水		m^3	1.100	1.000	1.000
	其他材料费		%	0.20	0.20	0.20
机械	干混砂浆罐式搅拌机		台班	0.089	0.133	0.150

工作内容：调、运、铺砂浆，运、砌砖，安放木砖、垫块。　　　　**计量单位：**$10m^3$

编　　号				4-17	4-18	4-19	4-20
项　　目				实心砖空斗墙			
				240×115×53			
				一眠一斗	一眠三斗	一眠五斗	全空斗
名　　称			单位	消　耗　量			
人工	合计工日		工日	10.702	10.716	10.716	10.731
	其中	普工	工日	2.879	2.883	2.883	2.887
		一般技工	工日	6.710	6.719	6.719	6.728
		高级技工	工日	1.113	1.114	1.114	1.116
材料	混凝土实心砖 240×115×53		千块	4.344	4.144	4.089	3.998
	干混砌筑砂浆 DM M10		m^3	1.386	1.331	1.313	1.285
	水		m^3	0.100	0.100	0.100	0.100
	其他材料费		%	0.20	0.20	0.20	0.20
机械	干混砂浆罐式搅拌机		台班	0.139	0.133	0.131	0.129

工作内容：调、运、铺砂浆，运、砌砖。 **计量单位**：$10m^3$

编号			4-21
项目			实心砖空花墙 240×115×53
名称		单位	消耗量
人工	合计工日	工日	14.018
	其中 普工	工日	3.917
	其中 一般技工	工日	8.658
	其中 高级技工	工日	1.443
材料	混凝土实心砖 240×115×53	千块	4.019
	干混砌筑砂浆 DM M10	m^3	1.199
	水	m^3	0.100
	其他材料费	%	0.20
机械	干混砂浆罐式搅拌机	台班	0.120

工作内容：调、运、铺砂浆，支模，运、砌砖。 **计量单位**：$10m^3$

编号			4-22
项目			实心砖砖碹 240×115×53
名称		单位	消耗量
人工	合计工日	工日	20.676
	其中 普工	工日	5.651
	其中 一般技工	工日	12.878
	其中 高级技工	工日	2.147
材料	混凝土实心砖 240×115×53	千块	5.407
	干混砌筑砂浆 DM M10	m^3	2.290
	板枋材	m^3	0.304
	圆钉	kg	6.600
	水	m^3	0.100
机械	干混砂浆罐式搅拌机	台班	0.229

3. 砖　　柱

工作内容：调、运、铺砂浆，运、砌砖。　　　　**计量单位**：$10m^3$

编　号				4-23	4-24	4-25
项　目				实心砖方柱	实心砖异型柱	多孔砖方柱
				240×115×53		240×115×90
名　称			单位	消　耗　量		
人工	合计工日		工日	13.590	17.021	11.919
	其中	普工	工日	3.562	4.458	2.944
		一般技工	工日	8.595	10.768	7.688
		高级技工	工日	1.433	1.795	1.287
材料	混凝土实心砖 240×115×53		千块	5.577	7.214	—
	混凝土多孔砖 240×115×90		千块	—	—	3.480
	干混砌筑砂浆 DM M10		m^3	2.140	2.686	1.833
	水		m^3	0.100	0.100	0.100
机械	干混砂浆罐式搅拌机		台班	0.214	0.269	0.183

4. 零 星 砌 砖

工作内容：调、运、铺砂浆，运、砌砖。　　　　**计量单位：**$10m^3$

编号			4-26	4-27
项目			实心砖零星砌砖	多孔砖零星砌砖
			240×115×53	240×115×90
名称		单位	消耗量	
人工	合计工日	工日	17.115	13.595
	其中 普工	工日	4.619	3.794
	其中 一般技工	工日	10.711	8.400
	其中 高级技工	工日	1.785	1.401
材料	混凝土实心砖 240×115×53	千块	5.541	—
	混凝土多孔砖 240×115×90	千块	—	3.504
	干混砌筑砂浆 DM M10	m^3	2.142	1.708
	水	m^3	0.100	0.100
机械	干混砂浆罐式搅拌机	台班	0.214	0.171

5. 砖散水、地坪

工作内容：调、运、铺砂浆，运、砌砖。　　　　**计量单位：**$100m^2$

编号			4-28
项目			砖散水、地坪（平铺）
			240×115×53
名称		单位	消耗量
人工	合计工日	工日	5.505
	其中 普工	工日	1.483
	其中 一般技工	工日	3.447
	其中 高级技工	工日	0.575
材料	混凝土实心砖 240×115×53	千块	3.728
	干混砌筑砂浆 DM M10	m^3	0.700
	其他材料费	%	1.50
机械	干混砂浆罐式搅拌机	台班	0.070

6. 砖　地　沟

工作内容： 调、运、铺砂浆，运、砌砖。　　　　**计量单位：** $10m^3$

编　号				4-29
项　目				实心砖地沟
				240×115×53
名　称			单位	消　耗　量
人工	合计工日		工日	8.419
	其中	普工	工日	1.922
		一般技工	工日	5.569
		高级技工	工日	0.928
材料	混凝土实心砖 240×115×53		千块	5.728
	干混砌筑砂浆 DM M10		m^3	2.510
	水		m^3	0.100
机械	干混砂浆罐式搅拌机		台班	0.251

7. 贴 砌 砖 墙

工作内容： 调、运、铺砂浆，运、砌砖。　　　　**计量单位：** $10m^3$

编　号				4-30	4-31
项　目				实心砖贴砌砖墙	
				240×115×53	
				1/4 砖	1/2 砖
名　称			单位	消　耗　量	
人工	合计工日		工日	22.944	15.517
	其中	普工	工日	6.140	3.974
		一般技工	工日	14.404	9.894
		高级技工	工日	2.400	1.649
材料	混凝土实心砖 240×115×53		千块	6.189	5.659
	干混砌筑砂浆 DM M10		m^3	3.090	2.830
	水		m^3	0.800	0.700
机械	干混砂浆罐式搅拌机		台班	0.309	0.283

二、砌 块 砌 体

1. 砌 块 墙

工作内容：调、运、铺砂浆，运、安装砌块及运、镶砌砖，安放木砖、垫块。 **计量单位：**10m³

编 号				4-32	4-33	4-34
项 目				轻集料混凝土小型空心砌块墙（盲孔）		
				240 厚	190 厚	120 厚
名 称			单位	消 耗 量		
人工	合计工日		工日	7.988	8.562	8.669
	其中	普工	工日	2.136	2.304	2.355
		一般技工	工日	5.016	5.364	5.413
		高级技工	工日	0.836	0.894	0.901
材料	陶粒混凝土小型砌块 390×240×190		m^3	7.990	—	—
	陶粒混凝土小型砌块 390×190×190		m^3	—	7.990	—
	陶粒混凝土小型砌块 390×120×190		m^3	—	—	7.990
	陶粒混凝土实心砖 240×115×53		千块	0.830	—	0.870
	陶粒混凝土实心砖 190×90×53		千块	—	1.310	—
	干混砌筑砂浆 DM M10		m^3	1.080	1.100	1.020
	水		m^3	0.100	0.100	0.100
	其他材料费		%	0.20	0.20	0.20
机械	干混砂浆罐式搅拌机		台班	0.108	0.110	0.102

工作内容：调、运、铺砂浆，运、安装砌块，洞口侧边竖砌砌块，砂浆灌芯，安放木砖、垫块。

计量单位：$10m^3$

编号				4-35	4-36	4-37
项目				烧结空心砌块墙（卧砌）		
				240 厚	190 厚	115 厚
名称			单位	消耗量		
人工	合计工日		工日	8.061	8.623	8.840
	其中	普工	工日	2.204	2.372	2.438
		一般技工	工日	5.020	5.357	5.488
		高级技工	工日	0.837	0.894	0.914
材料	非黏土烧结空心砌块 290×240×190		m^3	9.250	—	—
	非黏土烧结空心砌块 290×190×190		m^3	—	9.250	—
	非黏土烧结空心砌块 290×115×190		m^3	—	—	9.250
	干混砌筑砂浆 DM M10		m^3	0.890	0.890	0.890
	水		m^3	1.100	1.100	1.100
	其他材料费		%	0.20	0.20	0.20
机械	干混砂浆罐式搅拌机		台班	0.089	0.089	0.089

工作内容：调、运、铺砂浆或运、搅拌、铺粘结剂，运、部分切割、起槽、安装砌块，安放木砖、垫块，木楔卡固、刚性材料嵌缝。

计量单位：10m³

编号				4-38	4-39	4-40	4-41	4-42	4-43
项目				蒸压加气混凝土砌块墙					
				≤150 厚		≤200 厚		≤300 厚	
				砂浆	粘结剂	砂浆	粘结剂	砂浆	粘结剂
名称			单位	消耗量					
人工	合计工日		工日	8.872	7.728	7.238	6.257	6.666	5.685
	其中	普工	工日	2.490	2.172	2.034	1.758	1.873	1.597
		一般技工	工日	5.469	4.768	4.466	3.861	4.113	3.508
		高级技工	工日	0.913	0.788	0.738	0.638	0.680	0.580
材料	蒸压加气混凝土砌块 600×120×240		m³	9.770	10.150	—	—	—	—
	蒸压加气混凝土砌块 600×190×240		m³	—	—	9.770	10.150	—	—
	蒸压加气混凝土砌块 600×240×240		m³	—	—	—	—	9.770	10.150
	干混砌筑砂浆 DM M10		m³	0.710	0.080	0.710	0.080	0.710	0.080
	干混抹灰砂浆 DP M10		m³	—	0.100	—	0.100	—	0.100
	砌块砌筑粘结剂		kg	—	297.400	—	297.400	—	297.400
	水		m³	0.400	0.200	0.400	0.200	0.400	0.200
	其他材料费		%	0.20	0.20	0.20	0.20	0.20	0.20
机械	干混砂浆罐式搅拌机		台班	0.071	0.018	0.071	0.018	0.071	0.018

2. 轻质砌块 L 形专用连接件

工作内容：运、安放连接件，射钉弹及水泥钉固定。

计量单位：10 个

编号				4-44
项目				加气混凝土砌块 L 形专用连接件
名称			单位	消耗量
人工	合计工日		工日	0.292
	其中	普工	工日	0.087
		一般技工	工日	0.175
		高级技工	工日	0.030
材料	L 形铁件（12 + 12）×6×0.15		个	10.200
	射钉弹		套	30.600
	水泥钉		kg	0.075

3. 柔性材料嵌缝

工作内容：清理、嵌 PE 棒、PU 发泡剂嵌缝。　　　　**计量单位：**100m

编　号				4-45
项　目				聚氨酯（PU）发泡剂嵌缝
名　称			单位	消　耗　量
人工	合计工日		工日	3.360
	其中	普工	工日	0.806
		一般技工	工日	2.184
		高级技工	工日	0.370
材料	PU 发泡剂		L	10.500
	PE 棒		m	204.000

三、石　砌　体

1. 石　基　础

工作内容：调、运、铺砂浆，运、砌石。　　　　**计量单位：**$10m^3$

编　号				4-46	4-47
项　目				料石基础	
				毛料石	粗料石
				浆砌	
名　称			单位	消　耗　量	
人工	合计工日		工日	7.821	7.686
	其中	普工	工日	1.387	1.968
		一般技工	工日	5.515	4.901
		高级技工	工日	0.919	0.817
材料	毛石（综合）		m^3	11.220	—
	料石		m^3	—	9.921
	干混砌筑砂浆 DM M10		m^3	3.987	1.407
	水		m^3	0.800	0.800
机械	干混砂浆罐式搅拌机		台班	0.399	0.141

2. 石勒脚

工作内容： 调、运、铺砂浆，运、砌石。 **计量单位：** $10m^3$

编号				4-48	4-49
项目				料石勒脚	
				粗料石	细料石
				浆砌	
名称			单位	消耗量	
人工	合计工日		工日	21.025	16.174
	其中	普工	工日	6.017	4.682
		一般技工	工日	12.864	9.850
		高级技工	工日	2.144	1.642
材料	料石		m^3	10.140	—
	细料石		m^3	—	10.055
	干混砌筑砂浆 DM M10		m^3	1.210	0.707
	水		m^3	0.600	0.400
机械	干混砂浆罐式搅拌机		台班	0.121	0.071

3. 石　　墙

工作内容：1. 调、运、铺砂浆，运、砌石。

2. 平整墙角及毛料石墙角、门窗洞口处的石料加工。

计量单位：$10m^3$

编　　号				4-50	4-51	4-52	4-53
项　　目				料石墙			方整石墙
				毛料石	粗料石	细料石	
				浆砌			
名　　称			单位	消　耗　量			
人工	合计工日		工日	13.753	29.202	17.905	13.452
	其中	普工	工日	3.166	8.470	5.201	3.094
		一般技工	工日	9.074	17.770	10.889	8.878
		高级技工	工日	1.513	2.962	1.815	1.480
材料	毛石（综合）		m^3	11.220	—	—	—
	料石		m^3	—	10.143	—	—
	细料石		m^3	—	—	10.055	—
	方整石		m^3	—	—	—	9.034
	干混砌筑砂浆 DM M10		m^3	3.987	1.210	0.707	1.431
	水		m^3	0.800	0.700	1.300	0.600
机械	干混砂浆罐式搅拌机		台班	0.399	0.120	0.071	0.143

4. 石 挡 土 墙

工作内容: 1. 调、运、铺砂浆,运、砌石。
2. 预留变形缝、泄水孔,放置排水管(不含排水管材料费)。
3. 毛料石墙角处的石料加工。

计量单位: $10m^3$

编 号				4-54	4-55	4-56
项 目				料石挡土墙		
				毛料石	粗料石	细料石
				浆砌		
名 称			单位	消 耗 量		
人工	合计工日		工日	8.917	11.019	11.193
	其中	普工	工日	1.715	3.015	3.188
		一般技工	工日	6.172	6.861	6.862
		高级技工	工日	1.030	1.143	1.143
材料	毛石(综合)		m^3	11.220	—	—
	料石		m^3	—	10.143	—
	细料石		m^3	—	—	10.055
	干混砌筑砂浆 DM M10		m^3	3.987	1.210	0.707
	水		m^3	0.800	0.700	1.300
机械	干混砂浆罐式搅拌机		台班	0.399	0.121	0.071

5. 石　柱

工作内容：1. 调、运、铺砂浆，运、砌石。
2. 砌石、平整柱角处的石料加工。

计量单位：10m³

编　号				4-57
项　目				方整石柱
				浆砌
名　称			单位	消　耗　量
人工	合计工日		工日	22.488
	其中	普工	工日	5.172
		一般技工	工日	14.842
		高级技工	工日	2.474
材料	方整石		m^3	9.086
	干混砌筑砂浆 DM M10		m^3	1.380
	水		m^3	0.600
机械	干混砂浆罐式搅拌机		台班	0.138

6. 石　护　坡

工作内容：1. 运、铺砂或调、运、铺砂浆，运、砌石。
2. 预留泄水孔，放置排水管（不含排水管材料费）。

计量单位：10m³

编　号				4-58	4-59
项　目				毛料石护坡	
				干砌	浆砌
名　称			单位	消　耗　量	
人工	合计工日		工日	7.240	9.675
	其中	普工	工日	2.172	1.850
		一般技工	工日	4.344	6.708
		高级技工	工日	0.724	1.117
材料	毛石（综合）		m^3	11.730	11.730
	砂子 细砂		m^3	3.682	—
	干混砌筑砂浆 DM M10		m^3	—	4.377
	水		m^3	—	0.800
机械	干混砂浆罐式搅拌机		台班	—	0.438

7. 石 台 阶

工作内容：调、运、铺砂浆，运、砌石。 **计量单位：**$10m^3$

编 号				4-60
项 目				方整石台阶
				浆砌
名 称			单位	消 耗 量
人工	合计工日		工日	32.956
	其中	普工	工日	9.483
		一般技工	工日	20.120
		高级技工	工日	3.353
材料	方整石		m^3	8.754
	干混砌筑砂浆 DM M10		m^3	1.705
	水		m^3	0.600
机械	干混砂浆罐式搅拌机		台班	0.171

8. 石 坡 道

工作内容：调、运、铺砂浆，运、砌石。 **计量单位：**$100m^2$

编 号				4-61
项 目				石板坡道
				浆砌
名 称			单位	消 耗 量
人工	合计工日		工日	27.002
	其中	普工	工日	6.417
		一般技工	工日	17.645
		高级技工	工日	2.940
材料	方整石板		m^2	103.000
	干混砌筑砂浆 DM M10		m^3	7.000
	其他材料费		%	1.50
机械	干混砂浆罐式搅拌机		台班	0.700

9. 石砌体勾缝

工作内容：剔缝、洗刷，调、运砂浆，勾缝等。　　　　**计量单位：**100m²

编号				4-62	4-63	4-64	4-65
项目				毛石面勾缝	料石面勾缝		
				凸缝	平缝	凹缝	凸缝
名称			单位	消耗量			
人工	合计工日		工日	10.987	3.875	6.937	7.420
	其中	普工	工日	3.086	1.102	2.021	2.099
		一般技工	工日	6.772	2.376	4.214	4.561
		高级技工	工日	1.129	0.397	0.702	0.760
材料	干混抹灰砂浆 DP M10		m^3	0.870	0.250	0.250	0.530
	水		m^3	5.800	5.800	5.800	5.800
机械	干混砂浆罐式搅拌机		台班	0.087	0.025	0.025	0.053

四、轻质墙板

工作内容：1. 墙板及辅助材料运输，墙板拼装、固定。
2. 墙板接缝处粘贴玻璃棉网格布条、抹水泥浆或绑扎、铺设钢丝网。
3. 墙板底部填灌细石混凝土。

计量单位：$100m^2$

编号				4-66	4-67	4-68	4-69
项目				轻质墙板（玻纤水泥珍珠岩板）			钢丝网夹芯矿棉墙板
				60 厚	85 厚	95 厚	
名称			单位	消耗量			
人工	合计工日		工日	15.849	16.936	17.370	14.463
	其中	普工	工日	4.755	5.081	5.211	4.339
		一般技工	工日	9.509	10.161	10.422	8.678
		高级技工	工日	1.585	1.694	1.737	1.446
材料	轻质墙板 δ60		m^2	105.000	—	—	—
	轻质墙板 δ85		m^2	—	105.000	—	—
	轻质墙板 δ95		m^2	—	—	105.000	—
	钢丝网夹心矿棉板（FN — K）		m^2	—	—	—	105.000
	板枋材 杉木		m^3	0.110	0.110	0.110	0.005
	玻璃布 δ0.2		m^2	42.840	42.840	42.840	—
	U 形卡		kg	37.800	45.400	48.400	—
	塑料膨胀螺栓		套	380.000	380.000	380.000	—
	107 胶纯水泥浆		m^3	0.030	0.030	0.030	—
	素水泥浆		m^3	0.130	0.130	0.130	—
	混凝土 C30		m^3	0.070	0.090	0.100	—
	镀锌铁丝 ϕ0.6		kg	—	—	—	1.280
	电		kW·h	16.640	16.640	16.640	4.270
	钢丝网（14# 镀锌）		m^2	—	—	—	54.940
	镀锌铁件		kg	—	—	—	8.550
	HPB300 ϕ6.5		kg	—	—	—	14.180

第五章　混凝土及钢筋混凝土工程

说　明

一、本章包括混凝土、钢筋、模板、现场预制混凝土构件安装及接头灌缝、装配式预制混凝土构件安装以及装配式后浇混凝土浇捣共六节。

二、混凝土。

1. 混凝土按预拌混凝土编制。采用现场搅拌时，执行相应的预拌混凝土项目（混凝土按照现场拌和配合比调整），再执行现场搅拌混凝土调整费项目。现场搅拌混凝土调整费项目中，仅包含了冲洗搅拌机用水量；石子、砂子含泥量超过规范要求需现场冲洗时，用水量及冲洗设施另行计算。

2. 预拌混凝土已综合考虑了混凝土厂集中搅拌、混凝土罐车运输至施工现场、输送高度150m以内的泵送入模等内容；输送高度超过150m时，另行计算泵送增加费。

圈过梁及构造柱项目中已综合考虑了因施工条件限制不能直接入模的因素。

现浇混凝土泵送项目适用于预拌混凝土运输到施工现场未入模和现场搅拌混凝土泵送入模的情况。

3. 混凝土按某强度等级列入，使用时设计强度等级不同应换算；混凝土配合比中应考虑添加外加剂因素，使用时混凝土含量不扣除添加外加剂用量，图纸设计要求增加特殊的外加剂另行计算。

4. 毛石混凝土按毛石占混凝土体积的20%计算，如设计要求毛石比例不同时可以换算。

5. 对于规范要求大体积混凝土进行温度测定和控制时，按照批准的专项施工方案另行计算。

6. 桩承台基础、独立基础（含柱墩）与筏形基础（满堂基础）按设计的构件类型分别执行相应项目，带形桩承台执行条形基础相应项目，与筏形基础（满堂基础）相连的桩承台执行筏形基础相应项目。

7. 斜柱项目适用于柱竖向中心线与其在水平面投影线的夹角≥70°且<90°的各种截面形状的斜柱。

8. 钢管混凝土柱采用顶升法浇筑混凝土，所增加的措施另行计算。

9. 挡土墙墙体的平均厚度≤300mm时，执行薄壁式挡土墙项目，>300mm时执行重力式挡土墙项目。

10. 斜梁（板）按坡度>10°且≤30°综合考虑；斜梁（板）坡度≤10°的执行梁、板项目；坡度>30°且≤45°时人工乘以系数1.05；坡度>45°且≤60°时人工乘以系数1.10。

11. 钢筋桁架楼承板、压型钢板上浇捣混凝土，执行平板项目，人工乘以系数1.10。

12. 挑檐壁、天沟壁高度≤400mm，执行挑檐项目；挑檐壁、天沟壁高度>400mm，板面以上全高执行栏板项目。

13. 阳台板包括板和梁，不包含阳台栏板及压顶。

14. 预制板间补现浇板缝，适用于需支模才能浇筑的混凝土板缝。

15. 楼梯按建筑物一个自然层双跑楼梯考虑，单坡直行楼梯按相应项目乘以系数1.20；三跑楼梯按相应项目乘以系数0.90；四跑楼梯按相应项目乘以系数0.75。

当图纸设计板式楼梯梯段底板（不含踏步三角部分）厚度大于150mm、梁式楼梯梯段底板（不含踏步三角部分）厚度大于80mm时，超过部分执行平板子目。

弧形楼梯是指一个自然层旋转弧度小于180°的楼梯，螺旋楼梯是指一个自然层旋转弧度大于180°的楼梯。

16. 散水混凝土按厚度60mm编制，设计厚度不同时，除混凝土消耗量可以换算外，其余均已考虑，不再换算；散水包括了混凝土浇筑、表面压实抹光内容，未包括基础夯实、垫层及嵌缝内容。

17. 台阶混凝土含量是按$1.22m^3/10m^2$综合编制的，如设计含量不同时，除混凝土用量可以换算外，其余均已考虑，不再换算。

18. 厨房、卫生间等砌体墙下的现浇混凝土坎台执行圈梁项目。

19. 独立现浇门框、抱框柱按构造柱项目执行。

20. 凸出混凝土外墙面、阳台梁、栏板外侧的混凝土线条，宽度≤300mm 时执行扶手、压顶项目，宽度 >300mm 时执行悬挑板项目。

21. 外形尺寸体积≤$1m^3$ 的现浇独立池槽执行小型构件项目，体积 >$1m^3$ 的现浇独立池槽及与建筑物相连的梁、板、墙现浇结构式水池，分别执行梁、板、墙相应项目。

22. 小型构件是指单件体积 $0.1m^3$ 以内且本节未列项目的小型构件。

23. 施工现场预制的小型构件执行本章第一至四节相应项目；其他预制构件执行本章装配式相应项目。

24. 屋面混凝土女儿墙的高度（高度包括压顶扶手及翻沿部分）≤1.2m 且墙厚≤100mm，执行栏板项目；高度 >1.2m 或墙厚 >100mm 时执行相应墙项目，压顶扶手及翻沿执行相应项目。

25. 设备基础项目按块体考虑。单构件超过 $20m^3$ 的设备基础执行有梁式筏形基础项目；框架式设备基础分别执行基础、柱、墙、梁、板等相应项目。

26. 混凝土部分关于异型柱（梁）、拱形梁、悬挑梁、短肢剪力墙的混凝土定义同模板，计量规则以混凝土部分为准。

27. 有梁板及平板的区分见图 5-1。

28. 拱板是指在垂直方向成弧的板，拱板子目适用于半径≤12m 的拱板，半径 >12m 的拱板执行平板项目。

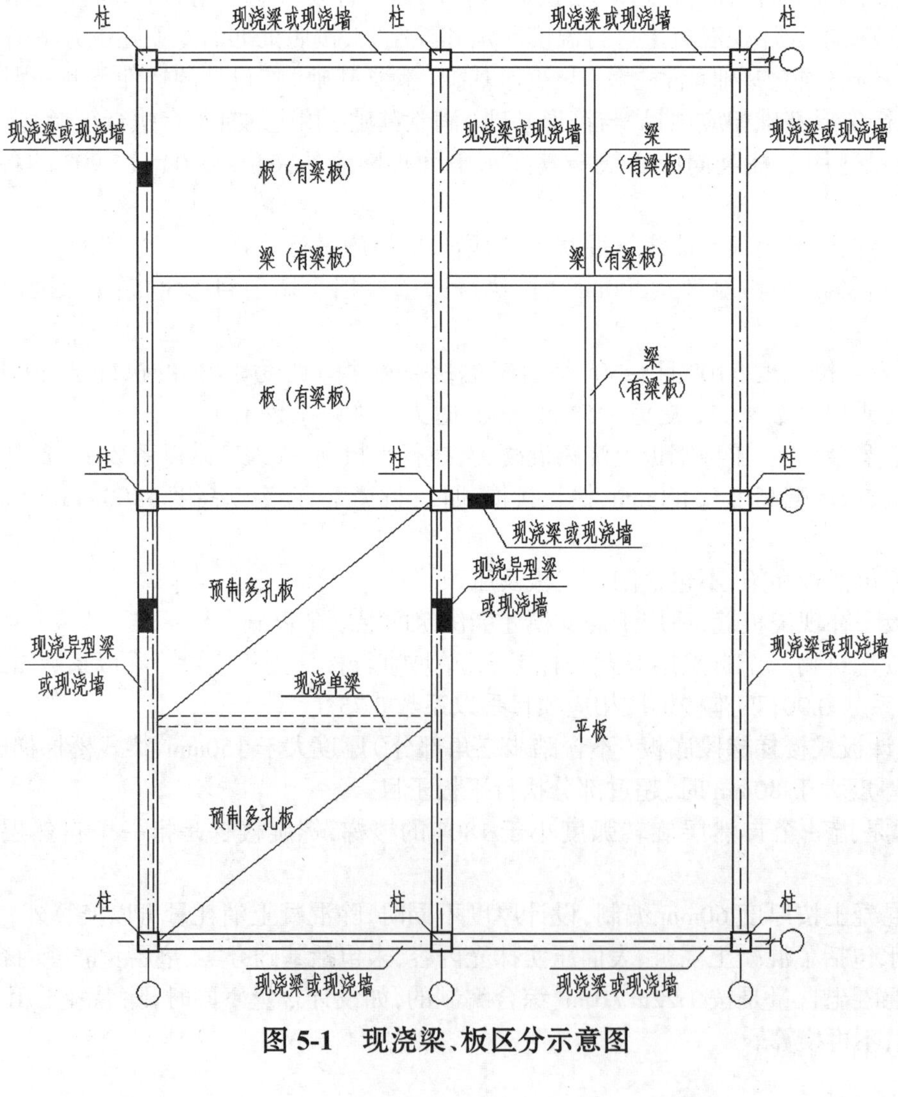

图 5-1　现浇梁、板区分示意图

三、钢筋。

1. 钢筋工程按钢筋的不同品种和规格以现浇构件、预制构件、预应力构件、箍筋及其他分别列项，钢筋的品种、规格比例按常规工程设计综合考虑。

2. 钢筋制作、安装按绑扎连接和焊接连接（电阻点焊、电弧焊、闪光对焊）考虑，实际不论采用绑扎连接或焊接连接，均不调整消耗量。机械连接、电焊压力焊接、气压焊接另外计算。

3. 钢筋工程中措施钢筋按设计图纸规定及施工验收规范要求计算，按品种、规格执行相应项目。如采用其他材料时，另行计算。

4. 现浇构件冷拔钢丝按 $\phi 10$ 以内钢筋制作安装项目执行。

5. 型钢混凝土构件中，钢筋执行现浇构件钢筋相应项目，人工乘以系数 1.50，机械乘以系数 1.15；钢筋与型钢连接按不同方式执行相应项目。

6. 弧形构件钢筋执行钢筋相应项目，人工乘以系数 1.05。

7. 混凝土空心楼板（ADS 空心板）中钢筋网片执行现浇构件钢筋相应项目，人工乘以系数 1.30，机械乘以系数 1.15。

8. 预应力混凝土构件中的非预应力钢筋按钢筋相应项目执行。

9. 非预应力钢筋未包括冷加工，如设计要求冷加工时，应另行计算。

10. 后张法钢筋的锚固是按钢筋帮条焊、U 形插垫编制的，如采用其他方法锚固时，应另行计算。

11. 预应力钢丝束、钢绞线综合考虑了一端、两端张拉；锚具按单锚、群锚分别列项，单锚按单孔锚具列入，群锚按 3 孔列入。预应力钢丝束、钢绞线长度 >50m 时，应采用分段张拉。

12. 植筋中不含植入的钢筋，植筋 $\leqslant \phi 14$ 按构造植筋编制，植筋 $>\phi 14$ 按结构加固编制。

13. 地下连续墙钢筋笼指通过焊接或绑扎，将一整幅地下连续墙纵、横各排钢筋按设计间距尺寸制作成一幅整体的钢筋笼，地下连续墙钢筋笼安放不包括钢筋笼制作，钢筋笼制作按现浇钢筋制作安装相应项目执行。若为单片钢筋网，执行钢筋网片项目。

14. 预埋铁件（螺栓）项目固定按焊接考虑，固定方式不同时，另行计算。

15. 缓粘结预应力钢绞线按成品材料考虑；无粘结钢丝（钢绞线）的涂包费在材料中考虑。

四、模板。

1. 模板分组合钢模板、大钢模板、复合模板、组合铝合金模板，未注明模板类型的，均按复合模板考虑。

2. 除小构件考虑木支撑外，其余未注明构件均为钢支撑（钢支撑已综合考虑各种支撑体系）。

3. 复合模板适用于竹胶板、木胶合板等品种的复合板。

4. 组合钢模板、大钢模板、复合模板、组合铝合金模板均按企业自有编制，组合钢模板、大钢模板包括回库维修耗量。

5. 组合铝合金模板支撑体系均按成套钢支撑考虑，消耗量按照标准板考虑。消耗量中未考虑铝合金非标准板模板增加用量，实际使用时另行考虑。

6. 墙厚超过 300mm 未考虑定位支撑。

7. 圆弧形条形基础模板执行条形基础相应项目，用量乘以系数 1.15。

8. 地下室底板模板执行筏形基础。

9. 施工现场使用砖胎模时，砖胎模中砌体执行第四章“砌筑工程”砖基础相应项目，抹灰执行装饰工程抹灰的相应项目。

10. 独立桩承台执行独立基础项目；带形桩承台执行条形基础项目；除条形基础（有肋式）钢筋混凝土外的其他形式条形基础均执行条形基础无筋混凝土项目。

11. 杯形基础指上部成杯形状的混凝土，杯形在基础顶部，杯口模板采用吊模的施工工艺，高杯基础杯口高度大于杯口大边长度 3 倍以上时，杯口高度部分执行柱项目，杯口高度以下部分执行独立基础项目。

12. 设备基础按块体考虑，单个构件超过 $20m^3$ 的设备基础执行有梁式筏形基础项目；水平截面非矩形的设备基础人工乘以系数 1.30，材料乘以系数 1.15。

13. 现浇混凝土柱（不含构造柱）、墙、梁（不含圈梁、过梁）、板按高度（结构板面或地面、垫层面至上层结构板底的高度）3.6m 综合考虑。超过 3.6m 时，超过部分增套相应的超高支模增加项目，不足 1m 按 1m 计算。超过 8m 时，按照施工技术方案计算。

14. 使用组合铝合金模板的现浇混凝土柱、墙、梁、板按高度（结构板面或地面、垫层面至上层结构板底的高度）3.6m 综合考虑。高度超过 3.6m 时，超过部分增套相应 3.6~5m 的超高支模增加项目，高度超过 5m 后，按照施工技术方案据实调整。楼梯、窗台使用组合铝合金模板时，已包含梯面、窗台的铝合金盖板。构造柱、圈梁、过梁执行复合模板相应项目。

15. 异型柱、梁，是指截面形状为非矩形的梁、柱，断面形状为梯形、L 形、十字形、T 形、Z 形等。

16. 柱竖向中心线与其在水平面投影线的夹角≥ 70° 且 <90° 的各种截面形状的斜柱模板均执行异型柱项目，柱竖向中心线与其在水平面投影线的夹角 <70° 的斜柱模板按方案另行计算。

17. 型钢混凝土构件模板按构件对应的相应项目执行，人工、机械乘以系数 1.15。

18. 独立现浇门框、抱框柱按构造柱模板项目执行。

19. 柱帽、柱脚、牛腿模板执行相应柱模板项目，人工乘以系数 1.50，材料乘以系数 1.15。

20. 基础连系梁是指位于地基或垫层上，连接独立基础、条形基础或桩承台的梁。适用于无底模矩形基础梁，有底模时执行现浇梁相应项目。

21. 折梁、变截面梁等梁断面形状为矩形的梁执行矩形梁项目。

22. 截面形式为圆形的梁按小型构件执行。

23. 小型构件包括洞口上的非直线形过梁；厨房、卫生间等砌体墙下的现浇混凝土坎台执行圈梁项目。

24. 弧形梁指沿梁长度在水平方向成弧的梁。弧形梁项目适用于半径≤12m 的弧形梁，半径 >12m 的弧形梁执行矩形梁项目；有梁板中的弧形梁按弧形梁项目执行；梁断面为异型的弧形梁执行弧形梁项目，人工、材料乘以系数 1.15。

25. 拱形梁是指在垂直方向成弧的梁，拱形梁项目适用于半径≤12m 的拱形梁，半径 >12m 的拱形梁执行矩形梁项目；拱板是指在垂直方向成弧的板，拱板子目适用于半径≤12m 的拱板，半径 >12m 的拱板执行平板项目。

26. 斜梁项目适用于坡度 >10° 且≤30° 的现浇构件；坡度≤10° 的执行相应梁项目；坡度 >30° 且≤45° 时人工乘以系数 1.05；坡度 >45° 且≤60° 时人工乘以系数 1.10。

27. 悬挑梁是指一端埋在或者浇筑在支撑物上，另一端挑出支撑物的梁，可为固定、简支或自由端。

28. 短肢剪力墙（轻型框剪墙）系短肢剪力墙结构的简称，由墙柱、墙身、墙梁三种构件构成。墙柱即短肢剪力墙，也称边缘构件（又分为约束边缘构件和构造边缘构件），呈“十”“T”“Y”“L”“一”字等形状，柱式配筋。墙身为一般剪力墙。墙柱与墙身相连，还可能形成“工”“[”“Z”字等形状。墙梁处于填充墙大洞口或其他洞口上方，梁式配筋。通常情况下，墙柱、墙身、墙梁厚度（≤300mm）相同，构造上没有明显的区分界限。各肢截面高度与厚度之比的最大值≤4 的剪力墙执行柱项目；各肢截面高度与厚度之比 >4 且≤8 的剪力墙执行短肢剪力墙项目。

29. 对拉螺栓按照常规周转使用考虑，采用止水螺栓或螺栓一次性摊销时，其用量按对拉螺栓数量乘以系数 12.00，并将对拉螺栓材料更换为实际使用的螺栓。

30. 柱面对拉螺栓堵眼增加费执行墙面螺栓堵眼增加费项目，人工、机械乘以系数 0.30；梁面螺栓堵眼增加费执行墙面螺栓堵眼增加费项目，人工、机械乘以系数 0.35。

31. 爬模项目的用量已包括架体系统的设计、拼装、调试费用等，架体系统的场外运输、特殊设计增加费应另行计算。

32. 斜板按坡度 >10° 且≤30° 综合考虑。斜板坡度≤10° 的执行板项目；坡度 >30° 、≤45° 时人工乘以系数 1.05；坡度 >45° 且≤60° 时人工乘以系数 1.10。

33. 混凝土板适用于厚度≤250mm；板厚 >250mm 支模时，按总说明中的相关规定执行。

34. 现浇空心板执行平板项目，内模需在空心楼板底模上抗浮固定时，模板增加费用另行计算。

35. 薄壳板指跨度比较大，而板厚比较薄，主要采用弧线模板支撑的板，模板不分筒式、球形、双曲形等，均执行薄壳板项目；膜壳板模板执行平板项目，膜壳的安装与连接执行预制构件的相关安装项目。

36. 混凝土栏板、屋面混凝土女儿墙的高度（含压顶扶手及翻沿）≤1.2m 且厚度≤100mm 时执行栏板项目；高度 >1.2m 或厚度 >100mm 时执行相应墙项目，压顶扶手及翻沿执行压顶项目。

37. 阳台板系指主体结构外的阳台底板，以外墙外边线为分界线。主体结构内的阳台底板按梁、板等套取。如一面为弧形且半径≤12m 时，执行圆弧形阳台板项目；阳台板按图示外挑部分尺寸投影面积计算，项目内已考虑高度≤300mm 的翻沿，翻沿高度 >300mm 时，翻沿按全高执行栏板项目。

38. 雨篷适用于不以柱支撑的结构且雨篷挑出墙面（或梁面）≤1.5m 的雨篷。一面为弧形且半径≤12m 时，执行圆弧形雨篷项目；工程量以设计图示雨篷板水平投影面积计算，项目内已考虑高度≤300mm 翻沿，翻沿高度 >300mm 时，翻沿按全高执行栏板项目。以柱支撑的雨篷，或者虽不以柱支撑，但雨篷挑出墙面（或梁面）>1.5m 的雨篷，应按设计尺寸分别计算柱、梁、板、栏板工程量，分别执行相应项目。

39. 挑檐壁、天沟壁高度≤400mm，按外挑部分尺寸投影面积执行挑檐、天沟项目；挑檐壁、天沟壁高度 >400mm 时，拆分成底板和侧壁分别套用悬挑板、栏板项目。现浇挑檐板、天沟板与板（包括屋面板、楼板）连接时，以外墙外边线为分界线；与圈梁（包括其他梁）连接时，以梁外边线为分界线，外边线以外为挑檐、天沟。

40. 预制板间补现浇板缝是指因设计模数与房间净距不一致出现缝隙需要支底模的部分，模板执行平板项目。压型板未考虑支撑，如需支撑时，另行计算。

41. 楼梯是按建筑物一个自然层双跑楼梯考虑，单坡直行楼梯按相应项目人工、材料、机械乘以系数 1.20；三跑楼梯按相应项目人工、材料、机械乘以系数 0.90；四跑楼梯按相应项目人工、材料、机械乘以系数 0.75。剪刀楼梯执行单坡直行楼梯相应系数。

42. 地沟项目适用于内截面宽 × 深≤1 200mm × 1 200mm 的各种沟槽，当内截面宽或深 >1 200mm 时分解计算，分别套用相应构件项目。

43. 散水模板执行垫层相应项目。

44. 凸出混凝土柱、梁、墙面的线条，宽度≤300mm 并入相应构件内计算，再按凸出的线条道数执行模板增加费项目；单独窗台板、栏板扶手、墙上的压顶不另计算模板增加费；凸出宽度 >300mm 的执行悬挑板项目（包括空调板、飘窗板）。

45. 小型构件是指单件体积 0.1m^3 以内且本节未列项目的小型构件。

46. 当设计要求为清水混凝土模板时，执行相应模板项目，并做如下调整：将模板材料修改为实际使用的模板材料，其人工按表 5-1 增加工日。

表 5-1　清水混凝土模板增加工日表　　单位：100m^2

项目	柱			梁			墙		有梁板、无梁板、平板
	矩形柱	圆形柱	异型柱	矩形梁	异型梁	弧形、拱形梁	直形墙、弧形墙、电梯井壁墙	短肢剪力墙	
工日	4	5.2	6.2	5	5.2	5.8	3	2.4	4

47. 后浇带梁、板、墙模板项目按正常施工考虑，因特殊原因造成的支模期延长，其延长部分执行每增加一个月项目，不足一个月按一个月计算。

48. 快收口钢板网指后浇带或者不同混凝土标号之间分隔使用的成品网片。

五、现场预制混凝土构件安装及接头灌缝。

1. 本章中的预制构件均按现场预制考虑，其模板已包含地模的摊销量。

2. 预制混凝土隔板执行预制混凝土架空隔热板项目。

六、装配式预制混凝土构件安装。

1. 本章中所列的装配式预制混凝土构件均按外购成品考虑。装配式预制混凝土构件安装不分构件外形尺寸、截面类型以及是否带有保温，除另有规定者外，均按构件种类执行相应消耗量。

2. 装配式预制混凝土构件安装已包括构件固定所需临时支撑的搭设及拆除，支撑(含支撑用预埋铁件)种类数量及搭设方式综合考虑。

3. 柱、墙板、女儿墙等构件安装中，构件底部坐浆按砌筑砂浆铺筑考虑，设计采用灌浆料时，将坐浆材料换算成灌浆材料并扣除干混砂浆罐式搅拌机台班，每 $10m^3$ 构件安装另行增加人工 0.7 工日，其余不变。

4. 外挂墙板、女儿墙构件安装设计要求接缝处填充保温板时相应保温板消耗量按设计要求增加计算，其余不变。

5. 墙板安装不分是否带有门窗洞口，均按相应消耗量执行。凸(飘)窗安装适用于单独预制的凸(飘)窗安装，依附于外墙板制作的凸(飘)窗，并入外墙板内计算，相应人工和机械用量乘以系数 1.20。

6. 外挂墙板安装已综合考虑了不同的连接方式，按构件不同类型及厚度套用相应消耗量。

7. 楼梯休息平台安装按平台板结构类型不同，分别套用整体楼板或叠合楼板相应消耗量，相应人工、机械，以及除预制混凝土楼板外的材料用量乘以系数 1.30。

8. 阳台板安装不分板式或梁式，均套用同一消耗量。空调板安装适用于单独预制的空调板安装，依附于阳台板制作的栏板、翻沿、空调板，并入阳台板内计算。非悬挑的阳台板安装，分别按梁、板安装有关规则计算并套用相应消耗量。

9. 女儿墙安装按构件净高以 0.6m 以内和 1.4m 以内分别编制，1.4m 以上时套用外墙板安装消耗量。压顶安装适用于单独预制的压顶安装，依附于女儿墙制作的压顶，并入女儿墙计算。

10. 套筒注浆不分部位、方向，按入套筒内的钢筋直径不同，以 $\phi8$ 以内及 $\phi8$ 以上分别编制。

11. 外墙嵌缝、打胶中注胶缝的断面按 20mm × 15mm 编制。若设计断面与消耗量不同时，密封胶用量按比例调整，其余不变。密封胶按硅酮耐候胶考虑，遇设计采用的种类与消耗量不同时，材料单价进行换算。

七、装配式后浇混凝土浇捣。

1. 后浇混凝土指装配整体式结构中，用于与预制混凝土构件连接形成整体构件的现场浇筑混凝土。

2. 墙板或柱等预制垂直构件之间设计采用现浇混凝土墙连接的，当连接墙的长度在 2m 以内时，套用后浇混凝土连接墙、柱消耗量，长度超过 2m 的，按本章现浇混凝土相应项目及规定执行。

3. 叠合楼板或整体楼板之间设计采用现浇混凝土板带拼缝的，板带混凝土浇捣并入后浇混凝土叠合梁、板内计算。

4. 后浇混凝土钢筋按本章钢筋部分的相应项目及规定执行。

5. 后浇混凝土模板消耗量中已包含了伸出后浇混凝土与预制构件抱合部分模板的用量。

工程量计算规则

一、混凝土。

1. 现浇混凝土。

(1)混凝土工程量除另有规定者外，均按设计图示尺寸以体积计算。应扣除型钢所占体积，不扣除构件内钢筋、预埋铁件及墙、板中 $0.3m^2$ 以内的孔洞所占体积。型钢所占体积按 $7\,850kg/m^3$ 计算。

(2)基础：按设计图示尺寸以体积计算。

①条形基础：不分有肋式与无肋式均按条形基础项目计算，有肋式条形基础，肋高（指基础扩大顶面至梁顶面的高度）≤1.2m 时，合并计算；肋高 >1.2m 时，扩大顶面以下的基础部分，按条形基础项目计算，扩大顶面以上部分，按墙项目计算，如图 5-2 所示。

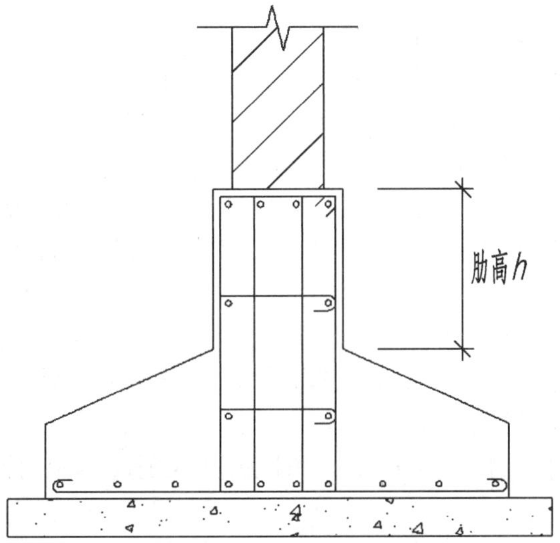

图 5-2　有肋式条形（带形）基础肋高简图

②筏形基础：无梁式筏形基础有扩大或角锥形柱墩时，并入无梁式筏形基础内计算；有梁式筏形基础梁高（从板面或板底计算，梁高不含板厚）≤1.2m 时，基础和梁合并计算，梁高 >1.2m 时，底板按无梁式筏形基础混凝土项目计算，梁按混凝土墙项目计算。箱式基础分别按基础、柱、墙、梁、板等有关规定计算。

③设备基础：块体设备基础按不同体积，分别计算；框架式设备基础分别按基础、柱、墙、梁、板等有关规定计算；如同一设备基础部分为块体，部分为框架时，应分别计算。

(3)柱：按设计图示尺寸以体积计算。

①有梁板的柱高，应自柱基上表面（或楼板上表面）至上一层楼板上表面之间的高度计算；

②无梁板的柱高，应自柱基上表面（或楼板上表面）至柱帽下表面之间的高度计算；

③框架柱的柱高，应自柱基上表面至柱顶面高度计算；

④构造柱按全高计算，嵌接墙体部分（马牙槎）并入柱身体积；

⑤依附柱上的牛腿，并入柱身体积内计算；

⑥钢管混凝土柱以钢管高度按照钢管内径计算；

⑦斜柱按柱截面面积乘以柱中心斜长计算。

(4)墙：按设计图示尺寸以体积计算，扣除门窗洞口及 $0.3m^2$ 以外孔洞所占体积，墙垛及凸出部分并入墙体积内计算。直形墙中洞口上的梁并入墙体积计算；短肢剪力墙的暗梁、暗柱并入墙体积内计算。

墙与柱连接时墙算至柱边；墙与梁连接时墙算至梁底；墙与板连接时板算至墙侧；

大模内置保温板墙、叠合板现浇混凝土复合墙按设计图示尺寸以体积计算，扣除内置保温板及各种形式叠合板体积。

（5）梁：按设计图示尺寸以体积计算。

①梁与柱连接时，梁长算至柱侧面；

②主梁与次梁连接时，次梁长算至主梁侧面。

（6）板：按设计图示尺寸以体积计算，不扣除单个面积 $0.3m^2$ 以内的柱垛及孔洞所占体积，伸入砖墙内的板头并入板体积计算。

①有梁板包括梁与板，按梁、板体积之和计算；

②无梁板包括板与柱帽，按板和柱帽体积之和计算；

③薄壳板的肋、基梁并入薄壳体积内计算；

④复合空心板按设计图示尺寸以体积（扣除空心部分）计算；

⑤空心楼板筒芯（箱体）安装项目按筒芯（箱体）外形体积计算；

⑥钢筋桁架楼承板上浇筑混凝土，按设计图示尺寸以体积计算，扣除钢筋桁架楼承板所占体积。

（7）栏板、扶手按设计图示尺寸以体积计算。

（8）飘窗板指建筑物窗洞口周边凸出外墙面的混凝土板，按设计图示尺寸以伸出外墙部分体积计算，飘窗水平、竖向板均执行飘窗板子目。

（9）挂板指水平板面一侧边缘下垂部分的混凝土板，按设计图示尺寸以体积计算。

（10）挑檐、天沟按设计图示尺寸以墙外部分体积计算。挑檐、天沟板与板（包括屋面板）连接时，以外墙外边线为分界线；与梁（包括圈梁等）连接时，以梁外边线为分界线；外墙外边线以外为挑檐、天沟。

（11）凸阳台（凸出外墙外侧的阳台）按阳台项目，包括梁、板的体积，按梁板之和计算体积；凹进墙内的阳台，按梁、板分别计算；高度≤300mm 的翻沿并入相应项目计算，高度 >300mm 的翻沿按全高并入栏板项目计算；压顶按压顶项目规则计算。

（12）雨篷梁、板，以体积计算，高度≤400mm 的栏板并入雨篷体积内计算，栏板高度 >400mm 时，全高按栏板计算。

（13）楼梯（包括休息平台，平台梁、斜梁及楼梯的连接梁）按设计图示尺寸以水平投影面积计算，不扣除宽度小于 500mm 的楼梯井，伸入墙内部分不计算。当整体楼梯与现浇楼板无梯梁连接时，以楼梯的最后一个踏步边缘加 300mm 为界。

（14）散水、台阶按设计图示尺寸，以水平投影面积计算。台阶与平台连接时其投影面积应以最上层踏步外沿加 300mm 计算。

（15）场馆看台、地沟、混凝土后浇带按设计图示尺寸以体积计算，地沟不包括垫层体积。

（16）二次灌浆按照实际灌注体积计算。

2. 预制混凝土。

预制混凝土均按图示尺寸以体积计算，不扣除构件内钢筋、铁件及小于 $0.3m^2$ 以内孔洞所占体积。

二、钢筋。

1. 现浇、预制构件钢筋，按设计图示钢筋中心线长度乘以单位理论质量以质量计算。

2. 钢筋搭接长度及搭接（接头）数量应按设计要求计算；设计要求未标明搭接（接头）位置的，按以下规则计算：

（1）ϕ10 以内的长钢筋按每 12m 计算一个钢筋搭接（接头）；

（2）ϕ10 以上的长钢筋按每 9m 计算一个搭接（接头）。

3. 先张法预应力钢筋按设计图示钢筋长度乘以单位理论质量计算。

4. 后张法预应力钢筋按设计图示钢筋（绞线、丝束）长度乘以单位理论质量计算。

（1）低合金钢筋两端均采用螺杆锚具时，钢筋长度按孔道长度减 0.35m 计算，螺杆另行计算。

（2）低合金钢筋一端采用镦头插片，另一端采用螺杆锚具时，钢筋长度按孔道长度计算，螺杆另行计算。

（3）低合金钢筋一端采用镦头插片，另一端采用帮条锚具时，钢筋按增加0.15m计算；两端均采用帮条锚具时，钢筋长度按孔道长度增加0.3m计算。

（4）低合金钢筋采用后张混凝土自锚时，钢筋长度按孔道长度增加0.35m计算。

（5）低合金钢筋（钢绞线）采用JM、XM、QM型锚具，孔道长度≤20m时，钢筋长度按孔道长度增加1m计算；孔道长度>20m时，钢筋长度按孔道长度增加1.8m计算。

（6）碳素钢丝采用锥形锚具，孔道长度≤20m时，钢丝束长度按孔道长度增加1m计算；孔道长度>20m时，钢丝束长度按孔道长度增加1.8m计算。

（7）碳素钢丝采用墩头锚具时，钢丝束长度按孔道长度增加0.35m计算。

5. 预应力钢丝束、钢绞线锚具安装按套数计算。

6. 当设计要求钢筋接头采用机械连接时，按数量计算，不再计算该处的钢筋搭接长度。

7. 植筋按数量计算，植入钢筋按外露和植入部分之和长度乘以单位理论质量计算。

8. 型钢混凝土结构中，结构钢筋需穿过型钢时，采用钢筋端头与型钢固定或型钢钻孔钢筋穿过型钢，按照采用方式不同分别执行相应子目，箍筋、主筋、套筒与型钢焊接工程量按焊接接头个数计算，型钢柱（梁）钻孔工程量按钻孔个数计算。

9. 地下连续墙钢筋网片、混凝土灌注桩钢筋笼、地下连续墙钢筋笼按设计图示钢筋中心线长度乘以单位理论质量计算。

10. 混凝土构件预埋铁件、螺栓按设计图示尺寸，以质量计算。

三、模板。

1. 现浇混凝土构件模板。

（1）现浇混凝土构件模板，除另有规定者外，均按模板与混凝土的接触面积计算。

（2）基础：

①条形基础是指肋高（指基础扩大顶面至梁顶面的高度）≤1.2m的基础；肋高>1.2m时，基础底板模板按无肋条形基础项目计算，扩大顶面以上部分模板按混凝土墙项目计算；

②独立基础：高度从垫层上表面计算到柱基上表面；

③筏形基础：无梁式筏形基础有扩大或角锥形柱墩时，并入无梁式筏形基础内计算，有梁式筏形基础梁高（从板面或板底计算，梁高不含板厚）≤1.2m时，基础和梁合并计算，梁高>1.2m时，底板按无梁式筏形基础模板项目计算，梁按混凝土墙模板项目计算。箱式基础应分别按无梁式筏形基础、柱、墙、梁、板的有关规定计算；

④设备基础按模板接触面计算；

⑤设备基础地脚螺栓套孔按不同深度以数量计算。

（3）现浇混凝土柱（不含构造柱）、墙的计算高度按结构板面或地面、垫层面至上层结构板面的高度计算；构造柱按图示外露部分面积计算。

（4）有梁板及平板的区分同混凝土部分说明，梁与柱连接时，梁长算至柱侧面；主梁与次梁连接时，次梁长算至主梁侧面。

（5）现浇混凝土墙、板上单孔面积在0.3m^2以内的孔洞，不予扣除，洞侧壁模板亦不增加；单孔面积在0.3m^2以外时，应予扣除，洞侧壁模板面积并入墙、板模板工程量计算。

（6）对拉螺栓堵眼增加费按墙面、柱面、梁面模板接触面计算。

（7）墙与柱连接时墙算至柱边；墙与梁连接时墙算至梁底；墙与板连接时板算至墙侧；与剪力墙平齐的暗梁、暗柱并入墙内工程量计算；柱、墙、梁、板、栏板相互连接的重叠部分，应扣除重叠部分的模板面积。

（8）现浇混凝土悬挑板、雨篷、阳台按图示外挑部分尺寸的水平投影面积计算，项目内已考虑高度≤300mm翻沿，翻沿高度>300mm时，翻沿按全高执行栏板项目。栏板、挂板的定义同混凝土，挂板按照栏板项目乘以系数 1.20。

（9）现浇混凝土楼梯（包括休息平台、平台梁、斜梁和楼层板连接的梁）按水平投影面积计算，不扣除宽度小于 500mm 的楼梯井所占面积，楼梯的踏步、踏步板、平台梁等侧面模板不另行计算，伸入墙内部分亦不增加。当整体楼梯与现浇楼板无梯梁连接时，以楼梯的最后一个踏步边缘加 300mm 为界。

（10）混凝土台阶不包括梯带，按图示台阶尺寸的水平投影面积计算，台阶端头两侧不另计算模板面积；架空式混凝土台阶按现浇楼梯计算。

（11）场馆看台按设计图示尺寸，以水平投影面积计算。

（12）凸出混凝土柱、梁、墙面的线条模板增加费以突出棱线的道数按长度计算，圆弧形线条乘以系数 1.20。

（13）板或拱形结构的支模高度按板顶平均高度计算。

（14）爬模工程量按照爬升设备模板系统与混凝土构件的接触面积以"m^2"计算。

（15）混凝土地沟按模板与混凝土的实际接触面积计算。

（16）大模内置保温板墙、叠合板现浇混凝土复合墙按模板接触面积计算，不扣除 0.3m^2 以内的孔洞。

（17）悬挑梁的长度按悬挑支撑物的外边线以外计算。

（18）薄壳板、膜壳板均按模板与混凝土的实际接触面积计算，不扣除 0.3m^2 以内的孔洞。

（19）后浇带支撑增加费按后浇带的水平投影面积计算。

（20）快收口钢板网按实际铺设面积计算，不扣除 0.3m^2 以内的孔洞。

2. 现场预制混凝土构件模板。

现场预制混凝土构件模板按模板与混凝土的接触面积计算；地模不计算接触面积。

四、现场预制混凝土构件安装及接头灌缝。

1. 预制混凝土构件现场运输及安装，除另有规定外，均按构件设计图示尺寸，以体积计算。

2. 预制混凝土构件接头灌缝均按预制混凝土构件体积计算。

五、装配式预制混凝土构件安装。

1. 装配式构件安装工程量按成品构件设计图示尺寸的实体积以"m^3"计算，依附于构件制作的各类保温层且饰面层的体积并入相应构件安装中计算，不扣除构件内钢筋、预埋铁件、配管、套管、线盒及单个面积≤0.3m^2 的孔洞、线箱等所占体积，构件外露钢筋体积亦不再增加。

2. 套筒注浆按设计数量以"个"计算。

3. 外墙嵌缝、打胶按构件外墙接缝的设计图示尺寸的长度以"m"计算。

六、装配式后浇混凝土浇捣。

1. 装配式构件后浇混凝土浇捣工程量按设计图示尺寸以实体积计算，不扣除混凝土内钢筋、预埋铁件及单个面积≤0.3m^2 的孔洞等所占体积。

2. 装配式构件后浇混凝土钢筋工程量按设计图示钢筋的长度、数量乘以钢筋单位理论质量计算，套用本章相应的钢筋消耗量。

3. 装配式构件后浇混凝土模板工程量按后浇混凝土与模板接触面的面积以"m^2"计算，伸出后浇混凝土与预制构件咬合部分的模板面积不增加计算。不扣除后浇混凝土墙板上单孔面积≤0.3m^2 的孔洞，洞侧壁模板亦不增加；应扣除单孔面积≥ 0.3m^2 的孔洞，孔洞侧壁模板面积并入相应的墙、板模板工程量内计算。

一、混　凝　土

1. 现浇混凝土

（1）基　　础

工作内容：浇筑、振捣、养护等。　　**计量单位：**10m³

编　　号			5-1	5-2	5-3
项　　目			垫层	条形基础	
				毛石混凝土	混凝土
名　　称		单位	消　耗　量		
人工	合计工日	工日	2.814	2.824	2.733
	其中 普工	工日	0.845	0.848	0.820
	一般技工	工日	1.688	1.694	1.640
	高级技工	工日	0.281	0.282	0.273
材料	预拌混凝土 C15	m^3	10.100	—	—
	预拌混凝土 C20	m^3	—	8.585	10.100
	毛石（综合）	m^3	—	2.754	—
	塑料薄膜	m^2	47.775	12.012	12.590
	水	m^3	3.950	0.930	1.009
	电	kW·h	2.310	1.980	2.310

工作内容：浇筑、振捣、养护等。　　**计量单位：**10m³

编　　号			5-4	5-5	5-6
项　　目			独立基础		杯形基础
			毛石混凝土	混凝土	
名　　称		单位	消　耗　量		
人工	合计工日	工日	2.770	2.241	2.291
	其中 普工	工日	0.831	0.672	0.687
	一般技工	工日	1.662	1.345	1.375
	高级技工	工日	0.277	0.224	0.229
材料	预拌混凝土 C20	m^3	8.585	10.100	10.100
	毛石（综合）	m^3	2.754	—	—
	塑料薄膜	m^2	14.480	15.927	15.927
	水	m^3	1.091	1.125	1.200
	电	kW·h	1.980	2.310	2.310

工作内容：浇筑、振捣、养护等。　　　　**计量单位：**$10m^3$

编号				5-7	5-8	5-9	5-10	5-11
项目				筏形基础		桩承台	设备基础（块体 m^3）	
				有梁式	无梁式		≤5	≤20
名称			单位	消耗量				
人工	合计工日		工日	2.401	2.029	2.602	3.131	2.742
	其中	普工	工日	0.720	0.609	0.781	0.939	0.823
		一般技工	工日	1.441	1.217	1.561	1.879	1.645
		高级技工	工日	0.240	0.203	0.260	0.313	0.274
材料	预拌混凝土 C20		m^3	10.100	10.100	10.100	10.100	10.100
	塑料薄膜		m^2	25.295	25.095	15.927	18.451	14.761
	水		m^3	1.339	1.520	1.125	1.115	0.900
	电		kW·h	2.310	2.310	2.310	2.310	—
机械	混凝土抹平机		台班	0.035	0.030	—	—	—

工作内容：浇筑、人工振捣、灌浆料现场拌和、养护等。　　　　**计量单位：**$10m^3$

编号				5-12	5-13
项目				二次灌浆	
				混凝土	灌浆料
名称			单位	消耗量	
人工	合计工日		工日	12.237	14.638
	其中	普工	工日	3.671	4.391
		一般技工	工日	7.342	8.783
		高级技工	工日	1.224	1.464
材料	预拌细石混凝土 C20		m^3	10.100	—
	灌浆料		m^3	—	10.100
	塑料薄膜		m^2	66.675	66.675
	水		m^3	4.151	4.190
	电		kW·h	—	0.500

（2）柱

工作内容：浇筑、振捣、养护等。　　　　**计量单位：**$10m^3$

编号				5-14	5-15	5-16	5-17
项目				矩形柱	构造柱	异型柱	圆形柱
名称			单位	消耗量			
人工	合计工日		工日	5.621	9.657	6.187	6.196
	其中	普工	工日	1.686	2.897	1.856	1.858
		一般技工	工日	3.373	5.794	3.712	3.718
		高级技工	工日	0.562	0.966	0.619	0.620
材料	预拌混凝土 C20		m^3	10.100	10.100	10.100	10.100
	塑料薄膜		m^2	27.040	24.336	27.040	24.336
	水		m^3	0.774	1.789	1.789	1.658
	电		kW·h	3.710	3.720	3.720	3.700

工作内容：浇筑、振捣、养护等。　　　　**计量单位：**$10m^3$

编号				5-18	5-19	5-20
项目				斜柱	钢管柱	型钢混凝土柱
名称			单位	消耗量		
人工	合计工日		工日	6.881	8.294	7.750
	其中	普工	工日	2.064	2.489	2.325
		一般技工	工日	4.129	4.976	4.650
		高级技工	工日	0.688	0.829	0.775
材料	预拌混凝土 C20		m^3	10.100	10.100	10.100
	塑料薄膜		m^2	27.040	—	27.040
	水		m^3	1.789	—	0.774
	电		kW·h	3.750	3.720	3.760

（3）梁

工作内容：浇筑、振捣、养护等。　　　　**计量单位：**$10m^3$

编号				5-21	5-22	5-23	5-24	5-25
项目				基础连系梁	矩形梁	异型梁	悬臂（悬挑）梁	圈梁
名称			单位	消耗量				
人工	合计工日		工日	2.328	2.414	2.575	2.637	7.071
	其中	普工	工日	0.698	0.725	0.772	0.791	2.121
		一般技工	工日	1.397	1.448	1.545	1.582	4.243
		高级技工	工日	0.233	0.241	0.258	0.264	0.707
材料	预拌混凝土 C20		m^3	10.100	10.100	10.100	10.100	10.100
	塑料薄膜		m^2	34.924	32.475	39.760	49.899	45.413
	水		m^3	3.040	3.090	3.200	3.795	4.640
	电		kW·h	3.720	3.740	3.760	3.750	3.188

工作内容：浇筑、振捣、养护等。　　　　**计量单位：**$10m^3$

编号				5-26	5-27	5-28	5-29
项目				过梁	弧形、拱形梁	斜梁	型钢混凝土梁
名称			单位	消耗量			
人工	合计工日		工日	8.133	4.087	2.575	3.865
	其中	普工	工日	2.440	1.226	0.772	1.159
		一般技工	工日	4.880	2.452	1.545	2.319
		高级技工	工日	0.813	0.409	0.258	0.387
材料	预拌混凝土 C20		m^3	10.100	10.100	10.100	10.100
	塑料薄膜		m^2	101.327	54.455	54.455	38.599
	水		m^3	6.065	3.759	3.795	3.362
	电		kW·h	3.750	3.760	3.740	3.760

（4）墙

工作内容：浇筑、振捣、养护等。　　　　**计量单位：**10m^3

编号				5-30	5-31	5-32	5-33
项目				直形墙		弧形混凝土墙	短肢剪力墙
				毛石混凝土	混凝土		
名称			单位	消耗量			
人工	合计工日		工日	4.480	3.310	3.444	3.738
	其中	普工	工日	1.344	0.993	0.993	1.121
		一般技工	工日	2.688	1.986	1.986	2.243
		高级技工	工日	0.448	0.331	0.331	0.374
材料	预拌混凝土 C20		m^3	8.585	10.100	10.100	10.100
	塑料薄膜		m^2	20.350	24.310	29.172	25.526
	水		m^3	0.454	0.587	0.672	0.587
	毛石（综合）		m^3	2.754	—	—	—
	电		kW·h	3.060	3.660	3.660	3.730

工作内容：浇筑、振捣、养护等。　　　　**计量单位：**10m^3

编号				5-34	5-35	5-36
项目				挡土墙（重力式）		挡土墙（薄壁式）
				毛石混凝土	混凝土	
名称			单位	消耗量		
人工	合计工日		工日	3.160	2.891	4.260
	其中	普工	工日	0.948	0.867	1.278
		一般技工	工日	1.896	1.735	2.556
		高级技工	工日	0.316	0.289	0.426
材料	预拌混凝土 C20		m^3	8.585	10.100	10.100
	毛石（综合）		m^3	2.754	—	—
	水		m^3	0.534	0.690	2.690
	电		kW·h	3.060	3.660	3.730

工作内容：浇筑、振捣、养护等。 **计量单位：**$10m^3$

编号				5-37	5-38	5-39	5-40
项目				电梯井壁直形墙	爬模混凝土墙	叠合板混凝土复合墙	大模内置保温板墙
名称			单位	消耗量			
人工	合计工日		工日	3.428	4.328	3.847	3.646
	其中	普工	工日	1.028	1.298	1.154	1.093
		一般技工	工日	2.057	2.597	2.308	2.188
		高级技工	工日	0.343	0.433	0.385	0.365
材料	预拌混凝土 C20		m^3	10.100	10.100	10.100	10.100
	水		m^3	0.759	1.450	0.690	0.690
	电		kW·h	3.990	4.390	3.660	3.660

（5）板

工作内容：浇筑、振捣、养护等。 **计量单位：**$10m^3$

编号				5-41	5-42	5-43	5-44
项目				有梁板	无梁板	平板	拱板
名称			单位	消耗量			
人工	合计工日		工日	2.426	2.421	2.811	5.717
	其中	普工	工日	0.727	0.726	0.843	1.715
		一般技工	工日	1.456	1.453	1.687	3.430
		高级技工	工日	0.243	0.242	0.281	0.572
材料	预拌混凝土 C20		m^3	10.100	10.100	10.100	10.100
	塑料薄膜		m^2	54.724	57.811	78.209	24.544
	水		m^3	2.595	3.023	4.104	1.652
	电		kW·h	3.790	3.780	3.780	3.800
机械	混凝土抹平机		台班	0.110	0.110	0.140	0.150

工作内容：浇筑、振捣、养护等。 **计量单位：**$10m^3$

编号				5-45	5-46	5-47
项目				薄壳板	复合空心板	斜板、坡屋面板
名称			单位	消耗量		
人工	合计工日		工日	5.137	4.115	3.061
	其中	普工	工日	1.541	1.234	0.918
		一般技工	工日	3.082	2.469	1.837
		高级技工	工日	0.514	0.412	0.306
材料	预拌混凝土 C20		m^3	10.100	10.100	10.100
	塑料薄膜		m^2	37.727	43.560	80.346
	水		m^3	6.675	3.948	8.860
	电		kW·h	3.780	3.790	3.780
机械	混凝土抹平机		台班	0.190	0.170	0.190

工作内容：浇筑、振捣、养护等。 **计量单位：**$10m^3$

编号				5-48	5-49	5-50	5-51
项目				栏板	飘窗板	挂板	挑檐、天沟
名称			单位	消耗量			
人工	合计工日		工日	9.391	9.660	10.711	9.462
	其中	普工	工日	2.817	2.898	3.213	2.839
		一般技工	工日	5.635	5.796	6.427	5.677
		高级技工	工日	0.939	0.966	1.071	0.946
材料	预拌混凝土 C20		m^3	10.100	10.100	10.100	10.100
	塑料薄膜		m^2	11.750	85.199	11.750	85.199
	水		m^3	2.617	5.250	3.010	6.040
	电		kW·h	—	6.000	10.100	6.000

工作内容：浇筑、振捣、养护等。 计量单位：10m³

编号				5-52	5-53	5-54	5-55
项目				雨篷板	悬挑板	阳台板	预制板间补现浇板缝
名称			单位	消耗量			
人工	合计工日		工日	8.784	8.486	8.891	11.225
	其中	普工	工日	2.636	2.545	2.667	3.367
		一般技工	工日	5.270	5.092	5.335	6.735
		高级技工	工日	0.878	0.849	0.889	1.123
材料	预拌混凝土 C20		m^3	10.100	10.100	10.100	10.100
	塑料薄膜		m^2	95.650	105.684	73.629	76.720
	水		m^3	7.300	7.687	9.380	7.878
	电		kW·h	5.190	6.000	5.310	1.860

（6）楼　　梯

工作内容：浇筑、振捣、养护等。 计量单位：10m² 水平投影面积

编号				5-56	5-57	5-58
项目				楼梯		
				直形	弧形	螺旋形
名称			单位	消耗量		
人工	合计工日		工日	2.138	2.992	4.168
	其中	普工	工日	0.641	0.898	1.250
		一般技工	工日	1.283	1.795	2.501
		高级技工	工日	0.214	0.299	0.417
材料	预拌混凝土 C20		m^3	2.586	1.798	2.586
	塑料薄膜		m^2	12.619	12.700	13.974
	水		m^3	0.722	0.696	0.591
	电		kW·h	1.560	1.580	1.590

(7)其　他

工作内容：浇筑、振捣、养护等。

编　号				5-59	5-60	5-61
项　目				散水	台阶	场馆看台
				10m² 水平投影面积		10m³
名　称			单位	消　耗　量		
人工	合计工日		工日	0.772	1.149	8.996
	其中	普工	工日	0.232	0.345	2.698
		一般技工	工日	0.463	0.689	5.398
		高级技工	工日	0.077	0.115	0.900
材料	预拌混凝土 C20		m^3	0.606	1.236	10.100
	预拌水泥砂浆		m^3	0.049	—	—
	塑料薄膜		m^2	10.500	12.600	84.610
	水		m^3	3.435	0.139	7.878
	电		kW·h	0.030	0.462	5.310
机械	混凝土抹平机		台班	0.040	—	—

工作内容：浇筑、振捣、养护等。　　**计量单位：**$10m^3$

编　号				5-62	5-63	5-64
项　目				地沟	扶手、压顶	小型构件
名　称			单位	消　耗　量		
人工	合计工日		工日	4.575	9.483	10.290
	其中	普工	工日	1.372	2.845	3.087
		一般技工	工日	2.745	5.690	6.174
		高级技工	工日	0.458	0.948	1.029
材料	预拌混凝土 C20		m^3	10.100	10.100	10.100
	塑料薄膜		m^2	25.550	89.563	95.519
	水		m^3	2.174	8.322	8.718
	电		kW·h	6.000	—	—

（8）后　浇　带

工作内容：浇筑、振捣、养护等。　　　　　　　　　　　　　　　　　　**计量单位：**10m³

编　号				5-65	5-66	5-67	5-68
项　目				梁	板	墙	筏板基础
名　称			单位	消耗量			
人工	合计工日		工日	4.014	4.014	4.657	3.586
	其中	普工	工日	1.205	1.205	1.397	1.075
		一般技工	工日	2.408	2.408	2.794	2.152
		高级技工	工日	0.401	0.401	0.466	0.359
材料	预拌混凝土 C20		m^3	10.100	10.100	10.100	10.100
	塑料薄膜		m^2	31.668	55.472	3.080	19.840
	水		m^3	3.591	6.078	2.521	3.261
	电		kW·h	3.690	3.580	3.630	2.350

2. 预制混凝土

（1）梁

工作内容：浇筑、振捣、养护、分类堆放等。　　　　　　　　　　　　　　**计量单位：**10m³

编　号				5-69
项　目				过梁
名　称			单位	消耗量
人工	合计工日		工日	3.832
	其中	普工	工日	1.150
		一般技工	工日	2.299
		高级技工	工日	0.383
材料	混凝土 C20		m^3	10.100
	硬垫木		m^3	0.016
	塑料薄膜		m^2	53.166
	水		m^3	3.602
	电		kW·h	1.500

（2）板

工作内容：浇筑、振捣、养护、分类堆放等。　　**计量单位：**10m³

编　号				5-70	5-71
项　目				架空隔热板	地沟盖板
名　称			单位	消　耗　量	
人工	合计工日		工日	6.594	5.823
	其中	普工	工日	1.979	1.747
		一般技工	工日	3.956	3.494
		高级技工	工日	0.659	0.582
材料	预拌混凝土 C20		m^3	10.100	10.100
	硬垫木		m^3	0.112	0.075
	塑料薄膜		m^2	119.058	99.215
	水		m^3	9.069	5.550
	电		kW·h	1.750	1.750

（3）其他构件

工作内容：浇筑、振捣、养护、分类堆放等。　　**计量单位：**10m³

编　号				5-72	5-73
项　目				漏空花格	小型构件
名　称			单位	消　耗　量	
人工	合计工日		工日	8.508	8.467
	其中	普工	工日	2.552	2.540
		一般技工	工日	5.105	5.080
		高级技工	工日	0.851	0.847
材料	预拌混凝土 C20		m^3	10.100	10.100
	硬垫木		m^3	0.584	1.468
	塑料薄膜		m^2	146.227	121.857
	水		m^3	9.492	7.910
	电		kW·h	1.500	1.500

3. 其　他

工作内容：原材料运输、混凝土搅拌、场内运输等。　　　　**计量单位：**10m³

编号				5-74
项目				现场搅拌混凝土调整费
名称			单位	消耗量
人工	合计工日		工日	4.125
	其中	普工	工日	1.237
		一般技工	工日	2.475
		高级技工	工日	0.413
材料	电		kW·h	21.466
	水		m³	0.380
机械	双锥反转出料混凝土搅拌机 500L		台班	0.300

工作内容：内模（筒芯、箱体）敷设、安装、固定，抗浮固定等。　　　　**计量单位：**10m³

编号				5-75	5-76	5-77	5-78
项目				空心楼板筒芯安装		空心楼板箱体安装	
				筒芯直径（mm）		箱体高度（mm）	
				≤200	>200	≤200	>200
名称			单位	消耗量			
人工	合计工日		工日	14.656	7.136	6.960	3.400
	其中	普工	工日	4.396	2.140	2.088	1.020
		一般技工	工日	8.794	4.282	4.176	2.040
		高级技工	工日	1.466	0.714	0.696	0.340
材料	空心板筒芯		m³	10.100	10.100	—	—
	空心板箱体		m³	—	—	10.100	10.100
	铁件（综合）		kg	109.851	42.688	40.500	26.203
	其他材料费		%	1.00	1.00	1.00	1.00

工作内容：泵管安拆、清洗、整理、堆放、输送泵（车）就位、混凝土输送、清理等。　　**计量单位：**$10m^3$

编号				5-79	5-80	5-81
项目				现浇混凝土泵送		
				建筑物檐高（m）		
				≤50	≤100	≤200
名称			单位	消耗量		
人工	合计工日		工日	0.138	0.290	0.345
	其中	普工	工日	0.041	0.087	0.103
		一般技工	工日	0.083	0.174	0.207
		高级技工	工日	0.014	0.029	0.035
材料	泵管		m	—	0.256	0.395
	卡箍（泵管用）		个	0.060	0.120	0.180
	密封圈		个	0.270	0.540	0.810
	橡胶压力管		m	0.090	0.180	0.180
	钢管		kg	—	0.916	1.374
	扣件		个	—	0.152	0.228
	水		m^3	0.016	0.054	0.081
机械	混凝土输送泵　超高压泵　26MPa		台班	—	0.065	0.090
	混凝土输送泵车　$90m^3/h$		台班	0.055	—	—
	布料机		台班	—	0.065	0.090

二、钢　　筋

1. 现浇构件圆钢筋

工作内容：调直、切断、弯曲成型、运输、绑扎、安装等。　　　　**计量单位**：t

编　号				5-82	5-83	5-84	5-85
项　目				钢筋 HPB300			
				直径（mm）			
				≤10	≤18	≤25	≤32
名　称			单位	消　耗　量			
人工	合计工日		工日	7.775	5.253	3.493	2.936
	其中	普工	工日	2.332	1.576	1.048	0.880
		一般技工	工日	4.665	3.152	2.096	1.762
		高级技工	工日	0.778	0.525	0.349	0.294
材料	钢筋 HPB300 ϕ10 以内		kg	1 020.000	—	—	—
	钢筋 HPB300 ϕ12~18		kg	—	1 025.000	—	—
	钢筋 HPB300 ϕ20~25		kg	—	—	1 025.000	—
	钢筋 HPB300 ϕ25 以上		kg	—	—	—	1 025.000
	镀锌铁丝 ϕ0.7		kg	8.910	3.456	1.370	0.870
	低合金钢焊条 E43 系列		kg	—	4.560	4.080	—
	水		m^3	—	0.144	0.093	—
机械	钢筋调直机 40mm		台班	0.240	0.080	—	—
	钢筋切断机 40mm		台班	0.110	0.090	0.100	0.130
	钢筋弯曲机 40mm		台班	0.350	0.230	0.180	0.180
	直流弧焊机 32kV·A		台班	—	0.380	0.340	—
	对焊机 75kV·A		台班	—	0.090	0.050	0.060
	电焊条烘干箱 45×35×45（cm^3）		台班	—	0.038	0.034	—

2. 现浇构件带肋钢筋

工作内容：调直、切断、弯曲成型、运输、绑扎、安装等。　　　　**计量单位：**t

编　号				5-86	5-87	5-88	5-89
项　目				带肋钢筋 HRB400 以内			
				直径（mm）			
				≤10	≤18	≤25	≤40
名　称			单位	消　耗　量			
人工	合计工日		工日	6.464	5.568	3.825	3.127
	其中	普工	工日	1.940	1.670	1.147	0.938
		一般技工	工日	3.878	3.341	2.295	1.876
		高级技工	工日	0.646	0.557	0.383	0.313
材料	钢筋 HRB400 以内 ϕ10 以内		kg	1 020.000	—	—	—
	钢筋 HRB400 以内 ϕ12~18		kg	—	1 025.000	—	—
	钢筋 HRB400 以内 ϕ20~25		kg	—	—	1 025.000	—
	钢筋 HRB400 以内 ϕ25 以上		kg	—	—	—	1 025.000
	镀锌铁丝 ϕ0.7		kg	5.640	3.650	1.600	0.870
	低合金钢焊条 E43 系列		kg	—	5.400	4.800	—
	水		m^3	—	0.144	0.093	—
机械	钢筋调直机 40mm		台班	0.270	—	—	—
	钢筋切断机 40mm		台班	0.110	0.100	0.090	0.090
	钢筋弯曲机 40mm		台班	0.310	0.230	0.180	0.130
	直流弧焊机 32kV·A		台班	—	0.450	0.400	—
	对焊机 75kV·A		台班	—	0.110	0.060	—
	电焊条烘干箱 45×35×45（cm^3）		台班	—	0.045	0.040	—

工作内容：调直、切断、弯曲成型、运输、绑扎、安装等。 **计量单位：**t

编号				5-90	5-91	5-92	5-93
项目				带肋钢筋 HRB400 以上			
				直径（mm）			
				≤10	≤18	≤25	≤40
名称			单位	消耗量			
人工	合计工日		工日	6.772	5.828	3.998	3.265
	其中	普工	工日	2.032	1.748	1.199	0.979
		一般技工	工日	4.063	3.497	2.399	1.959
		高级技工	工日	0.677	0.583	0.400	0.327
材料	钢筋 HRB400 以上 ϕ10 以内		kg	1 020.000	—	—	—
	钢筋 HRB400 以上 ϕ12~18		kg	—	1 025.000	—	—
	钢筋 HRB400 以上 ϕ20~25		kg	—	—	1 025.000	—
	钢筋 HRB400 以上 ϕ25 以上		kg	—	—	—	1 025.000
	镀锌铁丝 ϕ0.7		kg	5.640	3.650	1.597	0.870
	低合金钢焊条 E43 系列		kg	—	6.552	5.928	—
	水		m^3	—	0.144	0.093	—
机械	钢筋调直机 40mm		台班	0.614	0.095	—	—
	钢筋切断机 40mm		台班	0.426	0.105	0.095	0.095
	钢筋弯曲机 40mm		台班	0.436	0.242	0.189	0.137
	直流弧焊机 32kV·A		台班	—	0.473	0.420	—
	对焊机 75kV·A		台班	—	0.095	0.063	—
	电焊条烘干箱 45×35×45（cm^3）		台班	—	0.047	0.042	—

工作内容：调直、切断、弯曲成型、运输、绑扎、安装等。　　　　**计量单位：**t

编号				5-94	5-95	5-96	5-97
项目				桁架楼承板铺设分布钢筋 HPB300		桁架楼承板铺设分布 带肋钢筋 HRB400 以内	
				直径(mm)			
				≤10	>10	≤10	>10
名称			单位	消耗量			
人工	合计工日		工日	8.620	6.845	8.453	7.672
	其中	普工	工日	2.586	2.053	2.536	2.302
		一般技工	工日	5.172	4.107	5.072	4.603
		高级技工	工日	0.862	0.685	0.845	0.767
材料	钢筋 HPB300 ϕ10 以内		kg	1 020.000	—	—	—
	钢筋 HRB400 以内 ϕ10 以内		kg	—	—	1 020.000	—
	钢筋 HPB300 ϕ12~18		kg	—	1 025.000	—	—
	钢筋 HRB400 以内 ϕ12~18		kg	—	—	—	1 025.000
	低合金钢焊条 E43 系列		kg	—	4.560	—	5.400
	镀锌铁丝 ϕ0.7		kg	8.910	3.456	5.640	3.650
	水		m^3	—	0.144	—	0.144
机械	钢筋调直机 40mm		台班	0.240	0.080	0.270	0.090
	钢筋切断机 40mm		台班	0.110	0.090	0.110	0.100
	钢筋弯曲机 40mm		台班	0.350	0.230	0.310	0.230
	直流弧焊机 32kV·A		台班	—	0.380	—	0.450
	对焊机 75kV·A		台班	—	0.090	—	0.110
	电焊条烘干箱 45×35×45(cm^3)		台班	—	0.038	—	0.045

3. 预制构件圆钢筋

工作内容：调直、切断、弯曲成型、运输、绑扎(点焊)、安装、拼装等。 **计量单位：**t

编号				5-98	5-99	5-100	5-101
项目				冷拔低碳钢丝		圆钢 HPB300	
				直径(mm)			
				≤5		≤10	
				绑扎	点焊	绑扎	点焊
名称			单位	消耗量			
人工	合计工日		工日	23.462	12.930	8.680	6.139
	其中	普工	工日	7.039	3.879	2.604	1.842
		一般技工	工日	14.077	7.758	5.208	3.683
		高级技工	工日	2.346	1.293	0.868	0.614
材料	冷拔钢丝		t	1.090	1.090	—	—
	钢筋 HPB300 ϕ10 以内		kg	—	—	1 020.000	1 020.000
	镀锌铁丝 ϕ0.7		kg	15.670	2.140	9.597	0.792
	水		m^3	—	5.270	—	3.363
机械	钢筋调直机 40mm		台班	0.730	0.730	0.260	0.260
	钢筋切断机 40mm		台班	0.440	0.440	0.100	0.100
	钢筋弯曲机 40mm		台班	—	—	0.310	0.120
	点焊机 75kV·A		台班	—	2.180	—	1.390

工作内容：调直、切断、弯曲成型、运输、绑扎（点焊）、安装、拼装等。　　　　**计量单位：**t

编　　号				5-102	5-103
项　　目				圆钢 HPB300	
				直径≤18mm	
				绑扎	点焊
名　　称			单位	消　耗　量	
人工	合计工日		工日	5.541	3.758
	其中	普工	工日	1.662	1.127
		一般技工	工日	3.325	2.255
		高级技工	工日	0.554	0.376
材料	钢筋 HPB300 ϕ12~18		kg	1 025.000	1 025.000
	低合金钢焊条 E43 系列		kg	4.440	4.440
	镀锌铁丝 ϕ0.7		kg	3.537	0.293
	水		m^3	0.150	2.107
机械	钢筋调直机 40mm		台班	0.080	0.080
	钢筋切断机 40mm		台班	0.080	0.080
	钢筋弯曲机 40mm		台班	0.200	0.090
	直流弧焊机 32kV·A		台班	0.370	0.370
	对焊机 75kV·A		台班	0.080	0.080
	点焊机 75kV·A		台班	—	0.810
	电焊条烘干箱 45×35×45（cm^3）		台班	0.037	0.037

4. 预制构件带肋钢筋

工作内容：调直、切断、弯曲成型、运输、绑扎、安装等。 **计量单位：**t

编号			5-104	5-105	5-106	5-107
项目			带肋钢筋 HRB400 以内			
			直径(mm)			
			≤10	≤18	≤25	≤40
名称		单位	消耗量			
人工	合计工日	工日	6.580	5.802	3.995	3.263
人工	其中 普工	工日	1.974	1.741	1.198	0.979
人工	其中 一般技工	工日	3.948	3.481	2.397	1.958
人工	其中 高级技工	工日	0.658	0.580	0.400	0.326
材料	钢筋 HRB400 以内 ϕ10 以内	kg	1 020.000	—	—	—
材料	钢筋 HRB400 以内 ϕ12~18	kg	—	1 025.000	—	—
材料	钢筋 HRB400 以内 ϕ20~25	kg	—	—	1 025.000	—
材料	钢筋 HRB400 以内 ϕ25 以上	kg	—	—	—	1 025.000
材料	低合金钢焊条 E43 系列	kg	—	5.400	4.800	—
材料	镀锌铁丝 ϕ0.7	kg	5.640	3.373	1.811	1.188
材料	水	m^3	—	0.143	0.093	—
机械	钢筋调直机 40mm	台班	0.270	—	—	—
机械	钢筋切断机 40mm	台班	0.090	0.090	0.100	0.080
机械	钢筋弯曲机 40mm	台班	0.270	0.200	0.160	0.120
机械	直流弧焊机 32kV·A	台班	—	0.450	0.400	—
机械	对焊机 75kV·A	台班	—	0.110	0.060	—
机械	电焊条烘干箱 45×35×45(cm^3)	台班	—	0.045	0.040	—

工作内容：调直、切断、弯曲成型、运输、绑扎、安装等。　　　　**计量单位：**t

编号				5-108	5-109	5-110	5-111
项目				带肋钢筋 HRB400 以上			
				直径（mm）			
				≤10	≤18	≤25	≤40
名称			单位	消耗量			
人工	合计工日		工日	6.894	6.074	4.176	3.408
	其中	普工	工日	2.069	1.823	1.252	1.022
		一般技工	工日	4.136	3.644	2.506	2.045
		高级技工	工日	0.689	0.607	0.418	0.341
材料	钢筋 HRB400 以上 ϕ10 以内		kg	1 020.000	—	—	—
	钢筋 HRB400 以上 ϕ12~18		kg	—	1 025.000	—	—
	钢筋 HRB400 以上 ϕ20~25		kg	—	—	1 025.000	—
	钢筋 HRB400 以上 ϕ25 以上		kg	—	—	—	1 025.000
	低合金钢焊条 E43 系列		kg	—	6.552	5.928	—
	镀锌铁丝 ϕ0.7		kg	5.640	3.373	1.811	1.188
	水		m^3	—	0.143	0.093	—
机械	钢筋调直机 40mm		台班	0.284	0.095	—	—
	钢筋切断机 40mm		台班	0.095	0.095	0.084	0.084
	钢筋弯曲机 40mm		台班	0.284	0.210	0.168	0.126
	直流弧焊机 32kV·A		台班	—	0.473	0.420	—
	对焊机 75kV·A		台班	—	0.095	0.063	—
	电焊条烘干箱 45×35×45（cm^3）		台班	—	0.047	0.042	—

5. 箍筋及其他

工作内容：调直、切断、弯曲成型、运输、绑扎、安装等。　　　　　　　　**计量单位：**t

编号				5-112	5-113	5-114
项目				箍筋		
				圆钢 HPB300		
				直径（mm）		
				≤5	≤10	>10
名称			单位	消耗量		
人工	合计工日		工日	27.072	13.626	7.057
	其中	普工	工日	8.122	4.087	2.117
		一般技工	工日	16.243	8.176	4.234
		高级技工	工日	2.707	1.363	0.706
材料	钢筋 HPB300 ϕ10 以内		kg	1 020.000	1 020.000	—
	钢筋 HPB300 ϕ10 以上		kg	—	—	1 025.000
	镀锌铁丝 ϕ0.7		kg	15.670	10.037	4.620
机械	钢筋调直机 40mm		台班	0.730	0.300	0.120
	钢筋切断机 40mm		台班	0.440	0.160	0.090
	钢筋弯曲机 40mm		台班	—	1.310	0.650

工作内容：调直、切断、弯曲成型、运输、绑扎、安装等。　　**计量单位：**t

编号				5-115	5-116	5-117	5-118
项目				箍筋			
				带肋钢筋 HRB400 以内		带肋钢筋 HRB400 以外	
				直径（mm）			
				≤10	>10	≤10	>10
名称			单位	消耗量			
人工	合计工日		工日	12.860	7.392	13.218	7.593
	其中	普工	工日	3.858	2.218	3.965	2.278
		一般技工	工日	7.716	4.435	7.931	4.556
		高级技工	工日	1.286	0.739	1.322	0.759
材料	钢筋 HRB400 以内 ϕ10 以内		kg	1 020.000	—	—	—
	钢筋 HRB400 以内 ϕ12~18		kg	—	1 025.000	—	—
	钢筋 HRB400 以上 ϕ10 以内		kg	—	—	1 020.000	—
	钢筋 HRB400 以上 ϕ12~18		kg	—	—	—	1 025.000
	镀锌铁丝 ϕ0.7		kg	10.037	4.620	10.037	4.620
机械	钢筋调直机 40mm		台班	0.310	0.130	0.320	0.130
	钢筋切断机 40mm		台班	0.190	0.090	0.200	0.100
	钢筋弯曲机 40mm		台班	1.380	0.680	1.420	0.700

工作内容：调直、切断、弯曲成型、运输、安装、焊接（绑扎）等。 **计量单位：**t

编号				5-119	5-120	5-121	5-122
项目				混凝土灌注桩钢筋笼		地下连续墙钢筋网片	砌体内加固钢筋
				圆钢 HPB300	带肋钢筋 HRB400		
名称			单位	消耗量			
人工	合计工日		工日	4.539	4.152	8.359	4.055
	其中	普工	工日	2.508	1.246	2.508	1.216
		一般技工	工日	5.015	2.491	5.015	2.433
		高级技工	工日	0.836	0.415	0.836	0.406
材料	圆钢（综合）		t	1.020	—	1.020	1.020
	钢筋（综合）		t	—	1.025	—	—
	低合金钢焊条 E43 系列		kg	4.032	8.064	—	—
	镀锌铁丝 $\phi0.7$		kg	9.597	3.373	1.760	—
	水		m^3	0.038	0.090	—	—
机械	钢筋调直机 40mm		台班	0.290	—	0.230	0.690
	钢筋切断机 40mm		台班	0.130	0.100	0.120	0.690
	钢筋弯曲机 40mm		台班	0.420	0.140	0.390	—
	直流弧焊机 32kV·A		台班	0.079	0.079	—	—
	电焊条烘干箱 $45\times35\times45(cm^3)$		台班	0.034	0.067	—	—
	点焊机 75kV·A		台班	—	0.110	1.070	—
	汽车式起重机 12t		台班	0.139	0.139	0.260	—
	轮胎式起重机 16t		台班	0.180	0.180	0.260	—

工作内容：绑扎泡沫塑料板并试拼装、吊运入模、校正对接、就位固定等。　　**计量单位：**10t

编号				5-123	5-124	5-125	5-126
项目				地下连续墙钢筋笼安放深度（m）			
				≤15	≤25	≤35	≤45
名称			单位	消耗量			
人工	合计工日		工日	14.875	15.029	15.570	16.110
	其中	普工	工日	4.463	4.509	4.671	4.833
		一般技工	工日	8.925	9.017	9.342	9.666
		高级技工	工日	1.488	1.503	1.557	1.611
材料	镀锌铁丝 ϕ0.7		kg	10.000	10.000	10.000	10.000
	预埋铁件		kg	8.910	8.910	8.910	8.910
	低合金钢焊条 E43 系列		kg	10.100	12.100	12.700	13.300
	硬泡沫塑料板		m^3	0.150	0.150	0.150	0.150
机械	汽车式起重机 16t		台班	0.400	—	—	—
	履带式起重机 40t		台班	—	0.500	—	—
	履带式起重机 60t		台班	—	—	0.600	0.700
	直流弧焊机 32kV·A		台班	1.199	1.436	1.508	1.580
	电焊条烘干箱 45×35×45（cm^3）		台班	0.120	0.144	0.151	0.158

6. 先张法预应力钢筋

工作内容：制作、运输、张拉、放张、切断等。　　　　计量单位：t

编号				5-127	5-128	5-129	5-130	5-131
项目				先张法预应力钢筋（直径 mm）				
				≤5	≤12	≤16	≤20	≤40
名称			单位	消耗量				
人工	合计工日		工日	11.783	6.099	5.351	4.636	3.397
	其中	普工	工日	3.535	1.830	1.605	1.391	1.019
		一般技工	工日	7.070	3.659	3.211	2.782	2.038
		高级技工	工日	1.178	0.610	0.535	0.464	0.340
材料	冷拔钢丝		t	1.040	—	—	—	—
	钢筋 HRB400 以内 ϕ12 以内		kg	—	1 040.000	—	—	—
	钢筋 HRB400 以内 ϕ16 以内		kg	—	—	1 040.000	—	—
	钢筋 HRB400 以内 ϕ18~20		kg	—	—	—	1 040.000	—
	钢筋 HRB400 以内 ϕ20 以上		kg	—	—	—	—	1 040.000
	水		m^3	—	0.900	0.715	0.575	0.520
	张拉锚具及其他材料		kg	—	45.000	29.280	18.165	13.460
	张拉机具		kg	39.610	46.600	30.315	18.805	13.930
机械	钢筋调直机 40mm		台班	0.750	—	—	—	—
	钢筋切断机 40mm		台班	0.080	0.080	0.080	0.080	0.070
	电动单筒慢速卷扬机 50kN		台班	—	0.750	0.635	0.570	0.530
	对焊机 75kV·A		台班	—	0.560	0.450	0.355	0.320
	预应力钢筋拉伸机 650kN		台班	1.580	0.720	0.675	0.560	0.500

7. 后张法预应力钢筋

工作内容：制作、运输、穿筋、锚固、放张、切断等。 **计量单位：**t

编号				5-132	5-133	5-134	5-135	5-136
项目				后张法预应力钢筋（直径 mm）				
				≤16	≤20	≤25	≤32	≤40
名称			单位	消耗量				
人工	合计工日		工日	13.560	9.811	7.850	6.330	5.215
	其中	普工	工日	4.068	2.943	2.355	1.899	1.565
		一般技工	工日	8.136	5.886	4.710	3.798	3.129
		高级技工	工日	1.356	0.981	0.785	0.633	0.522
材料	钢筋 HRB400 以内 ϕ16 以内		kg	1 040.000	—	—	—	—
	钢筋 HRB400 以内 ϕ18~20		kg	—	1 040.000	—	—	—
	钢筋 HRB400 以内 ϕ22~25		kg	—	—	1 040.000	—	—
	钢筋 HRB400 以内 ϕ25 以上		kg	—	—	—	1 040.000	1 040.000
	水		m^3	0.630	0.520	0.430	0.590	0.595
	孔道成形管		kg	80.184	51.348	33.010	23.055	13.495
	张拉机具		kg	137.700	88.200	37.800	34.600	23.175
	张拉锚具及其他材料		kg	91.799	58.802	56.700	26.400	15.450
	素水泥浆		m^3	1.620	1.053	0.680	0.475	0.275
	其他材料费		%	2.00	2.00	2.00	2.00	2.00
机械	对焊机 75kV·A		台班	0.390	0.320	0.270	0.370	0.370
	钢筋切断机 40mm		台班	0.080	0.080	0.080	0.080	0.080
	电动单筒慢速卷扬机 50kN		台班	0.640	0.600	0.550	0.490	0.425
	预应力钢筋拉伸机 650kN		台班	1.730	1.010	0.710	0.500	0.270
	挤压式灰浆输送泵 $3m^3/h$		台班	1.780	1.140	0.730	0.510	0.300
	灰浆搅拌机 200L		台班	1.780	1.140	0.730	0.510	0.300

8. 后张法预应力钢丝束(钢绞线)

工作内容:制作、运输、穿筋等。 **计量单位:**t

编号				5-137	5-138	5-139	5-140	5-141
项目				钢丝束		钢绞线		
				有粘结	无粘结	有粘结	无粘结	缓粘结
名称			单位	消耗量				
人工	合计工日		工日	13.890	12.260	12.550	11.078	10.010
	其中	普工	工日	4.167	3.678	3.765	3.323	3.003
		一般技工	工日	8.334	7.356	7.530	6.647	6.006
		高级技工	工日	1.389	1.226	1.255	1.108	1.001
材料	钢绞线(钢丝束)(综合)		t	1.040	—	1.040	—	—
	无粘结预应力钢绞线(钢丝束)		t	—	1.040	—	1.040	—
	缓粘结预应力钢绞线		t	—	—	—	—	1.040
	其他铁件		kg	48.790	11.190	48.700	11.190	11.190
	砂轮片(综合)		片	10.300	10.300	10.300	10.300	10.300
	木模板		m^3	0.113	0.113	0.113	0.113	0.113
	胶带纸		卷	—	10.260	—	10.260	—
	建筑脂(无粘结预应力)		kg	—	2.100	—	2.100	—
	其他材料费		%	2.00	2.00	2.00	2.00	2.00

工作内容：张拉、锚固、孔道灌浆等。

编号				5-142	5-143	5-144	5-145
项目				预应力钢丝束（钢绞线）张拉	锚具安装		预埋管孔道铺设灌浆
					单锚	群锚	
				10根	10套		10m
名称			单位	消耗量			
人工	合计工日		工日	0.898	0.431	0.762	0.901
	其中	普工	工日	0.269	0.129	0.229	0.270
		一般技工	工日	0.539	0.259	0.457	0.541
		高级技工	工日	0.090	0.043	0.076	0.090
材料	承压板垫板		kg	—	20.400	20.400	—
	单孔锚具		套	—	20.400	—	—
	群锚锚具 3孔		套	—	—	20.400	—
	钢质波纹管 *DN*60		m	—	—	—	1.122
	素水泥浆		m^3	—	—	—	0.021
	其他材料费		%	—	2.00	2.00	2.00
机械	立式油压千斤顶 200t		台班	0.503	—	—	—
	高压油泵 80MPa		台班	0.503	—	—	—
	预应力钢筋拉伸机 650kN		台班	—	0.580	—	—
	半自动切割机 100mm		台班	—	—	2.000	—
	预应力钢筋拉伸机 900kN		台班	—	—	0.710	—
	电动灌浆机		台班	—	—	—	0.050

9. 钢筋焊接、机械连接、植筋

工作内容：材料运输、校正、下料、焊接、清理等。　　　　**计量单位：**10个

编号				5-146	5-147
项目				电渣压力焊接（钢筋直径 mm）	
				≤18	≤32
名称			单位	消耗量	
人工	合计工日		工日	0.133	0.157
	其中	普工	工日	0.040	0.047
		一般技工	工日	0.080	0.094
		高级技工	工日	0.013	0.016
材料	焊剂		kg	0.162	0.312
	石棉垫		kg	0.081	0.156
机械	电渣焊机 1 000A		台班	0.060	0.070

工作内容：材料运输、校正、除锈、下料、焊口、挤压等。　　　　**计量单位：**10个

编号				5-148	5-149
项目				钢筋气压焊接头（钢筋直径 mm）	
				≤25	≤40
名称			单位	消耗量	
人工	合计工日		工日	0.221	0.229
	其中	普工	工日	0.066	0.069
		一般技工	工日	0.133	0.137
		高级技工	工日	0.022	0.023
材料	氧气		m^3	4.844	5.082
	乙炔气		m^3	1.620	1.700
	电		kW·h	0.700	0.750
机械	气压焊机		台班	0.250	0.270

工作内容：材料运输、校正、除锈、打磨、套丝、现场连接等。　　　　**计量单位：**10个

编号			5-150	5-151	5-152	5-153	5-154
项目			直螺纹钢筋接头（钢筋直径mm）				
			≤16	≤20	≤25	≤32	≤40
名称		单位	消耗量				
人工	合计工日	工日	0.271	0.290	0.315	0.336	0.365
	其中 普工	工日	0.081	0.087	0.094	0.100	0.109
	其中 一般技工	工日	0.163	0.174	0.189	0.202	0.219
	其中 高级技工	工日	0.027	0.029	0.032	0.034	0.037
材料	直螺纹连接套筒	只	10.100	10.100	10.100	10.100	10.100
	润滑冷却液	kg	0.100	0.100	0.100	0.100	0.100
	尼龙帽	个	20.200	20.200	20.200	20.200	20.200
机械	螺栓套丝机 39mm	台班	0.140	0.160	0.180	0.210	0.250

工作内容：材料运输、校正、除锈、打磨、套丝、现场连接等。　　　　**计量单位：**10个

编号			5-155	5-156	5-157	5-158	5-159
项目			锥螺纹钢筋接头（钢筋直径mm）				
			≤16	≤20	≤25	≤32	≤40
名称		单位	消耗量				
人工	合计工日	工日	0.275	0.282	0.320	0.341	0.373
	其中 普工	工日	0.082	0.085	0.096	0.102	0.112
	其中 一般技工	工日	0.165	0.169	0.192	0.205	0.224
	其中 高级技工	工日	0.028	0.028	0.032	0.034	0.037
材料	锥螺纹套筒	只	10.100	10.100	10.100	10.100	10.100
	润滑冷却液	kg	0.100	0.100	0.100	0.100	0.100
	尼龙帽	个	20.200	20.200	20.200	20.200	20.200
机械	锥形螺纹车丝机 45mm	台班	0.140	0.160	0.180	0.210	0.250

工作内容：材料运输、接头校正、除锈、打磨、套管挤压、清理等。　　　　**计量单位：**10 个

编　　号				5-160	5-161
项　　目				螺纹钢筋冷挤压接头（钢筋直径 mm）	
				≤25	≤40
名　　称			单位	消　耗　量	
人工	合计工日		工日	0.196	0.228
	其中	普工	工日	0.058	0.068
		一般技工	工日	0.118	0.137
		高级技工	工日	0.020	0.023
材料	冷挤压套筒		套	10.100	10.100
	其他材料费		%	2.00	2.00
机械	钢筋挤压连接机		台班	0.130	0.170

工作内容：材料运输、孔点测定、钻孔、矫正、清灰、钢筋打磨、灌胶、养护等。　　　　**计量单位：**10 个

编　　号				5-162	5-163	5-164	5-165	5-166
项　　目				植筋（钢筋直径 mm）				
				≤10	≤14	≤18	≤25	≤40
名　　称			单位	消　耗　量				
人工	合计工日		工日	0.134	0.197	0.705	1.680	3.968
	其中	普工	工日	0.041	0.052	0.212	0.504	1.190
		一般技工	工日	0.080	0.105	0.423	1.008	2.381
		高级技工	工日	0.013	0.018	0.071	0.168	0.397
材料	合金钢钻头 ϕ14		个	0.290	—	—	—	—
	合金钢钻头 ϕ16~20		个	—	0.290	—	—	—
	合金钢钻头 ϕ22~26		个	—	—	0.380	—	—
	合金钢钻头 ϕ28~34		个	—	—	—	0.380	0.630
	结构胶		L	0.121	0.298	0.623	1.521	4.575
	丙酮		kg	0.350	0.700	1.090	1.622	3.370
	电		kW·h	2.200	3.300	5.500	8.560	16.500
	其他材料费		%	2.00	2.00	2.00	2.00	2.00

工作内容：1. 安装埋设、焊接固定，磨光、固定安装等。
2. 搬运气瓶、定位划线、切割孔洞。 **计量单位：**10 个

编　号				5-167	5-168	5-169	5-170
项　目				箍筋与型钢焊接	主筋与型钢焊接	直螺纹套筒与型钢焊接	型钢柱（梁）钻孔
					钢筋直径（mm）		
					≤32		≤40
名　称			单位	消　耗　量			
人工	合计工日		工日	0.153	0.846	1.036	0.820
	其中	普工	工日	0.015	0.085	0.259	0.246
		一般技工	工日	0.077	0.423	0.432	0.492
		高级技工	工日	0.061	0.338	0.345	0.082
材料	低碳钢焊条（综合）		kg	0.520	2.680	2.650	—
	氧气		m^3	0.060	0.340	0.320	—
	合金钢钻头 ϕ28~34		个	—	—	—	0.063
	乙炔气		kg	0.030	0.160	0.150	—
机械	交流弧焊机 21kV·A		台班	0.110	0.580	0.560	—
	对焊机 75kV·A		台班	0.110	0.580	0.560	—

10. 铁件、螺栓

工作内容：材料运输、铁件（螺栓）定位、预埋、安装、电焊固定等。 **计量单位：**t

编　号				5-171	5-172
项　目				铁件制作、安装	预埋螺栓安装
名　称			单位	消　耗　量	
人工	合计工日		工日	19.960	14.661
	其中	普工	工日	5.988	4.398
		一般技工	工日	11.976	8.797
		高级技工	工日	1.996	1.466
材料	铁件（综合）		kg	1 010.000	—
	六角螺栓		kg	—	1 010.000
	低合金钢焊条 E43 系列		kg	36.000	52.680
机械	直流弧焊机 32kV·A		台班	4.390	6.424
	电焊条烘干箱 45×35×45（cm^3）		台班	0.439	0.642

三、模　　板

1. 现浇混凝土模板

（1）基　　础

工作内容： 模板及支撑制作、安装、拆除、堆放、运输及清理模内杂物、刷隔离剂等。　**计量单位：** $100m^2$

编　号			5-173	5-174	5-175	5-176	5-177
项　目			基础垫层	条形基础			
				毛石混凝土		无筋混凝土	
			复合模板	组合钢模板	复合模板	组合钢模板	复合模板
名　称		单位	消　耗　量				
人工	合计工日	工日	5.737	17.987	16.633	18.316	17.542
人工	其中 普工	工日	1.721	5.396	4.990	5.494	5.263
人工	其中 一般技工	工日	3.442	10.792	9.980	10.990	10.525
人工	其中 高级技工	工日	0.574	1.799	1.663	1.832	1.754
材料	组合钢模板	kg	—	63.380	—	63.550	—
材料	复合模板	m^2	24.675	—	24.675	—	24.675
材料	板枋材	m^3	0.343	0.145	0.208	0.144	0.208
材料	钢支撑及配件	kg	—	19.100	19.100	18.940	18.940
材料	木支撑	m^3	—	0.185	0.185	0.239	0.230
材料	零星卡具	kg	—	30.410	—	29.680	—
材料	圆钉	kg	1.837	9.610	5.284	9.720	5.284
材料	铁件（综合）	kg	86.518	30.825	31.130	24.390	24.390
材料	隔离剂	kg	10.000	10.000	10.000	10.000	10.000
材料	镀锌铁丝 $\phi0.7$	kg	0.180	0.180	0.180	0.180	0.180
材料	镀锌铁丝 $\phi4.0$	kg	—	—	—	26.220	—
材料	塑料粘胶带 20mm × 10m	卷	—	—	—	—	25.000
材料	尼龙帽	个	—	—	—	—	129.000
材料	其他材料费	%	1.00	1.00	1.00	1.00	1.00
机械	木工圆锯机 500mm	台班	0.037	0.028	0.030	0.028	0.028

工作内容：模板及支撑制作、安装、拆除、堆放、运输及清理模内杂物、刷隔离剂等。　**计量单位：**$100m^2$

编　号				5-178	5-179	5-180	5-181
项　目				条形基础		独立基础	
				钢筋混凝土（有肋式）		毛石混凝土	
				组合钢模板	复合模板	组合钢模板	复合模板
名　称			单位	消　耗　量			
人工	合计工日		工日	18.336	16.816	18.105	19.559
	其中	普工	工日	5.500	5.044	5.431	5.868
		一般技工	工日	11.002	10.090	10.863	11.735
		高级技工	工日	1.834	1.682	1.811	1.956
材料	硬塑料管 ϕ20		m	—	52.972	—	—
	组合钢模板		kg	73.830	—	66.830	—
	复合模板		m^2	—	24.675	—	24.675
	板枋材		m^3	0.014	0.208	0.093	0.254
	钢支撑及配件		kg	48.530	48.530	48.530	48.530
	木支撑		m^3	0.423	0.423	0.604	0.604
	零星卡具		kg	36.990	—	17.257	—
	圆钉		kg	4.200	5.284	5.760	11.880
	镀锌铁丝 ϕ4.0		kg	66.090	—	48.540	—
	铁件（综合）		kg	14.724	14.869	—	—
	隔离剂		kg	10.000	10.000	10.000	10.000
	塑料粘胶带 20mm × 10m		卷	—	25.000	—	20.000
	镀锌铁丝 ϕ0.7		kg	0.180	0.180	0.180	0.180
	对拉螺栓		kg	—	6.477	—	—
	其他材料费		%	1.00	1.00	1.00	1.00
机械	木工圆锯机 500mm		台班	0.037	0.037	0.055	0.055

工作内容: 模板及支撑制作、安装、拆除、堆放、运输及清理模内杂物、刷隔离剂等。 **计量单位:** 100m²

编号			5-182	5-183	5-184	5-185
项目			独立基础		杯形基础	
			钢筋混凝土		组合钢模板	复合模板
			组合钢模板	复合模板		
名称		单位	消耗量			
人工	合计工日	工日	19.199	17.514	21.403	21.344
人工	其中 普工	工日	5.760	5.255	6.421	6.404
人工	其中 一般技工	工日	11.519	10.508	12.842	12.806
人工	其中 高级技工	工日	1.920	1.751	2.140	2.134
材料	组合钢模板	kg	69.660	—	63.210	—
材料	复合模板	m^2	—	24.675	—	24.675
材料	钢支撑及配件	kg	48.530	48.736	29.720	29.720
材料	板枋材	m^3	0.095	0.254	0.186	0.231
材料	木支撑	m^3	0.645	0.645	0.306	0.306
材料	塑料粘胶带 20mm × 10m	卷	—	20.000	—	20.000
材料	零星卡具	kg	17.257	18.674	33.510	—
材料	圆钉	kg	12.720	12.720	11.130	1.224
材料	镀锌铁丝 ϕ4.0	kg	51.990	—	50.150	—
材料	隔离剂	kg	10.000	10.000	10.000	10.000
材料	镀锌铁丝 ϕ0.7	kg	0.180	0.180	0.180	0.180
材料	其他材料费	%	1.00	1.00	1.00	1.00
机械	木工圆锯机 500mm	台班	0.064	0.064	0.156	0.156

工作内容：模板及支撑制作、安装、拆除、堆放、运输及清理模内杂物、刷隔离剂等。　**计量单位：**100m²

编号				5-186	5-187	5-188	5-189	5-190
项目				筏形基础				集水坑
				无梁式		有梁式		复合模板
				组合钢模板	复合模板	组合钢模板	复合模板	
名称			单位	消耗量				
人工	合计工日		工日	16.037	14.808	15.368	15.851	38.773
	其中	普工	工日	4.811	4.442	4.610	4.755	11.632
		一般技工	工日	9.622	8.885	9.221	9.511	23.264
		高级技工	工日	1.604	1.481	1.537	1.585	3.877
材料	组合钢模板		kg	64.250	—	68.340	—	—
	复合模板		m^2	—	24.675	—	24.675	24.675
	板枋材		m^3	0.153	0.206	0.018	0.206	1.256
	木支撑		m^3	0.207	0.207	0.042	0.042	—
	零星卡具		kg	7.064	—	31.980	23.067	—
	塑料粘胶带 20mm×10m		卷	—	20.000	—	20.000	—
	圆钉		kg	20.230	20.230	1.980	5.243	1.837
	镀锌铁丝 ϕ4.0		kg	37.140	—	22.540	—	—
	隔离剂		kg	10.000	10.000	10.000	10.000	10.000
	镀锌铁丝 ϕ0.7		kg	0.180	0.180	0.180	0.180	0.180
	钢支撑及配件		kg	17.750	17.750	17.750	17.750	—
	预拌混凝土 C20		m^3	—	—	0.590	—	—
	硬塑料管 ϕ20		m	—	—	—	47.700	—
	对拉螺栓		kg	—	—	40.520	—	—
	其他材料费		%	1.00	1.00	1.00	1.00	1.00
机械	木工圆锯机 500mm		台班	0.074	0.074	0.018	0.018	0.018

工作内容：模板及支撑制作、安装、拆除、堆放、运输及清理模内杂物、刷隔离剂等。 **计量单位**：$100m^2$

编号				5-191	5-192	5-193	5-194
项目				设备基础（块体≤$5m^3$）		设备基础（块体≤$20m^3$）	
				组合钢模板	复合模板	组合钢模板	复合模板
名称			单位	消耗量			
人工	合计工日		工日	27.470	29.677	22.259	23.966
	其中	普工	工日	8.241	8.903	6.678	7.189
		一般技工	工日	16.482	17.806	13.355	14.380
		高级技工	工日	2.747	2.968	2.226	2.397
材料	组合钢模板		kg	68.530	—	68.030	—
	复合模板		m^2	—	24.675	—	24.675
	板枋材		m^3	0.120	0.254	0.089	0.254
	塑料粘胶带 20mm×10m		卷	—	20.000	—	20.000
	钢支撑及配件		kg	27.980	27.980	30.870	30.870
	木支撑		m^3	0.109	0.109	0.216	0.216
	零星卡具		kg	42.950	—	32.630	—
	圆钉		kg	6.640	0.647	8.500	0.647
	镀锌铁丝 ϕ4.0		kg	19.050	—	23.430	—
	隔离剂		kg	10.000	10.000	10.000	10.000
	铁件（综合）		kg	—	—	9.490	9.490
	其他材料费		%	1.00	1.00	1.00	1.00
机械	木工圆锯机 500mm		台班	0.037	0.037	0.037	0.037

工作内容：模板及支撑制作、安装、拆除、堆放、运输及清理模内杂物、刷隔离剂等。　**计量单位：**10个

编　号				5-195	5-196	5-197
项　目				设备基础螺栓套		
				深度（m）		
				≤0.5	≤1	>1 且≤1.5
				复合模板木支撑		
名　称			单位	消　耗　量		
人工	合计工日		工日	1.399	1.399	2.202
	其中	普工	工日	0.420	0.420	0.661
		一般技工	工日	0.839	0.839	1.321
		高级技工	工日	0.140	0.140	0.220
材料	复合模板		m^2	0.235	0.215	0.196
	板枋材		m^3	0.047	0.164	0.173
	木支撑		m^3	0.017	0.021	0.065
	圆钉		kg	1.090	2.340	2.400
	隔离剂		kg	0.250	0.580	1.610
机械	木工圆锯机 500mm		台班	0.009	0.028	0.064

(2)柱

工作内容:模板及支撑制作、安装、拆除、堆放、运输及清理模内杂物、刷隔离剂等。 **计量单位:**100m²

编号				5-198	5-199	5-200	5-201
项目				矩形柱		构造柱	
				组合钢模板	复合模板	组合钢模板	复合模板
名称			单位	消耗量			
人工	合计工日		工日	22.097	18.752	30.861	28.393
	其中	普工	工日	6.629	5.626	9.258	8.518
		一般技工	工日	13.258	11.251	18.517	17.036
		高级技工	工日	2.210	1.875	3.086	2.839
材料	组合钢模板		kg	78.090	—	78.090	—
	复合模板		m^2	—	24.675	—	24.675
	钢支撑及配件		kg	45.485	12.327	45.484	45.485
	板枋材		m^3	0.066	0.342	0.066	0.386
	镀锌槽钢 10#		kg	—	29.035	—	—
	木支撑		m^3	0.182	—	0.182	0.182
	零星卡具		kg	66.740	—	66.740	—
	隔离剂		kg	10.000	10.000	10.000	10.000
	圆钉		kg	1.800	0.982	1.800	0.983
	对拉螺栓		kg	—	21.638	—	—
	硬塑料管 ϕ20		m	—	132.500	—	—
	塑料粘胶带 20mm × 10m		卷	—	12.500	—	12.500
机械	木工圆锯机 500mm		台班	0.055	0.055	0.055	0.055

工作内容：模板及支撑制作、安装、拆除、堆放、运输及清理模内杂物、刷隔离剂等。　**计量单位：**$100m^2$

编号				5-202	5-203	5-204	5-205
项目				异型柱		圆形柱	柱支撑每增加 1m
				组合钢模板	复合模板	定型复合模板	
名称			单位	消耗量			
人工	合计工日		工日	39.052	39.757	42.436	2.671
	其中	普工	工日	11.716	11.927	12.730	0.801
		一般技工	工日	23.431	23.854	25.462	1.603
		高级技工	工日	3.905	3.976	4.244	0.267
材料	组合钢模板		kg	77.140	—	—	—
	复合模板		m^2	—	30.629	—	—
	钢支撑及配件		kg	59.530	25.690	8.834	9.378
	隔离剂		kg	10.000	10.000	10.000	—
	圆钉		kg	13.860	1.220	1.220	—
	板枋材		m^3	0.083	0.377	—	—
	零星卡具		kg	27.940	—	—	—
	拉箍连接器		个	—	—	29.699	—
	定型柱复合模板 15mm		m^2	—	—	29.753	—
	扁钢（综合）		kg	—	—	60.166	—
	硬塑料管 $\phi 20$		m	—	117.766	—	—
	对拉螺栓		kg	—	31.040	—	—
	塑料粘胶带 20mm×10m		卷	—	12.500	—	—
机械	木工圆锯机 500mm		台班	0.055	0.055	0.055	—

（3）梁

工作内容：模板及支撑制作、安装、拆除、堆放、运输及清理模内杂物、刷隔离剂等。 **计量单位：**$100m^2$

编号				5-206	5-207	5-208	5-209	5-210
项目				基础连系梁		矩形梁		异型梁
				组合钢模板	复合模板	组合钢模板	复合模板	
名称			单位	消耗量				
人工	合计工日		工日	16.863	15.627	19.191	22.673	37.762
	其中	普工	工日	5.059	4.688	5.757	6.802	11.329
		一般技工	工日	10.118	9.376	11.515	13.604	22.657
		高级技工	工日	1.686	1.563	1.919	2.267	3.776
材料	组合钢模板		kg	76.670	—	77.340	—	—
	复合模板		m^2	—	24.675	—	24.675	24.675
	木支撑		m^3	0.281	—	0.029	—	—
	钢支撑及配件		kg	—	2.499	69.480	103.441	103.282
	板枋材		m^3	0.043	0.447	0.017	0.390	0.373
	零星卡具		kg	31.820	—	41.100	—	—
	梁卡具 模板用		kg	17.150	12.250	26.190	—	—
	圆钉		kg	21.920	1.224	0.470	1.224	29.570
	塑料粘胶带 20mm × 10m		卷	—	22.500	—	22.500	22.500
	镀锌铁丝 ϕ4.0		kg	17.220	—	—	—	—
	隔离剂		kg	10.000	10.000	10.000	10.000	10.000
	镀锌铁丝 ϕ0.7		kg	0.180	0.180	0.180	0.180	0.180
	硬塑料管 ϕ20		m	—	52.930	—	14.193	149.253
	对拉螺栓		kg	—	4.627	—	10.750	15.276
	其他材料费		%	1.00	1.00	2.00	2.00	2.00
机械	木工圆锯机 500mm		台班	0.037	0.037	0.037	0.037	0.819

工作内容：模板及支撑制作、安装、拆除、堆放、运输及清理模内杂物、刷隔离剂等。　**计量单位：**100m²

编号				5-211	5-212	5-213	5-214	5-215
项目				圈梁			过梁	
				直形		弧形	组合钢模板	复合模板
				组合钢模板	复合模板			
名称			单位	消耗量				
人工	合计工日		工日	21.838	21.103	43.981	37.258	31.022
	其中	普工	工日	6.551	6.331	13.194	11.177	9.307
		一般技工	工日	13.103	12.662	26.389	22.355	18.613
		高级技工	工日	2.184	2.110	4.398	3.726	3.102
材料	组合钢模板		kg	76.500	—	—	73.800	—
	复合模板		m^2	—	24.675	40.425	—	24.675
	板枋材		m^3	0.014	0.622	0.622	0.193	0.601
	钢支撑及配件		kg	8.290	5.922	5.922	69.480	49.630
	木支撑		m^3	0.029	—	—	0.029	—
	圆钉		kg	0.470	1.582	24.160	0.470	1.528
	塑料粘胶带 20mm×10m		卷	—	22.500	22.500	—	22.500
	镀锌铁丝 ϕ4.0		kg	16.070	—	—	12.040	—
	隔离剂		kg	10.000	10.000	10.000	10.000	10.000
	镀锌铁丝 ϕ0.7		kg	0.180	0.180	0.180	0.180	0.180
	零星卡具		kg	41.100	—	—	12.020	—
	其他材料费		%	2.00	2.00	2.00	2.00	2.00
机械	木工圆锯机 500mm		台班	0.009	0.009	1.408	0.175	0.175

工作内容：模板及支撑制作、安装、拆除、堆放、运输及清理模内杂物、刷隔离剂等。 **计量单位：**$100m^2$

编号				5-216	5-217	5-218
项目				拱形梁	弧形梁	斜梁
				复合模板		
名称			单位	消耗量		
人工	合计工日		工日	48.733	49.310	27.489
	其中	普工	工日	14.620	14.793	8.247
		一般技工	工日	29.240	29.586	16.493
		高级技工	工日	4.873	4.931	2.749
材料	复合模板		m^2	24.675	24.675	24.675
	板枋材		m^3	0.410	0.450	0.447
	圆钉		kg	1.224	41.769	1.138
	镀锌铁丝 ϕ4.0		kg	—	33.210	—
	隔离剂		kg	10.000	10.000	10.000
	钢背楞 60×40×2.5		kg	—	29.381	—
	硬塑料管 ϕ20		m	24.009	24.940	14.193
	对拉螺栓		kg	6.602	6.854	4.138
	塑料粘胶带 20mm×10m		卷	22.500	22.500	20.000
	镀锌铁丝 ϕ0.7		kg	0.180	0.180	0.180
	钢支撑及配件		kg	113.611	145.927	69.480
	其他材料费		%	2.00	2.00	2.00
机械	木工圆锯机 500mm		台班	0.331	1.067	0.037

工作内容：模板及支撑制作、安装、拆除、堆放、运输及清理模内杂物、刷隔离剂等。 **计量单位：**100m²

编号				5-219	5-220	5-221
项目				悬挑梁		梁支撑每增加 1m
				复合模板	组合钢模板	
名称			单位	消耗量		
人工	合计工日		工日	25.127	20.410	2.787
	其中	普工	工日	7.538	6.123	0.836
		一般技工	工日	15.076	12.246	1.672
		高级技工	工日	2.513	2.041	0.279
材料	复合模板		m^2	24.675	—	—
	组合钢模板		kg	—	77.258	—
	钢支撑及配件		kg	5.922	8.290	23.834
	板枋材		m^3	0.622	0.014	—
	零星卡具		kg	—	41.503	—
	塑料粘胶带 20mm×10m		卷	22.500	—	—
	镀锌铁丝 ϕ4.0		kg	—	16.228	—
	木支撑		m^3	—	0.029	—
	圆钉		kg	1.582	0.470	—
	隔离剂		kg	10.000	10.000	—
	镀锌铁丝 ϕ0.7		kg	0.182	0.182	—
	其他材料费		%	2.00	2.00	—

（4）墙

工作内容：模板及支撑制作、安装、拆除、堆放、运输及清理模内杂物、刷隔离剂等。 **计量单位：**100m²

编号				5-222	5-223	5-224	5-225
项目				直形墙		弧形墙	
				组合钢模板	复合模板	组合钢模板	复合模板
名称			单位	消耗量			
人工	合计工日		工日	18.482	25.882	23.571	32.705
	其中	普工	工日	5.545	7.765	7.071	9.811
		一般技工	工日	11.089	15.529	14.143	19.623
		高级技工	工日	1.848	2.588	2.357	3.271
材料	组合钢模板		kg	71.830	—	71.830	—
	复合模板		m^2	—	24.675	—	24.901
	板枋材		m^3	0.029	0.790	0.029	0.790
	钢支撑及配件		kg	24.580	18.743	24.580	60.064
	木支撑		m^3	0.016	—	0.016	—
	零星卡具		kg	44.030	—	41.110	—
	圆钉		kg	0.550	18.557	0.550	18.557
	铁件（综合）		kg	3.540	2.529	3.540	2.529
	隔离剂		kg	10.000	10.000	10.000	10.000
	模板嵌缝料		kg	—	—	—	10.000
	硬塑料管 $\phi20$		m	—	63.443	—	63.443
	对拉螺栓		kg	—	13.546	—	13.546
	塑料粘胶带 20mm×10m		卷	—	20.000	—	20.000
	其他材料费		%	2.00	2.00	2.00	2.00
机械	木工圆锯机 500mm		台班	0.009	0.009	0.009	0.736

工作内容：模板及支撑制作、安装、拆除、堆放、运输及清理模内杂物、刷隔离剂等。　**计量单位：**100m²

编号				5-226	5-227	5-228	5-229
项目				短肢剪力墙	挡土墙	电梯井壁	
				复合模板		组合钢模板	复合模板
名称			单位	消耗量			
人工	合计工日		工日	25.892	16.071	28.692	25.964
	其中	普工	工日	7.768	4.821	8.608	7.789
		一般技工	工日	15.535	9.643	17.215	15.579
		高级技工	工日	2.589	1.607	2.869	2.596
材料	组合钢模板		kg	—	—	65.760	—
	复合模板		m^2	24.675	31.126	—	24.675
	板枋材		m^3	0.790	0.790	0.149	0.790
	钢支撑及配件		kg	18.743	18.743	19.830	18.743
	零星卡具		kg	—	—	38.990	—
	圆钉		kg	18.557	18.557	9.880	18.557
	铁件（综合）		kg	4.836	4.836	6.770	4.836
	隔离剂		kg	10.000	10.000	10.000	10.000
	塑料粘胶带 20mm×10m		卷	20.000	22.000	—	—
	硬塑料管 ϕ20		m	63.443	63.443	—	63.443
	对拉螺栓		kg	13.546	13.546	—	13.546
	其他材料费		%	2.00	2.00	2.00	2.00
机械	木工圆锯机 500mm		台班	0.028	0.028	0.028	0.028

工作内容： 模板及支撑制作、安装、拆除、堆放、运输及清理模内杂物、刷隔离剂等。 **计量单位：** $100m^2$

编号				5-230	5-231	5-232
项目				直形墙 大钢模板	大模内置 保温板墙	叠合板现浇 混凝土复合墙
名称			单位	消耗量		
人工	合计工日		工日	6.484	7.577	8.118
	其中	普工	工日	1.946	2.273	2.436
		一般技工	工日	3.890	4.546	4.871
		高级技工	工日	0.648	0.758	0.811
材料	定型钢模板		kg	85.113	88.436	88.436
	钢支撑及配件		kg	2.600	2.600	2.600
	板枋材		m^3	0.024	0.024	0.024
	零星卡具		kg	4.620	4.620	4.620
	铁件（综合）		kg	8.262	8.262	8.262
	隔离剂		kg	10.000	10.000	10.000
	木支撑		m^3	0.011	0.011	0.011
	圆钉		kg	1.460	1.460	1.460
	对拉螺栓		kg	—	6.008	6.008
	硬塑料管 $\phi 20$		m	47.700	47.700	47.700
	其他材料费		%	2.00	2.00	2.00
机械	木工圆锯机 500mm		台班	0.009	0.009	0.009

工作内容：模板及支撑制作、安装、拆除、堆放、运输及清理模内杂物、刷隔离剂等。　**计量单位：**100m²

编　号				5-233	5-234	5-235
项　目				混凝土墙爬模	墙支撑每增加1m	对拉螺栓堵眼增加费
名　称			单位	消　耗　量		
人工	合计工日		工日	15.013	2.671	4.121
	其中	普工	工日	4.504	0.801	1.236
		一般技工	工日	9.008	1.603	2.473
		高级技工	工日	1.501	0.267	0.412
材料	钢支撑及配件		kg	—	12.779	—
	定型钢模板		kg	95.554	—	—
	钢支架、平台及连接件		kg	137.970	—	—
	钢滑模		kg	4.937	—	—
	板枋材		m^3	0.097	—	—
	低合金钢焊条 E43 系列		kg	9.264	—	—
	纤维板		m^2	1.876	—	—
	提升钢爬杆		kg	214.700	—	—
	液压设备费（占材料费）		%	23.35	—	—
	供电通信设备费（占材料费）		%	2.45	—	—
	二甲苯		kg	—	—	0.495
	膨胀水泥砂浆		m^3	—	—	0.062
	聚氨酯甲乙料		kg	—	—	11.717
	其他材料费		%	2.00	—	0.50
机械	直流弧焊机 32kV·A		台班	2.383	—	—
	汽车式起重机 8t		台班	0.490	—	—
	载货汽车 4t		台班	1.463	—	—
	机动翻斗车 1t		台班	0.110	—	—

(5)板

工作内容：模板及支撑制作、安装、拆除、堆放、运输及清理模内杂物、刷隔离剂等。 **计量单位：**$100m^2$

编号				5-236	5-237	5-238	5-239
项目				有梁板		无梁板	
				组合钢模板	复合模板	组合钢模板	复合模板
名称			单位	消耗量			
人工	合计工日		工日	16.674	20.752	12.095	16.273
	其中	普工	工日	5.003	6.226	3.628	4.882
		一般技工	工日	10.004	12.451	7.257	9.764
		高级技工	工日	1.667	2.075	1.210	1.627
材料	组合钢模板		kg	72.050	—	56.710	—
	复合模板		m^2	—	24.675	—	24.675
	板枋材		m^3	0.066	0.275	0.182	0.397
	梁卡具 模板用		kg	5.460	—	—	—
	钢支撑及配件		kg	58.040	71.481	34.750	42.950
	木支撑		m^3	0.193	—	0.303	—
	零星卡具		kg	35.250	12.535	26.090	—
	圆钉		kg	1.700	1.149	9.100	1.149
	镀锌铁丝 ϕ4.0		kg	22.140	—	—	—
	隔离剂		kg	10.000	10.000	10.000	10.000
	硬塑料管 ϕ20		m	—	16.126	—	—
	塑料粘胶带 20mm×10m		卷	—	20.000	—	20.000
	对拉螺栓		kg	—	2.059	—	—
	镀锌铁丝 ϕ0.7		kg	0.180	0.180	0.180	0.180
	其他材料费		%	2.00	2.00	2.00	2.00
机械	木工圆锯机 500mm		台班	0.037	0.037	0.230	0.230

工作内容：模板及支撑制作、安装、拆除、堆放、运输及清理模内杂物、刷隔离剂等。　**计量单位：**$100m^2$

编号				5-240	5-241	5-242	5-243
项目				平板		斜板、坡屋面板	
				组合钢模板	复合模板	组合钢模板	复合模板
名称			单位	消耗量			
人工	合计工日		工日	14.025	18.843	15.040	19.198
	其中	普工	工日	4.207	5.653	4.512	5.759
		一般技工	工日	8.415	11.306	9.024	11.519
		高级技工	工日	1.403	1.884	1.504	1.920
材料	组合钢模板		kg	68.280	—	68.280	—
	复合模板		m^2	—	24.675	—	30.660
	板枋材		m^3	0.051	0.259	0.051	0.259
	钢支撑及配件		kg	48.010	56.353	48.010	71.481
	硬塑料管 $\phi20$		m	—	—	—	16.123
	对拉螺栓		kg	—	—	—	21.439
	塑料粘胶带 20mm×10m		卷	—	20.000	—	20.000
	木支撑		m^3	0.231	—	0.231	—
	零星卡具		kg	27.660	—	27.660	12.535
	圆钉		kg	1.790	1.149	1.790	1.149
	隔离剂		kg	10.000	10.000	10.000	10.000
	镀锌铁丝 $\phi0.7$		kg	0.180	0.180	0.180	0.180
	其他材料费		%	2.00	2.00	2.00	2.00
机械	木工圆锯机 500mm		台班	0.083	0.083	0.083	0.083

工作内容：模板及支撑制作、安装、拆除、堆放、运输及清理模内杂物、刷隔离剂等。 **计量单位：**100m²

编号			5-244	5-245	5-246	5-247
项目			拱板	薄壳板	栏板	挂板
			复合模板			
名称		单位	消耗量			
人工	合计工日	工日	16.552	25.397	24.493	28.042
	其中 普工	工日	4.966	7.619	7.348	8.413
	其中 一般技工	工日	9.931	15.238	14.696	16.825
	其中 高级技工	工日	1.655	2.540	2.449	2.804
材料	复合模板	m^2	30.660	38.063	30.660	30.660
	板枋材	m^3	0.399	0.771	0.202	0.202
	钢支撑及配件	kg	71.481	48.010	8.885	8.885
	木支撑	m^3	—	0.231	—	—
	圆钉	kg	1.579	1.961	1.705	1.705
	塑料粘胶带 20mm × 10m	卷	25.000	32.500	22.000	25.000
	隔离剂	kg	10.000	10.000	10.000	10.000
	镀锌铁丝 ϕ0.7	kg	0.180	0.180	—	—
	零星卡具	kg	—	—	3.219	3.219
	对拉螺栓	kg	—	—	5.505	5.505
	硬塑料管 ϕ20	m	—	—	41.407	41.407
	其他材料费	%	2.00	2.00	2.00	2.00
机械	木工圆锯机 500mm	台班	0.083	0.083	0.156	0.156

工作内容：模板及支撑制作、安装、拆除、堆放、运输及清理模内杂物、刷隔离剂等。

计量单位：100m² 水平投影面积

编号				5-248	5-249	5-250	5-251
项目				雨篷板		悬挑板	
				直形	圆弧形	直形	圆弧形
				复合模板			
名称			单位	消耗量			
人工	合计工日		工日	40.360	44.315	28.420	31.182
	其中	普工	工日	12.108	13.294	8.526	9.355
		一般技工	工日	24.216	26.589	17.052	18.709
		高级技工	工日	4.036	4.432	2.842	3.118
材料	复合模板		m^2	51.264	53.164	36.792	36.792
	钢支撑及配件		kg	175.433	175.433	270.189	270.189
	板枋材		m^3	0.618	0.618	0.603	0.603
	零星卡具		kg	6.438	6.438	—	—
	硬塑料管 $\phi20$		m	82.813	82.813	—	—
	对拉螺栓		kg	11.010	11.010	—	—
	塑料粘胶带 20mm×10m		卷	30.000	32.500	25.000	27.500
	圆钉		kg	1.922	1.993	1.379	1.379
	隔离剂		kg	17.340	17.340	17.340	17.340
	其他材料费		%	2.00	2.00	2.00	2.00
机械	木工圆锯机 500mm		台班	0.083	0.083	0.083	0.083

工作内容：模板及支撑制作、安装、拆除、堆放、运输及清理模内杂物、刷隔离剂等。

编号				5-252	5-253	5-254	5-255
项目				阳台板		挑檐、天沟	板支撑每增加 1m
				直形	圆弧形	复合模板	
				复合模板			
				100m² 水平投影面积		100m²	
名称			单位	消耗量			
人工	合计工日		工日	43.652	47.937	28.759	2.845
	其中	普工	工日	13.096	14.381	8.628	0.853
		一般技工	工日	26.191	28.762	17.255	1.707
		高级技工	工日	4.365	4.794	2.876	0.285
材料	塑料粘胶带 20mm×10m		卷	34.000	37.500	20.000	—
	零星卡具		kg	64.375	64.375	—	—
	复合模板		m²	53.164	53.164	30.629	—
	板枋材		m³	0.618	0.618	0.383	—
	钢支撑及配件		kg	175.433	175.433	105.260	22.355
	圆钉		kg	1.993	1.993	29.784	—
	隔离剂		kg	17.340	17.340	10.000	—
	硬塑料管 ϕ20		m	82.813	82.813	—	—
	对拉螺栓		kg	110.105	110.105	—	—
	其他材料费		%	2.00	2.00	2.00	—
机械	木工圆锯机 500mm		台班	0.083	0.083	0.588	—

(6)楼　　梯

工作内容: 模板及支撑制作、安装、拆除、堆放、运输及清理模内杂物、刷隔离剂等。

计量单位: $100m^2$ 水平投影面积

编　号				5-256	5-257	5-258
项　目				楼梯		
				直形	弧形	螺旋形
				复合模板		
名　称			单位	消　耗　量		
人工	合计工日		工日	57.367	63.026	75.269
	其中	普工	工日	17.210	18.907	22.581
		一般技工	工日	34.420	37.816	45.161
		高级技工	工日	5.737	6.303	7.527
材料	复合模板		m^2	52.719	59.997	59.389
	板枋材		m^3	0.946	0.946	1.131
	钢支撑及配件		kg	65.360	69.641	71.630
	圆钉		kg	2.408	2.408	2.384
	塑料粘胶带 20mm×10m		卷	35.000	40.000	40.000
	隔离剂		kg	19.590	19.590	19.390
	其他材料费		%	2.00	2.00	2.00
机械	木工圆锯机 500mm		台班	0.050	0.060	0.060

(7)其　他

工作内容：模板及支撑制作、安装、拆除、堆放、运输及清理模内杂物、刷隔离剂等。　**计量单位：**100m²

编号				5-259	5-260	5-261	5-262	5-263
项目				地沟	小型构件	台阶	场馆看台板	扶手压顶
				复合模板				
名称			单位	消耗量				
人工	合计工日		工日	14.823	28.786	12.349	66.114	21.792
	其中	普工	工日	4.447	8.635	3.705	19.835	6.538
		一般技工	工日	8.894	17.272	7.409	39.668	13.075
		高级技工	工日	1.482	2.879	1.235	6.611	2.179
材料	复合模板		m^2	40.425	30.629	45.085	59.705	11.303
	钢支撑及配件		kg	50.133	—	—	256.020	—
	板枋材		m^3	1.512	0.452	0.722	1.397	0.106
	木支撑		m^3	—	0.500	0.637	—	0.423
	塑料粘胶带 20mm×10m		卷	—	20.000	22.500	60.000	12.500
	圆钉		kg	1.867	1.150	1.838	4.037	0.633
	隔离剂		kg	10.000	10.000	10.000	16.350	3.300
	铁件(综合)		kg	—	7.970	—	—	—
	对拉螺栓		kg	5.508	—	—	—	—
	硬塑料管 ϕ20		m	124.995	—	—	—	—
	镀锌铁丝 ϕ0.7		kg	25.225	—	—	—	—
	其他材料费		%	2.00	2.00	2.00	2.00	2.00
机械	木工圆锯机 500mm		台班	0.009	0.902	0.184	0.184	0.009

工作内容：模板及支撑制作、安装、拆除、堆放、运输及清理模内杂物、刷隔离剂等。　**计量单位：**100m

编　号				5-264	5-265
项　目				装饰线条增加费	
				三道以内或展开宽度100mm以内	三道以外或展开宽度100mm以外
名　称			单位	消　耗　量	
人工	合计工日		工日	1.707	2.881
	其中	普工	工日	0.512	0.864
		一般技工	工日	1.024	1.729
		高级技工	工日	0.171	0.288
材料	复合模板		m^2	6.728	8.073
	钢支撑及配件		kg	23.130	23.130
	板枋材		m^3	0.121	0.145
	圆钉		kg	0.306	0.369
	隔离剂		kg	3.300	3.500
	塑料粘胶带 20mm×10m		卷	10.000	11.000
机械	木工圆锯机 500mm		台班	0.368	0.552

(8)后 浇 带

工作内容：模板及支撑制作、安装、拆除、堆放、运输及清理模内杂物、刷隔离剂等。 **计量单位：**100m²

编号				5-266	5-267	5-268	5-269	5-270
项目				混凝土后浇带支撑增加费				快收口钢板网
				梁	板	墙	每增加一个月	
名称			单位	消耗量				
人工	合计工日		工日	18.604	18.657	12.358	—	8.117
	其中	普工	工日	5.582	5.597	3.707	—	2.435
		一般技工	工日	11.162	11.194	7.415	—	4.870
		高级技工	工日	1.860	1.866	1.236	—	0.812
材料	复合模板		m^2	38.063	38.063	38.063	—	—
	钢支撑及配件		kg	137.584	114.931	48.673	60.914	—
	板枋材		m^3	0.895	0.632	0.903	—	—
	木支撑		m^3	0.058	0.386	0.032	—	—
	圆钉		kg	2.277	1.609	4.215	—	—
	隔离剂		kg	10.000	10.000	10.000	—	—
	铁件（综合）		kg	—	—	7.010	—	—
	镀锌铁丝 ϕ0.7		kg	0.180	0.180	—	—	4.268
	钢板网		m^2	—	—	—	—	102.000
	钢筋 HRB400 以内 ϕ12~18		kg	—	—	—	—	1 186.950
	低合金钢焊条 E43 系列		kg	—	—	—	—	6.253
	水		m^3	—	—	—	—	0.152
机械	电焊机（综合）		台班	—	—	—	—	0.020
	木工圆锯机 500mm		台班	0.037	0.037	0.009	—	—

（9）铝合金模板

工作内容： 模板及支撑制作、安装、拆除、堆放、运输及清理模内杂物、刷脱模剂等。　**计量单位：** $100m^2$

编　号				5-271	5-272	5-273
项　目				矩形柱	异型柱	柱支撑每增加 1m
名　称			单位	消　耗　量		
人工	合计工日		工日	22.337	28.725	2.898
	其中	普工	工日	6.701	8.617	0.869
		一般技工	工日	13.402	17.235	1.739
		高级技工	工日	2.234	2.873	0.290
材料	销钉销片		套	80.400	84.422	—
	钢背楞 60×40×2.5		kg	6.824	7.712	—
	斜支撑杆件 ϕ48×3.5		套	0.408	0.423	0.722
	对拉螺栓		kg	19.304	22.713	15.586
	脱模剂		kg	9.576	10.055	—
	铝模板		kg	28.987	32.757	—
	零星卡具		kg	7.344	7.712	5.299
	其他材料费		%	2.00	2.00	2.00
机械	载重汽车 6t		台班	0.490	0.490	0.140

工作内容：模板及支撑制作、安装、拆除、堆放、运输及清理模内杂物、刷脱模剂等。　**计量单位：**$100m^2$

编号				5-274	5-275	5-276
项目				矩形梁	异型梁	梁支撑每增加 1m
名称			单位	消耗量		
人工	合计工日		工日	18.872	23.346	3.024
	其中	普工	工日	5.662	7.003	0.908
		一般技工	工日	11.323	14.008	1.814
		高级技工	工日	1.887	2.335	0.302
材料	钢背楞 60×40×2.5		kg	1.418	1.601	—
	拉片		kg	21.318	24.084	8.903
	铝模板		kg	29.111	32.890	—
	脱模剂		kg	9.618	10.055	—
	销钉销片		套	80.520	84.546	—
	立支撑杆件 $\phi48\times3.5$		套	0.969	1.013	0.319
	零星卡具		kg	0.918	1.037	—
	其他材料费		%	2.00	2.00	—
机械	载重汽车 6t		台班	0.360	0.400	0.030

工作内容：模板及支撑制作、安装、拆除、堆放、运输及清理模内杂物、刷脱模剂等。　**计量单位：**100m²

编号				5-277	5-278
项目				直形墙	墙支撑每增加 1m
名称			单位	消耗量	
人工	合计工日		工日	18.867	2.898
	其中	普工	工日	5.660	0.869
		一般技工	工日	11.320	1.739
		高级技工	工日	1.887	0.290
材料	斜支撑杆件 $\phi48\times3.5$		套	0.449	0.610
	脱模剂		kg	9.576	—
	钢背楞 $60\times40\times2.5$		kg	6.824	2.850
	销钉销片		套	80.400	—
	拉片		kg	26.436	11.040
	铝模板		kg	28.987	—
	零星卡具		kg	8.976	5.030
	其他材料费		%	2.00	—
机械	载重汽车 6t		台班	0.490	0.140

工作内容：模板及支撑制作、安装、拆除、堆放、运输及清理模内杂物、刷脱模剂等。　**计量单位：**100m²

编号				5-279	5-280
项目				板	板支撑每增加 1m
名称			单位	消耗量	
人工	合计工日		工日	16.156	3.087
	其中	普工	工日	4.846	0.926
		一般技工	工日	9.694	1.852
		高级技工	工日	1.616	0.309
材料	立支撑杆件 $\phi48\times3.5$		套	0.857	0.291
	铝模板		kg	27.071	—
	脱模剂		kg	8.946	—
	销钉销片		套	74.400	—
	其他材料费		%	2.00	—
机械	载重汽车 6t		台班	0.330	0.020

工作内容：模板及支撑制作、安装、拆除、堆放、运输及清理模内杂物、刷脱模剂等。 **计量单位**：$10m^2$

编号				5-281
项目				整体楼梯
名称			单位	消耗量
人工	合计工日		工日	7.923
	其中	普工	工日	2.377
		一般技工	工日	4.754
		高级技工	工日	0.792
材料	钢背楞 60×40×2.5		kg	34.215
	脱模剂		kg	3.104
	斜支撑杆件 ϕ48×3.5		套	0.238
	铝模板		kg	9.391
	销钉销片		套	26.141
	其他材料费		%	1.00
机械	载重汽车 6t		台班	0.130

2. 现场预制混凝土模板

工作内容：模板制作、安装、拆除、堆放、场内运输及清理模内杂物、刷隔离剂等。 **计量单位**：$100m^2$

编号				5-282	5-283	5-284	5-285
项目				过梁	地沟盖板	隔板	架空隔热板
				复合模板			
名称			单位	消耗量			
人工	合计工日		工日	30.220	30.546	38.997	36.753
	其中	普工	工日	9.066	9.163	11.699	11.026
		一般技工	工日	18.132	18.328	23.398	22.052
		高级技工	工日	3.022	3.055	3.900	3.675
材料	圆钉		kg	7.160	1.640	9.540	4.250
	镀锌铁丝 ϕ0.7		kg	0.350	0.320	1.110	1.030
	隔离剂		kg	10.000	10.000	10.000	10.000
	复合模板		m^2	24.675	24.675	24.675	24.675
	塑料薄膜		m^2	73.530	189.450	443.900	287.390
机械	木工圆锯机 500mm		台班	0.046	0.038	0.046	0.037
	木工单面压刨床 600mm		台班	0.046	0.038	0.046	0.037

工作内容：模板制作、安装、拆除、堆放、场内运输及清理模内杂物、刷隔离剂等。　　**计量单位：**$100m^2$

编　号				5-286	5-287
项　目				漏空花格	小型构件
				复合模板	
名　称			单位	消　耗　量	
人工	合计工日		工日	31.383	45.111
	其中	普工	工日	9.415	13.533
		一般技工	工日	18.830	27.067
		高级技工	工日	3.138	4.511
材料	圆钉		kg	37.960	11.539
	镀锌铁丝 ϕ0.7		kg	0.460	0.560
	隔离剂		kg	10.000	10.000
	复合模板		m^2	24.675	24.675
	塑料薄膜		m^2	564.650	232.300
机械	木工圆锯机 500mm		台班	0.966	0.506
	木工单面压刨床 600mm		台班	0.966	0.506

四、现场预制混凝土构件安装及接头灌缝

1. 现场预制混凝土构件安装

工作内容：施工现场内的运输与安装。　　**计量单位：**$10m^3$

编号				5-288	5-289	5-290	5-291
项目				过梁	架空隔热板、隔板、地沟盖板	小型构件	漏空花格
				≤1km			
名称			单位	消耗量			
人工	合计工日		工日	9.205	8.393	10.017	6.770
	其中	普工	工日	2.762	2.518	3.005	2.031
		一般技工	工日	5.522	5.036	6.010	4.062
		高级技工	工日	0.921	0.839	1.002	0.677
材料	镀锌铁丝 ϕ4.0		kg	1.545	1.545	1.545	1.545
	钢丝绳		kg	0.310	0.310	0.310	0.310
	垫铁		kg	18.490	18.490	18.490	18.490
	麻绳		kg	0.051	0.051	0.051	0.051
	水		m^3	0.147	0.147	0.147	0.147
	板枋材		m^3	0.140	0.140	0.140	0.140

2. 现场预制混凝土构件接头灌缝

工作内容：预制构件的连接、坐浆灌缝，节点混凝土的浇捣、养护等。 **计量单位：**10m³

编号				5-292	5-293
项目				过梁	小型构件
名称			单位	消耗量	
人工	合计工日		工日	1.358	1.762
	其中	普工	工日	0.407	0.529
		一般技工	工日	0.815	1.057
		高级技工	工日	0.136	0.176
材料	预拌砂浆（干拌）		m^3	0.620	0.235
	预拌细石混凝土 C20		m^3	—	0.643
	圆钉		kg	—	2.450
	塑料薄膜		m^2	—	3.449
	板枋材		m^3	—	0.076
	水		m^3	0.142	0.026
	镀锌铁丝 $\phi4.0$		kg	—	9.870
机械	载重汽车 6t		台班	—	0.010

五、装配式预制混凝土构件安装

1. 柱

工作内容：支撑杆连接件预埋，结合面清理，构件吊装、就位、校正、垫实、固定，坐浆料铺筑，搭设及拆除钢支撑。

计量单位：$10m^3$

编号				5-294
项目				实心柱
名称			单位	消耗量
人工	合计工日		工日	9.340
	其中	普工	工日	2.802
		一般技工	工日	5.604
		高级技工	工日	0.934
材料	预制混凝土柱		m^3	10.050
	垫木		m^3	0.010
	干混砌筑砂浆 DM M20		m^3	0.080
	斜支撑杆件 $\phi48\times3.5$		套	0.340
	预埋铁件		kg	13.050
	垫铁		kg	7.480
	其他材料费		%	0.60
机械	干混砂浆罐式搅拌机		台班	0.008

2. 梁

工作内容： 结合面清理，构件吊装、就位、校正、垫实、固定，接头钢筋调直，搭设及拆除钢支撑。

计量单位： $10m^3$

编号				5-295	5-296
项目				单梁	叠合梁
名称			单位	消耗量	
人工	合计工日		工日	12.730	16.530
	其中	普工	工日	3.819	4.959
		一般技工	工日	7.638	9.918
		高级技工	工日	1.273	1.653
材料	预制混凝土单梁		m^3	10.050	—
	预制混凝土叠合梁		m^3	—	10.050
	垫铁		kg	3.270	4.680
	松杂板枋材		m^3	0.014	0.020
	立支撑杆件 $\phi48\times3.5$		套	1.040	1.490
	零星卡具		kg	9.360	13.380
	钢支撑及配件		kg	10.000	14.290
	其他材料费		%	0.60	0.60

3. 板

工作内容：结合面清理，构件吊装、就位、校正、垫实、固定，接头钢筋调直、焊接，搭设及拆除钢支撑。

计量单位：$10m^3$

编号				5-297	5-298
项目				整体板	叠合板
名称			单位	消耗量	
人工	合计工日		工日	16.340	20.420
	其中	普工	工日	4.902	6.126
		一般技工	工日	9.804	12.252
		高级技工	工日	1.634	2.042
材料	预制混凝土整体板		m^3	10.050	—
	预制混凝土叠合板		m^3	—	10.050
	垫铁		kg	1.880	3.140
	低合金钢焊条 E43 系列		kg	3.660	6.100
	松杂板枋材		m^3	0.055	0.091
	立支撑杆件 $\phi48\times3.5$		套	1.640	2.730
	零星卡具		kg	22.380	37.310
	钢支撑及配件		kg	23.910	39.850
	其他材料费		%	0.60	0.60
机械	交流弧焊机 32kV·A		台班	0.349	0.581

4. 墙

工作内容：支撑杆连接件预埋，结合面清理，构件吊装、就位、校正、垫实、固定，接头钢筋调直、构件打磨、坐浆料铺筑、填缝料填缝，搭设及拆除钢支撑。　　**计量单位：**$10m^3$

编号				5-299	5-300	5-301	5-302
项目				实心剪力墙			
				外墙板		内墙板	
				墙厚（mm）			
				≤200	>200	≤200	>200
名称			单位	消耗量			
人工	合计工日		工日	12.749	9.812	10.198	7.921
	其中	普工	工日	3.825	2.971	3.059	2.376
		一般技工	工日	7.649	5.941	6.119	4.753
		高级技工	工日	1.275	0.900	1.020	0.792
材料	预制混凝土外墙板		m^3	10.050	10.050	—	—
	预制混凝土内墙板		m^3	—	—	10.050	10.050
	垫铁		kg	12.491	9.577	9.990	7.695
	干混砌筑砂浆 DM M20		m^3	0.100	0.100	0.090	0.090
	PE 棒		m	40.751	31.242	52.976	40.615
	垫木		m^3	0.012	0.012	0.010	0.010
	斜支撑杆件 $\phi48\times3.5$		套	0.487	0.373	0.377	0.289
	预埋铁件		kg	9.307	7.136	7.448	5.710
	定位钢板		kg	4.550	4.550	3.640	3.640
	其他材料费		%	0.60	0.60	0.60	0.60
机械	干混砂浆罐式搅拌机		台班	0.010	0.010	0.009	0.009

注：预制墙板安装设计需采用橡胶气密条时，橡胶气密条材料费可另行计算。

工作内容：支撑杆连接件预埋，结合面清理，构件吊装、就位、校正、垫实、固定，接头钢筋调直、构件打磨、坐浆料铺筑、填缝料填缝，接缝处保温板填充，搭设及拆除钢支撑。

计量单位：10m³

编号				5-303	5-304	5-305	5-306
项目				夹心保温剪力墙外墙板		双叶叠合剪力墙	
				墙厚(mm)		外墙板	内墙板
				≤300	>300		
名称			单位	消耗量			
人工	合计工日		工日	10.370	9.427	17.583	14.387
	其中	普工	工日	3.111	2.828	5.275	4.316
		一般技工	工日	6.222	5.656	10.550	8.632
		高级技工	工日	1.037	0.943	1.758	1.439
材料	预制混凝土夹心保温外墙板		m³	10.050	10.050	—	—
	预制混凝土双叶叠合墙板		m³	—	—	10.050	10.050
	垫铁		kg	9.234	8.393	16.360	16.360
	干混砌筑砂浆 DM M20		m³	0.100	0.100	—	—
	保温岩棉板 A级		m³	0.039	0.070	—	—
	PE棒		m	24.476	22.248	—	—
	垫木		m³	0.015	0.015	0.013	0.013
	六角螺栓带螺母(综合)		kg	—	—	8.080	8.080
	松杂板枋材		m³	—	—	0.038	0.038
	斜支撑杆件 $\phi48\times3.5$		套	0.360	0.327	0.350	0.350
	预埋铁件		kg	6.880	6.254	13.420	13.420
	定位钢板		kg	3.734	3.394	—	—
	其他材料费		%	0.60	0.60	0.60	0.60
机械	干混砂浆罐式搅拌机		台班	0.010	0.010	—	—

工作内容：支撑杆连接件预埋，结合面清理，构件吊装、就位、校正、垫实、固定，接头钢筋调直、构件打磨、坐浆料铺筑、填缝料填缝，接缝处保温板填充，搭设及拆除钢支撑。

计量单位：10m³

<table>
<tr><td colspan="4">编　　号</td><td>5-307</td><td>5-308</td><td>5-309</td></tr>
<tr><td colspan="4" rowspan="3">项　　目</td><td rowspan="3">外墙面板
（PCF 板）</td><td colspan="2">外挂墙板</td></tr>
<tr><td colspan="2">墙厚（mm）</td></tr>
<tr><td>≤200</td><td>>200</td></tr>
<tr><td colspan="3">名　　称</td><td>单位</td><td colspan="3">消　耗　量</td></tr>
<tr><td rowspan="4">人工</td><td colspan="2">合计工日</td><td>工日</td><td>23.953</td><td>19.519</td><td>14.067</td></tr>
<tr><td rowspan="3">其中</td><td>普工</td><td>工日</td><td>7.186</td><td>5.856</td><td>4.220</td></tr>
<tr><td>一般技工</td><td>工日</td><td>14.372</td><td>11.711</td><td>8.440</td></tr>
<tr><td>高级技工</td><td>工日</td><td>2.395</td><td>1.952</td><td>1.407</td></tr>
<tr><td rowspan="11">材料</td><td colspan="2">预制混凝土外墙面板（PCF 板）</td><td>m³</td><td>10.050</td><td>—</td><td>—</td></tr>
<tr><td colspan="2">预制混凝土外挂墙板</td><td>m³</td><td>—</td><td>10.050</td><td>10.050</td></tr>
<tr><td colspan="2">垫铁</td><td>kg</td><td>24.528</td><td>21.066</td><td>15.322</td></tr>
<tr><td colspan="2">干混砌筑砂浆 DM M20</td><td>m³</td><td>0.100</td><td>0.100</td><td>0.100</td></tr>
<tr><td colspan="2">保温岩棉板 A 级</td><td>m³</td><td>0.179</td><td>—</td><td>—</td></tr>
<tr><td colspan="2">PE 棒</td><td>m</td><td>56.537</td><td>55.840</td><td>40.615</td></tr>
<tr><td colspan="2">垫木</td><td>m³</td><td>0.015</td><td>0.020</td><td>0.020</td></tr>
<tr><td colspan="2">斜支撑杆件 $\phi48\times3.5$</td><td>套</td><td>0.832</td><td>0.821</td><td>0.598</td></tr>
<tr><td colspan="2">预埋铁件</td><td>kg</td><td>15.893</td><td>15.697</td><td>11.417</td></tr>
<tr><td colspan="2">定位钢板</td><td>kg</td><td>8.624</td><td>—</td><td>—</td></tr>
<tr><td colspan="2">其他材料费</td><td>%</td><td>0.60</td><td>0.60</td><td>0.60</td></tr>
<tr><td>机械</td><td colspan="2">干混砂浆罐式搅拌机</td><td>台班</td><td>0.010</td><td>0.010</td><td>0.010</td></tr>
</table>

5. 楼　梯

工作内容：结合面清理，构件吊装、就位、校正、垫实、固定，接头钢筋调直、焊接，灌缝、嵌缝，搭设及拆除钢支撑。

计量单位：$10m^3$

编号				5-310	5-311
项目				直行梯段	
				简支	固支
名称			单位	消耗量	
人工	合计工日		工日	15.540	16.880
	其中	普工	工日	4.662	5.064
		一般技工	工日	9.324	10.128
		高级技工	工日	1.554	1.688
材料	预制混凝土楼梯		m^3	10.050	10.050
	低合金钢焊条 E43 系列		kg	—	1.310
	垫铁		kg	18.070	9.030
	干混砌筑砂浆 DM M10		m^3	0.270	0.140
	垫木		m^3	0.019	—
	松杂板枋材		m^3	—	0.024
	立支撑杆件 $\phi48\times3.5$		套	—	0.720
	零星卡具		kg	—	9.800
	钢支撑及配件		kg	—	10.470
	其他材料费		%	0.60	0.60
机械	交流弧焊机 32kV·A		台班	—	0.125
	干混砂浆罐式搅拌机		台班	0.027	0.014

6. 阳台板及其他

工作内容： 支撑杆连接件预埋，结合面清理，构件吊装、就位、校正、垫实、固定，接头钢筋调直、焊接，构件打磨、坐浆料铺筑、填缝料填缝，搭设及拆除钢支撑。　**计量单位：** $10m^3$

编　号				5-312	5-313	5-314	5-315
项　目				叠合板式阳台	全预制式阳台	凸（飘）窗	空调板
名　称			单位	消　耗　量			
人工	合计工日		工日	21.700	17.250	18.320	23.870
人工	其中	普工	工日	6.510	5.175	5.496	7.161
人工	其中	一般技工	工日	13.020	10.350	10.992	14.322
人工	其中	高级技工	工日	2.170	1.725	1.832	2.387
材料	预制混凝土阳台板		m^3	10.050	10.050	—	—
材料	预制混凝土凸窗		m^3	—	—	10.050	—
材料	预制混凝土空调板		m^3	—	—	—	10.050
材料	垫铁		kg	5.240	2.620	18.750	5.760
材料	低合金钢焊条 E43 系列		kg	6.102	3.051	3.670	6.710
材料	干混砌筑砂浆 DM M20		m^3	—	—	0.160	—
材料	PE 棒		m	—	—	36.713	—
材料	垫木		m^3	—	—	0.021	—
材料	斜支撑杆件 $\phi48\times3.5$		套	—	—	0.360	—
材料	预埋铁件		kg	—	—	13.980	—
材料	定位钢板		kg	—	—	7.580	—
材料	松杂板枋材		m^3	0.091	0.045	—	0.100
材料	立支撑杆件 $\phi48\times3.5$		套	2.730	1.364	—	3.000
材料	零星卡具		kg	37.310	18.653	—	41.040
材料	钢支撑及配件		kg	39.850	19.925	—	43.840
材料	其他材料费		%	0.60	0.60	0.60	0.60
机械	交流弧焊机 32kV·A		台班	0.581	0.291	0.350	0.639
机械	干混砂浆罐式搅拌机		台班	—	—	0.016	—

工作内容: 支撑杆连接件预埋,结合面清理,构件吊装、就位、校正、垫实、固定,接头钢筋调直、焊接,构件打磨、坐浆料铺筑、填缝料填缝,搭设及拆除钢支撑。 **计量单位:** 10m³

<table>
<tr><td colspan="3">编 号</td><td colspan="2">5-316</td><td>5-317</td><td>5-318</td></tr>
<tr><td colspan="4" rowspan="3">项 目</td><td colspan="2">女儿墙</td><td rowspan="3">压顶</td></tr>
<tr><td colspan="2">墙高(mm)</td></tr>
<tr><td>≤600</td><td>≤1 400</td></tr>
<tr><td colspan="3">名 称</td><td>单位</td><td colspan="3">消 耗 量</td></tr>
<tr><td rowspan="4">人工</td><td colspan="2">合计工日</td><td>工日</td><td>20.499</td><td>15.282</td><td>19.660</td></tr>
<tr><td rowspan="3">其中</td><td>普工</td><td>工日</td><td>6.150</td><td>4.585</td><td>5.898</td></tr>
<tr><td>一般技工</td><td>工日</td><td>12.299</td><td>9.169</td><td>11.796</td></tr>
<tr><td>高级技工</td><td>工日</td><td>2.050</td><td>1.528</td><td>1.966</td></tr>
<tr><td rowspan="13">材料</td><td colspan="2">预制混凝土女儿墙</td><td>m³</td><td>10.050</td><td>10.050</td><td>—</td></tr>
<tr><td colspan="2">预制混凝土压顶</td><td>m³</td><td>—</td><td>—</td><td>10.050</td></tr>
<tr><td colspan="2">垫铁</td><td>kg</td><td>19.975</td><td>7.434</td><td>27.257</td></tr>
<tr><td colspan="2">低合金钢焊条 E43 系列</td><td>kg</td><td>4.590</td><td>1.708</td><td>—</td></tr>
<tr><td colspan="2">干混砌筑砂浆 DM M20</td><td>m³</td><td>0.318</td><td>0.113</td><td>0.427</td></tr>
<tr><td colspan="2">PE 棒</td><td>m</td><td>23.359</td><td>23.375</td><td>—</td></tr>
<tr><td colspan="2">垫木</td><td>m³</td><td>0.019</td><td>0.014</td><td>0.010</td></tr>
<tr><td colspan="2">斜支撑杆件 $\phi 48\times 3.5$</td><td>套</td><td>0.636</td><td>0.473</td><td>—</td></tr>
<tr><td colspan="2">预埋铁件</td><td>kg</td><td>24.411</td><td>18.333</td><td>—</td></tr>
<tr><td colspan="2">定位钢板</td><td>kg</td><td>7.097</td><td>2.640</td><td>—</td></tr>
<tr><td colspan="2">零星卡具</td><td>kg</td><td>—</td><td>—</td><td>20.520</td></tr>
<tr><td colspan="2">钢支撑及配件</td><td>kg</td><td>—</td><td>—</td><td>21.920</td></tr>
<tr><td colspan="2">其他材料费</td><td>%</td><td>0.60</td><td>0.60</td><td>0.60</td></tr>
<tr><td rowspan="2">机械</td><td colspan="2">交流弧焊机 32kV·A</td><td>台班</td><td>0.437</td><td>0.163</td><td>—</td></tr>
<tr><td colspan="2">干混砂浆罐式搅拌机</td><td>台班</td><td>0.032</td><td>0.011</td><td>0.043</td></tr>
</table>

7. 套 筒 注 浆

工作内容：结合面清理、注浆料搅拌、注浆、养护、现场清理。　　**计量单位**：10 个

编号				5-319	5-320
项目				套筒注浆	
				钢筋直径（mm）	
				≤18	>18
名称			单位	消耗量	
人工	合计工日		工日	0.220	0.240
	其中	普工	工日	0.066	0.072
		一般技工	工日	0.132	0.144
		高级技工	工日	0.022	0.024
材料	灌浆料		kg	5.630	9.470
	水		m^3	0.560	0.950
	其他材料费		%	3.00	3.00

8. 嵌缝、打胶

工作内容：清理缝道、剪裁、固定、注胶、现场清理。　　**计量单位**：100m

编号				5-321
项目				嵌缝、打胶
名称			单位	消耗量
人工	合计工日		工日	6.587
	其中	普工	工日	1.976
		一般技工	工日	3.952
		高级技工	工日	0.659
材料	泡沫条 $\phi 25$		m	102.000
	美纹纸		m	204.000
	硅酮耐候密封胶		L	31.500
	其他材料费		%	3.00

六、装配式后浇混凝土浇捣

1. 后浇混凝土浇捣

工作内容：浇筑、振捣、养护等。 **计量单位：**10m³

编号				5-322	5-323	5-324	5-325
项目				梁、柱接头	叠合梁、板	叠合剪力墙	连接墙、柱
名称			单位	消耗量			
人工	合计工日		工日	27.720	6.270	9.427	12.593
	其中	普工	工日	8.316	1.881	2.828	3.778
		一般技工	工日	16.632	3.762	5.656	7.556
		高级技工	工日	2.772	0.627	0.943	1.259
材料	泵送商品混凝土 C30		m^3	10.150	10.150	10.150	10.150
	聚乙烯薄膜		m^2	—	175.000	—	—
	水		m^3	2.000	3.680	2.200	1.340
	电		kW·h	8.160	4.320	6.528	6.528

2. 后浇混凝土模板

工作内容：模板拼装；清理模板，刷隔离剂；拆除模板，维护、整理、堆放。　　**计量单位：**$100m^2$

编　号				5-326	5-327	5-328
项　目				梁、柱接头	连接墙、柱	板带
名　称			单位	消　耗　量		
人工	合计工日		工日	41.950	21.003	25.236
	其中	普工	工日	12.585	6.301	7.571
		一般技工	工日	25.170	12.602	15.141
		高级技工	工日	4.195	2.100	2.524
材料	复合模板		m^2	76.126	29.610	45.676
	钢支撑及配件		kg	275.168	37.820	137.917
	板枋材		m^3	1.790	0.640	0.758
	木支撑		m^3	0.116	0.093	0.463
	圆钉		kg	4.554	1.630	1.931
	隔离剂		kg	20.000	12.000	12.000
	铁件（综合）		kg	—	3.712	—
	干混砌筑砂浆 DM M20		m^3	0.024	—	0.008
	镀锌铁丝（综合）		kg	0.360	—	0.216
	硬 PVC 管 ϕ20		m	—	88.584	—
	塑料粘胶带 20mm×50m		卷	10.489	4.080	6.294
	对拉螺栓		kg	—	36.132	—
	其他材料费		%	3.00	3.00	3.00
机械	木工圆锯机 500mm		台班	0.074	0.040	0.044
	干混砂浆罐式搅拌机		台班	0.002	—	0.001

第六章　金属结构工程

说　　明

一、本章包括预制钢构件安装、围护体系安装、钢构件现场制作及除锈三节。

二、预制钢构件均按购入成品到场考虑，不再考虑场外运输。

三、预制钢构件安装包括钢网架安装、厂（库）房钢结构安装、高层钢结构安装等内容。大卖场、物流中心等钢结构安装工程可参照厂（库）房钢结构安装的相应消耗量；高层商务楼、商住楼、医院、教学楼等钢结构安装工程可参照高层钢结构安装相应消耗量。

四、钢构件安装已包含现场施工发生的零星油漆破坏的修补、节点焊接或切割需要的除锈及补漆。预制钢构件的除锈、油漆及防火涂料费用应在成品价格内包含，若成品价格中未包括除锈、油漆及防火涂料等费用，另按本章及第十四章“油漆、涂料、裱糊工程”的规定执行。

五、构件安装场内转运水平距离按 300m 考虑。

六、预制钢构件安装：

1. 钢构件安装中预制钢构件以外购成品编制，不考虑施工损耗。

2. 钢构件安装项目按檐高 20m 以内、跨内吊装编制。

3. 预制钢结构构件安装按构件种类、重量不同分别套用消耗量。

4. 钢构件安装中已包括了施工企业按照质量验收规范要求所需的超声波探伤费用，如设计要求 X 光拍片检测，费用另行计取。

5. 不锈钢螺栓球网架安装套用螺栓球节点网架安装消耗量，同时扣减消耗量中油漆及稀释剂含量，人工乘以系数 0.95。

6. 钢支座适用于单独成品支座安装。

7. 厂（库）房钢结构的柱间支撑、屋面支撑、系杆、撑杆、隅撑、檩条、墙梁、钢天窗架、通风器支架、钢天沟支架、钢板天沟等安装套用“钢支撑等其他构件”安装消耗量。钢墙架柱、钢墙架梁和配套连接杆件套用钢墙架（挡风架）安装消耗量。

8. 零星钢构件安装消耗量适用于本章未列项目且单件重量在 50kg 以内的小型构件。高层钢结构的钢平台、钢走道及零星钢构件安装套用厂（库）房钢结构的钢平台、钢走道及零星钢构件安装消耗量，同时汽车式起重机消耗量乘以系数 0.20。

9. 组合钢板剪力墙安装套用住宅钢结构 3t 以内钢柱安装消耗量，相应人工、机械及除预制钢柱外的材料用量乘以系数 1.50。

10. 钢网架安装按平面网格网架安装考虑，设计为筒壳、球壳及其他曲面结构时，安装人工、机械乘以系数 1.20。

11. 钢桁架安装按直线形桁架安装考虑，如设计为曲线、折线形或其他非直线形桁架，安装人工、机械乘以系数 1.20。

12. 型钢混凝土组合结构中钢构件安装套用本章相应消耗量，人工、机械乘以系数 1.15。

13. 螺旋形楼梯安装套用踏步式楼梯安装消耗量，人工、机械乘以系数 1.30。

14. 钢构件安装已考虑现场拼装费用，但未考虑分块或整体吊装的钢网架、钢桁架等施工现场地面平台拼装摊销，如发生套用现场拼装平台摊销项目。

15. 厂（库）房钢结构安装机械按常规方案综合考虑，除另有规定或特殊要求者外，实际发生不同时均按消耗量执行，不做调整。

16. 厂（库）房钢构件安装的垂直运输已包括在相应消耗量内，不另行计算。高层钢结构安装的汽车式起重机台班用量为钢构件场内转运用量，垂直运输按第十七章“措施项目”执行。

17. 基坑围护中的格构柱安装套用本章相应项目乘以系数 0.50。同时考虑钢格构柱的拆除及回收残值等因素。

18. 螺栓（高强螺栓、剪力栓钉、花篮螺栓）安装，设计使用的材料强度等级、规格与消耗量不同时，可按设计图纸进行调整换算，用量不变。

七、围护体系安装。

1. 钢楼（承）板上混凝土浇捣所需收边板的用量，均已包含在消耗量中，不单独计算。

2. 屋面板、墙面板安装需要的包角、包边、窗台泛水等用量，均已包含在相应的消耗量中，不单独计算。

3. 墙面板安装按竖装考虑，如发生横向铺设，按相应人工、机械乘以系数 1.20。

4. 屋面保温棉已考虑铺设需要的钢丝网费用，如不发生，扣除不锈钢丝含量，同时按 1 工日 /100m^2 予以扣减人工用量。

5. 屋面墙面保温棉铺设按 50mm 列入，实际铺设厚度不同时可以换算。

6. 硅酸钙板灌浆墙面板施工需要的包角、包边、窗台泛水等硅酸钙板用量，均已包含在相应的消耗量中，不单独计算。

7. 硅酸钙板墙面板项目中双面隔墙墙体厚度按 180mm、镀锌钢龙骨按 15kg/m^2 编制，设计与消耗量不同时材料调整换算。

8. 蒸压砂加气保温块贴面按 60mm 考虑，如发生厚度变化，相应保温块用量调整。

9. 钢楼（承）板如因天棚施工需要拆除，增加拆除用工 0.15 工日 /m^2。

10. 钢楼（承）板安装需要增设的临时支撑用量未考虑，如有发生另行计算。

11. 围护体系适用于金属结构屋面工程，如为其他屋面套用第九章“屋面及防水工程”相应消耗量。

12. 保温岩棉铺设仅限于硅酸钙板墙面板配套使用，蒸压砂加气保温块贴面项目仅用于组合钢板墙体配套使用，屋面墙面玻纤保温棉项目配合钢结构围护体系使用，如为其他形式保温套用第十章“保温、隔热、防腐工程”相应消耗量。硅酸钙板包梁包柱仅用于钢结构配套使用。

13. 不锈钢天沟、彩钢板天沟展开宽度为 600mm，若实际展开宽度与消耗量不同时，板材按比例调整，其他不变。

八、钢构件现场制作及除锈。

1. 适用于非工厂制作的构件，除钢柱、钢梁、钢屋架外的钢构件均套用其他构件消耗量。本消耗量按直线形构件编制，弧形、曲线形构件制作人工、机械乘以系数 1.30。

2. 现场制作钢构件项目中包含了一般除锈工艺和一遍防锈漆，如采用喷砂除锈，另行套用相应项目。喷砂除锈项目按 Sa2.5 除锈等级编制。

3. 现场制作的钢构件安装套用厂（库）房钢结构安装消耗量。

4. 现场制作钢构件的工程，其围护体系套用本章围护体系安装消耗量。

工程量计算规则

一、预制钢构件安装。

1. 构件安装工程量按成品构件的设计图示尺寸以质量计算，不扣除单个面积≤$0.3m^2$ 的孔洞质量，焊缝、铆钉、螺栓等不另增加质量。

2. 钢网架安装工程量不扣除孔眼的质量，焊缝、铆钉等不另增加质量。焊接空心球网架质量包括连接钢管杆件、连接球、支托和网架支座等零件的质量；螺栓球节点网架质量包括连接钢管杆件（含高强螺栓、销子、套筒、锥头或封板）、螺栓球、支托和网架支座等零件的质量。

3. 依附在钢柱上的牛腿及悬臂梁的质量等并入钢柱的质量内，钢柱上的柱脚板、加劲板、柱顶板、隔板和肋板并入钢柱工程量内。

4. 钢管柱上的节点板、加强环、内衬板（管）、牛腿等并入钢管柱的质量内。

5. 钢吊车梁工程量包含吊车梁、制动梁、制动板、车挡等。

6. 钢平台的工程量包括钢平台的柱、梁、板、斜撑等的质量，依附于钢平台上的钢格栅、钢扶梯及平台栏杆，并入钢平台工程量内。

7. 钢楼梯的工程量包括楼梯平台、楼梯梁、楼梯踏步等的质量，钢楼梯上的扶手、栏杆并入钢楼梯工程量内。钢平台、钢楼梯上不锈钢、铸铁或其他非钢材类栏杆、扶手套用装饰部分相应消耗量。

8. 钢构件现场拼装平台摊销工程量按现场在平台上实施拼装构件的工程量计算。

9. 高强螺栓、栓钉、花篮螺栓等安装配件工程量按设计图示节点工程量计算。

二、围护体系安装。

1. 钢楼（承）板、屋面板按设计图示尺寸以铺设面积计算，不扣除单个面积≤$0.3m^2$ 的柱、垛及孔洞所占面积，屋面玻纤保温棉面积同单层压型钢板屋面板面积。

2. 压型钢板、彩钢夹芯板、采光板墙面板、墙面玻纤保温棉按设计图示尺寸以铺挂面积计算，不扣除单个面积≤$0.3m^2$ 孔洞所占面积，墙面玻纤保温棉面积同单层压型钢板墙面板面积。

3. 硅酸钙板墙面板按设计图示尺寸的墙体面积以"m^2"计算，不扣除单个面积≤$0.3m^2$ 的孔洞所占面积。

4. 保温岩棉铺设、EPS 混凝土浇灌按设计图示尺寸的铺设或浇灌体积以"m^3"计算，不扣除单个面积≤$0.3m^2$ 的孔洞所占体积。

5. 硅酸钙板包柱、包梁及蒸压砂加气保温块贴面工程量按钢构件设计断面周长乘以构件长度，以"m^2"计算。

6. 钢板天沟按设计图示尺寸以质量计算，依附天沟的型钢并入天沟的质量内计算；不锈钢天沟、彩钢板天沟按设计图示尺寸以长度计算。

三、钢构件现场制作及除锈。

构件制作工程量按设计图示尺寸以质量计算，不扣除单个面积≤$0.3m^2$ 的孔洞质量，焊缝、铆钉、螺栓等不另增加质量。

一、预制钢构件安装

1. 钢 网 架

(1)钢 网 架

工作内容: 场内转运、卸料、检验、基础线测定、找正、找平、拼装、翻身加固、吊装、就位、校正、焊接及超探检验、固定、零星除锈、补漆、清理。

计量单位: t

编号				6-1	6-2	6-3
项目				焊接空心球网架	螺栓球节点网架	焊接不锈钢空心球网架
名称			单位	消耗量		
人工	合计工日		工日	6.516	6.156	6.516
	其中	普工	工日	1.954	1.846	1.954
		一般技工	工日	3.910	3.694	3.910
		高级技工	工日	0.652	0.616	0.652
材料	焊接空心球网架		t	1.000	—	—
	螺栓球节点网架		t	—	1.000	—
	焊接不锈钢空心球网架		t	—	—	1.000
	环氧富锌 底漆		kg	4.240	4.240	—
	低合金钢焊条 E43 系列		kg	7.519	—	—
	不锈钢焊丝		kg	—	—	10.043
	金属结构铁件		kg	6.630	3.570	6.630
	六角螺栓带螺母(综合)		kg	—	19.890	—
	二氧化碳气体		m^3	2.200	—	—
	氧气		m^3	2.530	—	—
	氩气		m^3	—	—	7.975
	钨棒		kg	—	—	0.155
	焊丝 $\phi3.2$		kg	3.574	—	—
	吊装夹具		套	0.060	0.060	0.060
	钢丝绳 $\phi12$		kg	8.200	8.200	8.200
	垫木		m^3	0.034	0.034	0.034
	稀释剂		kg	0.339	0.339	—
	其他材料费		%	0.50	0.50	0.50
机械	汽车式起重机 20t		台班	0.312	0.312	0.312
	交流弧焊机 32kV·A		台班	0.238	—	—
	氩弧焊机 500A		台班	—	—	0.475
	二氧化碳气体保护焊机 500A		台班	0.238	—	—
仪表	超声波探伤仪		台班	0.200	—	0.200

(2)钢 支 座

工作内容：吊装、定位、固定、焊接、清理。 **计量单位：**套

编号				6-4	6-5	6-6
项目				固定支座	单向滑移支座	双向滑移支座
名称			单位	消耗量		
人工	合计工日		工日	2.000	2.400	2.800
	其中	普工	工日	0.400	0.480	0.560
		一般技工	工日	0.700	0.840	0.980
		高级技工	工日	0.900	1.080	1.260
材料	钢构件固定支座		套	1.000	—	—
	单向滑移支座		套	—	1.000	—
	双向滑移支座		套	—	—	1.000
	低合金钢焊条 E43 系列		kg	1.071	0.721	0.371
	金属结构铁件		kg	0.734	0.734	0.734
	二氧化碳气体		m^3	0.704	0.462	0.264
	焊丝 $\phi3.2$		kg	1.257	0.803	0.433
	吊装夹具		套	0.030	0.030	0.030
	钢丝绳		kg	0.820	0.820	0.820
	垫木		m^3	0.002	0.002	0.002
	其他材料费		%	0.50	0.50	0.50
机械	汽车式起重机 20t		台班	0.078	0.078	0.078
	交流弧焊机 32kV·A		台班	0.110	0.066	0.036
	二氧化碳气体保护焊机 500A		台班	0.110	0.066	0.036

2.厂(库)房钢结构

(1)钢屋架(钢托架)

工作内容: 场内转运、卸料、检验、划线、构件拼装、加固,翻身就位、绑扎吊装、校正、焊接及超探检验、固定、零星除锈、补漆、清理。

计量单位:t

编号				6-7	6-8	6-9	6-10	6-11
项目				钢屋架(钢托架)				
				质量(t)				
				≤1.5	≤3	≤8	≤15	≤25
名称			单位	消耗量				
人工	合计工日		工日	2.702	2.759	2.503	2.604	2.748
	其中	普工	工日	0.811	0.828	0.751	0.782	0.824
		一般技工	工日	1.621	1.655	1.502	1.562	1.649
		高级技工	工日	0.270	0.276	0.250	0.260	0.275
材料	钢屋架		t	1.000	1.000	1.000	1.000	1.000
	环氧富锌 底漆		kg	1.060	1.060	1.060	1.060	1.060
	低合金钢焊条 E43 系列		kg	1.236	1.236	1.483	1.854	2.966
	金属结构铁件		kg	6.120	4.284	2.244	2.244	2.244
	二氧化碳气体		m^3	0.715	0.715	0.858	0.858	1.210
	焊丝 $\phi3.2$		kg	1.082	1.082	1.298	1.298	1.854
	吊装夹具		套	0.020	0.020	0.020	0.020	0.020
	钢丝绳 $\phi12$		kg	4.280	4.280	4.280	5.380	5.380
	垫木		m^3	0.013	0.007	0.007	0.007	0.007
	稀释剂		kg	0.085	0.085	0.085	0.085	0.085
	其他材料费		%	0.50	0.50	0.50	0.50	0.50
机械	汽车式起重机 20t		台班	0.299	0.234	0.195	—	—
	汽车式起重机 40t		台班	—	—	—	0.195	—
	交流弧焊机 32kV·A		台班	0.110	0.110	0.132	0.165	0.264
	二氧化碳气体保护焊机 500A		台班	0.110	0.110	0.132	0.132	0.198
	履带式起重机 50t		台班	—	—	—	—	0.325
仪表	超声波探伤仪		台班	0.050	0.050	0.050	0.050	0.050

（2）钢　桁　架

工作内容：场内转运、卸料、检验、划线、构件拼装、加固，翻身就位、绑扎吊装、校正、焊接及超探检验、固定、零星除锈、补漆、清理。　　　　**计量单位：**t

编　号			6-12	6-13	6-14	6-15	6-16	6-17
项　目			钢桁架					
			质量（t）					
			≤1.5	≤3	≤8	≤15	≤25	≤40
名　称		单位	消　耗　量					
人工	合计工日	工日	3.912	3.217	2.960	3.065	3.924	4.835
	其中 普工	工日	1.174	0.965	0.888	0.919	1.178	1.450
	其中 一般技工	工日	2.347	1.930	1.776	1.839	2.354	2.901
	其中 高级技工	工日	0.391	0.322	0.296	0.307	0.392	0.484
材料	钢桁架	t	1.000	1.000	1.000	1.000	1.000	1.000
	环氧富锌 底漆	kg	2.120	2.120	2.120	2.120	2.120	2.120
	低合金钢焊条 E43 系列	kg	3.461	2.843	2.163	2.163	3.461	3.461
	金属结构铁件	kg	5.508	4.488	3.162	2.193	2.193	2.193
	二氧化碳气体	m^3	2.002	1.650	1.210	1.210	2.002	2.002
	焊丝 ϕ3.2	kg	3.028	2.472	1.854	1.854	3.028	3.028
	吊装夹具	套	0.025	0.025	0.025	0.025	0.025	0.025
	钢丝绳 ϕ12	kg	5.793	5.793	5.793	6.993	6.993	6.993
	垫木	m^3	0.013	0.013	0.013	0.013	0.013	0.013
	稀释剂	kg	0.170	0.170	0.170	0.170	0.170	0.170
	其他材料费	%	0.50	0.50	0.50	0.50	0.50	0.50
机械	汽车式起重机 20t	台班	0.312	0.234	0.273	—	—	—
	汽车式起重机 40t	台班	—	—	—	0.234	—	—
	履带式起重机 50t	台班	—	—	—	—	0.390	0.468
	交流弧焊机 32kV·A	台班	0.308	0.253	0.198	0.198	0.308	0.308
	二氧化碳气体保护焊机 500A	台班	0.308	0.253	0.198	0.198	0.308	0.308
仪表	超声波探伤仪	台班	0.150	0.150	0.150	0.150	0.150	0.150

(3)钢柱

工作内容: 场内转运、卸料、检验、划线、构件拼装、加固,翻身就位、绑扎吊装、校正、焊接及超探检验、固定、零星除锈、补漆、清理。

计量单位:t

编号				6-18	6-19	6-20	6-21
项目				钢柱			
				质量(t)			
				≤3	≤8	≤15	≤25
名称			单位	消耗量			
人工	合计工日		工日	3.105	2.520	2.313	2.718
	其中	普工	工日	0.931	0.756	0.694	0.815
		一般技工	工日	1.863	1.512	1.388	1.631
		高级技工	工日	0.311	0.252	0.231	0.272
材料	钢柱		t	1.000	1.000	1.000	1.000
	环氧富锌 底漆		kg	1.060	1.060	1.060	1.060
	低合金钢焊条 E43 系列		kg	1.236	1.059	1.236	1.483
	金属结构铁件		kg	10.588	7.344	3.570	2.550
	二氧化碳气体		m^3	0.715	0.715	0.715	0.858
	焊丝 $\phi3.2$		kg	1.082	0.949	1.082	1.298
	吊装夹具		套	0.020	0.020	0.020	0.025
	钢丝绳 $\phi12$		kg	4.690	4.690	4.690	5.790
	垫木		m^3	0.011	0.011	0.011	0.011
	稀释剂		kg	0.085	0.085	0.085	0.085
	其他材料费		%	0.50	0.50	0.50	0.50
机械	汽车式起重机 20t		台班	0.156	0.130	—	—
	汽车式起重机 40t		台班	—	—	0.195	—
	交流弧焊机 32kV·A		台班	0.110	0.092	0.110	0.132
	二氧化碳气体保护焊机 500A		台班	0.110	0.092	0.110	0.132
	履带式起重机 50t		台班	—	—	—	0.260
仪表	超声波探伤仪		台班	0.100	0.100	0.100	0.100

（4）钢　　梁

工作内容： 场内转运、卸料、检验、划线、构件拼装、加固，翻身就位、绑扎吊装、校正、焊接及超探检验、固定、零星除锈、补漆、清理。

计量单位： t

编　　号				6-22	6-23	6-24	6-25
项　　目				钢梁			
				质量（t）			
				≤1.5	≤3	≤8	≤15
名　　称			单位	消　耗　量			
人工	合计工日		工日	2.151	1.889	1.452	1.654
	其中	普工	工日	0.645	0.567	0.436	0.497
		一般技工	工日	1.291	1.133	0.871	0.992
		高级技工	工日	0.215	0.189	0.145	0.165
材料	钢梁		t	1.000	1.000	1.000	1.000
	环氧富锌　底漆		kg	1.060	1.060	1.060	1.060
	低合金钢焊条　E43　系列		kg	3.461	2.163	1.854	2.163
	金属结构铁件		kg	7.344	7.344	3.672	5.304
	二氧化碳气体		m^3	2.002	1.210	1.078	1.210
	焊丝　ϕ3.2		kg	3.028	1.854	1.627	1.854
	吊装夹具		套	0.020	0.020	0.020	0.020
	钢丝绳　ϕ12		kg	4.280	4.280	4.280	5.095
	垫木		m^3	0.012	0.012	0.012	0.012
	稀释剂		kg	0.085	0.085	0.085	0.085
	其他材料费		%	0.50	0.50	0.50	0.50
机械	汽车式起重机　20t		台班	0.234	0.156	0.221	—
	汽车式起重机　40t		台班	—	—	—	0.195
	交流弧焊机　32kV·A		台班	0.308	0.198	0.165	0.198
	二氧化碳气体保护焊机　500A		台班	0.308	0.198	0.165	0.198
仪表	超声波探伤仪		台班	0.100	0.100	0.100	0.100

(5)钢 吊 车 梁

工作内容: 场内转运、卸料、检验、划线、构件拼装、加固,翻身就位、绑扎吊装、校正、焊接及超探检验、固定、零星除锈、补漆、清理。

计量单位: t

编号				6-26	6-27	6-28	6-29
项目				钢吊车梁			
				质量(t)			
				≤3	≤8	≤15	≤25
名称			单位	消耗量			
人工	合计工日		工日	1.683	1.232	0.864	1.332
	其中	普工	工日	0.505	0.370	0.260	0.400
		一般技工	工日	1.010	0.739	0.518	0.799
		高级技工	工日	0.168	0.123	0.086	0.133
材料	钢吊车梁		t	1.000	1.000	1.000	1.000
	环氧富锌 底漆		kg	1.060	1.060	1.060	1.060
	低合金钢焊条 E43 系列		kg	2.472	2.119	2.472	2.966
	金属结构铁件		kg	7.344	3.672	3.672	5.712
	二氧化碳气体		m^3	1.430	1.275	1.430	1.716
	焊丝 ϕ3.2		kg	2.163	1.898	2.163	2.596
	吊装夹具		套	0.020	0.020	0.020	0.025
	钢丝绳 ϕ12		kg	3.280	3.280	3.280	3.895
	垫木		m^3	0.011	0.011	0.011	0.011
	稀释剂		kg	0.085	0.085	0.085	0.085
	其他材料费		%	0.50	0.50	0.50	0.50
机械	汽车式起重机 20t		台班	0.234	0.195	—	—
	汽车式起重机 40t		台班	—	—	0.156	—
	交流弧焊机 32kV·A		台班	0.220	0.150	0.220	0.264
	二氧化碳气体保护焊机 500A		台班	0.220	0.150	0.220	0.264
	履带式起重机 50t		台班	—	—	—	0.260
仪表	超声波探伤仪		台班	0.120	0.120	0.120	0.120

(6)钢平台、钢楼梯

工作内容：场内转运、卸料、检验、划线、构件拼装、加固，翻身就位、绑扎吊装、校正、焊接及超探检验、固定、零星除锈、补漆、清理。

计量单位：t

编号				6-30	6-31	6-32
项目				钢平台（钢走道）	钢楼梯	
					踏步式	爬式
名称			单位	消耗量		
人工	合计工日		工日	5.399	5.338	9.046
	其中	普工	工日	1.620	1.601	2.713
		一般技工	工日	3.239	3.203	5.428
		高级技工	工日	0.540	0.534	0.905
材料	钢平台		t	1.000	—	—
	钢楼梯 踏步式		t	—	1.000	—
	钢楼梯 爬式		t	—	—	1.000
	金属结构铁件		kg	3.612	7.344	8.813
	环氧富锌 底漆		kg	2.120	2.120	4.240
	低合金钢焊条 E43 系列		kg	3.461	3.461	5.191
	六角螺栓		kg	5.406	3.570	—
	氧气		m^3	0.528	0.880	1.430
	吊装夹具		套	0.020	0.020	0.020
	钢丝绳 $\phi12$		kg	3.280	3.280	3.280
	垫木		m^3	0.023	0.026	0.026
	稀释剂		kg	0.170	0.170	0.339
	其他材料费		%	0.50	0.50	0.50
机械	汽车式起重机 20t		台班	0.247	0.195	0.208
	交流弧焊机 32kV·A		台班	0.308	0.308	0.308
仪表	超声波探伤仪		台班	0.120	0.100	—

(7)其他钢构件

工作内容: 场内转运、卸料、检验、划线、构件拼装、加固,翻身就位、绑扎吊装、校正、焊接及超探检验、固定、零星除锈、补漆、清理。

计量单位:t

编号				6-33	6-34	6-35
项目				钢支撑等其他构件	钢墙架(挡风架)	零星钢构件
名称			单位	消耗量		
人工	合计工日		工日	2.546	5.078	6.620
	其中	普工	工日	0.763	1.523	1.986
		一般技工	工日	1.528	3.047	3.972
		高级技工	工日	0.255	0.508	0.662
材料	钢支撑		t	1.000	—	—
	钢墙架		t	—	1.000	—
	零星钢构件		t	—	—	1.000
	金属结构铁件		kg	4.600	4.600	1.272
	环氧富锌 底漆		kg	2.120	2.120	2.120
	低合金钢焊条 E43 系列		kg	3.461	2.163	3.461
	六角螺栓		kg	5.569	3.570	6.630
	氧气		m^3	0.220	0.220	1.100
	吊装夹具		套	0.020	0.020	0.020
	钢丝绳 $\phi12$		kg	4.920	4.920	4.920
	垫木		m^3	0.014	0.023	0.023
	稀释剂		kg	0.170	0.170	0.170
	其他材料费		%	0.50	0.50	0.50
机械	汽车式起重机 20t		台班	0.234	0.221	0.273
	交流弧焊机 32kV·A		台班	0.308	0.198	0.308

（8）现场拼装平台摊销

工作内容：场内转运、卸料、检验、划线、切割、组立、焊接及超探检验、翻身、校正、调平、清理、拆除、整理。

计量单位：t

编　号				6-36
项　目				现场拼装平台摊销
名　称			单位	消　耗　量
人工	合计工日		工日	1.422
	其中	普工	工日	0.427
		一般技工	工日	0.853
		高级技工	工日	0.142
材料	型钢（综合）		kg	38.160
	中厚钢板（综合）		kg	5.300
	低合金钢焊条 E43 系列		kg	0.283
	焊丝 ϕ3.2		kg	0.902
	二氧化碳气体		m^3	0.537
	氧气		m^3	0.858
	吊装夹具		套	0.001
	钢丝绳 ϕ12		kg	0.394
	垫木		m^3	0.032
	其他材料费		%	0.50
机械	交流弧焊机 32kV·A		台班	0.021
	汽车式起重机 20t		台班	0.039
	二氧化碳气体保护焊机 500A		台班	0.079
仪表	超声波探伤仪		台班	0.100

3. 高层钢结构

(1)钢　柱

工作内容：场内转运、卸料、检验、划线、构件拼装、加固，翻身就位、绑扎、校正、焊接及超探检验、固定、零星除锈、补漆、清理。

计量单位：t

编号				6-37	6-38	6-39	6-40
项目				钢柱			
				质量(t)			
				≤3	≤5	≤10	≤15
名称			单位	消耗量			
人工	合计工日		工日	3.623	3.261	2.935	2.827
	其中	普工	工日	1.087	0.978	0.880	0.848
		一般技工	工日	2.174	1.957	1.761	1.696
		高级技工	工日	0.362	0.326	0.294	0.283
材料	钢柱		t	1.000	1.000	1.000	1.000
	低合金钢焊条 E43 系列		kg	2.575	2.575	2.575	2.575
	金属结构铁件		kg	10.588	7.344	6.528	5.610
	二氧化碳气体		m^3	2.420	2.090	1.870	2.200
	焊丝 $\phi3.2$		kg	4.429	3.708	3.296	4.017
	钢丝绳		kg	3.690	3.690	3.690	5.690
	垫木		m^3	0.011	0.011	0.011	0.011
	环氧富锌底漆（封闭漆）		kg	1.060	1.060	1.060	1.060
	环氧富锌底漆稀释剂		kg	0.085	0.085	0.085	0.085
	吊装夹具		套	0.020	0.020	0.020	0.020
	其他材料费		%	0.50	0.50	0.50	0.50
机械	汽车式起重机 40t		台班	0.026	0.026	0.026	0.026
	交流弧焊机 32kV·A		台班	0.187	0.180	0.170	0.190
	二氧化碳气体保护焊机 500A		台班	0.209	0.190	0.170	0.200
仪表	超声波探伤仪		台班	0.100	0.100	0.100	0.100

(2)钢　梁

工作内容：场内转运、卸料、检验、划线、构件拼装、加固,翻身就位、绑扎、校正、焊接及超探检验、固定、零星除锈、补漆、清理。

计量单位：t

编　号				6-41	6-42	6-43	6-44
项　目				钢梁			
				质量(t)			
				≤0.5	≤1.5	≤3	≤5
名　称			单位	消　耗　量			
人工	合计工日		工日	2.629	2.390	2.099	1.774
	其中	普工	工日	0.789	0.717	0.630	0.533
		一般技工	工日	1.577	1.434	1.259	1.064
		高级技工	工日	0.263	0.239	0.210	0.177
材料	钢梁		t	1.000	1.000	1.000	1.000
	低合金钢焊条 E43 系列		kg	3.708	3.296	2.884	2.884
	金属结构铁件		kg	7.344	6.936	6.528	5.712
	二氧化碳气体		m^3	1.870	1.870	1.760	1.650
	焊丝 $\phi3.2$		kg	3.296	3.296	3.090	2.884
	钢丝绳		kg	3.280	3.280	3.280	3.280
	垫木		m^3	0.012	0.012	0.012	0.012
	环氧富锌底漆（封闭漆）		kg	1.060	1.060	1.060	1.060
	环氧富锌底漆稀释剂		kg	0.085	0.085	0.085	0.085
	吊装夹具		套	0.020	0.020	0.020	0.020
	其他材料费		%	0.50	0.50	0.50	0.50
机械	汽车式起重机 40t		台班	0.026	0.026	0.026	0.026
	交流弧焊机 32kV·A		台班	0.280	0.250	0.220	0.220
	二氧化碳气体保护焊机 500A		台班	0.170	0.170	0.150	0.140
仪表	超声波探伤仪		台班	0.100	0.100	0.100	0.100

(3)钢 支 撑

工作内容：场内转运、卸料、检验、划线、构件拼装、加固，翻身就位、绑扎、校正、焊接及超探检验、固定、零星除锈、补漆、清理。

计量单位：t

				6-45	6-46	6-47	6-48
编号				6-45	6-46	6-47	6-48
项目				钢支撑			
				质量(t)			
				≤1.5	≤3	≤5	≤8
名称			单位	消耗量			
人工	合计工日		工日	2.898	2.898	2.608	2.478
	其中	普工	工日	0.869	0.869	0.782	0.743
		一般技工	工日	1.739	1.739	1.565	1.487
		高级技工	工日	0.290	0.290	0.261	0.248
材料	钢支撑		t	1.000	1.000	1.000	1.000
	低合金钢焊条 E43 系列		kg	3.296	2.884	2.266	2.884
	金属结构铁件		kg	10.588	7.344	5.610	3.876
	二氧化碳气体		m^3	2.750	2.420	1.980	2.750
	焊丝 ϕ3.2		kg	4.944	4.326	3.605	4.944
	钢丝绳		kg	4.920	4.920	4.920	4.920
	垫木		m^3	0.014	0.014	0.014	0.014
	环氧富锌底漆（封闭漆）		kg	1.060	1.060	1.060	1.060
	环氧富锌底漆稀释剂		kg	0.085	0.085	0.085	0.085
	吊装夹具		套	0.020	0.020	0.020	0.020
	其他材料费		%	0.50	0.50	0.50	0.50
机械	汽车式起重机 40t		台班	0.026	0.026	0.026	0.026
	交流弧焊机 32kV·A		台班	0.250	0.220	0.200	0.220
	二氧化碳气体保护焊机 500A		台班	0.240	0.210	0.180	0.240
仪表	超声波探伤仪		台班	0.100	0.100	0.100	0.100

(4)踏步式钢楼梯

工作内容：场内转运、卸料、检验、划线、构件拼装、加固，翻身就位、绑扎、校正、焊接及超探检验、固定、零星除锈、补漆、清理。

计量单位：t

编号			6-49
项目			踏步式钢楼梯
名称		单位	消耗量
人工	合计工日	工日	5.338
	其中 普工	工日	1.601
	其中 一般技工	工日	3.203
	其中 高级技工	工日	0.534
材料	钢楼梯 踏步式	t	1.000
	低合金钢焊条 E43 系列	kg	3.811
	金属结构铁件	kg	7.344
	二氧化碳气体	m^3	2.090
	焊丝 ϕ3.2	kg	3.708
	钢丝绳	kg	3.280
	垫木	m^3	0.026
	环氧富锌底漆（封闭漆）	kg	2.120
	环氧富锌底漆稀释剂	kg	0.170
	吊装夹具	套	0.020
	其他材料费	%	0.50
机械	汽车式起重机 40t	台班	0.026
	交流弧焊机 32kV·A	台班	0.275
	二氧化碳气体保护焊机 500A	台班	0.275
仪表	超声波探伤仪	台班	0.100

4. 钢结构安装配件

工作内容： 1. 高强螺栓：垫片及螺母配套、对孔、初拧、终拧。
2. 花篮螺栓：定位、调整、拧紧。
3. 剪力栓钉：定位、瓷环配套、焊接、检验、补位。

计量单位： 100 套

编号				6-50	6-51	6-52
项目				高强螺栓	花篮螺栓	剪力栓钉
名称			单位	消耗量		
人工	合计工日		工日	0.350	0.350	0.500
	其中	普工	工日	0.105	0.105	0.150
		一般技工	工日	0.210	0.210	0.300
		高级技工	工日	0.035	0.035	0.050
材料	高强螺栓		套	102.000	—	—
	花篮螺栓 M12×200		套	—	102.000	—
	栓钉		套	—	—	106.000
机械	电动扭力扳手 27×30		台班	0.670	0.670	—
	栓钉焊机		台班	—	—	0.500

二、围护体系安装

1.钢楼承板

工作内容：场内转运，卸料、选料、放线、安装收边板、配板，切割、拼装、安装、焊接。　**计量单位：**100m^2

编　号				6-53	6-54
项　目				自承式楼承板	压型钢板楼板
名　称			单位	消　耗　量	
人工	合计工日		工日	19.844	16.577
	其中	普工	工日	5.954	4.973
		一般技工	工日	11.906	9.946
		高级技工	工日	1.984	1.658
材料	自承式楼承板		m^2	104.000	—
	压型钢板楼板 0.9		m^2	—	104.000
	垫木		m^3	0.050	0.020
	热轧薄钢板 δ3.0		m^2	2.067	2.067
	红丹防锈漆		kg	11.700	11.700
	油漆溶剂油		kg	1.365	1.365
	氧气		m^3	2.730	1.910
	圆钢（综合）		kg	2.000	2.000
	低合金钢焊条 E43 系列		kg	0.578	0.578
	其他材料费		%	2.00	2.00
机械	折方机 4×2 000mm		台班	13.920	13.920
	交流弧焊机 32kV·A		台班	1.046	0.500

2. 墙 面 板

工作内容：1. 墙面板：场内转运、卸料、放样、下料，切割断料、开门窗洞口，周边塞口，清扫、弹线、安装接口型材、安装墙面板、打胶、紧固、安装收边及泛水板。

2. 保温棉：场内转运、放样、下料、安装保温棉。

计量单位：$100m^2$

编号				6-55	6-56	6-57	6-58
项目				墙面板			墙面玻纤保温棉
				彩钢夹芯板	采光板	压型钢板	
名称			单位	消耗量			
人工	合计工日		工日	20.850	18.680	18.680	2.765
	其中	普工	工日	6.255	5.604	5.604	0.830
		一般技工	工日	12.510	11.208	11.208	1.659
		高级技工	工日	2.085	1.868	1.868	0.276
材料	彩钢夹芯板 δ75		m^2	106.000	—	—	—
	聚酯采光板 δ1.2		m^2	—	106.000	—	—
	压型钢板 δ0.5		m^2	—	—	106.000	—
	彩钢板 δ0.5		m^2	10.000	20.000	20.000	—
	袋装玻璃棉 δ50		m^2	—	—	—	106.000
	槽铝 75		m	34.400	—	—	—
	工字铝（综合）		m	167.900	—	—	—
	角铝 25.4×1		m	26.500	—	—	—
	膨胀螺栓 M10		100套	0.400	—	—	—
	铝拉铆钉 M5×40		100个	10.700	3.500	3.500	—
	防水密封胶		支	32.000	32.000	32.000	—
	合金钢钻头 φ6~13		个	0.600	0.600	0.600	—
	自攻螺钉 ST6×20		100个	—	6.500	6.500	1.100
	橡皮密封条 20×4		m	173.300	173.300	173.300	—
	金属结构铁件		kg	2.000	5.000	5.000	2.300
	垫木		m^3	—	0.020	0.020	—
	密封带 3×20		m	—	—	—	100.000
	彩钢密封圈		只	—	650.000	650.000	—
	其他材料费		%	2.00	2.00	2.00	2.00
机械	汽车式起重机 20t		台班	0.100	0.100	0.100	0.100

工作内容: 1. 预制轻钢龙骨隔墙安装:场内转运、卸料、基底清理、弹线、安放隔墙板块、洞口定位、板块及固定配件安装、板缝填塞、贴玻纤布、安装隔声材料。

2. 硅酸钙板安装:场内转运、基底清理、定位、硅酸钙板安装。

计量单位: $100m^2$

编号				6-59	6-60	6-61	6-62
项目				预制轻钢龙骨隔墙板			增加一道硅酸钙板
				板厚(mm 以内)			
				80	100	150	
名称			单位	消耗量			
人工	合计工日		工日	14.857	17.829	19.612	2.586
	其中	普工	工日	4.457	5.349	5.884	0.776
		一般技工	工日	8.914	10.697	11.767	1.552
		高级技工	工日	1.486	1.783	1.961	0.258
材料	预制轻钢龙骨内隔墙板 δ80		m^2	102.000	—	—	—
	预制轻钢龙骨内隔墙板 δ100		m^2	—	102.000	—	—
	预制轻钢龙骨内隔墙板 δ150		m^2	—	—	102.000	—
	硅酸钙板 δ10		m^2	—	—	—	102.000
	墙板固定金属配件(不锈钢板)		kg	9.801	11.722	16.526	—
	金属膨胀螺栓		副	316.667	316.667	316.667	—
	玻璃棉毡 δ20		m^2	8.931	11.160	16.733	—
	玻璃纤维网格布		m^2	16.800	16.800	16.800	8.400
	合金钢切割片 φ300		片	3.720	4.278	4.920	1.302
	其他材料费		%	2.00	2.00	2.00	2.00
机械	砂轮切割机 φ350		台班	2.011	2.313	2.659	0.704

工作内容： 1. 场内转运、卸料、检验、放样、划线、切割、龙骨固定、墙面板安装、点漆、清理。
2. 清理基层、保温岩棉铺设、双面胶纸固定。
3. 墙面开孔、上料、搅拌、泵送、灌浆、敲击振捣、灌浆口抹平清理。

编号				6-63	6-64	6-65
项目				硅酸钙板灌浆墙面板		
				双面隔墙	保温岩棉铺设	EPS 混凝土浇灌
				$100m^2$	$10m^3$	
名称			单位	消耗量		
人工	合计工日		工日	51.896	26.648	13.668
	其中	普工	工日	15.569	7.994	4.100
		一般技工	工日	31.137	15.989	8.201
		高级技工	工日	5.190	2.665	1.367
材料	硅酸钙板 δ8		m^2	106.000	—	—
	硅酸钙板 δ10		m^2	106.000	—	—
	连接件 PD25		个	150.000	—	—
	岩棉板 δ50		m^3	—	10.400	—
	聚乙烯薄膜		m^2	—	42.000	—
	双面胶纸		m	—	260.000	—
	EPS 灌浆料		m^3	—	—	10.500
	镀锌钢龙骨		kg	1 500.000	—	—
	橡胶密封条		m	173.300	—	—
	垫木		m^3	0.020	—	—
	六角螺栓 M6×35		100个	0.200	—	—
	合金钢钻头 φ10		个	0.600	—	—
	玻璃胶		支	29.000	—	—
	低合金钢焊条 E43 系列		kg	81.750	—	—
	氧气		m^3	9.000	—	—
	电		kW·h	—	—	16.200
	其他材料费		%	2.00	2.00	2.00
机械	交流弧焊机 32kV·A		台班	20.350	—	—
	涡浆式混凝土搅拌机 500L		台班	—	—	2.025

工作内容：1. 场内转运、卸料、检验、放样、划线、切割、就位、校正、打胶、固定、清理。
2. 场内转运、卸料、选料、切割、抹砂浆、贴砌块、固定、擦缝、清理。　　**计量单位：**$100m^2$

编　号				6-66	6-67
项　目				硅酸钙板包柱、包梁	蒸压砂加气保温块贴面
名　称			单位	消　耗　量	
人工	合计工日		工日	43.720	32.434
	其中	普工	工日	13.116	6.487
		一般技工	工日	26.232	11.352
		高级技工	工日	4.372	14.595
材料	硅酸钙板 $\delta 8$		m^2	115.000	—
	蒸压砂加气混凝土（AAC）保温块		m^3	—	5.830
	连接件 PD25		个	—	150.000
	连接件 PD80		个	80.000	—
	镀锌钢龙骨		kg	300.000	—
	橡胶密封条		m	173.300	173.300
	垫木		m^3	0.020	—
	六角螺栓 M6×35		100个	0.200	0.200
	合金钢钻头 $\phi 10$		个	0.600	0.600
	玻璃胶		支	29.000	29.000
	低合金钢焊条 E43 系列		kg	10.900	—
	氧气		m^3	1.200	—
	其他材料费		%	2.00	2.00
机械	交流弧焊机 32kV·A		台班	0.603	—

3. 屋　面　板

工作内容：1. 屋面板：场内转运、卸料、放样、下料、切割断料、周边塞口、清扫、弹线、安装支座、安装屋面板、打胶、紧固、安装收边及泛水板。

2. 保温棉：场内转运、放样、下料、焊接连接铁件、安装钢丝网、安装保温棉。

计量单位：$100m^2$

编　号				6-68	6-69	6-70	6-71
项　目				屋面板			屋面玻纤保温棉
				彩钢夹芯板	采光板	压型钢板	厚 50
名　称			单位	消　耗　量			
人工	合计工日		工日	19.089	17.273	16.338	2.304
	其中	普工	工日	5.727	5.182	4.901	0.691
		一般技工	工日	11.453	10.364	9.803	1.382
		高级技工	工日	1.909	1.727	1.634	0.231
材料	彩钢夹芯板 $\delta75$		m^2	104.000	—	—	—
	聚酯采光板 $\delta1.2$		m^2	—	104.000	—	—
	压型钢板 $\delta0.5$		m^2	—	—	104.000	—
	彩钢板 $\delta0.5$		m^2	4.750	20.000	13.870	—
	袋装玻璃棉 $\delta50$		m^2	—	—	—	104.000
	不锈钢丝 $\phi1.2$		kg	—	—	—	22.260
	槽铝 75		m	49.000	—	—	—
	工字铝（综合）		m	167.900	—	—	—
	角铝 25.4×1		m	26.500	—	—	—
	铝拉铆钉 M5×40		100个	13.700	6.500	6.500	—
	防水密封胶		支	32.000	40.000	40.000	—
	合金钢钻头 $\phi6\sim13$		个	0.600	0.600	0.600	—
	自攻螺钉 ST6×20		100个	—	6.320	6.320	1.100
	彩钢内外扣槽		m	84.200	—	—	—
	橡皮密封条 20×4		m	173.300	173.300	173.300	—
	金属结构铁件		kg	—	5.000	5.000	5.000
	垫木		m^3	—	0.020	0.020	—
	彩钢密封圈		只	—	632.000	632.000	—
	金属堵头		只	—	58.000	58.000	—
	密封带 3×20		m	—	—	—	100.000
	其他材料费		%	2.00	2.00	2.00	2.00
机械	汽车式起重机 20t		台班	0.100	0.100	0.100	0.100

工作内容：放样、划线、裁料、平整、拼装、焊接、成品校正。

编号				6-72	6-73	6-74
项目				天沟		
				钢板	不锈钢	彩钢板
				t	10m	
名称			单位	消耗量		
人工	合计工日		工日	8.540	1.910	1.980
	其中	普工	工日	2.562	0.573	0.594
		一般技工	工日	5.124	1.146	1.188
		高级技工	工日	0.854	0.191	0.198
材料	钢板 δ3~10		t	1.060	—	—
	不锈钢板 δ1.0		m^2	—	7.200	—
	彩钢板 δ0.8		m^2	—	—	7.200
	槽形彩钢条 2		m	—	—	16.300
	彩钢堵头		只	—	4.200	4.200
	低合金钢焊条 E43 系列		kg	7.320	—	—
	不锈钢焊丝		kg	—	3.300	—
	氧气		m^3	6.000	—	—
	红丹防锈漆		kg	6.780	—	—
	玻璃胶		支	0.500	2.000	2.000
	油漆溶剂油		kg	0.700	—	—
	垫木		m^3	0.020	—	—
	其他材料费		%	2.00	2.00	2.00
机械	剪板机 40×3 100mm		台班	0.030	0.070	0.070
	交流弧焊机 32kV·A		台班	0.640	—	—
	氩弧焊机 500A		台班	—	0.270	—
	汽车式起重机 20t		台班	0.220	—	—

三、钢构件现场制作及除锈

工作内容：1. 现场制作：放样、划线、切割、平整、组立、焊接、钻孔、成品校正、除锈、防锈漆涂装、检验、堆放。

2. 喷砂除锈：装填磨料、除锈、清理表面。

计量单位：t

编号				6-75	6-76	6-77	6-78
项目				钢柱、钢梁、钢屋架		其他构件	喷砂除锈
				钢板	型钢		
名称			单位	消耗量			
人工	合计工日		工日	8.342	11.532	8.530	0.800
	其中	普工	工日	2.503	3.460	2.559	0.240
		一般技工	工日	5.005	6.919	5.118	0.480
		高级技工	工日	0.834	1.153	0.853	0.080
材料	中厚钢板（综合）		t	0.947	0.194	0.150	—
	型钢（综合）		t	0.113	0.866	0.910	—
	石英砂（综合）		kg	—	—	—	16.800
	电焊条 E43 系列		kg	12.570	19.300	19.000	—
	焊丝 $\phi3.2$		kg	16.760	—	—	—
	焊剂		kg	6.450	—	—	—
	氧气		m^3	5.090	4.950	4.400	—
	环氧富锌底漆（封闭漆）		kg	5.120	6.600	5.300	—
	环氧富锌底漆稀释剂		kg	0.540	0.700	0.550	—
	六角带帽螺栓		kg	1.740	1.740	1.740	—
	其他材料费		%	2.00	2.00	2.00	2.00
机械	半自动切割机 100mm		台班	0.100	0.040	0.020	—
	汽车式起重机 20t		台班	0.040	0.040	0.020	—
	摇臂钻床 50mm		台班	0.120	0.120	0.090	—
	剪板机 40×3 100mm		台班	0.030	0.010	—	—
	刨边机 12 000mm		台班	0.030	0.020	—	—
	门式起重机 10t		台班	0.360	0.450	0.190	—
	型钢剪断机 500mm		台班	0.010	0.080	0.070	—
	叉式起重机 5t		台班	0.050	0.050	0.050	—
	二氧化碳气体保护焊机 250A		台班	0.360	—	—	—
	交流弧焊机 42kV·A		台班	0.500	0.800	0.800	—
	电动空气压缩机 $10m^3/min$		台班	0.070	0.060	0.070	—
	电焊条烘干箱 45×35×45（cm^3）		台班	0.590	0.450	0.430	—
	喷砂除锈机 $3m^3/min$		台班	—	—	—	0.300

第七章　木结构工程

说　　明

一、本章包括传统木结构工程与装配式木结构工程。传统木结构工程指现场制作、安装；装配式木结构工程指工厂制作（预制）、现场安装。

二、木材木种均以一、二类木种取定。传统木结构采用三、四类木种时，相应制作人工、机械乘以系数 1.20。

三、设计刨光的木构件应增加刨光损耗，设计要求现场刨光的木材，板方木单面刨光边长加 2.5mm，双面刨光边长加 4mm；圆木全刨光直径加 5mm。

四、屋架跨度是指屋架两端上、下弦中心线交点之间的距离。

五、屋面板制作厚度不同时可进行调整。

六、木屋架、钢木屋架中的钢板、型钢、圆钢用量与设计不同时，可按设计数量另加 6% 损耗进行换算，其余不得调整。

七、预制木构件的安装。

1. 地梁板安装已包括底部防水卷材的内容，按墙体厚度不同套用相应消耗量。

2. 木构件安装包括构件固定所需临时支撑的搭拆，以及支撑种类、数量及搭设方式。

3. 柱、梁安装按材质和截面面积不同套用相应消耗量。

4. 墙体木骨架安装按墙体厚度不同套用相应消耗量，墙体龙骨间距按 400mm 编制，设计与消耗量不同时可按设计数量进行调整。

5. 平撑、剪刀撑以及封头板的用量已包括在楼板格栅项目中，不另单独计算。地面格栅和平屋面格栅套用楼板格栅相应消耗量。

6. 桁架安装不分直角形、人字形等形式，均套用桁架消耗量。

7. 屋面板安装根据屋面形式不同，按两坡以内和两坡以上分别套用相应消耗量。

工程量计算规则

一、木屋架。

1. 木屋架工程量按设计图示尺寸以体积计算。附属于其上的木夹板、垫木、风撑、挑檐木均按图示体积并入相应的屋架工程量内。

2. 圆木屋架工程量按设计图示尺寸以体积计算，圆木屋架上的挑檐木、风撑等设计规定为方木时，应将方木体积乘以系数 1.70 折成圆木并入圆木屋架工程量内。

3. 钢木屋架工程量按木屋架设计图示尺寸以体积计算。钢构件的用量已包括在内，不另计算。

4. 气楼屋架按设计图示尺寸以体积计算，工程量并入所依附的屋架工程量内。

5. 屋架的马尾、折角和正交部分半屋架均按设计图示尺寸以体积计算，工程量并入相连屋架工程量内计算。

二、木构件。

1. 木柱、木梁按设计图示尺寸以体积计算。

2. 木楼梯按设计图示尺寸以水平投影面积计算，不扣除宽度≤300mm 的楼梯井，伸入墙内部分不另计算。

3. 木地楞按设计图示尺寸以体积计算。平撑、剪刀撑、沿游木的用量已包括在内，不另计算。

三、屋面木基层。

1. 屋面椽子、屋面板、挂瓦条、竹帘子工程量按设计图示尺寸以屋面斜面积计算，不扣除屋面烟囱、风帽底座、风道、小气窗及斜沟等所占面积，小气窗的出檐部分不增加面积。

2. 封檐板工程量按设计图示檐口外围长度计算。博风板按斜长度计算，设计无规定时每个大刀头增加长度 500mm。

3. 简支檩木按设计图示尺寸以体积计算，长度设计无规定时，按相邻屋架或山墙中距增加 200mm 计算，两端出山檩条长度算至博风板，连续檩按设计总长度乘以系数 1.05 计算。单独挑檐木并入檩条工程量内。檩托木、檩垫木已包括在内，不另计算。

四、预制木构件安装。

1. 地梁板安装按设计图示尺寸以长度计算。

2. 木柱、木梁按设计图示尺寸以体积计算。

3. 墙体木骨架及墙面板安装按设计图示尺寸以面积计算，不扣除≤$0.3m^2$ 的孔洞所占面积，孔洞周边加固板不另计算，但墙体木骨架安装应扣除结构柱所占面积。

4. 楼板格栅及楼面板安装按设计图示尺寸以面积计算，不扣除≤$0.3m^2$ 的洞口所占面积，孔洞周边加固板不另计算，但楼板格栅安装应扣除结构梁所占面积。

5. 格栅挂架按设计图示数量以套计算。

6. 木楼梯安装按设计图示尺寸以水平投影面积计算，不扣除宽度≤500mm 的楼梯井，伸入墙内部分不另计算。

7. 屋面椽条和桁架安装按设计图示尺寸以体积计算，不扣除切肢、切角部分所占体积。屋面板安装按设计图示尺寸以展开面积计算。

8. 封檐板安装按设计图示尺寸以檐口外围长度计算。

一、木 屋 架

工作内容：屋架制作，拼装，安装，装配钢铁件，锚定，梁端刷防腐油。 **计量单位：**$10m^3$

编号				7-1	7-2	7-3	7-4
项目				圆木木屋架		方木木屋架	
				跨度（m）			
				≤10	>10	≤10	>10
名称			单位	消耗量			
人工	合计工日		工日	56.550	51.270	52.780	50.620
	其中	普工	工日	16.965	15.381	15.834	15.186
		一般技工	工日	33.930	30.762	31.668	30.372
		高级技工	工日	5.655	5.127	5.278	5.062
材料	原木		m^3	10.520	10.510	—	—
	板枋材		m^3	1.692	1.230	10.600	10.600
	钢拉杆		kg	169.918	223.342	228.854	313.124
	六角螺栓		kg	241.332	158.304	311.712	221.952
	六角螺母		kg	39.780	28.866	53.652	40.494
	钢垫板 δ2.5~5.0		kg	1 297.746	907.290	1 786.326	1 302.642
	铸铁垫板		kg	33.708	42.930	45.368	60.208
	扒钉		kg	53.212	48.018	71.656	44.838
	预制混凝土块		m^3	1.580	0.950	2.130	1.340
	石油沥青油毡 350#		m^2	4.900	2.900	6.700	4.100
	油漆溶剂油		kg	1.300	1.000	1.800	1.500
	防腐油		kg	4.300	2.700	6.700	4.400
	其他材料费		%	0.80	0.80	0.80	0.80
机械	桅杆式起重机 5t		台班	0.210	0.130	0.180	0.090

工作内容: 屋架制作,拼装,安装,装配钢铁件,锚定,梁端刷防腐油。 **计量单位:** $10m^3$

编号			7-5	7-6	7-7
项目			圆木钢木屋架		
			跨度(m)		
			≤15	≤20	≤25
名称		单位	消耗量		
人工	合计工日	工日	92.927	110.808	139.969
人工	其中 普工	工日	27.878	33.242	41.991
人工	其中 一般技工	工日	55.756	66.485	83.981
人工	其中 高级技工	工日	9.293	11.081	13.997
材料	杉原木 屋架用	m^3	10.300	10.200	10.300
材料	板枋材	m^3	0.728	0.421	0.311
材料	钢拉杆	kg	404.072	555.122	544.522
材料	角钢(综合)	kg	920.928	1 223.346	1 047.386
材料	六角螺栓	kg	29.784	47.532	35.598
材料	六角螺母	kg	24.582	31.314	29.376
材料	钢垫板 δ2.5~5.0	kg	674.628	843.642	597.414
材料	铸铁垫板	kg	33.496	61.268	44.838
材料	低合金钢焊条 E43 系列	kg	60.000	79.700	68.300
材料	氧气	m^3	5.700	7.500	6.500
材料	乙炔气	kg	2.192	2.885	2.500
材料	预制混凝土块	m^3	3.860	2.180	1.600
材料	油漆溶剂油	kg	1.500	1.900	1.600
材料	防腐油	kg	3.200	1.900	1.400
材料	其他材料费	%	0.80	0.80	0.80
机械	交流弧焊机 32kV·A	台班	2.120	1.290	1.260
机械	桅杆式起重机 10t	台班	0.240	0.210	0.150

工作内容：屋架制作，拼装，安装，装配钢铁件，锚定，梁端刷防腐油。　　**计量单位：**10m³

编号			7-8	7-9	7-10
项目			方木钢木屋架		
			跨度（m）		
			≤15	≤20	≤25
名称		单位	消耗量		
人工	合计工日	工日	78.781	92.327	116.380
	其中 普工	工日	23.634	27.698	34.914
	其中 一般技工	工日	47.269	55.396	69.828
	其中 高级技工	工日	7.878	9.233	11.638
材料	板枋材	m^3	10.000	10.300	10.400
	钢拉杆	kg	614.058	723.026	700.130
	角钢（综合）	kg	1 399.624	1 593.180	1 346.624
	六角螺栓	kg	37.740	51.918	39.474
	六角螺母	kg	37.332	40.800	37.842
	钢垫板 δ2.5~5.0	kg	917.796	1 011.534	751.434
	铸铁垫板	kg	50.880	79.818	57.664
	低合金钢焊条 E43 系列	kg	91.200	103.800	87.800
	氧气	m^3	8.600	9.800	8.300
	乙炔气	kg	3.308	3.769	3.192
	预制混凝土块	m^3	5.870	2.840	2.060
	石油沥青油毡 350#	m^2	11.700	5.700	4.100
	油漆溶剂油	kg	2.200	2.500	2.200
	防腐油	kg	4.900	2.500	2.000
	其他材料费	%	0.80	0.80	0.80
机械	交流弧焊机 32kV·A	台班	2.120	1.580	1.310
	桅杆式起重机 10t	台班	0.240	0.220	0.160

二、木 构 件

工作内容：1. 放样，选料，运料，錾剥，刨光，划线，起线，凿眼，挖底拔灰，锯榫。
2. 安装，吊线，校正，临时支撑。

计量单位：$10m^3$

编号				7-11	7-12
项目				木柱	
				圆木	方木
名称			单位	消耗量	
人工	合计工日		工日	48.140	43.860
	其中	普工	工日	14.442	13.158
		一般技工	工日	28.884	26.316
		高级技工	工日	4.814	4.386
材料	原木		m^3	13.050	—
	板枋材		m^3	—	11.870

工作内容：1. 放样，选料，运料，錾剥，刨光，划线，起线，凿眼，挖底拔灰，锯榫。
2. 安装，吊线，校正，临时支撑，伸入墙内部分刷防腐油。

计量单位：$10m^3$

编号				7-13	7-14
项目				木梁	
				圆木	方木
名称			单位	消耗量	
人工	合计工日		工日	67.060	52.591
	其中	普工	工日	20.118	15.777
		一般技工	工日	40.236	31.555
		高级技工	工日	6.706	5.259
材料	原木		m^3	11.797	—
	板枋材		m^3	—	10.863
	铁件（综合）		kg	5.000	5.000
	防腐油		kg	9.550	9.250
	圆钉		kg	—	5.610

工作内容：制作、安装楼梯踏步、楼梯平台楞木，伸入墙身部分刷防腐油。　　　　**计量单位：**$100m^2$

编　号			7-15
项　目			木楼梯
名　称		单位	消　耗　量
人工	合计工日	工日	102.680
	其中 普工	工日	30.804
	其中 一般技工	工日	61.608
	其中 高级技工	工日	10.268
材料	板枋材	m^3	14.970
	圆钉	kg	51.000
	防腐油	kg	18.400

工作内容：制作、安装木地楞，隔墙部分刷防腐油。　　　　**计量单位：**$10m^3$

编　号			7-16	7-17	7-18	7-19
项　目			木地楞			
			圆木楞		方木楞	
			带平撑	不带平撑	带剪刀撑	不带剪刀撑
名　称		单位	消　耗　量			
人工	合计工日	工日	30.186	28.638	27.540	22.950
	其中 普工	工日	9.055	8.591	8.262	6.885
	其中 一般技工	工日	18.112	17.183	16.524	13.770
	其中 高级技工	工日	3.019	2.864	2.754	2.295
材料	板枋材	m^3	11.571	10.530	12.270	11.250
	圆钉	kg	7.000	7.000	35.000	13.000
	其他材料费	%	0.06	0.06	0.08	0.08

三、屋面木基层

工作内容： 制作、安装檩木、檩托木（或垫木），伸入墙内部分及垫木刷防腐油。　　**计量单位：** $10m^3$

编号				7-20	7-21
项目				檩木	
				方木	圆木
名称			单位	消耗量	
人工	合计工日		工日	23.698	21.880
	其中	普工	工日	7.109	6.564
		一般技工	工日	14.219	13.128
		高级技工	工日	2.370	2.188
材料	板枋材		m^3	11.645	1.040
	原木		m^3	—	10.500
	圆钉		kg	45.094	33.762
	防腐油		kg	38.900	28.500

工作内容： 屋面板制作。　　**计量单位：** $100m^2$

编号				7-22	7-23	7-24	7-25
项目				屋面板制作			
				平口	错口	平口	错口
				15mm 厚		15mm 厚一面刨光	
名称			单位	消耗量			
人工	合计工日		工日	1.778	2.592	1.826	2.475
	其中	普工	工日	0.533	0.778	0.547	0.742
		一般技工	工日	1.067	1.555	1.096	1.485
		高级技工	工日	0.178	0.259	0.183	0.248
材料	板枋材		m^3	1.644	1.780	1.864	2.017
机械	木工圆锯机 500mm		台班	0.230	0.250	0.230	0.250
	木工平刨床 500mm		台班	1.600	1.730	—	—
	木工裁口机 400mm		台班	—	0.620	—	0.620
	木工三面压刨床 400mm		台班	—	—	1.600	1.730

工作内容：檩木上钉椽板、挂瓦条，钉屋面板、挂瓦条，钉屋面，钉椽板。　　**计量单位：**100m²

编号				7-26	7-27	7-28	7-29	7-30	7-31
项目				檩木上钉椽子挂瓦条		檩木上钉屋面板油毡挂瓦条	檩木上钉屋面板	檩木上钉椽板	混凝土上钉挂瓦条
				檩木斜中距（m）					
				≤1.0	≤1.5				
名称			单位	消耗量					
人工	合计工日		工日	2.919	2.924	3.906	3.052	2.024	1.224
	其中	普工	工日	0.876	0.878	1.171	0.916	0.608	0.368
		一般技工	工日	1.751	1.754	2.344	1.831	1.214	0.734
		高级技工	工日	0.292	0.292	0.391	0.305	0.202	0.122
材料	板枋材		m^3	0.876	1.046	0.235	—	0.945	0.320
	屋面板		m^2	—	—	105.000	105.000	—	—
	石油沥青油毡 350#		m^2	—	—	110.000	—	—	—
	板条 1 000×30×8		百根	—	—	2.121	—	—	—
	圆钉		kg	9.374	7.415	6.406	4.345	6.100	—
	不锈钢钉		kg	—	—	—	—	—	3.910

工作内容：制作、安装封檐板、博风板，檩木上钉竹帘子。

编号				7-32	7-33	7-34
项目				封檐板、博风板		檩椽上铺钉竹帘子
				高度（cm）		
				≤20	≤30	
				100m		100m²
名称			单位	消耗量		
人工	合计工日		工日	4.448	5.076	1.176
	其中	普工	工日	1.334	1.522	0.352
		一般技工	工日	2.669	3.046	0.706
		高级技工	工日	0.445	0.508	0.118
材料	板枋材		m^3	0.630	0.945	0.032
	圆钉		kg	1.163	1.554	1.100
	竹帘子		m^2	—	—	120.000

四、预制木构件安装

1. 地　梁　板

工作内容：清理工作面，铺设防水卷材，防腐木就位、校正、垫实、螺栓固定。　　**计量单位：**10m

编号				7-35	7-36	7-37
项目				地梁板		
				墙厚(mm)		
				≤120	≤180	≤240
名称			单位	消耗量		
人工	合计工日		工日	1.033	1.100	1.200
	其中	普工	工日	0.310	0.330	0.360
		一般技工	工日	0.620	0.660	0.720
		高级技工	工日	0.103	0.110	0.120
材料	防腐木 $\delta40$		m^3	0.048	0.072	0.096
	SBS 改性沥青防水卷材		m^2	0.132	0.198	0.264
	镀锌螺纹钉		kg	0.120	0.120	0.120
	其他材料费		%	0.80	0.80	0.80

2. 柱

工作内容：吊装，支撑就位、校正、垫实、固定。　　**计量单位：**10m³

编　号				7-38	7-39	7-40	7-41
项　目				规格材组合柱		胶合柱	
				截面面积（m²）			
				≤0.1	≤0.2	≤0.1	≤0.2
名　称			单位	消　耗　量			
人工	合计工日		工日	33.333	40.000	40.000	60.000
	其中	普工	工日	10.000	12.000	12.000	18.000
		一般技工	工日	20.000	24.000	24.000	36.000
		高级技工	工日	3.333	4.000	4.000	6.000
材料	规格材组合柱		m³	10.100	10.100	—	—
	胶合柱		m³	—	—	10.000	10.000
	金属连接件		kg	22.500	30.000	200.000	300.000
	支撑木材		m³	0.130	0.130	0.130	0.130
	镀锌螺纹钉		kg	6.500	8.500	—	—
	其他材料费		%	0.80	0.80	0.80	0.80
机械	汽车式起重机 20t		台班	2.932	2.444	2.932	2.444

3. 梁

工作内容：吊装，支撑就位、校正、垫实、固定。 **计量单位：**$10m^3$

编号			7-42	7-43	7-44	7-45
项目			规格材组合梁		胶合梁	
			截面面积（m^2）			
			≤0.1	≤0.2	≤0.1	≤0.2
名称		单位	消耗量			
人工	合计工日	工日	46.667	53.333	60.000	80.000
	其中 普工	工日	14.000	16.000	18.000	24.000
	其中 一般技工	工日	28.000	32.000	36.000	48.000
	其中 高级技工	工日	4.667	5.333	6.000	8.000
材料	规格材组合梁	m^3	10.100	10.100	—	—
	胶合梁	m^3	—	—	10.000	10.000
	金属连接件	kg	15.000	22.500	75.000	100.000
	支撑木材	m^3	0.130	0.130	0.130	0.130
	镀锌螺纹钉	kg	6.500	8.500	—	—
	其他材料费	%	0.80	0.80	0.80	0.80
机械	汽车式起重机 20t	台班	4.154	3.665	4.154	3.665

4. 墙

工作内容：装配木骨架墙体，钉镀锌螺纹钉，吊装、就位、校正、固定。　　**计量单位：**$10m^2$

编号				7-46	7-47	7-48	7-49
项目				墙体木骨架			墙面板铺装
				墙厚（mm）			
				≤120	≤180	≤240	
名称			单位	消耗量			
人工	合计工日		工日	2.666	3.000	4.000	1.200
	其中	普工	工日	0.799	0.900	1.200	0.360
		一般技工	工日	1.600	1.800	2.400	0.720
		高级技工	工日	0.267	0.300	0.400	0.120
材料	规格材木骨架		m^3	0.016	0.026	0.034	—
	定向刨花板 δ12		m^2	—	—	—	10.300
	支撑木材		m^3	0.130	0.130	0.130	—
	镀锌螺纹钉		kg	0.020	0.020	0.035	0.060
	其他材料费		%	0.80	0.80	0.80	0.80
机械	汽车式起重机 20t		台班	0.096	0.115	0.139	—

5. 楼　板

工作内容：装配楼面格栅，吊装、就位、校正、固定，钉镀锌螺纹钉。　　**计量单位：**$10m^2$

编号				7-50	7-51	7-52	7-53
项目				楼板格栅			桁架格栅
				格栅跨度（m）			
				≤3	≤4	≤5	>5
名称			单位	消耗量			
人工	合计工日		工日	3.333	4.000	4.533	5.000
	其中	普工	工日	1.000	1.200	1.360	1.500
		一般技工	工日	2.000	2.400	2.720	3.000
		高级技工	工日	0.333	0.400	0.453	0.500
材料	规格材格栅		m^3	0.037	0.043	0.052	—
	桁架格栅		m^3	—	—	—	0.051
	镀锌螺纹钉		kg	0.015	0.015	0.020	0.020
	其他材料费		%	0.80	0.80	0.80	0.80
机械	汽车式起重机 20t		台班	0.222	0.190	0.213	0.209

工作内容：安装格栅挂件；吊装、就位、校正、固定，钉镀锌螺纹钉，打结构胶。

编号				7-54	7-55
项目				格栅挂件	楼面板铺装
				10套	$10m^2$
名称			单位	消耗量	
人工	合计工日		工日	0.333	1.333
	其中	普工	工日	0.100	0.400
		一般技工	工日	0.200	0.800
		高级技工	工日	0.033	0.133
材料	格栅挂件		套	10.000	—
	定向刨花板 δ12		m^2	—	10.100
	硅酮结构胶 300mL		支	—	5.000
	其他材料费		%	0.80	0.80

6. 楼　　梯

工作内容：吊装、就位、校正、固定，钉镀锌螺纹钉。　　**计量单位：**$10m^2$

编号				7-56
项目				木楼梯
名称			单位	消耗量
人工	合计工日		工日	6.667
	其中	普工	工日	2.000
		一般技工	工日	4.000
		高级技工	工日	0.667
材料	规格材		m^3	0.450
	定向刨花板 δ18		m^2	13.700
	金属挂件		套	20.000
	其他材料费		%	0.80
机械	汽车式起重机 20t		台班	1.843

7. 屋　　面

工作内容：吊装、就位、校正、固定，钉镀锌螺纹钉。

编　　号				7-57	7-58	7-59	7-60
项　　目				椽条	桁架	屋面板铺装	
						两坡以内	两坡以上
				10m³		10m²	
名　　称			单位	消　耗　量			
人工	合计工日		工日	153.333	120.000	1.667	2.000
	其中	普工	工日	46.000	36.000	0.500	0.600
		一般技工	工日	92.000	72.000	1.000	1.200
		高级技工	工日	15.333	12.000	0.167	0.200
材料	规格材		m³	10.100	10.100	—	—
	定向刨花板 δ12		m²	—	—	10.500	12.500
	支撑木材		m³	0.010	0.010	—	—
	镀锌螺纹钉		kg	2.500	2.200	0.035	0.045
	其他材料费		%	0.80	0.80	0.80	0.80
机械	汽车式起重机 20t		台班	1.098	1.246	—	—

工作内容：安装封檐板。　　　　**计量单位：**100m

编　　号				7-61	7-62
项　　目				封檐板	
				高度（cm）	
				≤20	≤30
名　　称			单位	消　耗　量	
人工	合计工日		工日	5.838	6.663
	其中	普工	工日	1.751	1.999
		一般技工	工日	3.503	3.998
		高级技工	工日	0.584	0.666
材料	规格材		m³	0.606	0.909
	圆钉		kg	1.163	1.554

第八章　门 窗 工 程

说　　明

一、本章包括木门及门框，金属门，金属卷帘（闸），厂库房大门、特种门，其他门，金属窗，门钢架、门窗套，窗台板，窗帘、窗帘盒、窗帘轨，门五金十节。

二、木门及门框。

套装木门安装包括门套和门扇的安装。

三、金属门。

1. 铝合金门窗安装项目（固定窗、百叶窗除外）按隔热断桥铝合金型材考虑，当设计为普通铝合金型材时，按相应项目执行，其中人工乘以系数 0.80。

2. 金属门连窗，门、窗应分别执行相应项目。

3. 彩板钢窗附框安装执行彩板钢门附框安装项目。

4. 钢制防盗门、防火门如用聚氨酯发泡密封胶（750mL/ 支）填缝，则去掉项目中的水泥砂浆，增加聚氨酯发泡密封胶 81.48 支 /100m^2，人工不变。

5. 钢制防盗门、防火门安装项目未包括门框灌浆，设计要求时需另外计算。

6. 阳台封闭窗、转角窗安装执行相应飘凸窗安装项目。

四、金属卷帘（闸）。

1. 金属卷帘（闸）项目是按卷帘侧装（即安装在洞口内侧或外侧）考虑的，当设计为中装（即安装在洞口中）时，按相应项目执行，其中人工乘以系数 1.10。

2. 金属卷帘（闸）项目是按不带活动小门考虑的，当设计为带活动小门时，按相应项目执行，其中人工乘以系数 1.07，材料调整为带活动小门金属卷帘（闸）。

3. 防火卷帘（闸）（无机布基防火卷帘除外）按镀锌钢板卷帘（闸）项目执行，并将材料中的镀锌钢板卷帘换为相应的防火卷帘。

五、厂库房大门、特种门。

1. 厂库房大门及特种门已包括门扇所用铁件，除成品门附件以外，墙、柱、楼地面等部位的预埋铁件按设计要求，另按第五章“混凝土及钢筋混凝土工程”中相应项目执行。

2. 特种门安装项目按成品门安装考虑。

六、其他门。

1. 全玻璃门扇安装项目按地弹门考虑，其中地弹簧用量可按实际调整。

2. 全玻璃门门框、横梁、立柱钢架的制作安装及饰面装饰，按本章门钢架相应项目执行。

3. 全玻璃门有框亮子安装按全玻璃有框门扇安装项目执行，人工乘以系数 0.75，地弹簧换为膨胀螺栓，用量调整为 277.55 个 /100m^2；无框亮子安装按固定玻璃安装项目执行。

4. 电子感应自动门传感装置、伸缩门电动装置安装已包括调试用工。

七、门钢架、门窗套。

1. 门钢架基层、面层项目未包括封边线条，设计要求时，另按第十五章“其他装饰工程”中相应线条项目执行。

2. 门窗套、门窗筒子板均执行门窗套（筒子板）项目。

3. 门窗贴脸为成品线条时，按第十五章“其他装饰工程”相应线条项目执行，筒子板仍按本章规定的计算规则执行相应项目。

4. 门窗套（筒子板）项目未包括封边线条，设计要求时，按第十五章“其他装饰工程”中相应线条项目执行。

八、窗台板、窗帘盒。

1. 窗台板与暖气罩相连时，窗台板并入暖气罩，按第十五章“其他装饰工程”中相应暖气罩项目执行。

2. 石材窗台板安装项目按成品窗台板考虑。实际为非成品需现场加工时，石材加工另按第十五章“其他装饰工程”中石材加工相应项目执行。

3. 窗帘盒项目按高 250mm、宽 150mm 规格考虑，设计不同时可按帷幕板执行本章相应项目。

4. 窗帘帷幕板项目按单面粘贴面层考虑，设计为双面粘贴面层时，执行相应项目，人工乘以系数 1.20，材料中调整木质饰面板消耗量。

九、门五金。

1. 木门（扇）安装项目（木质防火门除外）中五金配件的安装仅包括合页安装人工和合页材料费，设计要求的其他五金另按本章“门五金”中门特殊五金相应项目执行。

2. 木质防火门、金属门窗、金属卷帘（闸）、厂库房大门、特种门、其他门（全玻璃门扇除外）为成品门窗（含五金），包括五金安装人工。

3. 全玻璃扇安装项目中仅包括地弹簧安装的人工和材料费，设计要求的其他五金另按本章“门五金”中门特殊五金相应项目执行。

工程量计算规则

一、木门及门框。

1. 木门框按设计图示框的中心线长度计算。

2. 木门扇安装按设计图示扇面积计算。

3. 套装木门安装按设计图示数量计算。

4. 木质防火门安装按设计图示洞口面积计算。

二、金属门、窗。

1. 铝合金门窗、塑钢门窗（飘凸窗除外）均按设计图示门、窗洞口面积计算。

2. 门连窗按设计图示洞口面积分别计算门、窗面积，其中窗的宽度算至门框的外边线。

3. 纱门、纱窗扇按设计图示扇外围面积计算。

4. 飘凸窗按设计图示框型材外边线尺寸以展开面积计算。

5. 钢质防火门、防盗门、防火窗按设计图示门洞口面积计算。

6. 防盗窗按设计图示窗框外围面积计算。

7. 彩板钢门窗按设计图示门、窗洞口面积计算。彩板钢门窗附框按框中心线长度计算。

三、金属卷帘（闸）。

金属卷帘（闸）按设计图示卷帘门宽度乘以卷帘门高度（包括卷帘箱高度）以面积计算。电动装置安装按设计图示套数计算。

四、厂库房大门、特种门。

1. 厂库房大门按设计图示扇面积计算。

2. 特种门按设计图示门洞口面积计算。

五、其他门。

1. 全玻有框门扇按设计图示扇边框外边线尺寸以扇面积计算。

2. 全玻无框（条夹）门扇按设计图示扇面积计算，高度算至条夹外边线，宽度算至玻璃外边线。

3. 全玻无框（点夹）门扇按设计图示玻璃外边线尺寸以扇面积计算。

4. 无框亮子按设计图示门框与横梁或立柱内边缘尺寸玻璃面积计算。

5. 全玻转门按设计图示数量计算。

6. 不锈钢伸缩门按设计图示尺寸以长度计算。

7. 传感和电动装置按设计图示套数计算。

六、门钢架、门窗套。

1. 门钢架按设计图示尺寸以质量计算。

2. 门钢架基层、面层按设计图示饰面外围尺寸展开面积计算。

3. 门窗套（筒子板）龙骨、面层、基层均按设计图示饰面外围尺寸展开面积计算。

4. 成品木质门窗套按设计图示饰面外围尺寸展开面积计算。

七、窗台板、窗帘、窗帘盒、窗帘轨。

1. 窗台板按设计图示长度乘以宽度以面积计算。图纸未注明尺寸的，窗台板长度按窗框的外围宽度两边共加 100mm 计算。窗台板凸出墙面的宽度按墙面外加 50mm 计算。

2. 布窗帘按设计尺寸成活后展开面积计算。百叶帘、卷帘按设计窗帘宽度乘以高度以面积计算。

3. 窗帘盒、窗帘轨按设计图示长度计算。

4. 窗帘帷幕板按设计图示尺寸单面面积计算，伸入天棚内的面积与露明面积合并计算。

一、木门及门框

工作内容：门框、门扇、门套安装，合页安装，框(套)周边塞缝等。

编号			8-1	8-2	8-3	8-4	8-5
项目			木门扇安装	木门框安装	套装木门安装		
					单扇门	双扇门	子母门
			$100m^2$	100m	10樘		
名称		单位	消耗量				
人工	合计工日	工日	7.980	4.010	3.683	5.409	5.335
	其中 普工	工日	2.394	1.203	1.105	1.623	1.600
	其中 一般技工	工日	4.788	2.406	2.210	3.245	3.201
	其中 高级技工	工日	0.798	0.401	0.368	0.541	0.534
材料	成品装饰门扇	m^2	100.000	—	—	—	—
	成品木门框	m	—	102.000	—	—	—
	单扇套装平开实木门	樘	—	—	10.000	—	—
	双扇套装平开实木门	樘	—	—	—	10.000	—
	双扇套装子母对开实木门	樘	—	—	—	—	10.000
	防腐油	kg	—	6.710	—	—	—
	木材(成材)	m^3	0.003	0.106	0.003	0.002	0.002
	不锈钢合页	个	115.948	—	20.200	40.400	40.400
	沉头木螺钉 L32	个	704.228	—	122.400	244.800	244.800
	聚氨酯发泡密封胶(750mL/支)	支	—	37.570	9.730	11.230	10.480
	圆钉	kg	—	1.040	—	—	—
	其他材料费	%	0.10	—	0.10	0.10	0.10

工作内容：框、扇、五金安装，框周边塞缝等。　　　　**计量单位：**$100m^2$

编　号				8-6
项　目				木质防火门安装
名　称			单位	消　耗　量
人工	合计工日		工日	22.050
	其中	普工	工日	6.615
		一般技工	工日	13.230
		高级技工	工日	2.205
材料	木质防火门		m^2	98.250
	聚氨酯发泡密封胶（750mL/支）		支	73.500
	电		kW·h	11.450
	其他材料费		%	0.10

二、金　属　门

1. 铝 合 金 门

工作内容：框、扇、五金安装，框周边塞缝等。　　　　**计量单位：**$100m^2$

编　号				8-7	8-8	8-9
项　目				隔热断桥铝合金门安装		普通铝合金门纱扇安装
				推拉	平开	
名　称			单位	消　耗　量		
人工	合计工日		工日	29.249	32.875	4.706
	其中	普工	工日	8.775	9.862	1.411
		一般技工	工日	17.549	19.725	2.824
		高级技工	工日	2.925	3.288	0.471
材料	铝合金隔热断桥推拉门（含中空玻璃）		m^2	96.980	—	—
	铝合金隔热断桥平开门（含中空玻璃）		m^2	—	96.040	—
	铝合金隔热断桥纱门扇		m^2	—	—	100.000
	铝合金门窗配件　固定连接铁件（地脚）3×30×300		个	441.542	569.812	—
	硅酮耐候密封胶		kg	66.706	86.029	—
	聚氨酯发泡密封胶（750mL/支）		支	99.840	123.084	—
	塑料膨胀螺栓		套	445.913	575.453	—
	电		kW·h	7.000	7.000	—
	其他材料费		%	0.20	0.20	0.20

2. 塑钢、彩板钢门

工作内容：框、扇、五金安装，框周边塞缝等。　　　　**计量单位：**$100m^2$

编号			8-10	8-11	8-12
项目			塑钢门安装		
			推拉	平开	纱门扇
名称		单位	消耗量		
人工	合计工日	工日	20.329	24.660	4.706
	其中 普工	工日	6.099	7.398	1.411
	其中 一般技工	工日	12.197	14.796	2.824
	其中 高级技工	工日	2.033	2.466	0.471
材料	塑钢推拉门	m^2	96.980	—	—
	塑钢平开门	m^2	—	96.040	—
	塑钢纱门扇	m^2	—	—	100.000
	塑钢门窗配件 固定连接铁件（地脚）	个	441.542	569.812	—
	聚氨酯发泡密封胶（750mL/支）	支	99.840	123.084	—
	硅酮耐候密封胶	kg	66.706	86.029	—
	塑料膨胀螺栓	套	445.913	575.453	—
	电	kW·h	7.000	7.000	—
	其他材料费	%	0.20	0.20	0.20

工作内容：框、扇、五金安装，框周边塞缝等。

编　号				8-13	8-14
项　目				彩板钢门安装	
				附框	门
				100m	100m²
名　称			单位	消 耗 量	
人工	合计工日		工日	3.548	22.510
	其中	普工	工日	1.064	6.753
		一般技工	工日	2.129	13.506
		高级技工	工日	0.355	2.251
材料	附框		m	103.000	—
	彩钢板门		m²	—	94.560
	聚氨酯发泡密封胶（750mL/支）		支	6.670	—
	低碳钢焊条 J422 ϕ4.0		kg	1.850	—
	镀锌自攻螺钉 ST5×16		个	4.100	—
	彩板钢门配件 固定连接铁件（地脚）		个	203.000	—
	其他材料费		%	—	0.01
机械	交流弧焊机 40kV·A		台班	0.080	—

3. 钢质防火、防盗门

工作内容：框、扇、五金安装，框周边塞缝等。　　　　**计量单位：**100m^2

编号				8-15	8-16
项目				钢制防火门安装	钢制防盗门安装
名称			单位	消耗量	
人工	合计工日		工日	32.150	33.920
	其中	普工	工日	9.645	10.176
		一般技工	工日	19.290	20.352
		高级技工	工日	3.215	3.392
材料	钢制防火门		m^2	98.250	—
	钢制防盗门		m^2	—	97.810
	膨胀螺栓 M12×110		10个	42.000	42.000
	水泥砂浆 1:3		m^3	0.230	0.280
	低碳钢焊条 J422 ϕ4.0		kg	—	9.690
	电		kW·h	11.450	11.450
	其他材料费		%	0.10	0.10
机械	交流弧焊机 21kV·A		台班	—	0.410

三、金属卷帘（闸）

工作内容：支架、导槽、附件安装，卷帘、门锁（电动装置）安装、试开关等。　　**计量单位：**100m²

编号				8-17	8-18	8-19
项目				卷帘（闸）安装		
				镀锌钢板	铝合金	彩钢板
名称			单位	消耗量		
人工	合计工日		工日	26.040	26.040	26.040
	其中	普工	工日	7.812	7.812	7.812
		一般技工	工日	15.624	15.624	15.624
		高级技工	工日	2.604	2.604	2.604
材料	镀锌钢板卷帘		m^2	100.000	—	—
	铝合金卷帘		m^2	—	100.000	—
	彩钢卷帘		m^2	—	—	100.000
	铁件（综合）		kg	28.799	28.799	28.799
	膨胀螺栓 M12×100		套	530.002	530.002	530.002
	低碳钢焊条 J422 ϕ4.0		kg	5.100	9.500	9.500
机械	交流弧焊机 21kV·A		台班	0.210	0.400	0.400

工作内容：支架、导槽、附件安装，卷帘、电动装置安装、试开关等。

编号				8-20	8-21
项目				卷帘（闸）安装	电动装置安装
				不锈钢	
				$100m^2$	套
名称			单位	消耗量	
人工	合计工日		工日	26.040	2.250
	其中	普工	工日	7.812	0.675
		一般技工	工日	15.624	1.350
		高级技工	工日	2.604	0.225
材料	不锈钢卷帘		m^2	100.000	—
	电动装置		套	—	1.000
	铁件（综合）		kg	28.799	—
	膨胀螺栓 M12×100		套	530.002	—
	低碳钢焊条 J422 ϕ4.0		kg	—	3.200
	不锈钢焊条（综合）		kg	5.712	—
机械	交流弧焊机 21kV·A		台班	0.240	0.130

四、厂库房大门、特种门

1. 厂库房大门

工作内容：门扇、五金铁件安装等。 **计量单位：**100m²

编号				8-22	8-23	8-24	8-25
项目				木板大门安装		钢木大门安装	
				平开	推拉	平开	推拉
名称			单位	消耗量			
人工	合计工日		工日	21.855	38.732	25.532	45.338
	其中	普工	工日	6.556	11.620	7.660	13.601
		一般技工	工日	13.113	23.239	15.319	27.203
		高级技工	工日	2.186	3.873	2.553	4.534
材料	木板平开大门		m^2	100.000	—	—	—
	木板推拉大门		m^2	—	100.000	—	—
	钢木平开大门		m^2	—	—	100.000	—
	钢木推拉大门		m^2	—	—	—	100.000
	铁件（综合）		kg	67.620	143.960	52.790	222.750
	低碳钢焊条 J422（综合）		kg	16.410	34.940	12.810	54.070
	其他材料费		%	1.00	1.00	1.00	1.00
机械	交流弧焊机 21kV·A		台班	0.690	1.470	0.540	2.270

2. 特 种 门

工作内容：门、五金安装等。 **计量单位：**100m²

编号				8-26	8-27	8-28
项目				隔音门安装	保温门安装	冷藏库门安装
名称			单位	消耗量		
人工	合计工日		工日	24.150	71.250	110.550
	其中	普工	工日	7.245	21.375	33.165
		一般技工	工日	14.490	42.750	66.330
		高级技工	工日	2.415	7.125	11.055
材料	隔音门		m^2	100.000	—	—
	保温门		m^2	—	100.000	—
	冷藏库门		m^2	—	—	100.000
	铁件（综合）		kg	105.000	105.000	124.700
	低碳钢焊条 J422（综合）		kg	25.500	25.500	85.600
	其他材料费		%	1.00	1.00	1.00
机械	交流弧焊机 21kV·A		台班	1.070	1.070	3.610

工作内容：门、五金安装等。 **计量单位：**100m²

编号				8-29	8-30	8-31
项目				冷藏间冻结门安装	变电室门安装	射线防护门安装
名称			单位	消耗量		
人工	合计工日		工日	118.130	85.280	32.475
	其中	普工	工日	35.439	25.584	9.742
		一般技工	工日	70.878	51.168	19.485
		高级技工	工日	11.813	8.528	3.248
材料	冷藏间冻结门		m^2	100.000	—	—
	变电室门		m^2	—	100.000	—
	防射线门		m^2	—	—	100.000
	铁件（综合）		kg	124.700	124.700	124.700
	低碳钢焊条 J422（综合）		kg	85.600	85.600	31.100
	其他材料费		%	1.00	1.00	1.00
机械	交流弧焊机 21kV·A		台班	3.610	3.610	3.610

五、其　他　门

工作内容：门扇（玻璃）、地弹簧安装等。　　**计量单位：**100m²

编　号				8-32	8-33	8-34	8-35
项　目				全玻璃门扇安装			固定玻璃安装
				有框门扇	无框（条夹）门扇	无框（点夹）门扇	
名　称			单位	消　耗　量			
人工	合计工日		工日	27.340	27.340	28.780	18.450
	其中	普工	工日	8.202	8.202	8.634	5.535
		一般技工	工日	16.404	16.404	17.268	11.070
		高级技工	工日	2.734	2.734	2.878	1.845
材料	全玻有框门扇		m^2	100.000	—	—	—
	全玻无框（条夹）门扇		m^2	—	100.000	—	—
	全玻无框（点夹）门扇		m^2	—	—	100.000	—
	地弹簧		套	45.804	45.804	45.804	—
	水泥砂浆 1:2		m^3	0.340	0.340	0.340	—
	钢化玻璃 $\delta12$		m^2	—	—	—	123.900
	其他材料费		%	—	—	—	0.10

工作内容：轨道、门、电动装置安装，调试等。

编号				8-36	8-37	8-38	8-39
项目				全玻璃转门安装 直径 3.6m、不锈钢柱、玻璃 12mm	电子感应自动门传感装置	不锈钢伸缩门安装	伸缩门电动装置
				樘	套	10m	套
名称			单位	消耗量			
人工	合计工日		工日	11.250	1.875	6.000	1.875
	其中	普工	工日	3.375	0.562	1.800	0.562
		一般技工	工日	6.750	1.125	3.600	1.125
		高级技工	工日	1.125	0.188	0.600	0.188
材料	全玻璃转门（含玻璃转轴全套）		樘	1.000	—	—	—
	不锈钢伸缩门（含轨道）		m	—	—	10.000	—
	不锈钢玻璃门传感装置		套	—	1.000	—	—
	伸缩门电动装置系统		套	—	—	—	1.000
	角钢 50		t	—	0.004	—	—
	金属膨胀螺栓 M8		套	—	6.120	—	—
	低碳钢焊条 J422 $\phi 4.0$		kg	—	0.500	—	—
	铁件（综合）		kg	—	—	4.110	—
	不锈钢焊条（综合）		kg	—	—	0.200	—
	其他材料费		%	0.10	—	—	—
机械	交流弧焊机 21kV·A		台班	—	0.020	—	—

六、金　属　窗

1. 铝 合 金 窗

工作内容：框、扇、五金安装，框周边塞缝等。　　　　**计量单位：**100m²

编　　号				8-40	8-41	8-42
项　　目				隔热断桥铝合金		
				普通窗安装		
				推拉	平开	内平开下悬
名　　称			单位	消　耗　量		
人工	合计工日		工日	17.603	22.049	27.585
	其中	普工	工日	5.281	6.615	8.275
		一般技工	工日	10.562	13.229	16.551
		高级技工	工日	1.760	2.205	2.759
材料	铝合金隔热断桥推拉窗(含中空玻璃)		m^2	95.430	—	—
	铝合金隔热断桥平开窗(含中空玻璃)		m^2	—	94.590	—
	铝合金隔热断桥内平开下悬窗(含中空玻璃)		m^2	—	—	94.590
	铝合金门窗配件 固定连接铁件(地脚) 3×30×300		个	552.642	714.555	714.555
	聚氨酯发泡密封胶(750mL/支)		支	142.719	151.372	151.372
	硅酮耐候密封胶		kg	98.717	102.242	102.242
	塑料膨胀螺栓		套	558.113	721.630	721.630
	电		kW·h	7.000	7.000	7.000
	其他材料费		%	0.20	0.20	0.20

工作内容：框、扇、五金安装，框周边塞缝等。 **计量单位：**100m²

编号				8-43	8-44	8-45
项目				隔热断桥铝合金		
				飘凸窗安装		
				推拉	平开	内平开下悬
名称			单位	消耗量		
人工	合计工日		工日	17.002	21.261	26.797
	其中	普工	工日	5.101	6.378	8.039
		一般技工	工日	10.201	12.757	16.078
		高级技工	工日	1.700	2.126	2.680
材料	隔热断桥铝合金飘凸窗推拉（含中空玻璃）		m^2	100.000	—	—
	隔热断桥铝合金飘凸窗平开（含中空玻璃）		m^2	—	100.000	—
	隔热断桥铝合金飘凸窗内平开下悬（含中空玻璃）		m^2	—	—	100.000
	铝合金门窗配件 固定连接铁件（地脚）3×30×300		个	452.359	452.359	452.359
	聚氨酯发泡密封胶（750mL/支）		支	118.758	118.758	118.758
	硅酮耐候密封胶		kg	79.820	79.820	79.820
	塑料膨胀螺栓		套	456.838	456.838	456.838
	电		kW·h	7.000	7.000	7.000
	其他材料费		%	0.20	0.20	0.20

工作内容：框、扇、五金安装，框周边塞缝等。　　　　**计量单位：**100m²

编　号				8-46	8-47
项　目				普通铝合金窗安装	
				固定	百叶
名　称			单位	消　耗　量	
人工	合计工日		工日	15.751	15.751
	其中	普工	工日	4.725	4.725
		一般技工	工日	9.451	9.451
		高级技工	工日	1.575	1.575
材料	铝合金固定窗		m^2	92.640	—
	铝合金百叶窗		m^2	—	92.640
	铝合金门窗配件　固定连接铁件（地脚）3×30×300		个	552.642	552.642
	聚氨酯发泡密封胶（750mL/支）		支	222.976	222.976
	硅酮耐候密封胶		kg	150.896	150.896
	塑料膨胀螺栓		套	558.113	558.113
	电		kW·h	7.000	7.000
	其他材料费		%	0.02	0.02

工作内容：纱扇、五金安装等。　　　　**计量单位：**100m²

编　号				8-48	8-49	8-50
项　目				普通铝合金窗纱扇安装		
				推拉	平开	隐形纱扇
名　称			单位	消　耗　量		
人工	合计工日		工日	10.022	9.746	10.962
	其中	普工	工日	3.007	2.923	3.289
		一般技工	工日	6.013	5.848	6.577
		高级技工	工日	1.002	0.975	1.096
材料	铝合金推拉纱窗扇		m^2	100.000	—	—
	铝合金平开纱窗扇		m^2	—	100.000	—
	铝合金隐形纱窗扇		m^2	—	—	100.000
	其他材料费		%	0.20	0.20	0.20

2. 塑 钢 窗

工作内容： 框、扇、五金安装，框周边塞缝等。 **计量单位：** 100m²

编号				8-51	8-52	8-53	8-54	8-55
项目				塑钢窗安装				
				普通窗				
				推拉	平开	内平开下悬	固定	百叶
名称			单位	消耗量				
人工	合计工日		工日	14.477	18.056	22.476	13.464	13.464
	其中	普工	工日	4.343	5.416	6.742	4.040	4.040
		一般技工	工日	8.686	10.834	13.486	8.078	8.078
		高级技工	工日	1.448	1.806	2.248	1.346	1.346
材料	塑钢推拉窗（含 5mm 玻璃）		m^2	94.530	—	—	—	—
	塑钢平开窗（含 5mm 玻璃）		m^2	—	94.590	—	—	—
	塑钢内平开下悬窗（含 5mm 玻璃）		m^2	—	—	94.590	—	—
	塑钢固定窗		m^2	—	—	—	92.640	—
	塑钢百叶窗		m^2	—	—	—	—	92.640
	塑钢门窗配件 固定连接铁件（地脚）		个	580.124	714.555	714.555	580.124	580.124
	聚氨酯发泡密封胶（750mL/ 支）		支	142.719	151.372	151.372	222.976	222.976
	硅酮耐候密封胶		kg	98.717	102.242	102.242	150.896	150.896
	塑料膨胀螺栓		套	585.868	721.630	721.630	585.868	585.868
	电		kW·h	7.000	7.000	7.000	7.000	7.000
	其他材料费		%	0.20	0.20	0.20	0.20	0.20

工作内容：框、扇、五金安装，框周边塞缝等。 **计量单位：**$100m^2$

编号				8-56	8-57
项目				塑钢窗安装	
				飘凸窗	
				平开	内平开下悬
名称			单位	消耗量	
人工	合计工日		工日	17.341	21.775
	其中	普工	工日	5.202	6.532
		一般技工	工日	10.405	13.065
		高级技工	工日	1.734	2.178
材料	塑钢平开飘窗		m^2	100.000	—
	塑钢内平开下悬飘窗		m^2	—	100.000
	铝合金门窗配件 固定连接铁件（地脚）3×30×300		个	452.359	452.359
	聚氨酯发泡密封胶（750mL/支）		支	82.468	82.468
	硅酮耐候密封胶		kg	79.820	79.820
	塑料膨胀螺栓		套	456.838	456.838
	电		kW·h	7.000	7.000
	其他材料费		%	0.20	0.20

工作内容：纱扇、五金安装等。 **计量单位：**$100m^2$

编号				8-58	8-59
项目				塑钢窗纱扇安装	
				推拉	平开
名称			单位	消耗量	
人工	合计工日		工日	10.022	9.746
	其中	普工	工日	3.007	2.923
		一般技工	工日	6.013	5.848
		高级技工	工日	1.002	0.975
材料	塑钢推拉纱窗扇		m^2	100.000	—
	塑钢平开纱窗扇		m^2	—	100.000

3. 彩板钢窗、防盗钢窗、防火钢窗

工作内容：1. 彩板钢窗：扇、五金安装，框周边塞缝等。
2. 防火窗：框、扇、五金安装，框周边塞缝等。
3. 防盗窗：打眼剔洞，格栅安装等。

计量单位：100m^2

编号				8-60	8-61	8-62	8-63
项目				彩板钢窗安装	圆钢防盗格栅窗安装	不锈钢防盗格栅窗安装	钢制防火窗安装
名称			单位	消耗量			
人工	合计工日		工日	18.520	14.440	13.720	26.460
	其中	普工	工日	5.556	4.332	4.116	7.938
		一般技工	工日	11.112	8.664	8.232	15.876
		高级技工	工日	1.852	1.444	1.372	2.646
材料	圆钢防盗格栅窗		m^2	—	100.000	—	—
	不锈钢防盗格栅窗		m^2	—	—	100.000	—
	彩钢板窗		m^2	94.800	—	—	—
	防火窗 钢制		m^2	—	—	—	98.250
	膨胀螺栓 M6×75		套	—	315.068	811.920	—
	铁件（综合）		kg	—	68.020	—	—
	低碳钢焊条 J422 ϕ4.0		kg	—	9.690	—	—
	密封胶		kg	—	—	—	32.343
	合金钢钻头		个	—	—	—	3.755
	电		kW·h	—	—	7.000	11.268
	其他材料费		%	0.10	0.10	0.10	—
机械	交流弧焊机 21kV·A		台班	—	0.410	—	—

七、门钢架、门窗套

1.门　钢　架

工作内容：1. 钢架：定位、划线、放样、截料、平直、钻孔、拼装、焊接、补刷防锈漆等。

2. 木质基层：下料、粘贴基层板等。

编　号				8-64	8-65	8-66
项　目				钢架制作、安装	基层制作、安装	
					胶合板（板厚 mm）	
					9	18
				t	100m²	
名　称			单位	消　耗　量		
人工	合计工日		工日	15.540	7.800	8.775
	其中	普工	工日	4.662	2.340	2.632
		一般技工	工日	9.324	4.680	5.265
		高级技工	工日	1.554	0.780	0.878
材料	角钢 50		t	1.080	—	—
	胶合板 δ9		m²	—	105.000	—
	胶合板 δ18		m²	—	—	105.000
	镀锌铁丝 ϕ1.2~1.6		kg	0.011	—	—
	木材（成材）		m³	0.013	—	—
	红丹防锈漆		kg	6.780	—	—
	油漆溶剂油		kg	0.700	—	—
	低碳钢焊条 J422 ϕ4.0		kg	27.485	—	—
	氧气		m³	1.500	—	—
	乙炔气		m³	0.870	—	—
	六角螺栓带螺母、2 垫圈 M8×40		套	—	3 340.070	3 340.070
机械	交流弧焊机 21kV·A		台班	1.160	—	—

工作内容： 1. 木质、金属面层：下料、粘贴面层板等。

2. 石材面层：锯板磨边、安装面层板、擦缝等。

计量单位：$100m^2$

编号				8-67	8-68	8-69
项目				面层制作、安装		
				木质饰面板	不锈钢饰面板	石材饰面板 干挂
名称			单位	消耗量		
人工	合计工日		工日	13.125	14.700	61.373
	其中	普工	工日	3.937	4.410	18.412
		一般技工	工日	7.875	8.820	36.824
		高级技工	工日	1.313	1.470	6.137
材料	木质饰面板 $\delta 3$		m^2	105.000	—	—
	石材饰面板		m^2	—	—	102.000
	不锈钢镜面板（8K 板）$\delta 1.0$		m^2	—	105.000	—
	万能胶		kg	41.192	41.192	—
	玻璃胶 335g/ 支		支	—	9.660	—
	云石胶		kg	—	—	8.967
	不锈钢固定连接件		个	—	—	1 950.310
	六角螺栓带螺母、2 垫圈 M8×40		套	—	—	1 950.310
	气排钉 L20 2 000 个 / 盒		盒	2.751	—	—
	水		m^3	—	—	1.200
	电		kW·h	—	—	21.010
	其他材料费		%	—	—	0.02
机械	电动空气压缩机 $0.3m^3/min$		台班	0.990	—	—

2. 门、窗套(筒子板)

工作内容: 1. 木龙骨:龙骨单面刨光、刷防腐油,打眼、下木楔,安装龙骨、找平等。

2. 基层:下料、裁板、钉贴基层板、修边等。

计量单位: $10m^2$

编号				8-70	8-71	8-72	8-73
项目				门窗套(筒子板)制作、安装			
				木龙骨	木工板直接安装在墙面上	木工板基层安装在龙骨上	
						带止口	不带止口
名称			单位	消耗量			
人工	合计工日		工日	0.885	1.118	0.683	0.653
	其中	普工	工日	0.265	0.335	0.205	0.196
		一般技工	工日	0.531	0.671	0.410	0.392
		高级技工	工日	0.089	0.112	0.068	0.065
材料	木龙骨		m^3	0.105	—	—	—
	细木工板 $\delta 15$		m^2	—	13.115	—	—
	细木工板 $\delta 18$		m^2	—	—	13.115	10.500
	圆钉 50		kg	1.741	0.824	0.824	0.653
	聚醋酸乙烯乳液		kg	3.296	3.090	3.090	3.090
	防腐油		kg	2.752	5.988	—	—
	木材(成材)		m^3	0.004	0.008	—	—

工作内容：定位、划线、放样、下料、面层板安装等。 **计量单位：**$10m^2$

编号				8-74	8-75
项目				门窗套（筒子板）制作、安装	
				面层	
				木质饰面板	不锈钢板
名称			单位	消耗量	
人工	合计工日		工日	1.313	1.470
	其中	普工	工日	0.394	0.441
		一般技工	工日	0.788	0.882
		高级技工	工日	0.131	0.147
材料	木质饰面板 $\delta3$		m^2	10.500	—
	不锈钢镜面板（8K 板）$\delta1.0$		m^2	—	10.500
	聚醋酸乙烯乳液		kg	3.675	—
	蚊钉 20mm 6 000 个 / 盒		盒	0.105	—
	万能胶		kg	—	4.200
	玻璃胶 335g/ 支		支	—	0.969
机械	电动空气压缩机 $0.3m^3/min$		台班	0.150	—

工作内容：清理基层、找平、门窗套安装等。 **计量单位：**$10m^2$

编号				8-76
项目				门窗套（筒子板）安装
				木质
名称			单位	消耗量
人工	合计工日		工日	0.770
	其中	普工	工日	0.231
		一般技工	工日	0.462
		高级技工	工日	0.077
材料	木质门窗套		m^2	10.500
	聚醋酸乙烯乳液		kg	4.500
	聚氨酯发泡密封胶（750mL/ 支）		支	4.493
	其他材料费		%	0.50

八、窗　台　板

工作内容：1. 龙骨、基层：定位、打眼剔洞、下木楔、木龙骨制作安装、刷防腐油、基层板下料、安装等。

2. 木质饰面板、铝塑板、不锈钢板面层：下料、面层板安装等。

3. 石材面层：调运砂浆、锯板磨边、镶贴石材等。　　**计量单位：**10m²

<table>
<tr><td colspan="3">编　号</td><td>8-77</td><td>8-78</td><td>8-79</td><td>8-80</td><td>8-81</td></tr>
<tr><td colspan="3" rowspan="3">项　目</td><td colspan="5">窗台板</td></tr>
<tr><td rowspan="2">木龙骨基层板</td><td colspan="4">面层</td></tr>
<tr><td>木质饰面板</td><td>铝塑板</td><td>不锈钢板</td><td>石材</td></tr>
<tr><td colspan="2">名　称</td><td>单位</td><td colspan="5">消　耗　量</td></tr>
<tr><td rowspan="4">人工</td><td>合计工日</td><td>工日</td><td>1.560</td><td>1.358</td><td>1.748</td><td>1.605</td><td>3.945</td></tr>
<tr><td>其中　普工</td><td>工日</td><td>0.468</td><td>0.407</td><td>0.524</td><td>0.481</td><td>1.183</td></tr>
<tr><td>其中　一般技工</td><td>工日</td><td>0.936</td><td>0.815</td><td>1.049</td><td>0.963</td><td>2.367</td></tr>
<tr><td>其中　高级技工</td><td>工日</td><td>0.156</td><td>0.136</td><td>0.175</td><td>0.161</td><td>0.395</td></tr>
<tr><td rowspan="17">材料</td><td>木龙骨</td><td>m³</td><td>0.128</td><td>—</td><td>—</td><td>—</td><td>—</td></tr>
<tr><td>胶合板 δ18</td><td>m²</td><td>10.500</td><td>—</td><td>—</td><td>—</td><td>—</td></tr>
<tr><td>木质饰面板 δ3</td><td>m²</td><td>—</td><td>10.500</td><td>—</td><td>—</td><td>—</td></tr>
<tr><td>铝塑板 δ4</td><td>m²</td><td>—</td><td>—</td><td>10.500</td><td>—</td><td>—</td></tr>
<tr><td>不锈钢饰面板 δ1.0</td><td>m²</td><td>—</td><td>—</td><td>—</td><td>10.500</td><td>—</td></tr>
<tr><td>石材成品窗台板</td><td>m²</td><td>—</td><td>—</td><td>—</td><td>—</td><td>10.500</td></tr>
<tr><td>圆钉 25（1"）</td><td>kg</td><td>1.867</td><td>—</td><td>—</td><td>—</td><td>—</td></tr>
<tr><td>聚醋酸乙烯乳液</td><td>kg</td><td>3.533</td><td>3.605</td><td>—</td><td>—</td><td>—</td></tr>
<tr><td>防腐油</td><td>kg</td><td>1.710</td><td>—</td><td>—</td><td>—</td><td>—</td></tr>
<tr><td>木材（成材）</td><td>m³</td><td>0.001</td><td>—</td><td>—</td><td>—</td><td>—</td></tr>
<tr><td>蚊钉 20mm 6 000 个 / 盒</td><td>盒</td><td>—</td><td>0.105</td><td>—</td><td>—</td><td>—</td></tr>
<tr><td>万能胶</td><td>kg</td><td>—</td><td>—</td><td>4.160</td><td>4.160</td><td>—</td></tr>
<tr><td>玻璃胶 335g/ 支</td><td>支</td><td>—</td><td>—</td><td>0.960</td><td>0.960</td><td>—</td></tr>
<tr><td>素水泥浆</td><td>m³</td><td>—</td><td>—</td><td>—</td><td>—</td><td>0.021</td></tr>
<tr><td>水泥砂浆 1∶4</td><td>m³</td><td>—</td><td>—</td><td>—</td><td>—</td><td>0.303</td></tr>
<tr><td>白色硅酸盐水泥 32.5</td><td>t</td><td>—</td><td>—</td><td>—</td><td>—</td><td>0.001</td></tr>
<tr><td>水</td><td>m³</td><td>—</td><td>—</td><td>—</td><td>—</td><td>0.143</td></tr>
<tr><td>机械</td><td>电动空气压缩机 0.3m³/min</td><td>台班</td><td>—</td><td>1.460</td><td>—</td><td>—</td><td>—</td></tr>
</table>

九、窗帘、窗帘盒、窗帘轨

1.窗　帘

工作内容：窗帘安装等。　　　　**计量单位：**$100m^2$

编　号				8-82	8-83
项　目				窗帘安装	
				布帘	百叶帘、卷帘
名　称			单位	消　耗　量	
人工	合计工日		工日	3.330	5.200
	其中	普工	工日	0.999	1.560
		一般技工	工日	1.998	3.120
		高级技工	工日	0.333	0.520
材料	布窗帘		m^2	105.000	—
	百叶帘、卷帘		m^2	—	105.000
	窗纱吊钩		个	135.660	—
	沉头木螺钉 L25		个	—	150.960
	塑料胀塞		个	—	150.960

2.窗　帘　盒

工作内容：1. 制作、安装：定位、划线、选料、木龙骨制作安装、刷防腐油，下料、裁板、钉贴板、修边等。

2. 成品安装：定位、划线、打眼、安装铁件、除锈、刷防锈漆、组装塑料窗帘盒等。

计量单位：10m

编　号				8-84	8-85	8-86
项　目				窗帘盒（不带轨）		
				制作、安装		成品安装
				木龙骨胶合板	胶合板	塑料
名　称			单位	消　耗　量		
人工	合计工日		工日	1.688	1.530	1.335
	其中	普工	工日	0.506	0.459	0.400
		一般技工	工日	1.013	0.918	0.801
		高级技工	工日	0.169	0.153	0.134
材料	木龙骨		m^3	0.036	—	—
	胶合板 δ5		m^2	4.410	—	1.470
	胶合板 δ18		m^2	—	4.410	—
	塑料窗帘盒 宽 140		m	—	—	10.600
	扁钢（综合）		t	—	—	0.004
	膨胀螺栓 M6×60		套	11.220	11.220	38.760
	螺钉		套	—	—	80.580
	铁件（综合）		kg	5.029	5.029	—
	圆钉 25（1"）		kg	0.275	0.275	—
	酚醛防锈漆		kg	0.020	0.020	0.045
	油漆溶剂油		kg	0.001	0.001	0.002
	氧气		m^3	—	—	0.033
	乙炔气		m^3	—	—	0.011
机械	电动空气压缩机 $0.3m^3/min$		台班	0.140	—	—

工作内容：定位，划线，打眼，下膨胀螺栓，帷幕板制作安装，刷防腐油，镶贴面层等。　**计量单位**：$10m^2$

编号				8-87	8-88
项目				窗帘帷幕板制作、安装	
				木质饰面板	
				木龙骨基层	胶合板基层
名称			单位	消耗量	
人工	合计工日		工日	2.010	1.930
	其中	普工	工日	0.603	0.579
		一般技工	工日	1.206	1.158
		高级技工	工日	0.201	0.193
材料	木质饰面板 δ3		m^2	10.500	10.500
	木龙骨		m^3	0.045	—
	胶合板 δ18		m^2	—	10.500
	聚醋酸乙烯乳液		kg	3.605	2.987
	膨胀螺栓 M6×60		套	68.340	68.340
	圆钉 50~75		kg	0.505	0.505
	气排钉 L30 2 000个/盒		盒	0.490	0.490
机械	电动空气压缩机 $0.3m^3/min$		台班	0.140	0.140

3. 窗　帘　轨

工作内容：组配窗帘轨、安装支撑及配件，校正等。　　　　**计量单位：**10m

编　号				8-89	8-90	8-91	8-92
项　目				窗帘轨安装			
				暗装		明装	
				单轨	双轨	单轨	双轨
名　称			单位	消　耗　量			
人工	合计工日		工日	0.300	0.473	0.383	0.421
	其中	普工	工日	0.090	0.142	0.115	0.126
		一般技工	工日	0.180	0.284	0.230	0.253
		高级技工	工日	0.030	0.047	0.038	0.042
材料	铝合金窗帘轨　单轨成套		m	10.100	—	—	—
	铝合金窗帘轨　双轨成套		m	—	10.100	—	—
	成品窗帘杆		m	—	—	10.100	20.200
	沉头木螺钉　L35		个	30.600	61.200	45.900	91.800
	塑料胀塞		个	30.600	61.200	45.900	91.800

十、门　五　金

工作内容：特殊五金安装。　　　　**计量单位：**10个

编　号				8-93	8-94	8-95	8-96
项　目				L形执手插锁	球形执手锁	管子拉手	推手板
名　称			单位	消　耗　量			
人工	合计工日		工日	3.240	1.804	0.500	0.500
	其中	普工	工日	0.972	0.542	0.150	0.150
		一般技工	工日	1.944	1.082	0.300	0.300
		高级技工	工日	0.324	0.180	0.050	0.050
材料	执手锁		把	10.100	—	—	—
	球形门锁		把	—	10.100	—	—
	管子拉手		把	—	—	10.100	—
	推手板		把	—	—	—	10.100

工作内容：门特殊五金安装。 **计量单位：**10 个

编号				8-97	8-98	8-99	8-100	8-101
项目				自由门		铁搭扣	底板拉手	门磁吸
				弹簧合页	地弹簧			
名称			单位	消耗量				
人工	合计工日		工日	1.140	5.980	0.150	0.620	1.000
	其中	普工	工日	0.342	1.794	0.045	0.186	0.300
		一般技工	工日	0.684	3.588	0.090	0.372	0.600
		高级技工	工日	0.114	0.598	0.015	0.062	0.100
材料	弹簧合页		副	10.100	—	—	—	—
	地弹簧		套	—	10.100	—	—	—
	铁搭扣		个	—	—	10.100	—	—
	底板拉手		个	—	—	—	10.100	—
	门磁吸		只	—	—	—	—	10.100

工作内容：门特殊五金安装。

编号				8-102	8-103	8-104	8-105	8-106
项目				吊装滑动门轨	地锁	门轧头	防盗门扣	门猫眼
				m	10 个			
名称			单位	消耗量				
人工	合计工日		工日	0.043	1.350	0.250	0.415	0.415
	其中	普工	工日	0.013	0.405	0.075	0.124	0.124
		一般技工	工日	0.026	0.810	0.150	0.249	0.249
		高级技工	工日	0.004	0.135	0.025	0.042	0.042
材料	吊装滑动门轨		m	1.010	—	—	—	—
	地锁		把	—	10.100	—	—	—
	门轧头		只	—	—	10.100	—	—
	防盗门扣		副	—	—	—	10.100	—
	门猫眼		套	—	—	—	—	10.100

工作内容：门特殊五金安装。　　　　　　　　　　　　　　**计量单位：**10 个

编号				8-107	8-108	8-109	8-110
项目				电子锁（磁卡锁）	闭门器		顺位器
					明装	暗装	
名称			单位	消耗量			
人工	合计工日		工日	3.672	1.458	3.672	1.458
	其中	普工	工日	1.102	0.437	1.102	0.437
		一般技工	工日	2.203	0.875	2.203	0.875
		高级技工	工日	0.367	0.146	0.367	0.146
材料	电子锁		把	10.100	—	—	—
	闭门器		套	—	10.100	10.100	—
	顺位器		套	—	—	—	10.100

第九章　屋面及防水工程

说　　明

一、本章包括屋面工程、防水工程及其他共两节。

二、本章中瓦屋面、金属板屋面、采光板屋面、玻璃采光顶、防水、水落管、水口、水斗、沥青砂浆填缝、变形缝盖板、止水带等项目是按标准或常用材料编制，设计与消耗量不同时，材料及用量可调整，人工、机械不变；屋面保温等项目执行第十章“保温、隔热、防腐工程”相应项目，找平层等项目执行第十一章“楼地面装饰工程”相应项目。

三、屋面工程。

1. 黏土瓦若穿铁丝钉圆钉，每 $100m^2$ 增加 11 工日，增加镀锌低碳钢丝（$22^{\#}$）3.5kg，圆钉 2.5kg；若用挂瓦条，每 $100m^2$ 增加 4 工日，增加挂瓦条（尺寸 25mm × 30mm）300.3m，圆钉 2.5kg。瓦屋面木挂瓦条等项目执行第七章“木结构工程”相应项目。

2. 金属板屋面中一般金属板屋面执行彩钢板和彩钢夹芯板项目；装配式单层金属压型板屋面区分檩距不同执行消耗量项目。

3. 采光板屋面如设计为滑动式采光顶，可以按设计增加 U 形滑动盖帽等部件，调整材料，人工乘以系数 1.05。

4. 膜结构屋面的钢支柱、锚固支座混凝土基础等执行其他章节相应项目。

5. 25% < 坡度≤45% 及人字形、锯齿形、弧形等不规则瓦屋面，人工乘以系数 1.30；坡度 >45% 的，人工乘以系数 1.43。

四、防水工程及其他。

1. 防水。

（1）细石混凝土防水层使用钢筋网时，执行第五章“混凝土及钢筋混凝土工程”相应项目。

（2）平（屋）面以坡度≤15% 为准，15% < 坡度≤25% 的，按相应项目的人工乘以系数 1.18；25% < 坡度≤45% 及人字形、锯齿形、弧形等不规则屋面或平面，人工乘以系数 1.30；坡度 >45% 的，人工乘以系数 1.43。

（3）防水卷材、防水涂料及防水砂浆，以平面和立面列项，实际施工桩头、地沟、零星部位时，人工乘以系数 1.43；单个房间楼地面面积≤$8m^2$ 时，人工乘以系数 1.30。

（4）卷材防水附加层套用卷材防水相应项目，人工乘以系数 1.43。

（5）立面是以直形为依据编制的，弧形者，相应项目的人工乘以系数 1.18。

（6）冷粘法以满铺为依据编制的，点、条铺粘者按其相应项目的人工乘以系数 0.91，黏合剂乘以系数 0.70。

（7）刚性防水水泥砂浆内掺防水粉、防水剂项目，如设计与消耗量不同时，掺和剂及其含量可以换算，人工不变。

2. 屋面排水。

（1）水落管、水口、水斗均按材料成品、现场安装考虑。

（2）铁皮屋面及铁皮排水项目内已包括铁皮咬口和搭接的工料。

3. 变形缝与止水带。

变形缝、止水带、钢板盖缝、橡胶板盖缝项目，设计断面与消耗量不同时，材料可以换算，人工和机械不变。

（1）变形缝嵌填缝项目中，建筑油膏、聚氯乙烯胶泥设计断面取定为 30mm × 20mm；油浸木丝板取定为 150mm × 25mm；其他填料取定为 150mm × 30mm。

（2）变形缝盖板，木板盖板断面取定为 200mm × 25mm；铝合金盖板厚度取定为 1mm；不锈钢板厚度取定为 1mm。铝合金盖板和不锈钢盖板材料展开宽度平面按 590mm，立面按 500mm 编制。

（3）钢板（紫铜板）止水带展开宽度为 450mm，氯丁橡胶宽度为 300mm，涂刷式氯丁胶贴玻璃纤维止水片宽度为 350mm，其他均为 150mm × 30mm。

工程量计算规则

一、屋面工程。

1. 各种屋面(包括挑檐部分)均按设计图示尺寸以面积计算(斜屋面按斜面面积计算),不扣除房上烟囱、风帽底座、风道、小气窗、斜沟和脊瓦等所占面积,小气窗的出檐部分也不增加。

2. S形瓦、瓷质波形瓦、彩色混凝土瓦屋面的正斜脊瓦、檐口线,按设计图示尺寸以长度计算。

3. 采光板屋面和玻璃采光顶屋面按设计图示尺寸以面积计算,不扣除面积≤$0.3m^2$孔洞所占面积。

4. 膜结构屋面按设计图示尺寸以需要覆盖的水平投影面积计算。

二、防水工程及其他。

1. 防水。

(1)屋面防水按设计图示尺寸以面积计算(斜屋面按斜面面积计算),不扣除房上烟囱、风帽底座、风道、屋面小气窗等所占面积,上翻部分也不另计算;屋面的女儿墙、伸缩缝和天窗等处的弯起部分,按设计图示尺寸计算;弯起部分≤300mm时,计入平面工程量内,弯起部分>300mm时,计入立面工程量内;设计无规定时,伸缩缝、女儿墙、天窗的弯起部分按500mm计算,计入立面工程量内。

(2)楼地面防水、防潮层按设计图示尺寸以主墙间净面积计算,扣除凸出地面的构筑物、设备基础等所占面积,不扣除间壁墙及单个面积≤$0.3m^2$柱、垛、烟囱和孔洞所占面积,平面与立面交接处,上翻高度≤300mm时,按展开面积并入平面工程量内计算,高度>300mm时,按立面防水层计算。

(3)墙基防水、防潮层,外墙按外墙中心线长度、内墙按墙体净长度乘以宽度,以面积计算。

(4)墙的立面防水、防潮层,无论内墙、外墙,均按设计图示尺寸以面积计算。

(5)基础底板的防水、防潮层按设计图示尺寸以面积计算,不扣除桩头所占面积。桩头处外包防水按桩头投影外扩300mm以面积计算,地沟处防水按展开面积计算,均计入平面工程量,执行相应规定。

(6)屋面、楼地面及墙面、基础底板等,其防水搭接、拼缝、压边、留槎用量已综合考虑,不另行计算,卷材防水附加层按设计铺贴尺寸以面积计算。

(7)屋面分格缝按设计图示尺寸以长度计算。

2. 屋面排水。

(1)水落管、镀锌铁皮天沟、檐沟按设计图示尺寸,以长度计算;设计无规定时,按檐口至室外散水上表面的垂直距离计算。

(2)水斗、下水口、雨水口、弯头、短管等,均以设计数量计算。

(3)种植屋面排水按设计尺寸以铺设排水层面积计算;不扣除房上烟囱、风帽底座、风道、屋面小气窗、斜沟和脊瓦等所占面积,以及面积≤$0.3m^2$的孔洞所占面积,屋面小气窗的出檐部分也不增加。

(4)屋面检查孔盖板和风帽以设计数量计算。

3. 变形缝与止水带。

变形缝(嵌填缝与盖板)与止水带按设计图示尺寸,以长度计算。

一、屋面工程

1.块瓦屋面

工作内容:1. 铺瓦,钢、混凝土檩条上铺钉,铺泥挂瓦。
2. 调制砂浆、安脊瓦、檐口梢头坐灰。

计量单位:100m²

编号				9-1	9-2
项目				普通黏土瓦	
				屋面板上或椽子挂瓦条上铺设	混凝土板上浆贴
名称			单位	消耗量	
人工	合计工日		工日	6.210	5.881
	其中	普工	工日	1.863	1.764
		一般技工	工日	3.726	3.529
		高级技工	工日	0.621	0.588
材料	预拌地面砂浆(干拌)DS M15		m^3	0.115	2.165
	黏土平瓦 387×218		千块	1.805	1.805
	黏土脊瓦 455×195		块	28.188	28.188
机械	干混砂浆罐式搅拌机		台班	0.012	0.217

工作内容：调制砂浆，铺瓦；修界瓦边，安脊瓦、檐口梢头坐灰；固定，清扫瓦面。

编　号				9-3	9-4	9-5	9-6
项　目				小青瓦	水泥瓦	S形瓦	
				椽子上铺设	混凝土板上浆贴	屋面板上或椽子挂瓦条上铺设	正斜脊
				100m^2			100m
名　称			单位	消　耗　量			
人工	合计工日		工日	10.916	5.881	6.663	2.479
	其中	普工	工日	3.274	1.764	1.999	0.744
		一般技工	工日	6.550	3.529	3.998	1.487
		高级技工	工日	1.092	0.588	0.666	0.248
材料	预拌地面砂浆（干拌）DS M15		m^3	0.318	2.165	3.075	0.923
	小青瓦 200×130		千块	5.639	—	—	—
	水泥平瓦 420×330		块	—	973.750	—	—
	水泥脊瓦 330		块	—	39.463	—	—
	镀锌铁丝 ϕ1.2		kg	—	—	14.400	14.400
	圆钉		kg	—	—	0.900	0.900
	S形瓦无釉 310×310		块	—	—	1 576.450	—
	S形脊瓦 285×180		块	—	—	—	358.750
	S盾瓦 250×90×10		块	—	—	—	820.000
机械	干混砂浆罐式搅拌机		台班	0.032	0.217	0.308	0.092

工作内容: 调制砂浆,铺瓦;修界瓦边,安脊瓦、檐口梢头坐灰;固定,清扫瓦面。

编号				9-7	9-8	9-9	9-10
项目				瓷质波形瓦		彩色混凝土瓦	
				屋面板上或椽子挂瓦条上铺设	正斜脊	屋面板上或椽子挂瓦条上铺设	正斜脊
				$100m^2$	100m	$100m^2$	100m
名称			单位	消耗量			
人工	合计工日		工日	6.849	2.479	6.663	2.479
	其中	普工	工日	2.055	0.744	1.999	0.744
		一般技工	工日	4.109	1.487	3.998	1.487
		高级技工	工日	0.685	0.248	0.666	0.248
材料	预拌地面砂浆(干拌)DS M15		m^3	2.563	0.923	2.563	0.923
	素水泥浆		m^3	0.103	—	—	—
	108 胶		kg	2.210	—	—	—
	瓷质波形瓦无釉 150×150×9		块	4 995.050	—	—	—
	瓷质波形瓦脊瓦		块	—	543.250	—	—
	彩色混凝土瓦 420×332		块	—	—	1 068.000	—
	彩色混凝土脊瓦		块	—	—	—	297.250
机械	干混砂浆罐式搅拌机		台班	0.256	0.092	0.256	0.092

2. 沥青瓦屋面

工作内容: 固定钉固定,黏结铺瓦;满粘加钉脊瓦,封檐。　　**计量单位:** $100m^2$

编号				9-11
项目				铺设叠合沥青瓦
名称			单位	消耗量
人工	合计工日		工日	4.778
	其中	普工	工日	1.433
		一般技工	工日	2.867
		高级技工	工日	0.478
材料	圆钉		kg	6.180
	沥青瓦 1 000×333		块	690.000
	冷底子油		kg	84.000

3. 金属板屋面

工作内容：截料，制作、安装铁件，吊装、安装屋面板；安装防水堵头、屋脊板。　　**计量单位：**100m²

编号				9-12	9-13	9-14
项目				钢（木）檩条上铺钉镀锌瓦垄铁皮	单层彩钢板	彩钢夹芯板
					檩条或基层混凝土（钢）板面上	
名称			单位	消耗量		
人工	合计工日		工日	1.785	6.248	11.183
	其中	普工	工日	0.535	1.874	3.355
		一般技工	工日	1.071	3.749	6.710
		高级技工	工日	0.179	0.625	1.118
材料	镀锌薄钢板（综合）		m^2	4.080	—	—
	瓦垄铁皮 26#		m^2	126.000	—	—
	镀锌瓦钉带垫		个	202.000	—	—
	镀锌瓦钩		个	202.000	—	—
	圆钉		kg	0.140	0.070	0.070
	压型彩钢板 δ0.5		m^2	—	128.263	—
	彩钢夹芯板 δ100		m^2	—	—	105.000
	彩钢脊瓦		m	—	4.730	4.730
	低合金钢焊条 E43 系列		kg	—	4.030	4.030
	板方材		m^3	—	0.059	0.059
	固定螺栓		百套	—	4.200	4.200
	铝拉铆钉		百个	—	7.000	7.000
	铁件（综合）		kg	—	9.710	9.710
机械	交流弧焊机 32kV·A		台班	—	1.100	1.100
	汽车式起重机 8t		台班	—	0.112	0.112

工作内容：截料，制作、安装铁件，吊装、安装屋面板；安装防水堵头、屋脊板。 **计量单位：**100m²

编号				9-15	9-16	9-17
项目				金属压型板屋面		
				单层彩钢板 W-550 压型板屋面		
				檩距（m）		
				≤1.5	≤2.5	≤3.5
名称			单位	消耗量		
人工	合计工日		工日	19.089	17.273	16.338
	其中	普工	工日	5.727	5.182	4.901
		一般技工	工日	11.453	10.364	9.803
		高级技工	工日	1.909	1.727	1.634
材料	压型屋面板 W-550		m²	116.520	116.525	116.525
	中间固定架 WG-2		个	79.160	54.813	42.632
	端部固定架 WG-3		个	2.190	1.515	1.182
	单面固定螺栓 ML-850R		个	160.520	111.140	86.446
	单面连接螺栓 R-8		个	143.420	143.420	143.420
	六角螺栓 M8		套	177.780	177.780	177.780
	檐口堵头板 WD-1		块	59.310	59.310	59.310
	屋脊堵头板 WD-2		块	59.310	59.310	59.310
	屋脊挡雨板 WD-3		块	59.310	59.310	59.310
	屋脊板 $\delta 2$		m²	4.340	4.340	4.340
	沿口包角板 $\delta 0.8$		m²	1.110	1.110	1.110
	密封膏		kg	20.000	20.000	20.000
	低合金钢焊条 E43 系列		kg	7.480	5.180	4.030
	镀锌铁丝 $\phi 2.8$		kg	3.000	3.000	3.000
	拉铆钉 LD-1		个	30.300	30.300	30.300
	橡胶密封条		m	16.430	16.430	16.430
机械	交流弧焊机 32kV·A		台班	1.100	1.100	1.100
	汽车式起重机 8t		台班	1.600	1.600	1.600

4.采 光 屋 面

工作内容：截料，制作、安装龙骨支撑；刷防护材料、油漆；安装、固定阳光板面层，接缝、嵌缝。

计量单位：100m²

编号				9-18	9-19
项目				阳光板屋面	
				铝合金龙骨上安装	钢龙骨上安装
名称			单位	消耗量	
人工	合计工日		工日	56.985	68.158
	其中	普工	工日	17.095	20.447
		一般技工	工日	34.191	40.895
		高级技工	工日	5.699	6.816
材料	阳光板		m^2	107.000	107.000
	铝合金型材（综合）		kg	502.370	—
	玻璃胶 335g/支		支	20.400	—
	耐热胶垫 2×38		m	169.810	—
	镀锌六角螺栓		套	1 095.000	—
	T形钢 25×25		kg	—	20.780
	扁钢 100×10		kg	—	76.860
	扁钢 5		kg	—	399.650
	槽钢 63×40×4.8		kg	—	1 966.300
	带帽六角螺栓 M12 以外		kg	—	4.510
	镀锌铁皮脊瓦 26#		m^2	—	1.000
	建筑油膏		kg	—	89.260
	圆钉		kg	—	1.400
	无光调和漆		kg	—	38.440
	橡胶垫片 250宽		m	169.400	104.740
	橡胶垫片 25		m	—	64.660
	橡胶条（大）		m	161.640	161.640
	橡胶条（小）		m	161.640	161.640
	铁件（综合）		kg	74.650	74.650

工作内容：截料，制作、安装龙骨支撑；刷防护材料、油漆；安装玻璃，嵌缝、打胶、密封。

计量单位：$100m^2$

编号			9-20	9-21	9-22
项目			玻璃采光顶屋面		
			铝龙骨上安装中空玻璃	钢龙骨上安装中空玻璃	钢龙骨上安装钢化玻璃
名称		单位	消耗量		
人工	合计工日	工日	80.579	100.439	67.807
人工	其中：普工	工日	24.174	30.132	20.341
人工	其中：一般技工	工日	48.347	60.263	40.685
人工	其中：高级技工	工日	8.058	10.044	6.781
材料	中空玻璃	m^2	97.000	107.000	—
材料	钢化玻璃 $\delta5$	m^2	—	—	109.170
材料	铝框骨架	kg	502.370	—	—
材料	玻璃胶 335g/ 支	支	20.400	—	—
材料	耐热胶垫 2×38	m	169.810	—	—
材料	镀锌六角螺栓	套	1 095.000	—	—
材料	T 形钢 25×25	kg	—	20.780	294.280
材料	扁钢 100×10	kg	—	76.860	54.580
材料	扁钢 5	kg	—	399.650	283.800
材料	槽钢 63×40×4.8	kg	—	1 966.300	460.820
材料	带帽六角螺栓 M12 以外	kg	—	4.510	3.280
材料	镀锌铁皮脊瓦 26#	m^2	—	1.000	—
材料	建筑油膏	kg	—	89.260	—
材料	圆钉	kg	—	1.400	—
材料	无光调和漆	kg	—	38.440	13.260
材料	橡胶垫片 25	m	—	64.660	—
材料	橡胶垫片 250 宽	m	—	104.740	45.910
材料	橡胶条（大）	m	—	161.640	137.720
材料	橡胶条（小）	m	—	161.640	—
材料	铁件（综合）	kg	—	74.650	—
材料	铁钩	kg	—	—	26.920
材料	熟桐油	kg	—	—	6.700

5. 膜结构屋面

工作内容：膜布裁剪、热压胶接，穿高强钢丝拉索（或钢丝绳、钢绞线）、锚头锚固，膜布安装、施加预张力，膜体表面内外清洁。

计量单位：$100m^2$

编号				9-23
项目				膜结构屋面
名称			单位	消耗量
人工	合计工日		工日	113.400
	其中	普工	工日	34.020
		一般技工	工日	68.040
		高级技工	工日	11.340
材料	膜材料		m^2	162.500
	膜结构附件		m^2	125.000
	钢丝绳 $\phi26$		m	40.000
	锚头 $\phi26$		套	2.000
	热轧光圆钢筋 HPB300 $\phi30$		kg	119.389
	六角螺栓 M30×200		套	2.400

二、防水工程及其他

1. 卷材防水

（1）玻璃纤维布卷材防水

工作内容：基层清理，配置涂刷冷底子油、调制玛琋脂，铺贴玛琋脂玻璃纤维布。　　**计量单位：**$100m^2$

编号				9-24	9-25	9-26	9-27
项目				玛琋脂玻璃纤维布			
				二布三油		每增减一布一油	
				平面	立面	平面	立面
名称			单位	消耗量			
人工	合计工日		工日	2.069	4.137	0.724	1.448
	其中	普工	工日	0.621	1.241	0.217	0.434
		一般技工	工日	1.241	2.482	0.434	0.869
		高级技工	工日	0.207	0.414	0.073	0.145
材料	冷底子油		kg	48.480	48.480	—	—
	石油沥青玛琋脂		m^3	0.510	0.540	0.160	0.170
	玻璃纤维布		m^2	238.596	238.596	130.000	130.000

(2)改性沥青卷材防水

工作内容：清理基层,刷基底处理剂,收头钉压条等全部操作过程。　　**计量单位：**$100m^2$

编　号				9-28	9-29	9-30	9-31
项　目				SBS 改性沥青卷材			
				热熔法一层		热熔法每增一层	
				平面	立面	平面	立面
名　称			单位	消　耗　量			
人工	合计工日		工日	2.122	4.244	0.743	1.486
	其中	普工	工日	0.335	1.274	0.223	0.447
		一般技工	工日	0.670	2.546	0.446	0.891
		高级技工	工日	1.117	0.424	0.074	0.148
材料	SBS 改性沥青防水卷材		m^2	113.375	113.375	113.375	113.375
	改性沥青嵌缝油膏		kg	5.977	5.977	5.977	5.977
	液化石油气		kg	26.992	26.992	26.992	26.992
	SBS 弹性沥青防水胶		kg	28.920	28.920	—	—
	冷底子油		kg	48.480	48.480	—	—

工作内容：清理基层,刷基底处理剂,收头钉压条等全部操作过程。　　**计量单位：**$100m^2$

编　号				9-32	9-33	9-34	9-35
项　目				SBS 改性沥青卷材			
				冷粘法一层		冷粘法每增一层	
				平面	立面	平面	立面
名　称			单位	消　耗　量			
人工	合计工日		工日	2.076	4.152	0.727	1.450
	其中	普工	工日	0.624	1.246	0.218	0.435
		一般技工	工日	1.245	2.491	0.436	0.870
		高级技工	工日	0.207	0.415	0.073	0.145
材料	SBS 改性沥青防水卷材		m^2	113.375	113.375	113.375	113.375
	改性沥青嵌缝油膏		kg	5.977	5.977	5.977	5.977
	聚丁胶粘合剂		kg	53.743	53.743	53.743	53.743
	SBS 弹性沥青防水胶		kg	28.920	28.920	—	—
	冷底子油		kg	48.480	48.480	—	—

工作内容：清理基层，刷基底处理剂，收头钉压条等全部操作过程。　　　　**计量单位：**100m²

编　号				9-36	9-37	9-38	9-39	9-40
项　目				高聚物改性沥青自粘卷材				耐根穿刺复合铜胎基改性沥青卷材
				自粘法一层		自粘法每增一层		
				平面	立面	平面	立面	
名　称			单位	消　耗　量				
人工	合计工日		工日	1.769	3.537	0.619	1.238	2.720
	其中	普工	工日	0.531	1.061	0.185	0.371	0.816
		一般技工	工日	1.061	2.122	0.372	0.743	1.632
		高级技工	工日	0.177	0.354	0.062	0.124	0.272
材料	高聚物改性沥青自粘卷材		m^2	113.375	113.375	113.375	113.375	—
	冷底子油		kg	48.480	48.480	—	—	—
	复合铜胎基SBS改性沥青卷材		m^2	—	—	—	—	113.000
	改性沥青嵌缝油膏		kg	—	—	—	—	5.977
	液化石油气		kg	—	—	—	—	26.992
	SBS弹性沥青防水胶		kg	—	—	—	—	28.920

工作内容：基层清理，刷基底处理剂，铺设防水层，收口、压条等全部操作。　　　　**计量单位：**100m²

编　号				9-41
项　目				铝箔改性沥青防水卷材
名　称			单位	消　耗　量
人工	合计工日		工日	5.772
	其中	普工	工日	1.732
		一般技工	工日	3.463
		高级技工	工日	0.577
材料	冷底子油		kg	48.480
	铝箔改性沥青防水卷材		m^2	113.375

(3)高分子卷材

工作内容: 清理基层,刷基底处理剂,收头钉压条等全部操作过程。 **计量单位:** 100m²

编号				9-42	9-43	9-44	9-45
项目				聚氯乙烯卷材			
				冷粘法一层		冷粘法每增一层	
				平面	立面	平面	立面
名称			单位	消耗量			
人工	合计工日		工日	2.567	5.133	0.898	1.797
	其中	普工	工日	0.770	1.540	0.269	0.539
		一般技工	工日	1.540	3.080	0.539	1.078
		高级技工	工日	0.257	0.513	0.090	0.180
材料	FL-15 胶黏剂		kg	117.100	117.100	117.100	117.100
	聚氯乙烯防水卷材		m^2	113.375	113.375	113.375	113.375

工作内容: 清理基层,刷基底处理剂,收头钉压条等全部操作过程。 **计量单位:** 100m²

编号				9-46	9-47	9-48	9-49
项目				聚氯乙烯卷材			
				热风焊接法一层		热风焊接法每增一层	
				平面	立面	平面	立面
名称			单位	消耗量			
人工	合计工日		工日	2.843	5.686	0.995	1.990
	其中	普工	工日	0.853	1.705	0.298	0.597
		一般技工	工日	1.706	3.412	0.597	1.194
		高级技工	工日	0.284	0.569	0.100	0.199
材料	聚氯乙烯防水卷材		m^2	113.375	113.375	113.375	113.375
	电		kW·h	20.000	20.000	20.000	20.000
	聚氯乙烯薄膜		m^2	12.500	12.500	12.500	12.500
	圆钉		kg	0.030	0.030	0.030	0.030
	防水密封胶		支	15.000	15.000	15.000	15.000
	粘合剂		kg	20.650	20.650	20.650	20.650

工作内容：清理基层，刷基底处理剂，收头钉压条等全部操作过程。　　　　**计量单位**：$100m^2$

编　　号				9-50	9-51	9-52	9-53
项　　目				高分子自粘胶膜卷材			
				自粘法一层		自粘法每增一层	
				平面	立面	平面	立面
名　　称			单位	消　耗　量			
人工	合计工日		工日	2.330	4.659	0.815	1.631
	其中	普工	工日	0.699	1.398	0.245	0.489
		一般技工	工日	1.398	2.795	0.489	0.979
		高级技工	工日	0.233	0.466	0.081	0.163
材料	高分子自粘胶膜卷材		m^2	113.375	113.375	113.375	113.375
	冷底子油		kg	48.480	48.480	—	—

工作内容：清理基层，刷基底处理剂，收头钉压条等全部操作过程。　　　　**计量单位**：$100m^2$

编　　号				9-54	9-55	9-56	9-57
项　　目				聚乙烯丙纶复合防水卷材			
				冷贴一层		冷贴每增一层	
				平面	立面	平面	立面
名　　称			单位	消　耗　量			
人工	合计工日		工日	2.076	4.187	0.727	1.454
	其中	普工	工日	0.624	1.255	0.218	0.436
		一般技工	工日	1.245	2.513	0.436	0.873
		高级技工	工日	0.207	0.419	0.073	0.145
材料	聚乙烯丙纶双面复合防水卷材 SBC		m^2	113.375	113.375	113.375	113.375
	素水泥浆		m^3	0.150	0.150	—	—
	108 胶		kg	11.380	11.380	11.380	11.380
	聚氨酯甲料		kg	19.040	19.040	19.040	19.040
	聚氨酯乙料		kg	28.560	28.560	28.560	28.560
	乙酸乙酯		kg	5.050	5.050	5.050	5.050
	CSPE 嵌缝油膏 330mL		支	48.960	48.960	48.960	48.960

2. 涂料防水

(1)改性沥青防水涂料

工作内容：清理基层，调配及涂刷涂料。　　　　**计量单位：**100m²

编号				9-58	9-59	9-60	9-61
项目				聚合物复合改性沥青防水涂料(厚度 mm)			
				2		每增减 0.5	
				平面	立面	平面	立面
名称			单位	消耗量			
人工	合计工日		工日	2.062	4.124	0.722	1.443
	其中	普工	工日	0.617	1.238	0.217	0.433
		一般技工	工日	1.238	2.474	0.433	0.866
		高级技工	工日	0.207	0.412	0.072	0.144
材料	聚合物复合改性沥青防水涂料		kg	231.000	249.480	52.500	56.700

工作内容：清理基层，调配涂料，粘贴纤维布，刷涂料(最后二遍掺水泥做保护层)。　**计量单位：**100m²

编号				9-62	9-63	9-64	9-65
项目				水乳型普通乳化沥青涂料			
				二布三涂		每增减一布一涂	
				平面	立面	平面	立面
名称			单位	消耗量			
人工	合计工日		工日	4.434	8.867	1.552	3.103
	其中	普工	工日	1.330	2.660	0.466	0.930
		一般技工	工日	2.661	5.320	0.931	1.862
		高级技工	工日	0.443	0.887	0.155	0.311
材料	聚酯布 100g/m²		m²	228.300	228.300	114.150	114.150
	乳化沥青		kg	260.000	280.800	104.000	112.320
	水泥 P·O 42.5		kg	13.770	13.770	—	—

工作内容: 清理基层,调配涂料,粘贴纤维布,刷涂料(最后二遍掺水泥做保护层)。 **计量单位:** 100m²

编号				9-66	9-67	9-68	9-69
项目				溶剂型再生胶沥青涂料			
				二布三涂		每增减一布一涂	
				平面	立面	平面	立面
名称			单位	消耗量			
人工	合计工日		工日	4.471	8.941	1.565	3.129
	其中	普工	工日	1.342	2.682	0.469	0.939
		一般技工	工日	2.686	5.365	0.939	1.877
		高级技工	工日	0.443	0.894	0.157	0.313
材料	水泥 P·O 42.5		kg	20.400	20.400	—	—
	聚酯布 100g/m²		m²	228.300	228.300	114.150	114.150
	再生胶沥青(溶剂型)		kg	312.000	336.960	156.000	168.480

(2)高分子防水涂料

工作内容: 清理基层,调配及涂刷涂料。 **计量单位:** 100m²

编号				9-70	9-71	9-72	9-73
项目				聚氯酯防水涂膜(厚度 mm)			
				2		每增减 0.5	
				平面	立面	平面	立面
名称			单位	消耗量			
人工	合计工日		工日	2.305	4.610	0.806	1.614
	其中	普工	工日	0.691	1.383	0.243	0.484
		一般技工	工日	1.383	2.766	0.483	0.968
		高级技工	工日	0.231	0.461	0.080	0.162
材料	二甲苯		kg	12.600	12.600	4.850	4.850
	聚氨酯甲乙料		kg	270.680	298.130	71.080	76.770

工作内容：清理基层，调配及涂刷涂料。　　　　**计量单位：**100m²

编号				9-74	9-75	9-76	9-77
项目				聚合物水泥防水涂料（厚度 mm）			
				1.0		每增减 0.5	
				平面	立面	平面	立面
名称			单位	消耗量			
人工	合计工日		工日	1.365	2.730	0.478	0.956
	其中	普工	工日	0.409	0.819	0.143	0.286
		一般技工	工日	0.819	1.638	0.287	0.574
		高级技工	工日	0.137	0.273	0.048	0.096
材料	防水涂料 JS		kg	220.500	237.384	94.500	102.060
	水		m^3	0.047	0.047	0.005	0.005

工作内容：清理基层，调配及涂刷涂料。　　　　**计量单位：**100m²

编号				9-78	9-79	9-80	9-81
项目				水泥基渗透结晶型防水涂料（厚度 mm）			
				1.0		每增减 0.5	
				平面	立面	平面	立面
名称			单位	消耗量			
人工	合计工日		工日	1.365	2.730	0.478	0.956
	其中	普工	工日	0.409	0.819	0.143	0.286
		一般技工	工日	0.819	1.638	0.287	0.574
		高级技工	工日	0.137	0.273	0.048	0.096
材料	水		m^3	0.038	0.038	0.013	0.013
	水泥基渗透结晶防水涂料		kg	137.000	147.960	42.000	45.360

3. 板材防水

工作内容： 基层清理，铺设防水层，收口、压条等全部操作。　　**计量单位：** $100m^2$

编号			9-82	9-83	9-84
项目			塑料防水板	金属防水板	膨润土防水毯
名称		单位	消耗量		
人工	合计工日	工日	0.945	0.945	2.092
	其中 普工	工日	0.283	0.283	0.628
	其中 一般技工	工日	0.567	0.567	1.255
	其中 高级技工	工日	0.095	0.095	0.209
材料	塑料防水板	m^2	107.000	—	—
	金属防水板	m^2	—	107.000	—
	不干胶纸	m^2	5.000	5.000	—
	土工布	m^2	106.000	106.000	—
	强力胶	kg	12.000	12.000	—
	膨润土防水毯	m^2	—	—	111.500
	圆钉	kg	—	—	1.090
	膨润土	kg	—	—	4.200
	水	m^3	—	—	0.008

4. 刚性防水

工作内容： 清理基层、调制砂浆、铺混凝土或砂浆，压实、抹光。　　**计量单位：** $100m^2$

编号			9-85	9-86	9-87	9-88
项目			细石混凝土		水泥砂浆二次抹压	
			（厚度 mm）			
			40	每增减 10	20	每增减 10
名称		单位	消耗量			
人工	合计工日	工日	9.922	1.557	9.072	1.557
	其中 普工	工日	2.977	0.467	2.722	0.467
	其中 一般技工	工日	5.953	0.934	5.443	0.934
	其中 高级技工	工日	0.992	0.156	0.907	0.156
材料	预拌细石混凝土 C20	m^3	4.040	1.010	—	—
	预拌地面砂浆（干拌）DS M15	m^3	—	—	2.050	1.025
	木模板	m^3	0.069	0.010	0.040	0.010
	水	m^3	9.640	0.200	1.127	0.300
机械	干混砂浆罐式搅拌机	台班	—	—	0.205	0.103

工作内容：清理基层，调配砂浆，抹水泥砂浆。　　　　**计量单位：**100m²

编　号			9-89	9-90	9-91	9-92
项　目			防水砂浆			
			掺防水粉		掺防水剂	
			（厚度 mm）			
			20	每增减 10	20	每增减 10
名　称		单位	消　耗　量			
人工	合计工日	工日	8.568	1.557	8.574	1.557
人工	其中 普工	工日	2.570	0.467	2.573	0.467
人工	其中 一般技工	工日	5.141	0.934	5.144	0.934
人工	其中 高级技工	工日	0.857	0.156	0.857	0.156
材料	预拌地面砂浆（干拌）DS M15	m^3	2.050	1.025	2.050	1.025
材料	素水泥浆	m^3	0.100	—	0.100	—
材料	防水粉	kg	66.300	33.150	—	—
材料	防水剂	kg	—	—	132.600	66.300
机械	干混砂浆罐式搅拌机	台班	0.205	0.103	0.205	0.103

工作内容：清理基层，调配砂浆，抹水泥砂浆。　　　　**计量单位：**100m²

编　号			9-93	9-94	9-95	9-96
项　目			聚合物水泥防水砂浆		防水砂浆五层做法	
			（厚度 mm）			
			10	每增减 5	平面	立面
名　称		单位	消　耗　量			
人工	合计工日	工日	5.145	2.058	13.317	17.727
人工	其中 普工	工日	1.543	0.617	3.995	5.318
人工	其中 一般技工	工日	3.087	1.235	7.990	10.636
人工	其中 高级技工	工日	0.515	0.206	1.332	1.773
材料	预拌地面砂浆（干拌）DS M15	m^3	1.025	0.513	1.025	1.025
材料	聚合物胶乳	kg	80.800	40.400	—	—
材料	素水泥浆	m^3	—	—	0.615	0.615
材料	水	m^3	—	—	3.800	3.800
机械	干混砂浆罐式搅拌机	台班	0.103	0.051	0.103	0.103

工作内容：清理基层，细石混凝土面做分格缝，灌缝膏。　　**计量单位：**100m

编　号				9-97	9-98	9-99
项　目				分隔缝（厚度 mm）		
				细石混凝土面层 40	水泥砂浆面层 20	每增减 10
名　称			单位	消　耗　量		
人工	合计工日		工日	5.355	4.515	1.071
	其中	普工	工日	1.606	1.354	0.321
		一般技工	工日	3.213	2.709	0.643
		高级技工	工日	0.536	0.452	0.107
材料	建筑油膏		kg	67.320	33.660	15.300

5. 屋 面 排 水

工作内容：1. 埋设管卡，成品水落管安装。
2. 铁皮排水零件安装。

编　号				9-100	9-101	9-102	9-103	9-104
项　目				镀锌铁皮排水				
				水落管	檐沟	天沟、泛水	水斗	水口
				100m			10 个	
名　称			单位	消　耗　量				
人工	合计工日		工日	4.307	2.587	4.471	2.205	2.091
	其中	普工	工日	1.292	0.776	1.341	0.661	0.627
		一般技工	工日	2.584	1.552	2.683	1.323	1.255
		高级技工	工日	0.431	0.259	0.447	0.221	0.209
材料	镀锌铁皮水落管 26#		m	105.000	—	—	—	—
	镀锌铁皮檐沟		m	—	105.000	—	—	—
	镀锌铁皮天沟		m	—	—	105.000	—	—
	镀锌铁皮排水水斗		个	—	—	—	10.000	—
	镀锌铁皮排水水口		个	—	—	—	—	10.000
	铁件（综合）		kg	15.444	17.453	—	—	—
	圆钉		kg	—	0.566	2.060	0.015	1.017

工作内容：1. 埋设管卡，成品水落管安装。
2. 排水零件制作、安装。

编号				9-105	9-106	9-107
项目				铸铁管排水		
				水落管	落水斗	弯头落水口（含箅子板）
				100m	10个	
名称			单位	消耗量		
人工	合计工日		工日	34.570	2.091	1.033
	其中	普工	工日	10.371	0.627	0.310
		一般技工	工日	20.742	1.255	0.620
		高级技工	工日	3.457	0.209	0.103
材料	铸铁排水管 *DN*100		m	104.737	—	—
	铸铁水斗 *DN*100		个	—	10.100	—
	铸铁雨水弯头		个	—	—	10.100
	水泥 P·O 42.5		kg	116.280	—	—
	镀锌铁丝 ϕ2.8		kg	8.160	—	—
	砂子 中粗砂		m^3	0.204	—	—
	六角螺栓 M4×30		套	210.000	—	—
	麻丝		kg	1.836	—	—
	金属膨胀螺栓 M6		套	105.000	—	—
	石棉绒		kg	17.368	—	—
	铁件（综合）		kg	14.241	10.830	2.424
	铸铁三通		个	36.050	—	—
	水		m^3	0.294	—	—
	石油沥青玛琋脂		m^3	—	—	0.070
	防腐油		kg	—	—	0.399
	板枋材		m^3	—	—	0.036

工作内容：1. 埋设管卡，成品水落管安装。
2. 排水零件制作、安装。

编号				9-108	9-109	9-110	9-111	9-112	9-113	9-114
项目				塑料管排水						
				水落管 $\phi \leq$ 110mm	水落管 $\phi >$ 110mm	檐沟、天沟	落水斗	弯头落水口	落水口	阳台、雨篷排水短管
				100m			10个			
名称			单位	消耗量						
人工	合计工日		工日	3.910	5.275	9.412	0.503	0.508	0.408	0.384
	其中	普工	工日	1.173	1.582	2.824	0.151	0.152	0.122	0.116
		一般技工	工日	2.346	3.165	5.647	0.302	0.305	0.245	0.230
		高级技工	工日	0.391	0.528	0.941	0.050	0.051	0.041	0.038
材料	硬塑料管 ϕ32		m	—	—	—	—	—	—	3.150
	塑料水落管 ϕ110 以内		m	105.000	—	—	—	—	—	—
	塑料管卡子 ϕ110 以内		个	61.200	—	—	—	—	—	—
	塑料水落管 ϕ110 以外		m	—	105.000	—	—	—	—	—
	塑料管卡子 ϕ110 以外		个	—	61.200	—	—	—	—	—
	塑料檐沟		m	—	—	103.000	—	—	—	—
	塑料落水斗		个	—	—	—	10.200	—	—	—
	塑料管卡子 ϕ110		个	—	—	—	10.000	—	—	—
	塑料弯头落水口		个	—	—	—	—	10.100	—	—
	塑料落水口		个	—	—	—	—	—	10.100	—
	铁件（综合）		kg	31.694	31.694	54.500	5.760	—	—	—
	伸缩节		只	27.000	27.000	—	—	—	—	—
	板枋材		m^3	—	—	—	—	0.037	0.037	—
	石油沥青玛琋脂		kg	—	—	—	—	0.070	0.070	—
	密封胶		kg	—	—	—	—	—	—	0.100

工作内容：1. 埋设管卡，成品水落管安装。
2. 排水零件制作、安装。

编号				9-115	9-116	9-117	9-118	9-119
项目				玻璃钢管排水				
				水落管	檐沟、天沟	落水斗	弯头 90°	阳台、雨篷短管
				100m		10 个		
名称			单位	消耗量				
人工	合计工日		工日	7.615	9.412	2.091	0.508	0.383
	其中	普工	工日	2.284	2.824	0.627	0.152	0.115
		一般技工	工日	4.569	5.647	1.255	0.305	0.230
		高级技工	工日	0.762	0.941	0.209	0.051	0.038
材料	玻璃钢排水管 110×1 500		m	105.242	—	—	—	—
	玻璃钢排水管检查口 $\phi110$		个	10.100	—	—	—	—
	玻璃钢排水管伸缩节 $\phi110$		个	11.110	—	—	—	—
	卡箍膨胀螺栓 $\phi110$		套	71.400	—	—	—	—
	玻璃钢檐沟		m	—	103.000	—	—	—
	玻璃钢檐沟带嘴		个	—	10.000	—	—	—
	预拌细石混凝土 C20		m^3	—	—	0.030	—	—
	玻璃钢雨水斗带罩 $\phi110$		个	—	—	10.100	—	—
	玻璃钢弯头 $\phi50$		个	—	—	—	10.100	—
	玻璃钢短管 $\phi50$		个	—	—	—	—	10.100
	密封胶		kg	1.162	—	0.303	0.101	0.101
	铁件（综合）		kg	—	54.500	—	—	—

工作内容:1. 埋设管卡,成品水落管安装。
2. 排水零件制作、安装。

编　　号				9-120	9-121
项　　目				虹吸式排水	
				不锈钢虹吸雨水斗	HDPE 水落管
				10 个	100m
名　　称			单位	消　耗　量	
人工	合计工日		工日	2.091	3.910
	其中	普工	工日	0.627	1.173
		一般技工	工日	1.255	2.346
		高级技工	工日	0.209	0.391
材料	细石混凝土 C20		m^3	0.030	0.030
	不锈钢虹吸雨水斗		个	10.100	—
	HDPE 排水管 *dn*110		m	—	105.242
	HDPE 排水管检查口 ϕ110		个	—	10.100
	HDPE 排水管伸缩节 ϕ110		个	—	11.110
	卡箍膨胀螺栓 ϕ110		套	—	71.400
	密封胶		kg	0.303	1.162

工作内容: 1. 埋设管卡,成品水落管安装。
2. 排水零件制作、安装。

编　号				9-122	9-123
项　目				镀锌钢管排水	
				水落管	阳台、雨篷短管
				100m	10个
名　称			单位	消　耗　量	
人工	合计工日		工日	6.882	0.383
	其中	普工	工日	2.065	0.115
		一般技工	工日	4.129	0.230
		高级技工	工日	0.688	0.038
材料	镀锌弯头 90° *DN*100		个	10.000	—
	低合金钢焊条 E4303 ϕ3.2		kg	12.400	—
	镀锌钢管 *DN*100		m	102.000	—
	镀锌钢管 *DN*32		m	—	3.060
	镀锌铁丝 ϕ4.0		kg	8.160	—
	黄砂(过筛中砂)		m^3	2.060	—
	六角螺栓 M4×30		套	210.000	—
	金属膨胀螺栓 M6		套	105.000	—
	铁件(综合)		kg	14.400	—
	氧气		m^3	17.400	—
	乙炔气		m^3	5.900	—
	密封胶		kg	—	0.100
	水		m^3	2.940	—
机械	管子切断机 150mm		台班	0.600	—
	交流弧焊机 32kV·A		台班	6.900	—
	电动弯管机 108mm		台班	1.300	—

工作内容：基层清理，铺设防排水层，收口、压条等全部操作。 **计量单位：**100m²

编号				9-124	9-125	9-126	9-127
项目				种植屋面排水			
				土工布过滤层	凹凸型排水板	网状交织排水层	陶粒排水层（厚度 18cm）
名称			单位	消耗量			
人工	合计工日		工日	1.224	0.926	0.926	3.994
	其中	普工	工日	0.368	0.277	0.277	1.199
		一般技工	工日	0.734	0.556	0.556	2.396
		高级技工	工日	0.122	0.093	0.093	0.399
材料	土工布		m^2	111.500	—	—	—
	圆钉		kg	1.090	—	—	—
	凹凸型排水板		m^2	—	107.000	—	—
	网状交织排水板		m^2	—	—	107.000	—
	强力胶		kg	—	12.000	12.000	—
	陶粒		m^3	—	—	—	18.270

工作内容：制作、安装检查孔盖板；安装成品风帽。　　　　**计量单位：**个

编　号				9-128	9-129
项　目				检查孔盖板	成品风帽
名　称			单位	消　耗　量	
人工	合计工日		工日	1.843	0.481
	其中	普工	工日	0.552	0.144
		一般技工	工日	1.106	0.289
		高级技工	工日	0.185	0.048
材料	铁件（综合）		kg	1.400	—
	镀锌铁皮 0.4mm		m^2	1.500	—
	板枋材		m^3	0.056	—
	胶合板（综合）		m^2	1.010	—
	不锈钢风帽		个	—	1.000
	插销 150mm		个	1.000	—
	风钩 200mm		个	2.000	—
	木螺钉		百个	0.190	—
	折页 75mm		个	4.000	—
	金属膨胀螺栓		副	—	6.060
	其他材料费		%	—	0.10
机械	木工三面压刨床 400mm		台班	0.007	—
	木工圆锯机 500mm		台班	0.007	—

6. 变形缝与止水带

（1）嵌　填　缝

工作内容： 1. 调制沥青麻丝，填塞、嵌缝。
2. 调制石油沥青玛𤧛脂，填塞、嵌缝。
3. 调制建筑油膏，填塞、嵌缝。

计量单位： 100m

编　号				9-130	9-131	9-132	9-133	9-134
项　目				油浸麻丝		沥青玛𤧛脂嵌缝	建筑油膏	
				平面	立面		平面	立面
名　称			单位	消　耗　量				
人工	合计工日		工日	7.052	10.549	6.269	3.721	5.296
	其中	普工	工日	2.116	3.165	1.881	1.116	1.588
		一般技工	工日	4.231	6.329	3.761	2.233	3.178
		高级技工	工日	0.705	1.055	0.627	0.372	0.530
材料	麻丝		kg	55.080	55.080	—	—	—
	建筑油膏		kg	—	—	—	86.940	86.940
	乳化沥青		kg	214.200	214.200	—	—	—
	石油沥青玛𤧛脂		m^3	—	—	0.473	—	—

工作内容： 1. 调制沥青砂浆，填塞、嵌缝。
2. 油浸木丝板填塞、嵌缝。
3. 泡沫塑料填塞、嵌缝。

计量单位： 100m

编　号				9-135	9-136	9-137	9-138	9-139
项　目				沥青砂浆		油浸木丝板	泡沫塑料填塞	
				平面	立面		平面	立面
名　称			单位	消　耗　量				
人工	合计工日		工日	5.279	6.203	5.264	3.302	5.265
	其中	普工	工日	1.584	1.861	1.580	0.991	1.579
		一般技工	工日	3.167	3.722	3.158	1.981	3.159
		高级技工	工日	0.528	0.620	0.526	0.330	0.527
材料	石油沥青砂浆 1:2:7		m^3	0.473	0.473	—	—	—
	木丝板 δ25		m^2	—	—	15.525	—	—
	乳化沥青		kg	—	—	161.700	19.000	19.000
	聚苯乙烯板		m^3	—	—	—	0.600	0.600

(2)变形缝盖板

工作内容：制作盖板，埋木砖；铺设，钉盖板。 **计量单位：**100m

编号				9-140	9-141	9-142	9-143
项目				木板盖板		镀锌铁皮盖板	
				平面	立面	平面	立面
名称			单位	消耗量			
人工	合计工日		工日	5.081	11.280	12.972	12.898
	其中	普工	工日	1.524	3.384	3.892	3.869
		一般技工	工日	3.049	6.768	7.783	7.739
		高级技工	工日	0.508	1.128	1.297	1.290
材料	XY-508 胶		kg	1.515	—	—	—
	板枋材		m^3	0.617	1.097	0.252	0.303
	防腐油		kg	5.949	10.565	11.171	5.313
	圆钉		kg	—	1.809	2.097	0.703
	镀锌薄钢板(综合)		m^2	—	—	60.180	51.000
	焊锡		kg	—	—	4.064	3.444

工作内容：制作盖板，埋木砖；铺设，钉盖板。 **计量单位：**100m

编号				9-144	9-145	9-146	9-147	9-148	9-149
项目				铝合金盖板			不锈钢盖板		
				平面	立面	天棚面	平面	立面	天棚面
名称			单位	消耗量					
人工	合计工日		工日	14.557	14.442	15.886	14.557	14.442	15.886
	其中	普工	工日	4.367	4.333	4.766	4.367	4.333	4.766
		一般技工	工日	8.734	8.665	9.531	8.734	8.665	9.531
		高级技工	工日	1.456	1.444	1.589	1.456	1.444	1.589
材料	铝合金方板 $\delta 1.0$		m^2	61.950	52.500	61.950	—	—	—
	不锈钢板 $\delta 1.0$		m^2	—	—	—	61.950	52.500	61.950
	板枋材		m^3	0.252	0.303	0.252	0.252	0.303	0.252
	防腐油		kg	11.171	5.313	11.171	11.171	5.313	11.171
	圆钉		kg	2.097	0.703	2.097	2.097	0.703	2.097

工作内容：制作盖板，埋木砖；铺设，钉盖板。 **计量单位：**100m

编号				9-150	9-151	9-152	9-153	9-154	9-155
项目				铝板			胶合板		
				平面	立面	天棚面	平面	立面	天棚面
名称			单位	消耗量					
人工	合计工日		工日	14.557	14.442	15.886	9.950	9.871	10.858
	其中	普工	工日	4.367	4.333	4.766	2.985	2.961	3.257
		一般技工	工日	8.734	8.665	9.532	5.970	5.923	6.515
		高级技工	工日	1.456	1.444	1.588	0.995	0.987	1.086
材料	铝板 1.5		kg	194.850	106.400	152.620	—	—	—
	花纹钢板（综合）		t	0.008	—	—	—	—	—
	镀锌薄钢板 δ0.45		m^2	38.760	—	—	—	—	—
	膨胀螺栓（镀锌连母）M8×80		100套	6.800	—	—	—	—	—
	膨胀螺栓 5×50		100个	—	6.800	6.800	—	—	—
	胶合板 δ5		m^2	—	—	—	10.500	10.500	10.500
	射钉		100个	—	—	—	10.000	10.000	10.000

工作内容：制作盖板，埋木砖；铺设，钉盖板。　　　　**计量单位：**100m

编　号				9-156	9-157	9-158	9-159	9-160	9-161
项　目				钢板			橡胶板		
				平面	立面	天棚面	平面	立面	天棚面
名　称			单位	消　耗　量					
人工	合计工日		工日	20.525	20.688	22.757	20.525	20.688	22.757
	其中	普工	工日	6.158	6.206	6.827	6.158	6.206	6.827
		一般技工	工日	12.315	12.413	13.654	12.315	12.413	13.654
		高级技工	工日	2.052	2.069	2.276	2.052	2.069	2.276
材料	热轧薄钢板 δ3.0		t	0.350	0.350	0.350	—	—	—
	热轧薄钢板 δ5.0		t	—	—	—	0.540	0.540	0.540
	镀锌铁皮 0.4mm		m^2	20.780	20.780	20.780	22.900	22.900	22.900
	热轧角钢 Q235		kg	378.630	378.630	378.630	378.630	378.630	378.630
	热轧光圆钢筋 HPB300		kg	8.270	8.270	8.270	8.270	8.270	8.270
	板枋材		m^3	0.320	0.320	0.320	—	—	—
	花纹硬橡胶板 150×20		m^3	—	—	—	0.310	0.310	0.310
	红丹防锈漆		kg	9.600	9.600	9.600	11.930	11.930	11.930
	带帽螺栓		kg	2.510	2.510	2.510	—	—	—
	麻丝		kg	3.672	3.672	3.672	—	—	—

(3)止　水　带

工作内容: 1. 清理基层,刷底胶,粘贴止水带。
2. 裁剪止水带,焊接铺设。

计量单位:100m

编　号				9-162	9-163	9-164	9-165
项　目				橡胶止水带	钢板止水带	塑料止水带	紫铜板止水带
名　称			单位	消　耗　量			
人工	合计工日		工日	10.315	12.407	10.315	12.393
人工	其中	普工	工日	3.094	3.722	3.095	3.718
人工	其中	一般技工	工日	6.189	7.444	6.188	7.436
人工	其中	高级技工	工日	1.032	1.241	1.032	1.239
材料	丙酮		kg	3.040	—	3.040	—
材料	环氧树脂胶合剂		kg	3.040	—	3.040	—
材料	甲苯		kg	2.400	—	2.400	—
材料	乙二胺		kg	0.240	—	0.240	—
材料	橡胶止水带		m	105.000	—	—	—
材料	塑料止水带		m	—	—	105.000	—
材料	止水钢板(成品)3×450		m	—	105.000	—	—
材料	低合金钢焊条 E4303 ϕ3.2		kg	—	20.720	—	—
材料	紫铜板 450×2		m	—	—	—	105.000
材料	铜焊条(综合)		kg	—	—	—	14.300
机械	交流弧焊机 32kV·A		台班	—	0.700	—	0.700

工作内容：1. 清理基层，刷底胶，粘贴。
2. 止水片表面涂胶并粘粒砂。

计量单位：100m

编号				9-166	9-167	9-168
项目				氯丁胶粘玻璃纤维布止水（一布二涂）		氯丁橡胶片止水带
				湿基层	干基层	
名称			单位	消耗量		
人工	合计工日		工日	4.246	4.246	3.434
	其中	普工	工日	1.273	1.273	1.031
		一般技工	工日	2.548	2.548	2.060
		高级技工	工日	0.425	0.425	0.343
材料	水泥 P·O 42.5		kg	7.000	3.000	9.090
	玻璃布		m^2	95.200	95.200	—
	环氧树脂 618#		kg	14.420	—	—
	聚酰胺 300#		kg	2.880	—	—
	氯丁胶沥青胶液		kg	116.940	135.980	60.580
	三异氰酸酯		kg	17.540	20.400	9.090
	砂粒		m^3	0.180	0.180	0.160
	乙酸乙酯		kg	15.310	15.310	23.000
	氯丁橡胶片止水带		m	—	—	105.000
	牛皮纸		m^2	—	—	5.912

第十章　保温、隔热、防腐工程

说 明

一、本章包括保温、隔热,防腐面层,其他防腐三节。

二、保温、隔热工程。

1. 保温层的保温材料配合比、材质、厚度与设计不同时可以换算。

2. 弧形墙墙面保温隔热层按相应项目的人工乘以系数 1.10。

3. 柱面保温根据墙面保温项目人工乘以系数 1.19、材料乘以系数 1.04。

4. 墙面岩棉板保温、聚苯乙烯板保温及保温装饰一体板保温如使用钢骨架,钢骨架按第十二章"墙、柱面装饰与隔断、幕墙工程"相应项目执行。

5. 抗裂保护层工程采用塑料膨胀螺栓固定时,每 $1m^2$ 增加人工 0.03 工日和塑料膨胀螺栓 6.12 套。

三、防腐工程。

1. 各种胶泥、砂浆、混凝土配合比以及各种整体面层的厚度,设计与消耗量不同时,可以换算。消耗量已综合考虑各种块料面层的结合层、胶结料厚度及灰缝宽度。

2. 花岗岩面层以六面剁斧的块料为准,结合层厚度为 15mm,板底为毛面时,其结合层胶结料用量按设计厚度调整。

3. 整体面层踢脚板按整体面层相应项目执行,块料面层踢脚板按立面砌块相应项目人工乘以系数 1.20。

4. 环氧自流平洁净地面中间层(刮腻子)按每层 1mm 厚度考虑,设计要求厚度不同时,可按厚度调整。

5. 卷材防腐接缝、附加层、收头工料已包括在内,不再另行计算。

6. 块料防腐中面层材料的规格、材质与设计不同时,可以换算。

工程量计算规则

一、保温、隔热工程。

1. 屋面保温隔热层工程量按设计图示尺寸以面积计算，扣除 $>0.3m^2$ 孔洞所占面积。其他项目按设计图示尺寸以项目规定的计量单位计算。

2. 天棚保温隔热层工程量按设计图示尺寸以面积计算，扣除面积 $>0.3m^2$ 的柱、垛、孔洞所占面积，与天棚相连的梁按展开面积计算，其工程量并入天棚内。

3. 墙面保温隔热层工程量按设计图示尺寸以面积计算，扣除门窗洞口及面积 $>0.3m^2$ 的梁、孔洞所占面积；门窗洞口侧壁以及与墙相连的柱，并入保温墙体工程量内。墙体及混凝土板下铺贴隔热层不扣除木框架及木龙骨的体积。其中，外墙按隔热层中心线长度计算，内墙按隔热层净长度计算。保温线条按设计图示尺寸以长度或面积计算。

4. 柱、梁保温隔热层工程量按设计图示尺寸以面积计算。柱按设计图示柱断面保温层中心线展开长度乘以高度以面积计算，扣除面积 $>0.3m^2$ 的梁所占面积。梁按设计图示梁断面保温层中心线展开长度乘以保温层长度以面积计算。

5. 楼地面保温隔热层工程量按设计图示尺寸以面积计算，扣除柱、垛及单个 $>0.3m^2$ 的孔洞所占面积。

6. 其他保温隔热层工程量按设计图示尺寸以展开面积计算，扣除面积 $>0.3m^2$ 的孔洞所占面积。

7. 大于 $0.3m^2$ 的孔洞侧壁周围及梁头、连系梁等其他零星工程保温隔热工程量，并入墙面的保温隔热工程量内。

8. 柱帽保温隔热层并入天棚保温隔热层工程量内。

9. 保温层排气管按设计图示尺寸以长度计算，不扣除管件所占长度，保温层排气孔以数量计算。

10. 防火隔离带工程量按设计图示尺寸以面积计算。

二、防腐工程。

1. 防腐工程面层、隔离层及防腐油漆工程量均按设计图示尺寸以面积计算。

2. 平面防腐工程量应扣除凸出地面的构筑物、设备基础等以及面积 $>0.3m^2$ 的孔洞、柱、垛等所占面积，门洞、空圈、暖气包槽、壁龛的开口部分不增加面积。

3. 立面防腐工程量应扣除门、窗、洞口以及面积 $>0.3m^2$ 的孔洞、梁所占面积，门、窗、洞口侧壁，垛凸出部分按展开面积并入墙面内。

4. 池、槽块料防腐面层工程量按设计图示尺寸以展开面积计算。

5. 砌筑沥青浸渍砖工程量按设计图示尺寸以面积计算。

6. 踢脚板防腐工程量按设计图示长度乘以高度以面积计算，扣除门洞所占面积，并相应增加侧壁展开面积。

7. 混凝土面及抹灰面防腐按设计图示尺寸以面积计算。

一、保温、隔热

1. 屋　　面

工作内容：清理基层，调制保温混合料及铺设保温层。　　　　**计量单位**：100m²

编　　号				10-1	10-2	10-3	10-4
项　　目				加气混凝土块			
				干铺		浆砌	
				厚度（mm）			
				180	每增减 10	180	每增减 10
名　　称			单位	消　耗　量			
人工	合计工日		工日	4.903	0.246	6.961	0.348
	其中	普工	工日	1.471	0.073	2.088	0.104
		一般技工	工日	2.942	0.148	4.177	0.209
		高级技工	工日	0.490	0.025	0.696	0.035
材料	加气混凝土砌块 600×240×180		m^3	18.900	1.050	17.810	1.050
	水泥砂浆 1∶3		m^3	—	—	1.090	0.065
	水		m^3	—	—	0.329	0.020
机械	灰浆搅拌机 200L		台班	—	—	0.205	0.006

工作内容：清理基层，调制保温混合料及铺设保温层。　　　　**计量单位**：100m²

编　　号				10-5	10-6	10-7	10-8	10-9	10-10
项　　目				干铺水泥蛭石块		干铺珍珠岩		干铺蛭石	
				厚度（mm）					
				100	每增减 10	100	每增减 10	100	每增减 10
名　　称			单位	消　耗　量					
人工	合计工日		工日	5.205	0.468	2.822	0.254	2.820	0.254
	其中	普工	工日	1.561	0.140	0.847	0.077	0.846	0.077
		一般技工	工日	3.123	0.281	1.693	0.152	1.692	0.152
		高级技工	工日	0.521	0.047	0.282	0.025	0.282	0.025
材料	水泥蛭石块		m^3	10.400	1.040	—	—	—	—
	珍珠岩		m^3	—	—	12.480	1.248	—	—
	膨胀蛭石		m^3	—	—	—	—	12.480	1.248

工作内容：清理基层，调制保温混合料、铺填及养护。　　**计量单位**：100m²

编号				10-11	10-12	10-13	10-14	10-15	10-16
项目				水泥炉渣		水泥珍珠岩		水泥蛭石	
				厚度（mm）					
				100	每增减 10	100	每增减 10	100	每增减 10
名称			单位	消耗量					
人工	合计工日		工日	7.013	0.631	7.383	0.665	7.060	0.636
	其中	普工	工日	2.104	0.189	2.215	0.199	2.118	0.190
		一般技工	工日	4.208	0.379	4.430	0.399	4.236	0.382
		高级技工	工日	0.701	0.063	0.738	0.067	0.706	0.064
材料	水泥炉渣 1:6		m³	10.200	1.020	—	—	—	—
	水泥珍珠岩 1:8		m³	—	—	10.400	1.040	—	—
	水泥蛭石 1:8		m³	—	—	—	—	10.400	1.040
	水		m³	—	—	7.000	0.700	7.000	0.700

工作内容：清理基层，调制保温混合料、铺填及养护。　　**计量单位**：100m²

编号				10-17	10-18	10-19	10-20
项目				泡沫混凝土		陶粒混凝土	
				厚度（mm）			
				100	每增减 10	100	每增减 10
名称			单位	消耗量			
人工	合计工日		工日	7.013	0.631	7.383	0.665
	其中	普工	工日	2.104	0.189	2.215	0.199
		一般技工	工日	4.208	0.379	4.430	0.399
		高级技工	工日	0.701	0.063	0.738	0.067
材料	发泡剂		kg	22.000	2.200	—	—
	陶粒		m³	—	—	8.500	0.850
	黄砂 净砂		t	—	—	6.800	0.680
	水		m³	1.400	0.140	1.800	0.180
	水泥 P·O 42.5		kg	4 120.000	4.120	3 050.000	3.050
机械	灰浆搅拌机 200L		台班	0.250	0.025	—	—
	双锥反转出料混凝土搅拌机 500L		台班	—	—	0.653	0.065

工作内容：清理基层，铺设保温块料或棉毡。　　　　**计量单位：**100m²

编　号				10-21	10-22	10-23	10-24	10-25	10-26
项　目				沥青玻璃棉毡		沥青矿渣棉毡		沥青珍珠岩板（块）	
				厚度（mm）					
				30	每增减5	30	每增减5	80	每增减10
名　称			单位	消　耗　量					
人工	合计工日		工日	1.253	0.376	1.253	0.376	7.298	0.821
	其中	普工	工日	0.376	0.112	0.376	0.112	2.189	0.246
		一般技工	工日	0.752	0.226	0.752	0.226	4.379	0.493
		高级技工	工日	0.125	0.038	0.125	0.038	0.730	0.082
材料	沥青玻璃棉毡		m^3	3.190	0.531	—	—	—	—
	沥青矿渣棉毡		m^3	—	—	3.120	0.520	—	—
	沥青珍珠岩板		m^3	—	—	—	—	8.320	1.040

工作内容：清理基层，铺设保温块料。　　　　**计量单位：**100m²

编　号				10-27	10-28	10-29
项　目				干铺岩棉板		
				厚度（mm）		
				30	50	60
名　称			单位	消　耗　量		
人工	合计工日		工日	2.000	2.378	2.848
	其中	普工	工日	0.600	0.713	0.854
		一般技工	工日	1.200	1.427	1.709
		高级技工	工日	0.200	0.238	0.285
材料	岩棉板 $\delta 30$		m^3	3.060	—	—
	岩棉板 $\delta 50$		m^3	—	5.100	—
	岩棉板 $\delta 60$		m^3	—	—	6.120

工作内容：清理基层，铺设保温块料。 **计量单位：**100m²

编号			10-30	10-31	10-32
项目			干铺岩棉板		
			厚度（mm）		
			80	100	120
名称		单位	消耗量		
人工	合计工日	工日	3.422	4.512	5.405
	其中 普工	工日	1.027	1.354	1.621
	其中 一般技工	工日	2.053	2.707	3.243
	其中 高级技工	工日	0.342	0.451	0.541
材料	岩棉板 $\delta 80$	m³	8.160	—	—
	岩棉板 $\delta 100$	m³	—	10.200	—
	岩棉板 $\delta 120$	m³	—	—	12.240

工作内容：基层清理，粘贴保温层。 **计量单位：**100m²

编号			10-33	10-34	10-35	10-36
项目			粘贴岩棉板			
			厚度（mm）			
			30	50	60	80
名称		单位	消耗量			
人工	合计工日	工日	2.200	3.400	4.000	5.200
	其中 普工	工日	0.660	1.020	1.200	1.560
	其中 一般技工	工日	1.320	2.040	2.400	3.120
	其中 高级技工	工日	0.220	0.340	0.400	0.520
材料	岩棉板 $\delta 30$	m³	3.060	—	—	—
	岩棉板 $\delta 50$	m³	—	5.100	—	—
	岩棉板 $\delta 60$	m³	—	—	6.120	—
	岩棉板 $\delta 80$	m³	—	—	—	8.160
	聚合物粘接砂浆	kg	460.000	460.000	460.000	460.000
	其他材料费	%	1.00	1.00	1.00	1.00
机械	灰浆搅拌机 200L	台班	0.037	0.037	0.037	0.037

工作内容：基层清理，粘贴保温层。　　**计量单位：**100m²

编　　号				10-37	10-38
项　　目				粘贴岩棉板	
				厚度（mm）	
				100	120
名　　称			单位	消　耗　量	
人工	合计工日		工日	6.400	7.600
	其中	普工	工日	1.920	2.280
		一般技工	工日	3.840	4.560
		高级技工	工日	0.640	0.760
材料	岩棉板 δ100		m^3	10.200	—
	岩棉板 δ120		m^3	—	12.240
	聚合物粘接砂浆		kg	460.000	460.000
	其他材料费		%	1.50	1.80
机械	灰浆搅拌机 200L		台班	0.037	0.037

工作内容：配料，清理喷涂表面，喷涂测试、喷涂。　　**计量单位：**100m²

编　　号				10-39	10-40
项　　目				金属波纹拱形屋盖聚氨酯喷涂保温	
				厚度（mm）	
				50	每增减 10
名　　称			单位	消　耗　量	
人工	合计工日		工日	10.462	2.092
	其中	普工	工日	3.139	0.628
		一般技工	工日	6.277	1.255
		高级技工	工日	1.046	0.209
材料	聚氨酯泡沫塑料		kg	293.700	58.740
	丙酮		kg	0.400	—
	玻璃丝布 δ0.2		m^2	14.100	—
	其他材料费		%	0.76	—
机械	平台作业升降车 20m		台班	0.290	—
	电动空气压缩机 $6m^3/min$		台班	0.290	0.060
	挤压式灰浆输送泵 $3m^3/h$		台班	0.290	0.060

工作内容：清理基层，粘贴、铺设保温块材。 **计量单位**：$100m^2$

编号				10-41	10-42	10-43	10-44
项目				干铺聚苯乙烯板		粘贴聚苯乙烯板	
				厚度（mm）			
				50	每增减 5	40	每增减 5
名称			单位	消耗量			
人工	合计工日		工日	2.720	0.272	2.960	0.300
	其中	普工	工日	0.816	0.082	0.888	0.090
		一般技工	工日	1.632	0.163	1.776	0.180
		高级技工	工日	0.272	0.027	0.296	0.030
材料	聚苯乙烯板		m^3	5.100	0.510	4.080	0.510
	界面剂		kg	—	—	16.000	—
	聚合物粘接砂浆		kg	—	—	460.000	—
	水		m^3	—	—	0.530	—
机械	灰浆搅拌机 200L		台班	—	—	0.037	0.004

工作内容：清理基层，保温板裁割，调制砂浆，粘贴保温层。 **计量单位**：$100m^2$

编号				10-45	10-46
项目				泡沫玻璃	
				厚度（mm）	
				30	每增减 10
名称			单位	消耗量	
人工	合计工日		工日	7.420	1.966
	其中	普工	工日	2.226	0.589
		一般技工	工日	4.452	1.180
		高级技工	工日	0.742	0.197
材料	泡沫玻璃		m^3	3.060	1.020
	聚合物粘接砂浆		kg	460.000	—
	水		m^3	2.550	—
机械	灰浆搅拌机 200L		台班	0.037	—

工作内容：基层清理，砂浆调制，找坡抹平。　　　　**计量单位：**100m²

编　号				10-47	10-48	10-49	10-50
项　目				无机轻集料保温砂浆		聚苯颗粒保温砂浆	
				厚度（mm）			
				30	每增减 5	30	每增减 5
名　称			单位	消　耗　量			
人工	合计工日		工日	14.331	1.898	15.020	1.991
	其中	普工	工日	4.299	0.569	4.506	0.597
		一般技工	工日	8.599	1.139	9.012	1.195
		高级技工	工日	1.433	0.190	1.502	0.199
材料	膨胀玻化微珠保温浆料		m^3	3.366	0.561	—	—
	胶粉聚苯颗粒保温浆料		m^3	—	—	3.366	0.561
	水		m^3	0.930	—	0.930	—
机械	灰浆搅拌机 200L		台班	0.420	0.070	0.440	0.070

工作内容: 1. 清理基层,调制微孔硅酸钙或混合料及铺填、养护。
2. 保温层排气管、排气孔制作、安装。

<table>
<tr><td colspan="4">编　　号</td><td>10-51</td><td>10-52</td><td>10-53</td><td>10-54</td><td>10-55</td></tr>
<tr><td colspan="4" rowspan="5">项　　目</td><td colspan="2">微孔硅酸钙</td><td rowspan="4">保温层排气管安装</td><td colspan="2">保温层排气孔安装</td></tr>
<tr><td colspan="2">厚度(mm)</td><td rowspan="3">PVC 管</td><td rowspan="3">钢管</td></tr>
<tr><td>100</td><td>每增减 10</td></tr>
<tr></tr>
<tr><td colspan="2">100m²</td><td>100m</td><td colspan="2">10 个</td></tr>
<tr><td colspan="3">名　　称</td><td>单位</td><td colspan="5">消　耗　量</td></tr>
<tr><td rowspan="4">人工</td><td colspan="2">合计工日</td><td>工日</td><td>2.822</td><td>0.254</td><td>3.530</td><td>0.635</td><td>0.635</td></tr>
<tr><td rowspan="3">其中</td><td>普工</td><td>工日</td><td>0.847</td><td>0.077</td><td>1.059</td><td>0.190</td><td>0.190</td></tr>
<tr><td>一般技工</td><td>工日</td><td>1.693</td><td>0.152</td><td>2.118</td><td>0.381</td><td>0.381</td></tr>
<tr><td>高级技工</td><td>工日</td><td>0.282</td><td>0.025</td><td>0.353</td><td>0.064</td><td>0.064</td></tr>
<tr><td rowspan="9">材料</td><td colspan="2">微孔硅酸钙</td><td>m³</td><td>10.200</td><td>1.020</td><td>—</td><td>—</td><td>—</td></tr>
<tr><td colspan="2">塑料排水管 DN50</td><td>m</td><td>—</td><td>—</td><td>101.500</td><td>4.200</td><td>—</td></tr>
<tr><td colspan="2">塑料排水三通 DN50</td><td>个</td><td>—</td><td>—</td><td>20.000</td><td>—</td><td>—</td></tr>
<tr><td colspan="2">塑料排水弯头 DN50</td><td>个</td><td>—</td><td>—</td><td>10.000</td><td>20.000</td><td>—</td></tr>
<tr><td colspan="2">塑料排水外接 DN50</td><td>个</td><td>—</td><td>—</td><td>10.000</td><td>—</td><td>—</td></tr>
<tr><td colspan="2">聚氯乙烯热熔密封胶</td><td>kg</td><td>—</td><td>—</td><td>1.000</td><td>0.050</td><td>—</td></tr>
<tr><td colspan="2">现浇混凝土 C20</td><td>m³</td><td>—</td><td>—</td><td>—</td><td>0.006</td><td>0.006</td></tr>
<tr><td colspan="2">镀锌钢管 DN40</td><td>m</td><td>—</td><td>—</td><td>—</td><td>—</td><td>4.600</td></tr>
<tr><td colspan="2">其他材料费</td><td>%</td><td>—</td><td>—</td><td>—</td><td>2.00</td><td>2.00</td></tr>
<tr><td>机械</td><td colspan="2">液压弯管机 60mm</td><td>台班</td><td>—</td><td>—</td><td>—</td><td>—</td><td>0.030</td></tr>
</table>

2. 天　　棚

工作内容：搬运材料，木框架制作安装，粘贴保温层。　　　　**计量单位：**100m²

编　号				10-56	10-57
项　目				混凝土板下天棚保温（带龙骨）	天棚板面上铺放
				粘贴聚苯乙烯板	聚苯乙烯板
				厚度（mm）	
				50	
名　称			单位	消　耗　量	
人工	合计工日		工日	15.734	1.543
	其中	普工	工日	4.721	0.463
		一般技工	工日	9.440	0.926
		高级技工	工日	1.573	0.154
材料	聚苯乙烯板		m^3	4.784	5.100
	聚合物粘接砂浆		kg	421.818	—
	板枋材		m^3	0.375	—
	铁件（综合）		kg	22.725	—
	防腐油		kg	5.665	—
	石棉粉		kg	22.583	—
	酒精		kg	221.453	—
	其他材料费		%	1.00	2.00
机械	灰浆搅拌机 200L		台班	0.034	—

工作内容：刷界面剂，调制砂浆，粘贴保温层。 **计量单位：**100m²

编　号				10-58
项　目				混凝土板下天棚保温（不带龙骨）
				聚合物砂浆粘贴聚苯乙烯板
				厚度（mm）
				50
名　称			单位	消　耗　量
人工	合计工日		工日	12.775
	其中	普工	工日	3.832
		一般技工	工日	7.665
		高级技工	工日	1.278
材料	界面剂		kg	8.000
	聚苯乙烯板		m^3	5.100
	塑料膨胀螺栓		套	600.000
	聚合物粘接砂浆		kg	460.000
	水		m^3	0.232
	其他材料费		%	1.37
	电		kW·h	2.000
机械	灰浆搅拌机 200L		台班	0.037

工作内容：清理基层，刷底漆，喷发保温层。　　**计量单位：**$100m^2$

编　号				10-59	10-60
项　目				硬泡聚氨酯现场喷发	
				厚度（mm）	
				50	每增减 5
名　称			单位	消　耗　量	
人工	合计工日		工日	13.700	0.500
	其中	普工	工日	4.110	0.150
		一般技工	工日	8.220	0.300
		高级技工	工日	1.370	0.050
材料	硬泡聚氨酯组合料		kg	312.600	31.260
	聚氨酯防潮底漆		kg	11.300	—
	其他材料费		%	1.49	1.42
机械	电动空气压缩机 $6m^3/min$		台班	0.765	0.100
	聚氨酯发泡机		台班	0.765	0.100

工作内容：清理基层，刷粘接剂，调制砂浆，粘贴保温层。　　**计量单位：**$100m^2$

编　号				10-61	10-62	10-63
项　目				超细无机纤维		粘贴岩棉板
				厚度（mm）		
				50	每增减 10	50
名　称			单位	消　耗　量		
人工	合计工日		工日	15.100	1.100	15.100
	其中	普工	工日	4.530	0.330	4.530
		一般技工	工日	9.060	0.660	9.060
		高级技工	工日	1.510	0.110	1.510
材料	无机纤维棉		kg	1 250.000	250.000	—
	岩棉板 δ50		m^3	—	—	5.100
	粘接剂		kg	125.000	25.000	—
	聚合物粘接砂浆		kg	—	—	460.000
	无机纤维罩面剂		kg	49.800	—	—
	界面砂浆 DB		m^3	0.110	—	—
	其他材料费		%	1.50	1.50	1.00
机械	灰浆搅拌机 200L		台班	—	—	0.037

工作内容：基层清理，砂浆调制，找坡抹灰。

计量单位：100m²

编号			10-64	10-65	10-66	10-67
项目			聚苯颗粒保温砂浆		无机轻集料保温砂浆	
			厚度（mm）			
			20	每增减 5	20	每增减 5
名称		单位	消耗量			
人工	合计工日	工日	17.702	3.816	17.278	3.710
	其中 普工	工日	5.311	1.144	5.183	1.113
	其中 一般技工	工日	10.621	2.290	10.367	2.226
	其中 高级技工	工日	1.770	0.382	1.728	0.371
材料	胶粉聚苯颗粒保温浆料	m^3	2.332	0.583	—	—
	膨胀玻化微珠保温浆料	m^3	—	—	2.332	0.583
	水	m^3	0.640	—	0.640	—
	其他材料费	%	0.25	0.25	0.20	0.20
机械	灰浆搅拌机 200L	台班	0.300	0.075	0.280	0.070

3. 墙、柱面

工作内容：清理基层，砂浆调制，抹平。

计量单位：100m²

编号			10-68	10-69	10-70	10-71
项目			聚苯颗粒保温砂浆		无机轻集料保温砂浆	
			厚度（mm）			
			25	每增减 5	25	每增减 5
名称		单位	消耗量			
人工	合计工日	工日	16.536	2.756	16.112	2.650
	其中 普工	工日	4.960	0.826	4.834	0.795
	其中 一般技工	工日	9.922	1.654	9.667	1.590
	其中 高级技工	工日	1.654	0.276	1.611	0.265
材料	胶粉聚苯颗粒保温浆料	m^3	2.888	0.578	—	—
	膨胀玻化微珠保温浆料	m^3	—	—	2.888	0.578
	水	m^3	3.300	—	3.300	—
机械	灰浆搅拌机 200L	台班	0.448	0.090	0.400	0.080

工作内容: 基层清理,抹界面剂,喷发保温层。　　**计量单位:** 100m²

编号			10-72	10-73
项目			硬泡聚氨酯现场喷发	
			厚度(mm)	
			50	每增减 5
名称		单位	消耗量	
人工	合计工日	工日	9.800	1.000
其中	普工	工日	2.940	0.300
	一般技工	工日	5.880	0.600
	高级技工	工日	0.980	0.100
材料	硬泡聚氨酯组合料	kg	312.600	31.260
	聚氨酯防潮底漆	kg	11.300	—
	界面砂浆 DB	m^3	0.110	—
	其他材料费	%	1.50	1.42

工作内容: 清理基层,调制砂浆,粘贴保温层。　　**计量单位:** 100m²

编号			10-74	10-75	10-76	10-77
项目			粘贴沥青珍珠岩板		粘贴水泥珍珠岩板	
			附墙粘贴			
			厚度(mm)			
			50	每增减 10	50	每增减 10
名称		单位	消耗量			
人工	合计工日	工日	16.203	2.917	16.203	2.917
其中	普工	工日	4.861	0.875	4.861	0.875
	一般技工	工日	9.722	1.750	9.722	1.750
	高级技工	工日	1.620	0.292	1.620	0.292
材料	沥青珍珠岩板	m^3	5.200	1.040	—	—
	水泥珍珠岩板	m^3	—	—	5.200	1.040
	聚合物粘接砂浆	kg	460.000	—	460.000	—
	塑料膨胀螺栓	套	600.000	—	600.000	—
	电	kW·h	2.000	—	2.000	—
机械	灰浆搅拌机 200L	台班	0.037	—	0.037	—

工作内容：玻璃棉矿渣棉装袋、填装。调制砂浆，石膏板铺砌，贴玻璃丝布，刮腻子。 **计量单位：**100m²

编号				10-78	10-79	10-80	10-81	10-82	10-83
项目				沥青玻璃棉		沥青矿渣棉		保温石膏板	
				厚度（mm）					
				100	每增减 10	100	每增减 10	40	50
名称			单位	消耗量					
人工	合计工日		工日	12.850	1.157	12.850	1.157	30.644	30.644
	其中	普工	工日	3.855	0.347	3.855	0.347	9.194	9.194
		一般技工	工日	7.710	0.694	7.710	0.694	18.386	18.386
		高级技工	工日	1.285	0.116	1.285	0.116	3.064	3.064
材料	沥青玻璃棉		m^3	10.400	1.040	—	—	—	—
	沥青矿渣棉毡		m^3	—	—	10.400	1.040	—	—
	保温石膏板 600×600×40		m^2	—	—	—	—	106.000	—
	保温石膏板 600×600×50		m^2	—	—	—	—	—	106.000
	塑料薄膜		kg	61.953	—	61.953	—	—	—
	玻璃丝布 $\delta 0.2$		m^2	—	—	—	—	149.500	149.500
	聚合物粘接砂浆		kg	—	—	—	—	460.000	460.000
	108 建筑胶		kg	—	—	—	—	55.130	55.130
	石膏粉		kg	—	—	—	—	10.700	10.700
	大白粉		kg	—	—	—	—	4.900	4.900
	砂布		张	—	—	—	—	15.000	15.000
	其他材料费		%	—	—	—	—	1.00	1.00
机械	灰浆搅拌机 200L		台班	—	—	—	—	0.037	0.037

工作内容：清理基层，刷界面剂，调制砂浆，粘贴保温层。 **计量单位**：$100m^2$

编号				10-84	10-85
项目				聚苯乙烯板	
				厚度（mm）	
				50	每增减 10
名称			单位	消耗量	
人工	合计工日		工日	8.500	2.900
	其中	普工	工日	2.550	0.870
		一般技工	工日	5.100	1.740
		高级技工	工日	0.850	0.290
材料	界面剂		kg	80.000	16.000
	聚苯乙烯板		m^3	5.100	1.020
	聚合物粘接砂浆		kg	460.000	92.000
	塑料膨胀螺栓		套	600.000	120.000
	其他材料费		%	1.00	1.00
	电		kW·h	2.000	0.400
机械	灰浆搅拌机 200L		台班	0.037	0.007

工作内容：基层处理，刷界面剂，固定托架，钻孔锚钉，粘接单面钢丝聚苯乙烯保温板，聚合物砂浆。 **计量单位**：$100m^2$

编号				10-86
项目				单面钢丝网聚苯乙烯板
				厚度（mm）
				50
名称			单位	消耗量
人工	合计工日		工日	23.900
	其中	普工	工日	7.170
		一般技工	工日	14.340
		高级技工	工日	2.390
材料	界面剂		kg	25.800
	单面钢丝聚苯乙烯板 $15kg/m^3$ $\delta 50$		m^2	102.000
	聚合物粘接砂浆		kg	667.000
	塑料膨胀螺栓		套	600.000
	电		kW·h	2.000
机械	灰浆搅拌机 200L		台班	0.054

工作内容：清理基层，调制砂浆，保温板裁割，粘贴保温层。　　　　**计量单位：**100m²

编号			10-87	10-88
项目			泡沫玻璃	
			厚度（mm）	
			30	每增减 10
名称		单位	消耗量	
人工	合计工日	工日	11.050	3.681
	其中 普工	工日	3.315	1.104
	其中 一般技工	工日	6.630	2.209
	其中 高级技工	工日	1.105	0.368
材料	泡沫玻璃	m^3	3.060	1.020
	聚合物粘接砂浆	kg	460.000	—
	塑料膨胀螺栓	套	700.000	—
	电	kW·h	2.330	—
机械	灰浆搅拌机 200L	台班	0.037	0.013

工作内容：清理基层，钻孔锚钉，锡纸包裹，刷界面剂，铺设保温块料，膨胀螺钉固定。　　　　**计量单位：**100m²

编号			10-89
项目			干挂岩棉板
			厚度（mm）
			50
名称		单位	消耗量
人工	合计工日	工日	16.400
	其中 普工	工日	4.920
	其中 一般技工	工日	9.840
	其中 高级技工	工日	1.640
材料	岩棉板 δ50	m^3	5.100
	界面剂	kg	10.000
	锡纸	m^2	156.000
	塑料膨胀螺栓	套	800.000

工作内容：裁剪，铺设网格布，砂浆调制，抹平。　　　　**计量单位**：100m²

编　号				10-90	10-91
项　目				抗裂保护层	
				耐碱网格布抗裂砂浆	增加一层网格布抗裂砂浆
				厚度（mm）	
				4	2
名　称			单位	消　耗　量	
人工	合计工日		工日	8.500	3.000
	其中	普工	工日	2.550	0.900
		一般技工	工日	5.100	1.800
		高级技工	工日	0.850	0.300
材料	聚合物抗裂砂浆		kg	550.000	275.000
	玻璃纤维网格布（耐碱）		m²	117.000	112.700
	水		m³	4.000	0.060
机械	灰浆搅拌机 200L		台班	0.044	0.022

工作内容：裁剪，运输，砂浆调制，锚固钢丝网，抹平。单片保温模网安装、校正、固定。

计量单位：100m²

编　号				10-92	10-93
项　目				热镀锌钢丝网抗裂砂浆	单片保温模网
				厚度（mm）	
				8	
名　称			单位	消　耗　量	
人工	合计工日		工日	12.769	3.651
人工	其中	普工	工日	3.831	1.095
人工	其中	一般技工	工日	7.661	2.191
人工	其中	高级技工	工日	1.277	0.365
材料	聚合物抗裂砂浆		kg	1 101.600	—
材料	钢丝网（综合）		m²	115.000	—
材料	塑料膨胀螺栓		套	612.000	—
材料	水		m³	4.080	—
材料	单片保温模网		m²	—	101.000
材料	镀锌铁丝 ϕ4.0		kg	—	19.720
材料	镀锌铁丝 ϕ0.7		kg	—	0.060
材料	钢支撑		kg	—	1.140
机械	灰浆搅拌机 200L		台班	0.089	—

工作内容：清理基层，刷界面剂，砂浆调制，钻孔锚钉，粘贴保温板。 **计量单位**：100m²

编号				10-94	10-95
项目				酚醛保温板	膨胀硅酸盐水泥保温板
				厚度(mm)	
				50	
名称			单位	消耗量	
人工	合计工日		工日	5.349	4.325
	其中	普工	工日	1.605	1.297
		一般技工	工日	3.209	2.595
		高级技工	工日	0.535	0.433
材料	酚醛保温板 δ50		m^2	108.000	—
	膨胀硅酸盐水泥板 50mm		m^2	—	103.000
	界面剂		kg	30.000	10.000
	聚合物粘接砂浆		kg	460.000	460.000
	塑料膨胀螺栓		套	1 000.000	1 200.000
	其他材料费		%	1.00	1.00
	电		kW·h	3.330	4.000
机械	灰浆搅拌机 200L		台班	0.037	0.037

工作内容：基层清理，安放保温层。 **计量单位**：100m²

编号				10-96	10-97	10-98	10-99
项目				随混凝土浇筑			
				挤塑聚苯板		膨胀聚苯板	
				厚度(mm)			
				50	每增减 10	50	每增减 10
名称			单位	消耗量			
人工	合计工日		工日	8.000	1.600	7.300	1.400
	其中	普工	工日	2.400	0.480	2.190	0.420
		一般技工	工日	4.800	0.960	4.380	0.840
		高级技工	工日	0.800	0.160	0.730	0.140
材料	大模内置专用挤塑聚苯板		m^3	5.500	1.100	—	—
	大模内置专用膨胀聚苯板		m^3	—	—	5.500	1.100
	其他材料费		%	1.50	1.50	1.50	1.50

工作内容: 现场运输,放样切割。清理基层,苯板切割,裁剪网格布,砂浆调制,刮胶泥,贴苯板,打胀钉,贴网格布,刮胶泥罩面。

编号				10-100	10-101	10-102	10-103
项目				线条			
				成品加工	现场加工	粘贴	表面刮胶贴网
				100m		100m²	
名称			单位	消耗量			
人工	合计工日		工日	1.025	2.050	68.334	49.770
	其中	普工	工日	0.307	0.615	20.501	14.931
		一般技工	工日	0.615	1.230	41.000	29.862
		高级技工	工日	0.103	0.205	6.833	4.977
材料	苯板线条(成品)		m	104.000	—	—	—
	聚苯乙烯泡沫板		m^3	—	1.575	—	—
	标准网格布		m^2	—	—	—	123.420
	加强网格布		m^2	—	—	—	47.780
	干粉式苯板胶		kg	—	—	418.000	510.000
	水		m^3	—	—	0.090	0.126
	其他材料费		%	1.00	2.00	0.17	0.17

工作内容： 基层处理，排版、分格、弹线，钻孔安装固定件，下料，粘贴保温层，嵌缝、勾缝，撕保护膜，清洁面板。

计量单位： 100m²

编　号				10-104
项　目				保温装饰一体板
				厚度（mm）
				50
名　称			单位	消　耗　量
人工	合计工日		工日	65.700
	其中	普工	工日	19.710
		一般技工	工日	39.420
		高级技工	工日	6.570
材料	聚苯乙烯塑料保温装饰一体化板		m^2	107.000
	聚合物粘接砂浆		kg	900.000
	固定件		套	900.000
	耐候型硅胶		kg	9.900
	其他材料费		%	2.00
机械	裁板机　板宽　1 300mm		台班	0.800
	灰浆搅拌机　200L		台班	0.072

4. 楼　地　面

工作内容： 清理基层，调制砂浆，铺、贴保温板。

计量单位： 100m²

编　号				10-105	10-106	10-107
项　目				粘贴聚苯乙烯板	干铺聚苯乙烯板	聚苯乙烯板
				厚度（mm）		
				50		每增减 10
名　称			单位	消　耗　量		
人工	合计工日		工日	4.416	2.349	0.400
	其中	普工	工日	1.324	0.705	0.120
		一般技工	工日	2.650	1.409	0.240
		高级技工	工日	0.442	0.235	0.040
材料	聚苯乙烯板		m^3	5.100	5.100	1.020
	聚合物粘接砂浆		kg	554.325	—	—
机械	灰浆搅拌机　200L		台班	0.044	—	—

5. 防火隔离带

工作内容： 清理基层，切割，调制砂浆，贴防火带。 **计量单位：** 100m²

编号			单位	10-108	10-109	10-110	10-111
项目				聚苯乙烯板			
				宽度（mm）			
				300	450	500	600
名称			单位	消耗量			
人工	合计工日		工日	28.003	26.311	24.619	22.927
	其中	普工	工日	8.401	7.893	7.386	6.878
		一般技工	工日	16.802	15.787	14.771	13.756
		高级技工	工日	2.800	2.631	2.462	2.293
材料	热固性改性聚苯乙烯泡沫板		m^3	5.900	5.800	5.700	5.600
	聚合物粘接砂浆		kg	460.000	460.000	460.000	460.000
	塑料膨胀螺栓		套	1 112.000	742.000	668.000	558.000
	其他材料费		%	2.00	2.00	2.00	2.00
	电		kW·h	2.000	2.000	2.000	2.000
机械	灰浆搅拌机 200L		台班	0.037	0.037	0.037	0.037

工作内容： 清理基层，切割，调制砂浆，贴防火带。 **计量单位：** 100m²

编号			单位	10-112	10-113	10-114	10-115
项目				泡沫玻璃			
				宽度（mm）			
				300	450	500	600
名称			单位	消耗量			
人工	合计工日		工日	17.766	16.920	16.074	15.228
	其中	普工	工日	5.329	5.076	4.823	4.568
		一般技工	工日	10.660	10.152	9.644	9.137
		高级技工	工日	1.777	1.692	1.607	1.523
材料	泡沫玻璃 δ50		m^3	5.600	5.500	5.450	5.350
	聚合物粘接砂浆		kg	460.000	460.000	460.000	460.000
	水		m^3	2.800	2.700	2.600	2.800
机械	灰浆搅拌机 200L		台班	0.037	0.037	0.037	0.037

工作内容：清理基层，切割，调制砂浆，贴防火带。　　　　**计量单位：**100m²

编　　号				10-116	10-117	10-118	10-119
项　　目				岩棉板			
				宽度（mm）			
				300	450	500	600
名　　称			单位	消　耗　量			
人工	合计工日		工日	16.400	15.580	14.760	13.940
	其中	普工	工日	4.920	4.674	4.428	4.182
		一般技工	工日	9.840	9.348	8.856	8.364
		高级技工	工日	1.640	1.558	1.476	1.394
材料	岩棉板 δ50		m^3	5.500	5.390	5.313	5.220
	玻璃纤维网格布（耐碱）		m^2	245.000	240.100	236.670	232.505
	塑料膨胀螺栓		套	1 112.000	742.000	668.000	558.000
	聚合物粘接砂浆		kg	460.000	460.000	460.000	460.000
	界面砂浆 DB		m^3	0.110	0.108	0.106	0.104
	其他材料费		%	1.50	1.50	1.50	1.50
	电		kW·h	1.100	1.100	1.100	1.100
机械	灰浆搅拌机 200L		台班	0.037	0.037	0.037	0.037

二、防 腐 面 层

1. 防腐混凝土

工作内容：清扫基层，制运混凝土、胶泥，涂刷胶泥，摊铺混凝土，养护等。　　　　**计量单位：**100m²

编号			10-120	10-121	10-122	10-123
项目			水玻璃耐酸混凝土		耐酸沥青混凝土	
			厚度(mm)			
			60	每增减 5	60	每增减 5
名称		单位	消耗量			
人工	合计工日	工日	18.510	1.991	11.618	1.249
	其中 普工	工日	5.553	0.597	3.485	0.375
	其中 一般技工	工日	11.106	1.195	6.971	0.749
	其中 高级技工	工日	1.851	0.199	1.162	0.125
材料	水玻璃耐酸混凝土	m³	6.120	0.510	—	—
	沥青耐酸混凝土	m³	—	—	6.060	0.505
	水玻璃胶泥 1∶0.15∶1.2∶1.1	m³	0.210	—	—	—
	沥青稀胶泥 100∶30	m³	—	—	0.202	—
	冷底子油	kg	—	—	47.660	—
机械	涡浆式混凝土搅拌机 500L	台班	1.220	0.100	1.220	0.100
	沥青熔化炉 XLL-0.5t	台班	—	—	1.440	0.116

工作内容:基层清理,选料,制运混凝土,摊铺混凝土,养护等。 **计量单位**:100m²

编号			10-124	10-125	10-126	10-127	10-128
项目			耐碱混凝土	密实混凝土		重晶石混凝土	
			厚度(mm)				
			60		每增减5	60	每增减5
名称		单位	消耗量				
人工	合计工日	工日	12.900	12.900	1.200	12.600	1.200
人工	其中 普工	工日	3.870	3.870	0.360	3.780	0.360
人工	其中 一般技工	工日	7.740	7.740	0.720	7.560	0.720
人工	其中 高级技工	工日	1.290	1.290	0.120	1.260	0.120
材料	耐碱混凝土	m³	6.060	—	—	—	—
材料	密实混凝土	m³	—	6.100	0.510	—	—
材料	重晶石混凝土	m³	—	—	—	6.060	0.510
材料	其他材料费	%	2.00	2.00	1.29	1.49	1.47
机械	涡浆式混凝土搅拌机 500L	台班	1.165	1.173	0.098	1.165	0.097

2. 防腐砂浆

工作内容:清扫基层,制运砂浆、胶泥,涂刷胶泥,铺设压实砂浆。 **计量单位**:100m²

编号			10-129	10-130	10-131	10-132
项目			水玻璃耐酸砂浆		耐酸沥青砂浆	
			厚度(mm)			
			20	每增减5	30	每增减5
名称		单位	消耗量			
人工	合计工日	工日	14.808	3.600	9.625	1.520
人工	其中 普工	工日	4.442	0.479	2.887	0.456
人工	其中 一般技工	工日	8.885	0.956	5.775	0.912
人工	其中 高级技工	工日	1.481	0.159	0.963	0.152
材料	水玻璃耐酸砂浆 1∶0.15∶1.1∶1∶2.6	m³	2.020	0.505	—	—
材料	石油沥青砂浆 1∶2∶7	m³	—	—	3.030	0.505
材料	沥青稀胶泥 100∶30	m³	—	—	0.202	—
材料	水玻璃胶泥 1∶0.15∶1.2∶1.1	m³	0.300	—	—	—
材料	冷底子油	kg	—	—	47.660	—
机械	沥青熔化炉 XLL-0.5t	台班	—	—	0.743	0.116
机械	灰浆搅拌机 200L	台班	0.337	0.084	0.505	0.084

工作内容：清扫基层，制运砂浆、胶泥，涂刷胶泥，铺设压实砂浆。　　**计量单位：**100m²

编号				10-133	10-134	10-135	10-136
项目				环氧砂浆		不饱和聚酯砂浆	
				厚度（mm）			
				5	每增减 1	5	每增减 1
名称			单位	消耗量			
人工	合计工日		工日	15.300	3.000	15.300	3.000
	其中	普工	工日	4.590	1.890	4.590	1.890
		一般技工	工日	9.180	3.780	9.180	3.780
		高级技工	工日	1.530	0.630	1.530	0.630
材料	环氧树脂砂浆		m³	0.510	0.100	—	—
	不饱和聚酯砂浆		m³	—	—	0.500	0.100
	环氧树脂打底料		m³	0.030	—	0.100	—
	其他材料费		%	1.00	1.00	2.00	2.00
机械	轴流通风机 7.5kW		台班	2.000	—	2.000	—

工作内容: 清扫基层,制运砂浆、胶泥,涂刷胶泥,铺设压实砂浆。 **计量单位:** 100m²

编号				10-137	10-138	10-139	10-140
项目				钢屑砂浆		不发火沥青砂浆	不发火水泥石灰砂浆
				一般抹面	吊车梁抹面		
				厚度(mm)			
				30		20	
名称			单位	消耗量			
人工	合计工日		工日	16.982	18.068	26.540	11.506
	其中	普工	工日	5.095	5.420	7.962	3.451
		一般技工	工日	10.189	10.841	15.924	6.904
		高级技工	工日	1.698	1.807	2.654	1.151
材料	素水泥浆		m³	0.101	0.101	—	0.101
	钢屑砂浆		m³	3.030	3.030	—	—
	水泥石灰膏砂浆		m³	—	—	—	2.020
	不发火沥青砂浆		m³	—	—	2.020	—
	沥青稀胶泥 100∶30		m³	—	—	0.202	—
	冷底子油		kg	—	—	48.000	—
	水		m³	8.400	8.400	—	4.700
	其他材料费		%	—	—	—	2.00
机械	沥青熔化炉 XLL-0.5t		台班	—	—	0.511	—
	灰浆搅拌机 200L		台班	0.505	0.505	—	0.337

工作内容：清扫基层，碎石灌沥青；配料、涂刷、酸化处理。　　计量单位：100m²

编号				10-141	10-142	10-143
项目				碎石灌沥青		酸化处理
				石英碎石	普通碎石	
				厚度(mm)		
				100		
名称			单位	消耗量		
人工	合计工日		工日	29.187	29.610	5.607
	其中	普工	工日	8.756	8.883	1.682
		一般技工	工日	17.512	17.766	3.364
		高级技工	工日	2.919	2.961	0.561
材料	石油沥青		kg	3 608.000	3 608.000	—
	石英碎石(卵石)		m³	10.800	—	—
	碎石 15		m³	—	10.800	—
	汽油(综合)		kg	108.240	108.240	—
	硫酸 38%		kg	—	—	45.000
	水		m³	—	—	0.100
机械	沥青熔化炉 XLL-0.5t		台班	4.000	4.000	—

3. 防 腐 胶 泥

工作内容：清扫基层，制运胶泥，涂刷胶泥。　　计量单位：100m²

编号				10-144	10-145
项目				环氧稀胶泥	
				厚度(mm)	
				2	每增减 1
名称			单位	消耗量	
人工	合计工日		工日	15.400	5.200
	其中	普工	工日	4.620	1.560
		一般技工	工日	9.240	3.120
		高级技工	工日	1.540	0.520
材料	环氧稀胶泥		m³	0.210	0.100
	环氧树脂打底料		m³	0.014	—
	其他材料费		%	1.00	—
机械	轴流通风机 7.5kW		台班	2.000	—

工作内容：清扫基层，制运胶泥，涂刷胶泥。 **计量单位：**$100m^2$

编号				10-146	10-147
项目				双酚 A 型不饱和聚酯稀胶泥	
				厚度（mm）	
				2	每增减 1
名称			单位	消耗量	
人工	合计工日		工日	27.356	8.207
	其中	普工	工日	8.206	2.462
		一般技工	工日	16.414	4.924
		高级技工	工日	2.736	0.821
材料	双酚 A 型不饱和聚酯胶泥		m^3	0.213	0.100
	其他材料费		%	1.50	1.50
机械	轴流通风机 7.5kW		台班	2.000	—

工作内容：清扫基层，制运胶泥，涂刷胶泥。 **计量单位：**$100m^2$

编号				10-148	10-149
项目				二甲苯不饱和聚酯稀胶泥	
				厚度（mm）	
				2	每增减 1
名称			单位	消耗量	
人工	合计工日		工日	27.356	8.207
	其中	普工	工日	8.206	2.462
		一般技工	工日	16.414	4.924
		高级技工	工日	2.736	0.821
材料	二甲苯不饱和聚酯胶泥		m^3	0.213	0.100
	其他材料费		%	1.50	1.50
机械	轴流通风机 7.5kW		台班	2.000	—

4. 玻璃钢防腐

工作内容: 清理基层,填料干燥、过筛,腻子配置及嵌刮,胶浆配置涂刷,贴布(包括脱脂下料),面漆。

计量单位: 100m²

编号				10-150	10-151	10-152	10-153
项目				玻璃钢底漆及腻子		环氧玻璃钢	
				底漆每层	刮腻子	贴布每层	树脂每层
名称			单位	消耗量			
人工	合计工日		工日	2.715	1.666	22.582	1.728
	其中	普工	工日	0.814	0.499	6.775	0.518
		一般技工	工日	1.629	1.000	13.549	1.037
		高级技工	工日	0.272	0.167	2.258	0.173
材料	玻璃丝布 δ0.2		m²	—	—	115.000	—
	环氧树脂		kg	16.500	3.590	30.000	20.000
	丙酮		kg	9.680	0.720	6.090	4.290
	乙二胺		kg	0.840	0.250	1.260	0.840
	石英粉		kg	2.390	7.180	3.590	0.840
	纱布		张	—	40.000	20.000	—
	其他材料费		%	2.00	2.00	2.00	—
机械	轴流通风机 7.5kW		台班	1.000	1.600	5.000	1.000

工作内容：清理基层，填料干燥、过筛，腻子配置及嵌刮，胶浆配置涂刷，贴布（包括脱脂下料），面漆。

计量单位：100m²

编　　号				10-154	10-155	10-156	10-157
项　　目				环氧酚醛玻璃钢		酚醛玻璃钢	
				贴布每层	树脂每层	贴布每层	树脂每层
名　　称			单位	消　耗　量			
人工	合计工日		工日	22.582	1.604	22.582	1.604
	其中	普工	工日	6.775	0.482	6.775	0.482
		一般技工	工日	13.549	0.962	13.549	0.962
		高级技工	工日	2.258	0.160	2.258	0.160
材料	玻璃丝布 δ0.2		m²	115.000	—	115.000	—
	环氧树脂		kg	21.000	14.000	21.000	—
	酚醛树脂		kg	9.000	6.000	9.000	20.000
	丙酮		kg	5.190	1.200	15.920	—
	乙二胺		kg	0.900	0.600	1.570	—
	石英粉		kg	3.590	1.200	7.160	1.200
	纱布		张	20.000	—	—	—
	苯磺酰氯		kg	—	—	1.610	1.080
	酒精		kg	—	—	4.290	3.490
	其他材料费		%	2.00	—	2.00	—
机械	轴流通风机 7.5kW		台班	5.000	1.000	5.000	1.000

工作内容：清理基层，填料干燥、过筛，腻子配置及嵌刮，胶浆配置涂刷，贴布（包括脱脂下料），面漆。

计量单位：100m²

编号				10-158	10-159
项目				环氧呋喃玻璃钢	
				贴布每层	树脂每层
名称			单位	消耗量	
人工	合计工日		工日	22.582	1.851
	其中	普工	工日	6.775	0.555
		一般技工	工日	13.549	1.111
		高级技工	工日	2.258	0.185
材料	玻璃丝布 δ0.2		m²	115.000	—
	环氧树脂		kg	21.000	14.000
	呋喃树脂		kg	9.000	6.000
	乙二胺		kg	0.900	0.600
	丙酮		kg	2.690	1.200
	石英粉		kg	2.690	1.200
	纱布		张	20.000	—
机械	轴流通风机 7.5kW		台班	5.000	1.000

工作内容：清理基层，填料干燥、过筛，腻子配置及嵌刮，胶浆配置涂刷，贴布（包括脱脂下料），面漆。

计量单位：100m²

编号				10-160	10-161	10-162	10-163
项目				环氧煤焦油玻璃钢			
				底漆每层	刮腻子	贴布每层	树脂每层
名称			单位	消耗量			
人工	合计工日		工日	6.500	15.000	55.000	6.500
	其中	普工	工日	1.950	4.500	16.500	1.950
		一般技工	工日	3.900	9.000	33.000	3.900
		高级技工	工日	0.650	1.500	5.500	0.650
材料	玻璃丝布 δ0.2		m²	—	—	115.000	—
	环氧煤焦油		kg	23.000	30.000	60.000	23.000
	NSJ－Ⅱ稀释剂		kg	1.200	—	3.000	1.200
	石英粉		kg	—	33.000	—	—
	其他材料费		%	2.00	2.00	2.00	2.00
机械	轴流通风机 7.5kW		台班	1.000	2.000	5.000	1.000

工作内容：清理基层，填料干燥、过筛，腻子配置及嵌刮，胶浆配置涂刷，贴布（包括脱脂下料），面漆。

计量单位：100m²

编号				10-164	10-165	10-166	10-167
项目				不饱和聚酯树脂玻璃钢			
				底漆每层	刮腻子	贴布每层	树脂每层
名称			单位	消耗量			
人工	合计工日		工日	7.000	15.000	46.530	6.000
	其中	普工	工日	2.100	4.500	13.959	1.800
		一般技工	工日	4.200	9.000	27.918	3.600
		高级技工	工日	0.700	1.500	4.653	0.600
材料	不饱和聚酯树脂		kg	30.100	40.200	45.000	20.000
	促进剂 KA		kg	0.700	0.900	1.000	0.500
	NSJ-Ⅱ稀释剂		kg	4.500	—	—	—
	引发剂		kg	0.900	1.200	1.300	0.600
	石英粉		kg	—	48.000	—	—
	石英砂（综合）		kg	—	—	—	35.000
	玻璃丝布 δ0.2~0.4		m²	—	—	115.000	—
	其他材料费		%	2.00	2.00	2.00	2.00
机械	轴流通风机 7.5kW		台班	1.000	5.000	5.000	1.000

工作内容：清理基层，填料干燥、过筛，腻子配置及嵌刮，胶浆配置涂刷，贴布（包括脱脂下料），面漆。

计量单位：100m²

编号				10-168	10-169	10-170	10-171
项目				不饱和聚酯树脂玻璃钢			
				短切毡	表面毡	玻璃丝布（mm）	
						0.2	0.4
名称			单位	消耗量			
人工	合计工日		工日	55.000	27.500	35.000	35.000
	其中	普工	工日	16.500	8.250	10.500	10.500
		一般技工	工日	33.000	16.500	21.000	21.000
		高级技工	工日	5.500	2.750	3.500	3.500
材料	不饱和聚酯树脂		kg	110.000	110.000	45.000	75.000
	促进剂 KA		kg	2.900	2.000	1.000	1.700
	引发剂		kg	3.900	2.700	1.300	2.300
	玻璃纤维布 $\delta0.2$		m²	—	—	115.000	—
	玻璃纤维布 $\delta0.4$		m²	—	—	—	115.000
	短切毡		m²	115.000	—	—	—
	表面毡		m²	—	115.000	—	—
	其他材料费		%	2.00	2.00	2.00	2.00
机械	轴流通风机 7.5kW		台班	5.000	5.000	5.000	5.000

工作内容：撒砂。

计量单位：100m²

编号				10-172	10-173
项目				玻璃钢撒砂	
				平面	立面
名称			单位	消耗量	
人工	合计工日		工日	1.300	1.820
	其中	普工	工日	0.390	0.546
		一般技工	工日	0.780	1.092
		高级技工	工日	0.130	0.182
材料	石英砂（综合）		kg	30.000	35.000

5. 软聚氯乙烯板

工作内容：清理基层，配料、下料、涂胶铺贴，滚压、养护、焊接缝整平，安装压条，铺贴板。

计量单位：$100m^2$

编　号				10-174
项　目				软聚氯乙烯板地面
名　称			单位	消　耗　量
人工	合计工日		工日	59.526
	其中	普工	工日	17.857
		一般技工	工日	35.716
		高级技工	工日	5.953
材料	防腐油		kg	6.750
	软聚氯乙烯塑料板 δ3		m^2	149.020
	聚氯乙烯焊条（综合）		kg	2.226
	XY-401 胶		kg	90.000
	板枋材		m^3	0.339
	聚氯乙烯薄膜		kg	0.100
	木压条 15×40		m	0.176
	NSJ-Ⅱ稀释剂		kg	35.300
	白布		m^2	3.570
	圆头木螺钉		100个	3.805
	圆钉		kg	1.081
	纱布		张	70.000
机械	轴流通风机 7.5kW		台班	1.400

6. 块 料 防 腐

(1)平 面 块 料

工作内容：清理基层，清洗砖板，制运胶泥，涂底料，铺砌砖板。 **计量单位：**100m²

编号			10-175	10-176	10-177	10-178
项目			环氧树脂胶泥结合、环氧树脂胶泥勾缝砖（板）厚（mm）			
			瓷砖		瓷板	陶板
			230×113×65		150×150×30	
			65	113	30	
名称		单位	消耗量			
人工	合计工日	工日	76.260	99.210	79.030	79.540
人工	其中 普工	工日	22.878	29.763	23.709	23.862
人工	其中 一般技工	工日	45.756	59.526	47.418	47.724
人工	其中 高级技工	工日	7.626	9.921	7.903	7.954
材料	耐酸瓷砖 230×113×65	块	3 774.144	6 438.127	—	—
材料	耐酸板 150×150×30	块	—	—	4 442.667	—
材料	耐酸陶板 150×150×30	块	—	—	—	4 442.667
材料	环氧树脂胶泥 1∶0.1∶0.08∶2	m^3	1.090	1.600	0.850	0.850
材料	环氧树脂胶泥打底料	m^3	0.200	0.200	0.200	0.200
材料	水	m^3	6.000	8.000	5.000	5.000
材料	电	kW·h	9.060	9.060	9.060	9.060
机械	轴流通风机 7.5kW	台班	2.000	2.000	2.000	2.000

工作内容：清理基层，清洗砖板，制运胶泥，涂底料，铺砌砖板。　　**计量单位：**$100m^2$

编　号				10-179	10-180	10-181	10-182
项　目				酚醛树脂胶泥结合、环氧树脂胶泥勾缝砖（板）厚度（mm）			
				瓷砖		瓷板	陶板
				230×113×65		150×150×30	
				65	113	30	
名　称			单位	消　耗　量			
人工	合计工日		工日	76.260	99.210	79.030	79.540
	其中	普工	工日	22.878	29.763	23.709	23.862
		一般技工	工日	45.756	59.526	47.418	47.724
		高级技工	工日	7.626	9.921	7.903	7.954
材料	耐酸瓷砖 230×113×65		块	3 774.144	6 438.127	—	—
	耐酸板 150×150×30		块	—	—	4 442.667	—
	耐酸陶板 150×150×30		块	—	—	—	4 442.667
	酚醛树脂胶泥 1∶0.08∶0.06∶1.8		m^3	0.890	1.300	0.750	0.750
	酚醛树脂打底料		m^3	0.200	0.200	0.200	0.200
	水		m^3	6.000	8.000	5.000	5.000
	电		kW·h	9.060	9.060	9.060	9.060
	环氧树脂胶泥 1∶0.08∶0.1∶1		m^3	0.200	0.300	0.100	0.100
机械	轴流通风机 7.5kW		台班	2.000	2.000	2.000	2.000

工作内容:清理基层,清洗砖板,制运胶泥,涂底料,铺砌砖板。 **计量单位:**100m²

编号				10-183	10-184	10-185	10-186
项目				环氧酚醛胶泥结合、环氧树脂胶泥勾缝砖(板)厚度(mm)			
				瓷砖		瓷板	陶板
				230×113×65		150×150×30	
				65	113	30	
名称			单位	消耗量			
人工	合计工日		工日	75.530	99.080	78.370	78.920
	其中	普工	工日	22.659	29.724	23.511	23.676
		一般技工	工日	45.318	59.448	47.022	47.352
		高级技工	工日	7.553	9.908	7.837	7.892
材料	耐酸瓷砖 230×113×65		块	3 774.144	6 438.127	—	—
	耐酸板 150×150×30		块	—	—	4 442.667	—
	耐酸陶板 150×150×30		块	—	—	—	4 442.667
	环氧酚醛胶泥 0.7:0.3:0.06:0.05:1.7		m^3	0.900	1.300	0.700	0.700
	环氧酚醛树脂打底料		m^3	0.200	0.200	0.200	0.200
	水		m^3	6.000	8.000	5.000	5.000
	电		kW·h	9.060	9.060	9.060	9.060
	环氧树脂胶泥 1:0.08:0.1:1		m^3	0.200	0.300	0.100	0.100
机械	轴流通风机 7.5kW		台班	2.000	2.000	2.000	2.000

工作内容：清理基层，清洗砖板，制运胶泥，涂底料，铺砌砖板。　　　　**计量单位：**100m²

编　　号				10-187	10-188	10-189	10-190
项　　目				呋喃树脂胶泥结合、环氧树脂胶泥勾缝砖（板）厚度（mm）			
				瓷砖		瓷板	陶板
				230×113×65		150×150×30	
				65	113	30	
名　　称			单位	消　耗　量			
人工	合计工日		工日	76.260	99.210	79.030	79.540
	其中	普工	工日	22.878	29.763	23.709	23.862
		一般技工	工日	45.756	59.526	47.418	47.724
		高级技工	工日	7.626	9.921	7.903	7.954
材料	耐酸瓷砖 230×113×65		块	3 774.144	6 438.127	—	—
	耐酸板 150×150×30		块	—	—	4 442.667	—
	耐酸陶板 150×150×30		块	—	—	—	4 442.667
	呋喃树脂胶泥		m^3	0.890	1.300	0.750	0.750
	呋喃树脂打底料		m^3	0.200	0.200	0.200	0.200
	水		m^3	6.000	8.000	5.000	5.000
	电		kW·h	9.060	9.060	9.060	9.060
	环氧树脂胶泥 1∶0.08∶0.1∶1		m^3	0.200	0.300	0.100	0.100
机械	轴流通风机 7.5kW		台班	2.000	2.000	2.000	2.000

工作内容：清理基层，清洗砖板，制运胶泥，涂底料，铺砌砖板。 **计量单位：**100m²

编号				10-191	10-192	10-193	10-194
项目				环氧呋喃胶泥结合、环氧树脂胶泥勾缝砖（板）厚度（mm）			
				瓷砖		瓷板	陶板
				230×113×65		150×150×30	
				65	113	30	
名称			单位	消耗量			
人工	合计工日		工日	75.530	99.080	78.370	78.920
	其中	普工	工日	22.659	29.724	23.511	23.676
		一般技工	工日	45.318	59.448	47.022	47.352
		高级技工	工日	7.553	9.908	7.837	7.892
材料	耐酸瓷砖 230×113×65		块	3 774.144	6 438.127	—	—
	耐酸板 150×150×30		块	—	—	4 442.667	—
	耐酸陶板 150×150×30		块	—	—	—	4 442.667
	呋喃树脂胶泥		m^3	0.900	1.300	0.700	0.700
	环氧呋喃树脂底料		m^3	0.200	0.200	0.200	0.200
	水		m^3	6.000	8.000	5.000	5.000
	电		kW·h	9.060	9.060	9.060	9.060
	环氧树脂胶泥 1:0.08:0.1:1		m^3	0.200	0.300	0.100	0.100
机械	轴流通风机 7.5kW		台班	2.000	2.000	2.000	2.000

工作内容：清理基层，清洗砖板，制运胶泥，涂底料，铺砌砖板。　　**计量单位：**100m²

编号				10-195	10-196	10-197	10-198
项目				不饱和聚酯胶泥结合、环氧树脂胶泥勾缝（邻苯型、双酚A型）砖（板）厚度（mm）			
				瓷砖		瓷板	陶板
				230×113×65		150×150×30	
				65	113	30	
名称			单位	消耗量			
人工	合计工日		工日	78.310	101.790	81.080	81.620
	其中	普工	工日	23.493	30.537	24.324	24.486
		一般技工	工日	46.986	61.074	48.648	48.972
		高级技工	工日	7.831	10.179	8.108	8.162
材料	耐酸瓷砖 230×113×65		块	3 774.144	6 438.127	—	—
	耐酸板 150×150×30		块	—	—	4 442.667	—
	耐酸陶板 150×150×30		块	—	—	—	4 442.667
	双酚A型不饱和聚酯胶泥		m^3	0.900	1.300	0.700	0.700
	呋喃树脂打底料		m^3	0.200	0.200	0.200	0.200
	水		m^3	6.000	8.000	5.000	5.000
	电		kW·h	9.060	9.060	9.060	9.060
	环氧树脂胶泥 1:0.08:0.1:1		m^3	0.200	0.300	0.100	0.100
机械	轴流通风机 7.5kW		台班	2.000	2.000	2.000	2.000

工作内容：清理基层，清洗砖板，制运胶泥，涂底料，铺砌砖板。 **计量单位：**100m²

编号				10-199	10-200	10-201	10-202
项目				环氧煤焦油胶泥结合、环氧树脂胶泥勾缝砖（板）厚度（mm）			
				瓷砖		瓷板	陶板
				230×113×65		150×150×30	
				65	113	30	
名称			单位	消耗量			
人工	合计工日		工日	75.530	99.080	78.370	78.920
	其中	普工	工日	22.659	29.724	23.511	23.676
		一般技工	工日	45.318	59.448	47.022	47.352
		高级技工	工日	7.553	9.908	7.837	7.892
材料	耐酸瓷砖 230×113×65		块	3 774.144	6 438.127	—	—
	耐酸板 150×150×30		块	—	—	4 442.667	—
	耐酸陶板 150×150×30		块	—	—	—	4 442.667
	环氧煤焦油胶泥 0.5:0.5:0.04:2.2		m^3	0.900	1.300	0.700	0.700
	环氧煤焦油树脂底料		m^3	0.200	0.200	0.200	0.200
	水		m^3	6.000	8.000	5.000	5.000
	电		kW·h	9.060	9.060	9.060	9.060
	环氧树脂胶泥 1:0.08:0.1:1		m^3	0.200	0.300	0.100	0.100
机械	轴流通风机 7.5kW		台班	2.000	2.000	2.000	2.000

工作内容：清理基层，清洗砖板，制运胶泥，涂底料，铺砌砖板。　　　　**计量单位：**$100m^2$

编　号				10-203	10-204	10-205	10-206
项　目				环氧煤焦油胶泥铺砌 砖厚度（mm）			
				缸砖			
				300×200×45	300×200×65	300×200×80	300×200×100
				45	65	80	100
名　称			单位	消　耗　量			
人工	合计工日		工日	96.000	96.000	100.000	100.000
	其中	普工	工日	28.800	28.800	30.000	30.000
		一般技工	工日	57.600	57.600	60.000	60.000
		高级技工	工日	9.600	9.600	10.000	10.000
材料	耐酸缸砖 300×200×45		块	1 700.000	—	—	—
	耐酸缸砖 300×200×65		块	—	1 700.000	—	—
	耐酸缸砖 300×200×80		块	—	—	1 700.000	—
	耐酸缸砖 300×200×100		块	—	—	—	1 700.000
	环氧煤焦油		kg	784.000	800.000	818.000	835.400
	石英粉		kg	1 411.000	1 440.000	1 472.000	1 506.000
	聚苯乙烯板 $\delta 40$		m^2	2.000	2.000	2.000	2.000
	电		kW·h	9.060	9.060	9.060	9.060
机械	轴流通风机 7.5kW		台班	2.000	2.000	2.000	2.000

工作内容：清理基层，清洗砖板，制运胶泥，涂底料，铺砌砖板。 **计量单位：**100m²

编号				10-207	10-208	10-209	10-210	10-211
项目				水玻璃耐酸胶泥结合、环氧树脂胶泥勾缝砖（板）厚度（mm）				水玻璃耐酸胶泥铺砌砖（板）厚度（mm）
				瓷砖		瓷板	陶板	花岗岩板
				230×113×65		150×150×30		500×400×80
				65	113	30		80
名称			单位	消耗量				
人工	合计工日		工日	76.780	99.210	79.510	79.510	72.929
	其中	普工	工日	23.034	29.763	23.853	23.853	21.879
		一般技工	工日	46.068	59.526	47.706	47.706	43.757
		高级技工	工日	7.678	9.921	7.951	7.951	7.293
材料	耐酸瓷砖 230×113×65		块	3 774.144	6 438.127	—	—	—
	耐酸板 150×150×30		块	—	—	4 442.667	—	—
	耐酸陶板 150×150×30		块	—	—	—	4 442.667	—
	花岗岩 500×400×80		m²	—	—	—	—	101.500
	水玻璃胶泥 1∶0.15∶1.2∶1.1		m³	0.890	1.710	0.750	0.750	2.200
	水		m³	6.000	8.000	5.000	5.000	6.000
	电		kW·h	9.060	9.060	9.060	9.060	11.070
	环氧树脂胶泥 1∶0.08∶0.1∶1		m³	0.200	0.300	0.100	0.100	—
机械	轴流通风机 7.5kW		台班	2.000	2.000	2.000	2.000	2.000

工作内容：清理基层，清洗砖板，制运胶泥，涂底料，铺砌砖板。 **计量单位：**100m²

编号				10-212	10-213	10-214	10-215
项目				耐酸沥青胶泥结合、环氧树脂胶泥勾缝 砖（板）厚度（mm）			
				瓷砖		瓷板	陶板
				230×113×65		150×150×30	
				65	113	30	
名称			单位	消耗量			
人工	合计工日		工日	76.800	99.230	79.510	79.510
	其中	普工	工日	23.040	29.769	23.853	23.853
		一般技工	工日	46.080	59.538	47.706	47.706
		高级技工	工日	7.680	9.923	7.951	7.951
材料	耐酸瓷砖 230×113×65		块	3 774.144	6 438.127	—	—
	耐酸板 150×150×30		块	—	—	4 442.667	—
	耐酸陶板 150×150×30		块	—	—	—	4 442.667
	耐酸沥青胶泥 砌块材用 1:1:0.05		m^3	0.660	0.920	0.560	0.520
	冷底子油		kg	84.000	84.000	84.000	84.000
	水		m^3	6.000	8.000	5.000	5.000
	环氧树脂胶泥 1:0.08:0.1:1		m^3	0.200	0.300	0.100	0.100
机械	轴流通风机 7.5kW		台班	2.000	2.000	2.000	2.000
	沥青熔化炉 XLL-0.5t		台班	0.152	0.219	0.129	0.120

工作内容：清理基层，清洗砖板，制运砂浆，涂底料，铺砌砖板。 **计量单位：**$100m^2$

编号				10-216	10-217
项目				水玻璃耐酸砂浆铺砌板厚度（mm）	耐酸沥青砂浆铺砌板厚度（mm）
				花岗岩板	
				500×400×80	
				80	
名称			单位	消耗量	
人工	合计工日		工日	72.590	72.070
	其中	普工	工日	21.777	21.621
		一般技工	工日	43.554	43.242
		高级技工	工日	7.259	7.207
材料	花岗岩 500×400×80		m^2	101.500	101.500
	水玻璃耐酸砂浆 1∶0.15∶1.1∶1∶2.6		m^3	1.700	—
	耐酸沥青砂浆		m^3	—	1.640
	水		m^3	6.000	6.000
	电		kW·h	11.070	11.070
机械	轴流通风机 7.5kW		台班	2.000	2.000

工作内容: 清理基层,清洗砖板,调运胶泥,铺砌块材,树脂胶泥勾缝。 **计量单位:** 100m²

编号				10-218	10-219	10-220	10-221
项目				水玻璃耐酸胶泥结合、环氧树脂胶泥勾缝			
				瓷砖		瓷板	陶板
				230×113×65		150×150×30	
				65	113	30	
名称			单位	消耗量			
人工	合计工日		工日	76.960	103.640	83.920	82.920
	其中	普工	工日	23.088	31.092	25.176	24.876
		一般技工	工日	46.176	62.184	50.352	49.752
		高级技工	工日	7.696	10.364	8.392	8.292
材料	耐酸瓷砖 230×113×65		块	3 586.350	5 977.258	—	—
	耐酸板 150×150×30		块	—	—	4 219.111	—
	耐酸陶板 150×150×30		块	—	—	—	4 219.111
	水玻璃胶泥 1:0.15:1.2:1.1		m³	1.040	1.500	0.790	0.790
	环氧树脂胶泥 1:0.08:0.1:2		m³	0.180	0.260	0.110	0.110
	水		m³	6.000	6.000	4.000	4.000
	电		kW·h	9.060	9.060	9.060	9.060
机械	轴流通风机 7.5kW		台班	2.000	2.000	2.000	2.000

工作内容：清理基层，清洗花岗岩板，调运胶泥，铺砌块材，树脂胶泥勾缝。 **计量单位：**100m²

编号				10-222
项目				水玻璃耐酸胶泥结合、环氧树脂胶泥勾缝 铺砌厚度（mm）
				花岗岩板
				500×400×80
				80
名称			单位	消耗量
人工	合计工日		工日	74.450
	其中	普工	工日	22.335
		一般技工	工日	44.670
		高级技工	工日	7.445
材料	花岗岩 500×400×80		m^2	101.500
	环氧树脂胶泥 1∶0.08∶0.1∶2		m^3	0.100
	水玻璃胶泥 1∶0.15∶1.2∶1.1		m^3	2.100
	环氧树脂打底料		m^3	0.100
	硫酸 38%		kg	5.000
	水		m^3	6.000
	电		kW·h	11.070
机械	轴流通风机 7.5kW		台班	2.000

工作内容：清理基层，清洗砖板，调运砂浆、胶泥，铺砌块材，树脂胶泥勾缝。　　**计量单位：**100m^2

编　号				10-223	10-224	10-225	10-226
项　目				水玻璃耐酸砂浆结合、环氧树脂胶泥勾缝 铺砌厚度（mm）			
				瓷砖		瓷板	陶板
				230×113×65		150×150×30	
				65	113	30	
名　称			单位	消　耗　量			
人工	合计工日		工日	84.530	107.200	85.950	85.950
	其中	普工	工日	25.359	32.160	25.785	25.785
		一般技工	工日	50.718	64.320	51.570	51.570
		高级技工	工日	8.453	10.720	8.595	8.595
材料	耐酸瓷砖 230×113×65		块	3 586.350	5 977.258	—	—
	耐酸板 150×150×30		块	—	—	4 219.110	—
	耐酸陶板 150×150×30		块	—	—	—	4 219.110
	水玻璃耐酸砂浆 1∶0.15∶1.1∶1∶2.6		m^3	1.300	2.100	1.000	1.000
	环氧树脂胶泥 1∶0.08∶0.1∶2		m^3	0.200	0.300	0.100	0.100
	水玻璃胶泥 1∶0.15∶1.2∶1.1		m^3	0.200	0.200	0.200	0.200
	环氧树脂打底料		m^3	0.100	0.100	0.100	0.100
	硫酸 38%		kg	8.600	12.200	8.600	8.600
	水		m^3	6.000	8.000	5.000	5.000
	电		kW·h	9.060	9.060	9.060	9.060
机械	轴流通风机 7.5kW		台班	2.000	2.000	2.000	2.000

工作内容：清理基层，清洗花岗岩板，调运砂浆、胶泥，铺砌块材，树脂胶泥勾缝。 **计量单位：**$100m^2$

编号				10-227
项目				水玻璃耐酸砂浆结合、环氧树脂胶泥勾缝 铺砌厚度（mm）
				花岗岩板
				500×400×80
				80
名称			单位	消耗量
人工	合计工日		工日	77.900
	其中	普工	工日	23.370
		一般技工	工日	46.740
		高级技工	工日	7.790
材料	花岗岩 500×400×80		m^2	101.500
	水玻璃耐酸砂浆 1:0.15:1.1:1:2.6		m^3	1.900
	环氧树脂胶泥 1:0.08:0.1:2		m^3	0.100
	水玻璃胶泥 1:0.15:1.2:1.1		m^3	0.200
	环氧树脂打底料		m^3	0.100
	硫酸 38%		kg	5.000
	水		m^3	6.000
	电		kW·h	11.070
机械	轴流通风机 7.5kW		台班	2.000

工作内容： 清理基层，运清洗砖板，调运砂浆、胶泥，铺砌块材，树脂胶泥勾缝。　　**计量单位：** 100m²

编　号				10-228	10-229	10-230	10-231	10-232
项　目				1:2 水泥砂浆结合、环氧树脂胶泥勾缝 铺砌厚度（mm）				
				瓷砖		瓷板	陶板	花岗岩
				230×113×65		150×150×30		500×400×80
				65	113	30		80
名　称			单位	消　耗　量				
人工	合计工日		工日	78.980	100.230	83.110	83.110	77.900
	其中	普工	工日	23.694	30.069	24.933	24.933	23.370
		一般技工	工日	47.388	60.138	49.866	49.866	46.740
		高级技工	工日	7.898	10.023	8.311	8.311	7.790
材料	耐酸瓷砖 230×113×65		块	3 586.350	5 977.258	—	—	—
	耐酸板 150×150×30		块	—	—	4 219.110	—	—
	耐酸陶板 150×150×30		块	—	—	—	4 219.110	—
	花岗岩 500×400×80		m²	—	—	—	—	101.500
	水泥砂浆 1:2		m³	1.300	2.100	1.000	1.000	1.000
	环氧树脂胶泥 1:0.08:0.1:2		m³	0.200	0.300	0.100	0.100	0.100
	环氧树脂打底料		m³	0.100	0.100	0.100	0.100	0.100
	硫酸 38%		kg	8.600	12.200	8.600	8.600	5.000
	水		m³	6.000	8.000	5.000	5.000	6.000
机械	轴流通风机 7.5kW		台班	2.000	2.000	2.000	2.000	—
	灰浆搅拌机 200L		台班	1.000	1.000	1.000	1.000	1.000

(2)立面块料

工作内容：清理基层，清洗砖板，调运胶泥，涂底料，铺砌砖板。 **计量单位：**$100m^2$

编号			10-233	10-234	10-235	10-236
项目			环氧树脂胶泥结合、环氧树脂胶泥勾缝 板(砖)厚度(mm)			
			瓷砖		瓷板	陶板
			230×113×65		150×150×30	
			65	113	30	
名称		单位	消耗量			
人工	合计工日	工日	107.340	138.740	112.210	112.210
人工	其中 普工	工日	32.202	41.622	33.663	33.663
人工	其中 一般技工	工日	64.404	83.244	67.326	67.326
人工	其中 高级技工	工日	10.734	13.874	11.221	11.221
材料	耐酸瓷砖 230×113×65	块	3 774.144	6 438.127	—	—
材料	耐酸板 150×150×30	块	—	—	4 442.667	—
材料	耐酸陶板 150×150×30	块	—	—	—	4 442.667
材料	环氧树脂胶泥 1:0.08:0.1:2	m^3	0.900	1.300	0.700	0.700
材料	环氧树脂打底料	m^3	0.200	0.200	0.200	0.200
材料	水	m^3	6.000	8.000	5.000	5.000
材料	电	kW·h	9.060	9.060	9.060	9.060
材料	环氧树脂胶泥 1:0.08:0.1:1	m^3	0.200	0.300	0.100	0.100
机械	轴流通风机 7.5kW	台班	2.000	2.000	2.000	2.000

工作内容：清理基层，清洗砖板，调运胶泥，涂底料，铺砌砖板。　　　　**计量单位：**100m²

编　号				10-237	10-238	10-239	10-240
项　目				环氧酚醛胶泥结合、环氧树脂胶泥勾缝 砖（板）厚度（mm）			
				瓷砖		瓷板	陶板
				230×113×65		150×150×30	
				65	113	30	
名　称			单位	消　耗　量			
人工	合计工日		工日	107.340	138.740	112.210	112.210
	其中	普工	工日	32.202	41.622	33.663	33.663
		一般技工	工日	64.404	83.244	67.326	67.326
		高级技工	工日	10.734	13.874	11.221	11.221
材料	耐酸瓷砖 230×113×65		块	3 774.144	6 438.127	—	—
	耐酸板 150×150×30		块	—	—	4 442.667	—
	耐酸陶板 150×150×30		块	—	—	—	4 442.667
	环氧酚醛胶泥 0.7∶0.3∶0.06∶0.05∶1.7		m^3	0.900	1.300	0.700	0.700
	环氧酚醛树脂打底料		m^3	0.200	0.200	0.200	0.200
	水		m^3	6.000	8.000	5.000	5.000
	电		kW·h	9.060	9.060	9.060	9.060
	环氧树脂胶泥 1∶0.08∶0.1∶1		m^3	0.200	0.300	0.100	0.100
机械	轴流通风机 7.5kW		台班	2.000	2.000	2.000	2.000

工作内容：清理基层，清洗砖板，调运胶泥，涂底料，铺砌砖板。 **计量单位：**$100m^2$

编号			10-241	10-242	10-243	10-244
项目			环氧呋喃胶泥结合、环氧树脂胶泥勾缝 砖（板）厚度（mm）			
			瓷砖		瓷板	陶板
			230×113×65		150×150×30	
			65	113	30	
名称		单位	消耗量			
人工	合计工日	工日	107.340	138.740	112.210	112.210
人工	其中 普工	工日	32.202	41.622	33.663	33.663
人工	其中 一般技工	工日	64.404	83.244	67.326	67.326
人工	其中 高级技工	工日	10.734	13.874	11.221	11.221
材料	耐酸瓷砖 230×113×65	块	3 774.144	6 438.127	—	—
材料	耐酸板 150×150×30	块	—	—	4 442.667	—
材料	耐酸陶板 150×150×30	块	—	—	—	4 442.667
材料	呋喃树脂胶泥	m^3	0.900	1.300	0.700	0.700
材料	环氧呋喃树脂底料	m^3	0.200	0.200	0.200	0.200
材料	水	m^3	6.000	8.000	5.000	5.000
材料	电	kW·h	9.060	9.060	9.060	9.060
材料	环氧树脂胶泥 1∶0.08∶0.1∶1	m^3	0.200	0.300	0.100	0.100
机械	轴流通风机 7.5kW	台班	2.000	2.000	2.000	2.000

工作内容：清理基层，清洗砖板，调运胶泥，涂底料，铺砌砖板。　　　　**计量单位：**100m²

<table>
<tr><td colspan="4">编　　号</td><td>10-245</td><td>10-246</td><td>10-247</td><td>10-248</td></tr>
<tr><td colspan="4" rowspan="4">项　　目</td><td colspan="4">酚醛树脂胶泥结合、环氧树脂胶泥勾缝 板（砖）厚度（mm）</td></tr>
<tr><td colspan="2">瓷砖</td><td>瓷板</td><td>陶板</td></tr>
<tr><td colspan="2">230 × 113 × 65</td><td colspan="2">150 × 150 × 30</td></tr>
<tr><td>65</td><td>113</td><td colspan="2">30</td></tr>
<tr><td colspan="3">名　　称</td><td>单位</td><td colspan="4">消　耗　量</td></tr>
<tr><td rowspan="4">人工</td><td colspan="2">合计工日</td><td>工日</td><td>110.000</td><td>141.450</td><td>114.920</td><td>114.920</td></tr>
<tr><td rowspan="3">其中</td><td>普工</td><td>工日</td><td>33.000</td><td>42.435</td><td>34.476</td><td>34.476</td></tr>
<tr><td>一般技工</td><td>工日</td><td>66.000</td><td>84.870</td><td>68.952</td><td>68.952</td></tr>
<tr><td>高级技工</td><td>工日</td><td>11.000</td><td>14.145</td><td>11.492</td><td>11.492</td></tr>
<tr><td rowspan="8">材料</td><td colspan="2">耐酸瓷砖 230 × 113 × 65</td><td>块</td><td>3 774.144</td><td>6 438.127</td><td>—</td><td>—</td></tr>
<tr><td colspan="2">耐酸板 150 × 150 × 30</td><td>块</td><td>—</td><td>—</td><td>4 442.667</td><td>—</td></tr>
<tr><td colspan="2">耐酸陶板 150 × 150 × 30</td><td>块</td><td>—</td><td>—</td><td>—</td><td>4 442.667</td></tr>
<tr><td colspan="2">酚醛树脂胶泥 1#</td><td>m³</td><td>0.900</td><td>1.300</td><td>0.700</td><td>0.700</td></tr>
<tr><td colspan="2">环氧酚醛树脂打底料</td><td>m³</td><td>0.200</td><td>0.200</td><td>0.200</td><td>0.200</td></tr>
<tr><td colspan="2">水</td><td>m³</td><td>6.000</td><td>8.000</td><td>5.000</td><td>5.000</td></tr>
<tr><td colspan="2">电</td><td>kW·h</td><td>9.060</td><td>9.060</td><td>9.060</td><td>9.060</td></tr>
<tr><td colspan="2">环氧树脂胶泥 1∶0.08∶0.1∶1</td><td>m³</td><td>0.200</td><td>0.300</td><td>0.100</td><td>0.100</td></tr>
<tr><td>机械</td><td colspan="2">轴流通风机 7.5kW</td><td>台班</td><td>2.000</td><td>2.000</td><td>2.000</td><td>2.000</td></tr>
</table>

工作内容：清理基层，清洗砖板，调运胶泥，涂底料，铺砌砖板。　　　　**计量单位：**100m²

编号				10-249	10-250	10-251	10-252
项目				环氧煤焦油胶泥结合、环氧树脂胶泥勾缝 砖（板）厚度（mm）			
				瓷砖		瓷板	陶板
				230×113×65		150×150×30	
				65	113	30	
名称			单位	消耗量			
人工	合计工日		工日	107.000	138.740	112.210	112.210
	其中	普工	工日	32.100	41.622	33.663	33.663
		一般技工	工日	64.200	83.244	67.326	67.326
		高级技工	工日	10.700	13.874	11.221	11.221
材料	耐酸瓷砖 230×113×65		块	3 774.144	6 438.127	—	—
	耐酸板 150×150×30		块	—	—	4 442.667	—
	耐酸陶板 150×150×30		块	—	—	—	4 442.667
	环氧煤焦油胶泥 0.5∶0.5∶0.04∶2.2		m^3	0.900	1.300	0.700	0.700
	环氧煤焦油树脂底料		m^3	0.200	0.200	0.200	0.200
	水		m^3	6.000	8.000	5.000	5.000
	电		kW·h	9.060	9.060	9.060	9.060
	环氧树脂胶泥 1∶0.08∶0.1∶1		m^3	0.200	0.300	0.100	0.100
机械	轴流通风机 7.5kW		台班	2.000	2.000	2.000	2.000

工作内容：清理基层，清洗砖板，调运胶泥，涂底料，铺砌砖板。 **计量单位：**$100m^2$

编号				10-253	10-254	10-255	10-256
项目				环氧煤焦油胶泥铺砌 砖（板）厚度（mm）			
				缸砖			
				300×200×45	300×200×65	300×200×80	300×200×100
				45	65	80	100
名称			单位	消耗量			
人工	合计工日		工日	120.000	120.000	128.000	128.000
	其中	普工	工日	36.000	36.000	38.400	38.400
		一般技工	工日	72.000	72.000	76.800	76.800
		高级技工	工日	12.000	12.000	12.800	12.800
材料	耐酸缸砖 300×200×45		块	1 700.000	—	—	—
	耐酸缸砖 300×200×65		块	—	1 700.000	—	—
	耐酸缸砖 300×200×80		块	—	—	1 700.000	—
	耐酸缸砖 300×200×100		块	—	—	—	1 700.000
	聚苯乙烯板 δ40		m^2	2.000	2.000	2.000	2.000
	环氧煤焦油		kg	996.000	1 016.000	1 038.000	1 063.000
	石英粉		kg	1 793.000	1 829.000	1 869.000	1 913.000
	电		kW·h	9.060	9.060	9.060	9.060
机械	轴流通风机 7.5kW		台班	2.000	2.000	2.000	2.000

工作内容：清理基层，清洗砖板，调运胶泥，涂底料，铺砌砖板。 **计量单位：**100m²

编号			10-257	10-258	10-259	10-260
项目			不饱和聚酯胶泥结合、环氧树脂胶泥勾缝（邻苯型、双酚A型）砖（板）厚度（mm）			
			瓷砖		瓷板	陶板
			230×113×65		150×150×30	
			65	113	30	
名称		单位	消耗量			
人工	合计工日	工日	110.050	141.450	114.920	114.920
	其中 普工	工日	33.015	42.435	34.476	34.476
	其中 一般技工	工日	66.030	84.870	68.952	68.952
	其中 高级技工	工日	11.005	14.145	11.492	11.492
材料	耐酸瓷砖 230×113×65	块	3 774.144	6 438.127	—	—
	耐酸板 150×150×30	块	—	—	4 442.667	—
	耐酸陶板 150×150×30	块	—	—	—	4 442.667
	双酚A型不饱和聚酯胶泥	m³	0.900	1.300	0.700	0.700
	双酚A型不饱和聚酯胶泥 底料	m³	0.200	0.200	0.200	0.200
	水	m³	6.000	8.000	5.000	5.000
	电	kW·h	9.060	9.060	9.060	9.060
	环氧树脂胶泥 1∶0.08∶0.1∶1	m³	0.200	0.300	0.100	0.100
机械	轴流通风机 7.5kW	台班	2.000	2.000	2.000	2.000

工作内容：清理基层，清洗砖板，调运胶泥，涂底料，铺砌砖板。　　**计量单位：**100m²

编　号				10-261	10-262	10-263	10-264
项　目				水玻璃耐酸胶泥结合、环氧树脂胶泥勾缝 砖（板）厚度（mm）			
				瓷砖		瓷板	陶板
				230×113×65		150×150×30	
				65	113	30	
名　称			单位	消　耗　量			
人工	合计工日		工日	110.050	141.450	114.920	114.920
	其中	普工	工日	33.015	42.435	34.476	34.476
		一般技工	工日	66.030	84.870	68.952	68.952
		高级技工	工日	11.005	14.145	11.492	11.492
材料	耐酸瓷砖 230×113×65		块	3 774.144	6 438.127	—	—
	耐酸板 150×150×30		块	—	—	4 442.667	—
	耐酸陶板 150×150×30		块	—	—	—	4 442.667
	水玻璃胶泥 1∶0.15∶1.2∶1.1		m^3	0.890	1.710	0.750	0.750
	水		m^3	6.000	8.500	5.000	5.000
	电		kW·h	9.060	9.060	9.060	9.060
	环氧树脂胶泥 1∶0.08∶0.1∶1		m^3	0.200	0.300	0.100	0.100
机械	轴流通风机 7.5kW		台班	2.000	2.000	2.000	2.000

工作内容：清理基层，清洗砖板，调运胶泥、砂浆，涂底料，铺砌砖板。 **计量单位：**$100m^2$

编号				10-265	10-266
项目				水玻璃耐酸胶泥铺砌 砖（板）厚度（mm）	
				花岗岩板	
				500×400×80	
				80	
名称			单位	消耗量	
人工	合计工日		工日	108.490	108.490
	其中	普工	工日	32.547	32.547
		一般技工	工日	65.094	65.094
		高级技工	工日	10.849	10.849
材料	花岗岩 500×400×80		m^2	102.000	102.000
	水玻璃胶泥 1∶0.15∶1.2∶1.1		m^3	2.000	—
	水玻璃耐酸砂浆 1∶0.15∶1.1∶1∶2.6		m^3	—	2.000
	水		m^3	6.000	6.000
	电		kW·h	11.070	11.070
机械	轴流通风机 7.5kW		台班	0.200	2.000
	灰浆搅拌机 200L		台班	—	1.157

工作内容：清理基层，清洗砖板，调运砂浆，涂底料，铺砌砖板。　　　　**计量单位：**100m²

编　号				10-267	10-268	10-269	10-270
项　目				水玻璃耐酸砂浆结合、环氧树脂胶泥勾缝 砖（板）厚度（mm）			
				瓷砖		瓷板	陶板
				230×113×65		150×150×30	
				65	113	30	
名　称			单位	消　耗　量			
人工	合计工日		工日	106.660	138.740	110.860	110.860
	其中	普工	工日	31.998	41.622	33.258	33.258
		一般技工	工日	63.996	83.244	66.516	66.516
		高级技工	工日	10.666	13.874	11.086	11.086
材料	耐酸瓷砖 230×113×65		块	3 774.144	6 438.127	—	—
	耐酸板 150×150×30		块	—	—	4 442.667	—
	耐酸陶板 150×150×30		块	—	—	—	4 442.667
	水玻璃耐酸砂浆 1∶0.15∶1.1∶1∶2.6		m³	1.300	1.900	1.000	1.000
	水玻璃胶泥 1∶0.15∶1.2∶1.1		m³	0.200	0.200	0.200	0.200
	水		m³	6.000	8.000	5.000	5.000
	电		kW·h	9.060	9.060	9.060	9.060
	环氧树脂胶泥 1∶0.08∶0.1∶1		m³	0.200	0.300	0.100	0.100
机械	轴流通风机 7.5kW		台班	2.000	2.000	2.000	2.000
	灰浆搅拌机 200L		台班	1.056	1.432	0.869	0.869

工作内容：清理基层，清洗砖板，调运胶泥，涂底料，铺砌砖板。 **计量单位：**100m²

编号			10-271	10-272	10-273	10-274
项目			耐酸沥青胶泥结合、环氧树脂勾缝 砖（板）厚度（mm）		耐酸沥青胶泥结合、环氧树脂勾缝 砖（板）厚度（mm）	
			瓷砖		瓷板	陶板
			230×113×65		150×150×30	
			65	113	30	
名称		单位	消耗量			
人工	合计工日	工日	103.820	133.740	111.130	110.050
人工	其中 普工	工日	31.146	40.122	33.339	33.015
人工	其中 一般技工	工日	62.292	80.244	66.678	66.030
人工	其中 高级技工	工日	10.382	13.374	11.113	11.005
材料	耐酸瓷砖 230×113×65	块	3 774.144	6 438.127	—	—
材料	耐酸板 150×150×30	块	—	—	4 442.667	—
材料	耐酸陶板 150×150×30	块	—	—	—	4 442.667
材料	耐酸沥青胶泥 砌块材用 1:1:0.05	m³	1.000	1.500	0.700	0.700
材料	冷底子油	kg	84.000	84.000	84.000	84.000
材料	水	m³	6.000	8.000	5.000	5.000
材料	电	kW·h	9.060	9.060	9.060	9.060
材料	环氧树脂胶泥 1:0.08:0.1:1	m³	0.200	0.300	0.100	0.100
机械	沥青熔化炉 XLL-0.5t	台班	0.800	1.200	0.600	0.600

三、其 他 防 腐

1.隔 离 层

工作内容:清理基层,制运胶泥,涂冷底子油,铺设油毡、玻璃丝布。　　**计量单位**:100m²

编号				10-275	10-276	10-277	10-278
项目				耐酸沥青胶泥卷材		沥青胶泥玻璃布	
				二毡三油	增减一毡一油	一布一油	增减一布一油
名称			单位	消耗量			
人工	合计工日		工日	8.950	4.010	4.807	3.691
	其中	普工	工日	2.685	1.203	1.442	1.107
		一般技工	工日	5.370	2.406	2.884	2.215
		高级技工	工日	0.895	0.401	0.481	0.369
材料	耐酸沥青胶泥 隔离层用 1∶0.3∶0.05		m^3	0.567	0.181	0.400	0.200
	冷底子油		kg	107.080	—	107.080	—
	石油沥青油毡 350[#]		m^2	237.500	115.400	—	—
	玻璃丝布 δ0.2		m^2	—	—	115.000	115.000
机械	沥青熔化炉 XLL–0.5t		台班	0.130	0.042	0.092	0.046

工作内容：清理基层，熬制沥青，配置冷底子油，涂刷。 **计量单位：**100m²

编号				10-279	10-280	10-281	10-282	10-283
项目				沥青胶泥		刷热沥青		混凝土桩防腐翻身
				厚度(mm)		一道冷底子油二道热沥青	每增减一道热沥青	
				8	每增减 2			
名称			单位	消耗量				
人工	合计工日		工日	17.950	6.230	4.230	1.350	0.169
	其中	普工	工日	5.385	1.869	1.269	0.405	0.051
		一般技工	工日	10.770	3.738	2.538	0.810	0.101
		高级技工	工日	1.795	0.623	0.423	0.135	0.017
材料	耐酸沥青胶泥 隔离层用 1∶0.3∶0.05		m^3	0.800	0.200	—	—	—
	冷底子油		kg	—	—	48.000	—	—
	石油沥青		kg	—	—	405.200	203.000	—
	汽油(综合)		kg	—	—	12.200	6.100	—
	其他材料费		%	—	—	—	—	2.00
机械	履带式起重机 10t		台班	—	—	—	—	0.100
	沥青熔化炉 XLL-0.5t		台班	0.184	0.046	0.397	0.199	—

工作内容：打磨、清理基层。 **计量单位：**100m²

编号				10-284	10-285
项目				基层打磨	
				混凝土面墙面、楼地面	抹灰面墙面
名称			单位	消耗量	
人工	合计工日		工日	10.700	9.000
	其中	普工	工日	3.210	2.700
		一般技工	工日	6.420	5.400
		高级技工	工日	1.070	0.900
材料	石材磨光片		片	10.000	5.400
	其他材料费		%	2.00	2.00
机械	磨光机		台班	0.750	0.750
	轴流通风机 7.5kW		台班	0.630	0.500

2. 砌筑沥青浸渍砖

工作内容：清理基层，清洗块料，调制胶泥，铺块料。　　**计量单位**：$100m^2$

编　号				10-286	10-287
项　目				沥青胶泥铺砌、沥青浸渍砖	
				厚度（mm）	
				115	53
名　称			单位	消　耗　量	
人工	合计工日		工日	99.420	80.530
	其中	普工	工日	29.826	24.159
		一般技工	工日	59.652	48.318
		高级技工	工日	9.942	8.053
材料	耐酸沥青胶泥 隔离层用 1∶0.3∶0.05		m^3	2.030	1.140
	混凝土实心砖 240×115×53		千块	7.389	3.571
	石油沥青		kg	2 979.000	1 440.000
机械	轴流通风机 7.5kW		台班	2.000	2.000
	沥青熔化炉 XLL-0.5t		台班	2.919	1.411

3. 防 腐 油 漆

工作内容：清理基层，调配油漆，涂刷。 **计量单位：**100m²

编号				10-288	10-289	10-290	10-291
项目				环氧呋喃树脂漆			
				混凝土面			
				底漆		面漆	
				二遍	增一遍	二遍	增一遍
名称			单位	消耗量			
人工	合计工日		工日	7.995	4.568	6.168	3.046
	其中	普工	工日	2.398	1.370	1.850	0.913
		一般技工	工日	4.797	2.741	3.701	1.828
		高级技工	工日	0.800	0.457	0.617	0.305
材料	环氧树脂		kg	24.440	10.500	22.700	10.900
	丙酮		kg	11.500	5.500	11.600	5.700
	邻苯二甲酸二丁酯		kg	3.300	1.400	3.500	1.700
	呋喃树脂		kg	10.000	4.700	10.400	5.000
	乙二胺		kg	2.400	1.200	2.500	1.200
	石英粉		kg	4.400	2.100	—	—
	破布		kg	2.000	—	—	—
	纱布		张	30.000	15.000	—	—
机械	轴流通风机 7.5kW		台班	16.000	9.000	16.000	9.000

工作内容：清理基层，调配油漆，涂刷。 **计量单位**：$100m^2$

编号				10-292	10-293	10-294	10-295
项目				环氧呋喃树脂漆			
				抹灰面			
				底漆		面漆	
				二遍	增一遍	二遍	增一遍
名称			单位	消耗量			
人工	合计工日		工日	7.385	4.188	5.558	2.817
	其中	普工	工日	2.215	1.256	1.667	0.845
		一般技工	工日	4.431	2.513	3.335	1.690
		高级技工	工日	0.739	0.419	0.556	0.282
材料	环氧树脂		kg	20.700	9.600	22.500	10.800
	丙酮		kg	11.000	5.300	8.700	4.200
	邻苯二甲酸二丁酯		kg	3.100	1.400	3.300	1.700
	呋喃树脂		kg	9.200	4.300	9.600	4.600
	乙二胺		kg	2.000	0.900	2.800	1.200
	石英粉		kg	4.200	1.900	—	—
	破布		kg	2.000	—	—	—
	砂纸		张	30.000	15.000	—	—
机械	轴流通风机 7.5kW		台班	16.000	9.000	16.000	9.000

工作内容：清理基层，调配油漆，涂刷。 **计量单位：**100m²

编号				10-296	10-297	10-298	10-299
项目				氯磺化聚乙烯漆			
				混凝土面			
				底漆一遍	刮腻子	中间漆一遍	面漆一遍
名称			单位	消耗量			
人工	合计工日		工日	6.880	5.349	6.115	6.653
	其中	普工	工日	2.064	1.605	1.834	1.996
		一般技工	工日	4.128	3.209	3.669	3.992
		高级技工	工日	0.688	0.535	0.612	0.665
材料	氯磺化聚乙烯底漆		kg	28.000	25.000	—	—
	氯磺化聚乙烯中间漆		kg	—	—	24.000	—
	氯磺化聚乙烯面漆		kg	—	—	—	26.000
	氯磺化聚乙烯稀释剂		kg	5.600	5.000	4.300	5.200
	石英粉		kg	—	7.200	—	—
	其他材料费		%	2.00	2.00	2.00	2.00
机械	轴流通风机 7.5kW		台班	9.000	9.000	9.000	9.000

工作内容：清理基层，调配油漆，涂刷。　　　　**计量单位：**100m²

编号			10-300	10-301	10-302	10-303	10-304
项目			氯磺化聚乙烯漆			沥青漆	
			抹灰面			混凝土、抹灰面	
			底漆一遍	中间漆一遍	面漆一遍	面漆	
						一遍	每增一遍
名称		单位	消耗量				
人工	合计工日	工日	6.502	5.660	6.266	23.783	10.186
	其中 普工	工日	1.951	1.698	1.879	7.135	3.055
	其中 一般技工	工日	3.901	3.396	3.760	14.270	6.112
	其中 高级技工	工日	0.650	0.566	0.627	2.378	1.019
材料	氯磺化聚乙烯底漆	kg	28.000	—	—	—	—
	氯磺化聚乙烯中间漆	kg	—	24.000	—	—	—
	氯磺化聚乙烯面漆	kg	—	—	26.000	—	—
	氯磺化聚乙烯稀释剂	kg	5.600	4.800	5.200	—	—
	沥青漆	kg	—	—	—	19.000	9.000
	石油沥青	kg	—	—	—	22.000	—
	汽油（综合）	kg	—	—	—	24.000	—
	其他材料费	%	2.00	2.00	2.00	—	—
机械	轴流通风机 7.5kW	台班	9.000	9.000	9.000	9.000	9.000
	沥青熔化炉 XLL-0.5t	台班	—	—	—	5.060	—

工作内容：清理基层，调配油漆，涂刷。 **计量单位**：$100m^2$

编号				10-305	10-306	10-307	10-308
项目				苯乙烯漆			
				混凝土、抹灰面			
				屋顶一遍	墙面一遍	地面一遍	基层腻子一遍
名称			单位	消耗量			
人工	合计工日		工日	4.690	4.226	3.807	3.807
	其中	普工	工日	1.407	1.267	1.142	1.142
		一般技工	工日	2.814	2.536	2.284	2.284
		高级技工	工日	0.469	0.423	0.381	0.381
材料	苯乙烯屋面漆		kg	31.000	—	—	—
	苯乙烯墙面漆		kg	—	31.000	—	—
	苯乙烯地面漆		kg	—	—	31.000	—
	苯乙烯清漆		kg	—	—	—	31.000
	石英粉		kg	—	—	—	7.200
	破布		kg	2.000	2.000	2.000	2.000
	砂纸		张	30.000	30.000	30.000	30.000
机械	轴流通风机 7.5kW		台班	9.000	9.000	9.000	9.000

工作内容：清理基层，调配油漆，涂刷。 **计量单位：**100m²

编号				10-309	10-310	10-311	10-312	10-313
项目				聚氨酯漆				
				混凝土面				
				清漆		刮腻子	底漆	
				二遍	每增一遍		二遍	每增一遍
名称			单位	消耗量				
人工	合计工日		工日	5.046	3.701	3.515	7.696	5.643
	其中	普工	工日	1.513	1.110	1.054	2.308	1.693
		一般技工	工日	3.028	2.221	2.109	4.618	3.386
		高级技工	工日	0.505	0.370	0.352	0.770	0.564
材料	聚氨酯清漆		kg	30.000	9.900	—	—	—
	聚氨酯底漆		kg	—	—	—	26.000	8.580
	聚氨酯腻子		kg	—	—	15.000	—	—
	二甲苯		kg	12.600	6.300	3.800	7.600	3.800
	砂纸		张	—	—	30.000	30.000	15.000
	其他材料费		%	2.00	2.00	—	—	—

工作内容：清理基层，调配油漆，涂刷。 **计量单位：**100m²

编号				10-314	10-315	10-316	10-317
项目				聚氨酯漆			
				混凝土面			
				中间漆		面漆	
				一遍	每增一遍	二遍	每增一遍
名称			单位	消耗量			
人工	合计工日		工日	3.667	3.667	5.501	4.037
	其中	普工	工日	1.100	1.100	1.650	1.211
		一般技工	工日	2.200	2.200	3.301	2.422
		高级技工	工日	0.367	0.367	0.550	0.404
材料	聚氨酯底漆		kg	9.800	3.267	—	—
	聚氨酯磁漆		kg	3.200	1.067	2.600	0.867
	二甲苯		kg	3.800	3.800	7.600	3.800
	纱布		张	15.000	15.000	—	—

工作内容：清理基层，调配油漆，涂刷。　　　　**计量单位：**$100m^2$

编号				10-318	10-319	10-320	10-321	10-322
项目				聚氨酯漆				
				抹灰面				
				清漆		刮腻子	底漆	
				二遍	每增一遍		二遍	每增一遍
名称			单位	消耗量				
人工	合计工日		工日	4.706	3.451	3.289	7.002	5.135
	其中	普工	工日	1.411	1.035	0.987	2.101	1.540
		一般技工	工日	2.824	2.071	1.973	4.201	3.081
		高级技工	工日	0.471	0.345	0.329	0.700	0.514
材料	聚氨酯清漆		kg	27.800	9.174	—	—	—
	聚氨酯底漆		kg	—	—	—	24.000	7.920
	聚氨酯腻子		kg	—	—	13.900	—	—
	二甲苯		kg	—	—	—	7.400	3.700
	砂纸		张	—	—	—	30.000	15.000
	其他材料费		%	2.00	2.00	—	—	—

工作内容：清理基层，调配油漆，涂刷。　　　　**计量单位：**$100m^2$

编号				10-323	10-324	10-325	10-326
项目				聚氨酯漆			
				抹灰面			
				中间漆		面漆	
				一遍	每增一遍	二遍	每增一遍
名称			单位	消耗量			
人工	合计工日		工日	3.448	3.448	5.046	3.794
	其中	普工	工日	1.034	1.034	1.513	1.139
		一般技工	工日	2.069	2.069	3.028	2.276
		高级技工	工日	0.345	0.345	0.505	0.379
材料	聚氨酯磁漆		kg	3.000	1.000	24.000	8.000
	聚氨酯底漆		kg	9.000	6.000	—	—
	二甲苯		kg	3.700	3.700	7.400	3.700
	砂纸		张	15.000	16.000	—	—

工作内容：清理基层，调配油漆，涂刷。　　**计量单位：**$100m^2$

编号				10-327	10-328	10-329	10-330
项目				氯化橡胶漆			
				混凝土面			
				底漆		面漆	
				二遍	每增一遍	二遍	每增一遍
名称			单位	消耗量			
人工	合计工日		工日	13.857	6.929	13.403	6.701
	其中	普工	工日	4.157	2.079	4.021	2.010
		一般技工	工日	8.314	4.157	8.042	4.021
		高级技工	工日	1.386	0.693	1.340	0.670
材料	氯化橡胶底漆		kg	56.000	28.000	—	—
	氯化橡胶面漆		kg	—	—	52.000	26.000
	氯化橡胶稀释剂		kg	11.200	5.600	10.400	5.200
	其他材料费		%	2.00	2.00	2.00	2.00
机械	轴流通风机 7.5kW		台班	18.000	9.000	18.000	9.000

工作内容：清理基层，调配油漆，涂刷。　　**计量单位：**$100m^2$

编号				10-331	10-332	10-333	10-334
项目				氯化橡胶漆			
				抹灰面			
				底漆		面漆	
				二遍	每增一遍	二遍	每增一遍
名称			单位	消耗量			
人工	合计工日		工日	13.096	6.548	12.640	6.320
	其中	普工	工日	3.928	1.964	3.792	1.896
		一般技工	工日	7.858	3.929	7.584	3.792
		高级技工	工日	1.310	0.655	1.264	0.632
材料	氯化橡胶底漆		kg	56.000	28.000	—	—
	氯化橡胶面漆		kg	—	—	52.000	26.000
	氯化橡胶稀释剂		kg	11.200	5.600	10.000	5.200
	其他材料费		%	2.00	2.00	2.00	2.00
机械	轴流通风机 7.5kW		台班	18.000	9.000	18.000	9.000

工作内容：清理基层，调配油漆，涂刷。　　　　**计量单位：**100m²

编号				10-335	10-336	10-337	10-338
项目				漆酚树脂漆			
				抹灰面			
				三遍成活	底漆	中间漆	面漆
					每增一遍		
名称			单位	消耗量			
人工	合计工日		工日	15.370	6.466	4.664	4.240
	其中	普工	工日	4.611	1.939	1.400	1.272
		一般技工	工日	9.222	3.880	2.798	2.544
		高级技工	工日	1.537	0.647	0.466	0.424
材料	漆酚树脂漆		kg	37.400	13.200	11.200	10.700
	汽油（综合）		kg	19.000	6.500	4.400	4.200
	石英粉		kg	11.600	6.600	3.200	—
	纱布		张	30.000	20.000	10.000	—
机械	轴流通风机 7.5kW		台班	27.000	9.000	9.000	9.000

工作内容：清理基层，调配油漆，涂刷。　　　　**计量单位：**100m²

编号				10-339	10-340	10-341	10-342
项目				互穿网络防腐漆			
				混凝土面			
				底漆		面漆	
				二遍	每增一遍	二遍	每增一遍
名称			单位	消耗量			
人工	合计工日		工日	20.473	9.137	14.890	7.445
	其中	普工	工日	6.142	2.741	4.467	2.233
		一般技工	工日	12.284	5.482	8.934	4.467
		高级技工	工日	2.047	0.914	1.489	0.745
材料	互穿网络底漆		kg	56.000	28.000	—	—
	互穿网络面漆		kg	—	—	52.000	26.000
	互穿网络稀释剂		kg	11.200	5.600	10.400	5.200
	其他材料费		%	2.00	2.00	2.00	2.00
机械	轴流通风机 7.5kW		台班	18.000	9.000	18.000	9.000

工作内容：清理基层，调配油漆，涂刷。　　　　**计量单位：**100m²

编号				10-343	10-344	10-345	10-346
项目				互穿网络防腐漆			
				抹灰面			
				底漆		面漆	
				二遍	每增一遍	二遍	每增一遍
名称			单位	消耗量			
人工	合计工日		工日	14.551	7.276	14.044	7.022
	其中	普工	工日	4.365	2.182	4.214	2.107
		一般技工	工日	8.731	4.366	8.426	4.213
		高级技工	工日	1.455	0.728	1.404	0.702
材料	互穿网络底漆		kg	56.000	28.000	—	—
	互穿网络面漆		kg	—	—	52.000	26.000
	互穿网络稀释剂		kg	11.200	5.600	10.400	5.200
	其他材料费		%	2.00	2.00	2.00	2.00
机械	轴流通风机 7.5kW		台班	18.000	9.000	18.000	9.000

工作内容：清理基层，调配油漆，涂刷。　　　　**计量单位：**100m²

编号				10-347	10-348	10-349	10-350
项目				高效防腐漆（FVC 防腐漆）			
				混凝土面			
				底漆一遍	刮腻子	中间漆一遍	面漆一遍
名称			单位	消耗量			
人工	合计工日		工日	7.699	7.614	7.614	7.445
	其中	普工	工日	2.310	2.285	2.285	2.233
		一般技工	工日	4.619	4.568	4.568	4.467
		高级技工	工日	0.770	0.761	0.761	0.745
材料	FVC 底漆（NJG）		kg	28.000	25.000	24.000	—
	FVC 面漆（NJG）		kg	—	—	—	26.000
	FVC 稀释剂（NJG）		kg	5.600	5.000	4.300	5.200
	石英粉		kg	—	7.600	—	—
	其他材料费		%	2.00	2.00	2.00	2.00
机械	轴流通风机 7.5kW		台班	9.000	9.000	9.000	9.000

4. 环氧自流平防腐地面

工作内容：基层清理，刮腻子，刷涂料等。　　　　**计量单位：**100m²

<table>
<tr><td colspan="3">编　号</td><td>10-351</td><td>10-352</td><td>10-353</td><td>10-354</td></tr>
<tr><td colspan="3" rowspan="3">项　目</td><td colspan="4">环氧涂层（厚度 mm）</td></tr>
<tr><td colspan="3">1</td><td rowspan="2">每增减 0.5</td></tr>
<tr><td>平面</td><td>立面</td><td>顶面</td></tr>
<tr><td colspan="2">名　称</td><td>单位</td><td colspan="4">消　耗　量</td></tr>
<tr><td rowspan="4">人工</td><td>合计工日</td><td>工日</td><td>4.900</td><td>9.170</td><td>5.110</td><td>5.110</td></tr>
<tr><td>其中 普工</td><td>工日</td><td>1.470</td><td>2.751</td><td>1.533</td><td>1.533</td></tr>
<tr><td>其中 一般技工</td><td>工日</td><td>2.940</td><td>5.502</td><td>3.066</td><td>3.066</td></tr>
<tr><td>其中 高级技工</td><td>工日</td><td>0.490</td><td>0.917</td><td>0.511</td><td>0.511</td></tr>
<tr><td rowspan="3">材料</td><td>环氧涂层</td><td>kg</td><td>48.200</td><td>49.600</td><td>50.600</td><td>27.500</td></tr>
<tr><td>环氧腻子</td><td>kg</td><td>1.000</td><td>1.030</td><td>1.060</td><td>—</td></tr>
<tr><td>其他材料费</td><td>%</td><td>2.00</td><td>2.00</td><td>2.00</td><td>2.00</td></tr>
</table>

第十一章　楼地面装饰工程

说　明

一、本章包括楼地面垫层、找平层及整体面层、块料面层、木地板及复合地板面层、橡塑面层、其他材料面层、踢脚线、楼梯面层、台阶装饰、零星装饰项目、其他装饰项目共十一节。

二、人工级配砂石垫层是按中（粗）砂15%（不含填充石子空隙）、砾石85%（含填充砂）的级配比例编制的。垫层用于基础垫层时，按相应项目人工、机械乘以系数1.20；垫层级配比例（配合比）设计与消耗量取定不同者，按设计要求调整。

三、干混地面砂浆强度等级、水磨石地面水泥石子浆的配合比，设计与消耗量不同时，按设计要求调整。水磨石地面包含酸洗打蜡，其他块料项目如需做酸洗打蜡者，单独执行相应酸洗打蜡项目。

四、同一铺贴面上有不同种类、材质的材料，应分别按本章相应项目执行。

五、厚度≤60mm的细石混凝土按找平层项目执行，厚度>60mm的按第五章“混凝土及钢筋混凝土工程”垫层项目执行。细石混凝土楼地面压实赶光按水泥砂浆楼地面随捣随抹相应项目人工、机械乘以系数1.10。

六、采用地暖的地面垫层，按不同材料执行相应项目，人工乘以系数1.30，材料乘以系数0.95。

七、块料面层。

1. 对于设计要求对缝、分色、圆弧形等不规则楼地面以及楼地面铺贴面积与块料规格模数不符发生的块料切割（锯材）损耗可另行计算。

2. 镶贴块料项目是按规格料考虑的，如需现场倒角、磨边者按第十五章“其他装饰工程”相应项目执行。

3. 石材楼地面拼花按成品考虑。

4. 镶嵌规格在100mm×100mm以内的石材执行点缀项目。

5. 玻化砖按陶瓷地面砖相应项目执行。

6. 石材楼地面设计分色、隔条分格的，按相应项目人工乘以系数1.10；精磨、打胶、勾缝按相应项目另行计算。

7. 块料结合层砂浆厚度按20mm考虑，设计与消耗量不同时，按砂浆找平层每增减1mm项目调整。

八、木地板及复合地板面层。

1. 木地板及复合地板安装按成品企口考虑，若采用平口安装，其人工乘以系数0.85。

2. 木地板及复合地板填充材料按第十章“保温、隔热、防腐工程”相应项目执行。

九、弧形墙踢脚线按相应项目人工、机械乘以系数1.15。

十、楼梯段踢脚线按相应项目人工、机械乘以系数1.15；楼梯靠墙踢脚线锯齿三角形部分按零星项目执行，不再乘以系数。踢脚线高度均按12cm考虑，设计与消耗量不同者，除水泥砂浆踢脚线用量可按设计高度比例调整外，其他材料踢脚线均按成品考虑，其人工与材料用量均不予调整。

十一、石材螺旋形楼梯按弧形楼梯项目人工乘以系数1.20。

十二、零星项目面层适用于楼梯侧面、台阶的牵边，花台、小便池、蹲台、池槽，以及面积在$0.5m^2$以内且未列项目的工程。

工程量计算规则

一、地面垫层按地面面积乘以设计厚度计算，基础垫层按实铺体积计算。

二、楼地面找平层及整体面层按设计图示结构尺寸以面积计算。扣除凸出地面构筑物、设备基础、室内铁道、地沟等所占面积，不扣除间壁墙及单个面积≤0.3m^2柱、垛、附墙烟囱及孔洞所占面积。门洞、空圈、暖气包槽、壁龛的开口部分不增加面积。

三、块料面层、木地板及复合地板面层、橡塑面层、其他材料面层。

1. 块料面层、木地板及复合地板面层、橡塑面层及其他材料面层按镶贴表面积计算。门洞、空圈、暖气包槽、壁龛的开口部分并入相应的工程量内。

2. 石材拼花按最大外围尺寸以矩形面积计算。有拼花的石材地面，按镶贴表面积扣除拼花的最大外围矩形面积计算面积。

3. 点缀按数量计算，计算主体铺贴地面面积时，不扣除点缀所占面积。

4. 石材底面刷养护液包括侧面涂刷，工程量按设计图示尺寸以底面积计算。

5. 石材表面刷保护液按设计图示尺寸以表面积计算。

6. 石材地面精磨、勾缝按石材设计图示尺寸以面积计算。

7. 打胶按设计图示尺寸以“延长米”计算。

8. 块料地面圆弧形部分增加费按设计图示尺寸以“延长米”计算。

四、踢脚线按设计图示长度以“延长米”计算。

五、楼梯面层按设计图示尺寸以楼梯（包括踏步、休息平台及宽度≤500mm的楼梯井）水平投影面积计算。楼梯与楼地面相连时，算至梯口梁内侧边沿；无梯口梁者，算至最上一层踏步边沿加300mm。

六、台阶面层按设计图示尺寸以台阶（包括最上层踏步边沿加300mm）水平投影面积计算。

七、零星项目按设计图示尺寸以面积计算。

八、分格嵌条、防滑条按设计图示尺寸以“延长米”计算。

九、块料楼地面做酸洗打蜡者，按设计图示尺寸以表面积计算。

十、标线已包含各类油漆的损耗，按设计图示尺寸以面积计算。

一、楼地面垫层

工作内容：拌和、铺设垫层，找平压（夯）实。　　　　**计量单位：**10m³

编　号				11-1	11-2	11-3
项　目				灰土 3:7	碎石三合土 1:4:8	砂
名　称			单位	消　耗　量		
人工	合计工日		工日	3.959	4.322	2.654
	其中	普工	工日	0.792	0.864	0.531
		一般技工	工日	1.386	1.513	0.929
		高级技工	工日	1.781	1.945	1.194
材料	生石灰		t	2.999	0.734	—
	黏土		m^3	11.730	—	—
	砂子 中砂		m^3	—	4.865	—
	碎石（综合）		m^3	—	9.731	—
	砂子		m^3	—	—	14.450
	水		m^3	2.040	3.060	3.000
机械	电动夯实机 250N·m		台班	0.440	0.630	0.160
	履带式单斗液压挖掘机 $0.6m^3$		台班	0.440	0.630	—

工作内容：1. 拌和、铺设垫层，找平压（夯）实。
2. 调制砂浆、灌浆。　　　　　　**计量单位：**$10m^3$

编号				11-4	11-5	11-6	11-7
项目				砂石		毛石	
				人工级配	天然级配	干铺	灌浆
名称			单位	消耗量			
人工	合计工日		工日	4.035	3.816	4.869	6.482
	其中	普工	工日	0.807	0.763	0.974	1.296
		一般技工	工日	1.412	1.336	1.704	2.269
		高级技工	工日	1.816	1.717	2.191	2.917
材料	砂子 中粗砂		m^3	4.835	—	2.720	—
	砾石 10		m^3	9.017	—	—	—
	天然级配砂砾		m^3	—	12.240	—	—
	毛石（综合）		m^3	—	—	12.240	12.240
	干混砌筑砂浆 DM M10		m^3	—	—	—	2.734
	水		m^3	3.000	2.500	—	1.000
机械	电动夯实机 250N·m		台班	0.240	0.240	0.290	0.490
	履带式单斗液压挖掘机 $0.6m^3$		台班	0.240	—	—	—
	干混砂浆罐式搅拌机		台班	—	—	—	0.274

工作内容：1. 拌和、铺设垫层，找平压（夯）实。
2. 调制砂浆、灌缝。

计量单位：10m³

编　号				11-8	11-9	11-10	11-11
项　目				碎砖		碎石	
				干铺	灌浆	干铺	灌浆
名　称			单位	消　耗　量			
人工	合计工日		工日	4.448	5.566	3.827	3.705
	其中	普工	工日	0.890	1.113	0.765	0.741
		一般技工	工日	1.557	1.948	1.339	1.297
		高级技工	工日	2.001	2.505	1.723	1.667
材料	碎砖		m^3	13.195	13.195	—	—
	砂子 粗砂		m^3	2.142	—	2.872	—
	碎石（综合）		m^3	—	—	11.016	11.016
	干混砌筑砂浆 DM M10		m^3	—	2.153	—	2.886
	水		m^3	2.000	2.500	—	1.000
机械	电动夯实机 250N·m		台班	0.260	0.260	0.260	0.260
	干混砂浆罐式搅拌机		台班	—	0.215	—	0.289

工作内容：拌和、铺设垫层，找平压（夯）实。

计量单位：10m³

编　号				11-12	11-13	11-14
项　目				炉（矿）渣		
				干铺	水泥石灰拌和 1:1:10	石灰拌和 1:4
名　称			单位	消　耗　量		
人工	合计工日		工日	2.181	4.432	4.432
	其中	普工	工日	0.436	0.886	0.886
		一般技工	工日	0.763	1.551	1.551
		高级技工	工日	0.982	1.995	1.995
材料	炉（矿）渣（综合）		m^3	12.240	12.546	12.036
	生石灰		t	—	0.755	1.816
	水泥 42.5		t	—	1.479	—
	水		m^3	2.000	3.060	3.060
机械	电动夯实机 250N·m		台班	0.240	0.240	0.240
	履带式单斗液压挖掘机 0.6m^3		台班	—	0.240	0.240

二、找平层及整体面层

工作内容：清理基层、调运砂浆、抹平、压实。　　　　**计量单位：**100m²

编号				11-15	11-16	11-17
项目				楼地面砂浆找平层		
				混凝土或硬基层上	填充材料上	每增减 1mm
				20mm		
名称			单位	消耗量		
人工	合计工日		工日	5.638	6.201	0.185
	其中	普工	工日	1.128	1.240	0.037
		一般技工	工日	1.973	2.170	0.065
		高级技工	工日	2.537	2.791	0.083
材料	干混地面砂浆 DS M20		m^3	2.040	2.550	0.102
	水		m^3	0.910	1.038	—
机械	干混砂浆罐式搅拌机		台班	0.204	0.255	0.010

工作内容：细石混凝土搅拌捣平、压实。　　　　**计量单位：**100m²

编号				11-18	11-19
项目				楼地面细石混凝土找平层（mm）	
				30	每增减 1
名称			单位	消耗量	
人工	合计工日		工日	7.723	0.151
	其中	普工	工日	1.545	0.030
		一般技工	工日	2.703	0.053
		高级技工	工日	3.475	0.068
材料	预拌细石混凝土 C20		m^3	3.030	0.101
	水		m^3	0.400	—

工作内容：1. 清理基层、调运砂浆、抹面层、压光、养护。
2. 原浆或加浆抹光。

计量单位：100m²

编号				11-20	11-21	11-22	11-23	11-24	11-25
项目				刷素水泥浆	水泥砂浆楼地面				
					混凝土或硬基层上	填充材料上	随捣随抹		防滑坡道
					20mm		原浆	加浆	20mm
名称			单位	消耗量					
人工	合计工日		工日	0.850	6.286	6.914	2.207	4.580	12.232
	其中	普工	工日	0.170	1.257	1.383	0.441	0.916	2.446
		一般技工	工日	0.297	2.200	2.420	0.773	1.603	4.281
		高级技工	工日	0.383	2.829	3.111	0.993	2.061	5.505
材料	干混地面砂浆 DS M20		m³	—	2.040	2.550	—	—	2.580
	水泥 42.5		t	0.165	—	—	—	0.774	—
	建筑胶		kg	29.151	—	—	—	—	—
	水		m³	3.258	3.710	3.838	2.800	3.071	3.880
机械	干混砂浆罐式搅拌机		台班	—	0.204	0.255	—	—	0.258

工作内容：清理、打磨基层，刷界面剂，涂刷底涂、批刮中抹、修补打磨、刮涂面层，养护。

计量单位：100m²

编号				11-26	11-27	11-28
项目				环氧树脂自流平地面	环氧中涂层	环氧面涂层
				厚 2mm	每增减 0.5mm	
名称			单位	消耗量		
人工	合计工日		工日	10.413	2.227	2.491
	其中	普工	工日	2.083	0.445	0.498
		一般技工	工日	3.644	0.780	0.872
		高级技工	工日	4.686	1.002	1.121
材料	环氧自流平面漆		kg	123.000	—	61.500
	环氧中层漆		kg	61.500	30.750	—
	石英砂（综合）		kg	61.200	30.600	—
	环氧渗透底漆		kg	41.000	—	—
	界面剂		kg	20.500	—	—
	水		m³	3.060	0.320	0.780
	金刚石磨盘		个	2.000	—	—
机械	金刚石吸尘磨光机		台班	2.830	—	—

注：1. 环氧树脂自流平地面按环氧中涂层、环氧面涂层各 1mm 考虑。

2. 材料设计用量与子目不同时，可以调整。

工作内容：清理、打磨基层，刷界面剂，调制浆液，面层涂刷，切缝，养护。

计量单位：100m²

编号				11-29	11-30
项目				水泥基自流平砂浆（mm）	
				面层厚 4	每增减 1
名称			单位	消耗量	
人工	合计工日		工日	8.755	1.360
	其中	普工	工日	1.751	0.278
		一般技工	工日	3.064	0.486
		高级技工	工日	3.940	0.626
材料	水泥基自流平砂浆		m³	0.408	0.102
	界面剂		kg	20.400	—
	水		m³	3.302	0.025
机械	干混砂浆罐式搅拌机		台班	0.041	0.010

注：1. 水泥基自流平砂浆水灰比为 1∶4。

2. 自流平砂浆材料设计用量与子目不同时，可调整。

工作内容：清理基层、浇捣混凝土、抹平、撒布金刚砂、压实抹光，滚涂固化剂、打磨，切缝、填缝。

计量单位：$100m^2$

编　号				11-31
项　目				金刚砂耐磨地面
名　称			单位	消　耗　量
人工	合计工日		工日	12.118
	其中	普工	工日	2.424
		一般技工	工日	4.241
		高级技工	工日	5.453
材料	金刚砂		kg	550.000
	固化剂		kg	60.000
	水		m^3	2.100
	金刚石(综合)		块	13.000
	预拌混凝土 C25		m^3	4.040
机械	混凝土切缝机		台班	1.200
	混凝土抹平机		台班	2.000
	平面水磨石机 3kW		台班	4.150
	磨光机		台班	2.400

注：1. 本子目为在C25混凝土找平层上面撒两遍骨料，达到强度后滚涂固化剂，三遍渗透、打磨，材料用量与子目含量不同时，可调整。

2. 打磨每增一遍，相应增加人工 0.88 工日 /$100m^2$ 和打磨机 0.88 台班 /$100m^2$。

3. 如使用模板，按混凝土基础垫层模板子目执行，人工乘以系数 1.50。

4. 设计为彩色地面者，其色粉用量按设计要求增加，人工不变。

工作内容：清理基层、铺设面层、嵌玻璃条、磨石抛光、酸洗打蜡。调制菱苦土砂浆，打蜡。

计量单位：100m²

编号			11-32	11-33	11-34	11-35	11-36	11-37
项目			水磨石楼地面		彩色镜面水磨石楼地面		水磨石	菱苦土地面
			带嵌条	带嵌条分色	带嵌条	带嵌条分色	每增减1mm	底15mm 面10mm
			15mm		20mm			
名称		单位	消耗量					
人工	合计工日	工日	43.230	46.167	67.283	70.221	0.171	13.733
人工	其中 普工	工日	8.646	9.233	13.457	14.044	0.034	2.747
人工	其中 一般技工	工日	15.130	16.158	23.549	24.577	0.060	4.806
人工	其中 高级技工	工日	19.454	20.775	30.277	31.600	0.077	6.180
材料	白水泥彩色石子浆 1:2	m³	—	1.734	2.448	2.448	—	—
材料	白水泥白石子浆 1:2	m³	1.734	—	—	—	0.112	—
材料	菱苦土砂浆 1:4	m³	—	—	—	—	—	2.754
材料	素水泥浆	m³	0.102	0.102	0.102	0.102	—	—
材料	水泥(综合)	kg	26.520	26.520	26.520	26.520	—	—
材料	砂子 粗砂	m³	—	—	—	—	—	0.500
材料	平板玻璃 δ3	m²	5.300	5.300	7.066	7.066	—	—
材料	油石	块	—	—	63.000	63.000	—	—
材料	石蜡	kg	2.650	2.650	2.650	2.650	—	—
材料	煤油	kg	4.001	4.001	4.001	4.001	—	3.960
材料	清油	kg	0.530	0.530	0.530	0.530	—	6.000
材料	色粉	kg	—	—	—	—	—	76.000
材料	金刚石(综合)	块	33.000	33.000	50.000	50.000	—	—
材料	地蜡(砂蜡)	kg	—	—	—	—	—	2.650
材料	水	m³	4.380	4.380	8.900	8.900	—	—
材料	其他材料费	%	1.50	1.50	1.50	1.50	—	2.00
机械	灰浆搅拌机 200L	台班	0.288	0.288	0.410	0.410	0.037	—
机械	平面水磨石机 3kW	台班	10.172	10.863	15.831	16.523	—	—
机械	双锥反转出料混凝土搅拌机 200L	台班	—	—	—	—	—	0.450

注：若采用其他嵌条应扣除玻璃用量，其他不变，嵌条执行相应子目。

工作内容：1. 细石混凝土搅拌捣平、压实、压光、养护。
2. 铺设钢丝网。　　　　**计量单位：**$100m^2$

编　号				11-38	11-39	11-40
项　目				细石混凝土地面面层(mm)		地面铺设钢丝网
				30	每增减5	
名　称			单位	消　耗　量		
人工	合计工日		工日	9.983	0.790	1.318
	其中	普工	工日	1.997	0.158	0.264
		一般技工	工日	3.494	0.276	0.461
		高级技工	工日	4.492	0.356	0.593
材料	预拌细石混凝土 C20		m^3	3.030	0.510	—
	水		m^3	3.200	—	—
	钢丝网(综合)		m^2	—	—	105.000
	其他材料费		%	—	—	2.00

三、块 料 面 层

工作内容：清理基层、试排弹线、锯板修边、铺抹结合层、铺贴饰面、清理净面。　　　　**计量单位：**$100m^2$

编　号				11-41	11-42	11-43
项　目				石材楼地面(每块面积 m^2)		
				0.36以内	0.64以内	0.64以外
名　称			单位	消　耗　量		
人工	合计工日		工日	17.188	19.305	19.964
	其中	普工	工日	3.438	3.861	3.993
		一般技工	工日	6.016	6.757	6.987
		高级技工	工日	7.734	8.687	8.984
材料	天然石材饰面板 600×600		m^2	102.000	—	—
	天然石材饰面板 800×800		m^2	—	102.000	—
	天然石材饰面板 1 000×1 000		m^2	—	—	102.000
	干混地面砂浆 DS M20		m^3	2.040	2.040	2.040
	胶粘剂 DTA 砂浆		m^3	0.100	0.100	0.100
	水		m^3	2.300	2.300	2.300
	电		kW·h	17.880	20.080	20.760
	其他材料费		%	0.50	0.50	0.50
机械	干混砂浆罐式搅拌机		台班	0.204	0.204	0.204

工作内容：清理基层、试排弹线、锯板修边、铺抹结合层、铺贴饰面、清理净面；磨光；打胶；勾缝。

编号				11-44	11-45	11-46	11-47	11-48	11-49
项目				石材楼地面			石材地面精磨	打胶	勾缝
				拼花	点缀	碎拼			
				100m²	100个	100m²		100m	100m²
名称			单位	消耗量					
人工	合计工日		工日	28.233	23.567	26.698	13.873	2.720	3.400
	其中	普工	工日	5.647	4.713	5.340	2.775	0.544	0.680
		一般技工	工日	9.881	8.249	9.344	4.855	0.952	1.190
		高级技工	工日	12.705	10.605	12.014	6.243	1.224	1.530
材料	天然石材饰面板 拼花（成品）		m²	104.000	—	—	—	—	—
	石材板 点缀（成品）		个	—	104.000	—	—	—	—
	天然石材饰面板 碎拼		m²	—	—	104.000	—	—	—
	干混地面砂浆 DS M20		m³	2.040	—	2.040	—	—	—
	胶粘剂 DTA 砂浆		m³	0.100	—	0.100	—	—	—
	油石		块	—	—	—	22.000	—	—
	美纹纸		m	—	—	—	—	110.000	—
	玻璃胶 335g/支		支	—	—	—	—	8.000	—
	密封剂		kg	—	—	—	—	—	30.000
	水		m³	2.300	—	2.300	7.800	—	—
	电		kW·h	—	24.510	—	7.820	—	—
	其他材料费		%	0.50	0.50	1.00	—	—	2.00
机械	平面水磨石机 3kW		台班	—	—	—	5.440	—	—
	干混砂浆罐式搅拌机		台班	0.204	—	0.204	—	—	—

工作内容：清理基层、试排弹线、锯板修边、铺抹结合层、铺贴饰面、清理净面；石材底面刷养护液；石材表面刷保护液；石材弧形部分切割。

编号				11-50	11-51	11-52	11-53	11-54
项目				石材	石材底面刷养护液		石材表面刷保护液	块料地面圆弧形部分增加费
				波打线（嵌边）	光面	麻面		
				100m²				100m
名称			单位	消耗量				
人工	合计工日		工日	28.039	3.121	3.745	3.121	6.767
	其中	普工	工日	5.608	0.624	0.749	0.624	1.353
		一般技工	工日	9.814	1.092	1.311	1.092	2.369
		高级技工	工日	12.617	1.405	1.685	1.405	3.045
材料	天然石材饰面板		m^2	104.000	—	—	—	—
	干混地面砂浆 DS M20		m^3	2.040	—	—	—	—
	石材养护液		kg	—	21.500	30.000	—	—
	石材保护液		kg	—	—	—	25.000	—
	胶粘剂 DTA 砂浆		m^3	0.100	—	—	—	—
	水		m^3	2.300	—	—	—	—
	电		kW·h	29.160	—	—	—	10.870
	其他材料费		%	0.50	—	—	—	—
机械	干混砂浆罐式搅拌机		台班	0.204	—	—	—	—

工作内容：清理基层、试排弹线、锯板修边、铺抹结合层、铺贴饰面、清理净面。 **计量单位：**$100m^2$

编号			11-55	11-56	11-57	11-58
项目			陶瓷地面砖（m^2）			
			水泥砂浆粘贴			
			0.10 以内	0.36 以内	0.64 以内	0.64 以外
名称		单位	消耗量			
人工	合计工日	工日	19.084	18.683	19.354	20.227
人工	其中 普工	工日	3.817	3.737	3.871	4.045
人工	其中 一般技工	工日	6.679	6.539	6.774	7.080
人工	其中 高级技工	工日	8.588	8.407	8.709	9.102
材料	地砖 300×300	m^2	103.000	—	—	—
材料	地砖 600×600	m^2	—	103.000	—	—
材料	地砖 800×800	m^2	—	—	104.000	—
材料	地砖 1 000×1 000	m^2	—	—	—	104.000
材料	干混地面砂浆 DS M20	m^3	2.040	2.040	2.040	2.040
材料	胶粘剂 DTA 砂浆	m^3	0.103	0.100	0.100	0.102
材料	水	m^3	2.300	2.300	2.300	2.300
材料	电	kW·h	19.850	19.430	20.130	21.040
材料	其他材料费	%	0.50	0.50	0.50	0.50
机械	干混砂浆罐式搅拌机	台班	0.204	0.204	0.204	0.204

工作内容：清理基层，调制粘贴剂，贴块料面层，擦缝，清理净面。　　**计量单位**：$100m^2$

编　号				11-59	11-60	11-61	11-62
项　目				陶瓷地面砖（m^2）			
				干粉型粘结剂			
				0.10 以内	0.36 以内	0.64 以内	0.64 以外
名　称			单位	消　耗　量			
人工	合计工日		工日	20.085	19.663	20.368	21.287
	其中	普工	工日	4.017	3.933	4.074	4.257
		一般技工	工日	7.030	6.882	7.129	7.451
		高级技工	工日	9.038	8.848	9.165	9.579
材料	地砖　300 × 300		m^2	103.000	—	—	—
	地砖　600 × 600		m^2	—	103.000	—	—
	地砖　800 × 800		m^2	—	—	104.000	—
	地砖　1 000 × 1 000		m^2	—	—	—	104.000
	粉状型建筑胶粘剂		kg	400.000	400.000	400.000	400.000
	水		m^3	2.300	2.300	2.300	2.300
	电		kW·h	20.890	20.450	21.180	22.140
	其他材料费		%	0.50	0.50	0.50	0.50

工作内容：清理基层、试排弹线、铺贴饰面、清理净面。　　**计量单位**：$100m^2$

编　号				11-63	11-64	11-65	11-66
项　目				镭射玻璃砖（m^2）			
				8mm 厚单层钢化砖		（8+5）mm 厚夹层钢化砖	
				0.36 以内	0.36 以外	0.36 以内	0.36 以外
名　称			单位	消　耗　量			
人工	合计工日		工日	24.480	24.752	23.120	23.596
	其中	普工	工日	4.896	4.950	4.624	4.719
		一般技工	工日	8.568	8.663	8.092	8.259
		高级技工	工日	11.016	11.139	10.404	10.618
材料	镭射玻璃　600 × 600 × 8		m^2	103.000	—	—	—
	镭射玻璃　800 × 800 × 8		m^2	—	103.000	—	—
	镭射夹层玻璃（8+5）600 × 600		m^2	—	—	103.000	—
	镭射夹层玻璃（8+5）800 × 800		m^2	—	—	—	103.000
	玻璃胶　335g/ 支		支	84.000	75.600	84.000	75.600
	其他材料费		%	0.50	0.50	0.50	0.50

工作内容: 清理基层、弹线、锯板修边、瓷砖浸水、铺抹结合层、铺贴饰面、勾缝、清理净面。

计量单位: $100m^2$

编号				11-67	11-68	11-69
项目				缸砖		陶瓷锦砖
				勾缝	不勾缝	
名称			单位	消耗量		
人工	合计工日		工日	19.575	17.897	24.992
	其中	普工	工日	3.915	3.579	4.998
		一般技工	工日	6.851	6.264	8.747
		高级技工	工日	8.809	8.054	11.247
材料	缸砖		m^2	91.933	102.000	—
	陶瓷锦砖		m^2	—	—	102.000
	干混地面砂浆 DS M20		m^3	2.050	2.040	2.040
	胶粘剂 DTA 砂浆		m^3	—	—	0.100
	水		m^3	2.400	2.400	2.400
	电		kW·h	20.350	18.620	—
	其他材料费		%	2.00	2.00	2.00
机械	干混砂浆罐式搅拌机		台班	0.205	0.204	0.204

工作内容: 清理基层、试排弹线、锯板修边、铺抹结合层、铺贴饰面、清理净面。

计量单位: $100m^2$

编号				11-70	11-71
项目				广场砖	
				拼图案	不拼图案
名称			单位	消耗量	
人工	合计工日		工日	21.242	19.159
	其中	普工	工日	4.248	3.832
		一般技工	工日	7.435	6.706
		高级技工	工日	9.559	8.621
材料	广场砖(综合)		m^2	90.334	88.597
	干混地面砂浆 DS M20		m^3	2.282	2.282
	水		m^3	2.600	2.600
	电		kW·h	22.090	19.930
	其他材料费		%	1.50	1.50
机械	干混砂浆罐式搅拌机		台班	0.228	0.228

四、木地板及复合地板面层

工作内容：1. 清理基层，修整找平、钻孔、安楔、铺钉龙骨或夹板基层。
2. 铺设，净面。

计量单位：100m^2

编号				11-72	11-73	11-74	11-75	11-76
项目				杉木龙骨基层	夹板基层	条形实木地板（成品）		
						铺在杉木龙骨基层上	铺在夹板基层上	铺在水泥地面上
名称			单位	消耗量				
人工	合计工日		工日	3.020	2.420	8.101	9.597	11.133
	其中	普工	工日	0.604	0.484	1.620	1.919	2.227
		一般技工	工日	1.057	0.847	2.835	3.359	3.896
		高级技工	工日	1.359	1.089	3.646	4.319	5.010
材料	板枋材 杉木		m^3	2.100	—	—	—	—
	胶合板 δ12		m^2	—	105.000	—	—	—
	实木地板		m^2	—	—	105.000	105.000	105.000
	泡沫防潮纸		m^2	—	—	110.000	110.000	110.000
	其他材料费		%	0.50	0.50	0.50	0.50	0.50
机械	木工圆锯机 500mm		台班	0.600	0.480	1.620	1.920	2.230

工作内容：铺设，净面。

计量单位：100m^2

编号				11-77	11-78	11-79
项目				条形复合地板（成品）		
				铺在杉木龙骨基层上	铺在夹板基层上	铺在水泥地面上
名称			单位	消耗量		
人工	合计工日		工日	7.048	8.349	9.686
	其中	普工	工日	1.410	1.670	1.937
		一般技工	工日	2.467	2.922	3.390
		高级技工	工日	3.171	3.757	4.359
材料	泡沫防潮纸		m^2	110.000	110.000	110.000
	复合木地板		m^2	105.000	105.000	105.000
	其他材料费		%	0.50	0.50	0.50
机械	木工圆锯机 500mm		台班	1.410	1.670	1.940

五、橡 塑 面 层

工作内容: 清理基层、弹线、刮腻子、涂刷粘结剂、贴面层、收口、净面。 **计量单位:** 100m²

编号				11-80	11-81	11-82	11-83
项目				橡胶板	橡胶卷材	塑料板	塑料卷材
名称			单位	消耗量			
人工	合计工日		工日	12.308	9.996	14.464	10.336
	其中	普工	工日	2.462	1.999	2.893	2.067
		一般技工	工日	4.307	3.499	5.062	3.618
		高级技工	工日	5.539	4.498	6.509	4.651
材料	橡胶板 δ3		m^2	105.000	—	—	—
	再生橡胶卷材		m^2	—	110.000	—	—
	塑料板		m^2	—	—	105.000	—
	塑料地板卷材 δ1.5		m^2	—	—	—	110.000
	氯丁橡胶粘接剂		kg	54.460	45.000	54.460	45.000
	其他材料费		%	1.50	1.50	1.50	1.50

六、其他材料面层

工作内容：清理基层、弹线、分格、定位、裁剪、拼接、铺设、修边、钉压条、净面。　　**计量单位：**100m²

编号				11-84	11-85	11-86
项目				地毯		
				不固定	固定	
					不带垫	带垫
名称			单位	消耗量		
人工	合计工日		工日	6.321	11.480	17.220
	其中	普工	工日	1.264	2.296	3.444
		一般技工	工日	2.212	4.018	6.027
		高级技工	工日	2.845	5.166	7.749
材料	地毯		m^2	105.000	105.000	105.000
	地毯烫带		m	65.620	65.620	65.620
	地毯胶垫		m^2	—	—	105.000
	地毯木条		m	—	109.370	109.370
	铝合金压条（综合）		m	—	9.770	9.770
	氯丁橡胶粘接剂		kg	—	7.290	7.290
	其他材料费		%	0.50	0.50	0.50

工作内容：清理基层、安装支架横梁，铺设面板、清扫净面。　　**计量单位：**100m²

编号				11-87	11-88
项目				防静电活动地板安装	
				铝质	陶瓷
名称			单位	消耗量	
人工	合计工日		工日	19.940	22.931
	其中	普工	工日	3.988	4.586
		一般技工	工日	6.979	8.026
		高级技工	工日	8.973	10.319
材料	陶瓷活动地板		m^2	—	105.000
	铝合金活动地板		m^2	105.000	—
	其他材料费		%	0.10	0.10

注：防静电地板含支架。

七、踢　脚　线

工作内容：1. 清理基层、调运砂浆、抹面、压光、养护。
2. 清理基层、铺贴面层、净面。

计量单位：100m

编　号				11-89	11-90	11-91	11-92	11-93
项　目				水泥砂浆	石材	陶瓷地面砖	玻璃地砖	缸砖
名　称			单位	消　耗　量				
人工	合计工日		工日	3.260	3.903	4.218	4.398	4.712
	其中	普工	工日	0.652	0.781	0.844	0.880	0.943
		一般技工	工日	1.141	1.366	1.476	1.539	1.649
		高级技工	工日	1.467	1.756	1.898	1.979	2.120
材料	干混抹灰砂浆 DP M10		m^3	0.306	0.245	0.245	—	0.245
	天然石材踢脚线		m	—	102.000	—	—	—
	陶瓷地砖踢脚线		m	—	—	102.000	—	—
	镭射玻璃 成品		m^2	—	—	—	12.480	—
	缸砖踢脚线		m	—	—	—	—	102.000
	胶粘剂 DTA 砂浆		m^3	—	0.012	0.012	—	0.012
	玻璃胶 335g/支		支	—	—	—	11.400	—
	水		m^3	0.408	0.264	0.264	—	0.400
	电		kW·h	—	4.060	4.390	—	4.900
	其他材料费		%	—	0.50	0.50	0.50	0.50
机械	干混砂浆罐式搅拌机		台班	0.031	0.025	0.025	—	0.025

工作内容：清理基层、安装踢脚线。　　　　**计量单位：**100m

编号				11-94	11-95	11-96	11-97
项目				塑料板	木踢脚线	金属踢脚线	防静电踢脚线
名称			单位	消耗量			
人工	合计工日		工日	2.023	2.563	2.678	2.624
	其中	普工	工日	0.441	0.513	0.536	0.525
		一般技工	工日	0.771	0.897	0.937	0.918
		高级技工	工日	0.991	1.153	1.205	1.181
材料	塑料板踢脚线		m	106.000	—	—	—
	硬木踢脚线		m	—	106.000	—	—
	金属踢脚线		m	—	—	106.000	—
	防静电踢脚线		m	—	—	—	106.000
	板枋材 杉木		m^3	—	0.063	—	—
	塑料粘结剂		kg	4.950	—	—	—
	其他材料费		%	0.50	2.00	1.00	1.00

八、楼梯面层

工作内容：清理基层、调运砂浆、铺设面层；试排弹线、锯板修边、铺抹结合层，
铺贴饰面、清理净面。　　　　**计量单位：**100m²

编号				11-98	11-99	11-100	11-101	11-102
项目				水泥砂浆（mm）		石材	石材弧形楼梯	陶瓷地面砖
				20	每增减 1			
名称			单位	消耗量				
人工	合计工日		工日	22.170	0.272	29.069	40.703	26.931
	其中	普工	工日	4.434	0.054	5.814	8.141	5.386
		一般技工	工日	7.759	0.095	10.174	14.246	9.426
		高级技工	工日	9.977	0.123	13.081	18.316	12.119
材料	干混地面砂浆 DS M20		m^3	2.785	0.139	2.754	3.342	2.785
	天然石材饰面板		m^2	—	—	144.690	173.628	—
	陶瓷地砖（综合）		m^2	—	—	—	—	144.690
	胶粘剂 DTA 砂浆		m^3	0.140	—	0.140	0.167	0.140
	水		m^3	5.187	—	3.400	4.000	3.400
	电		kW·h	—	—	30.230	42.330	28.010
	其他材料费		%	—	—	1.00	1.00	2.00
机械	干混砂浆罐式搅拌机		台班	0.279	0.014	0.275	0.334	0.279

工作内容：清理基层、弹线、裁剪、铺设地毯、安装压条、净面。

编号				11-103	11-104	11-105	11-106
项目				地毯		地毯配件	
						铜质	
				不带垫	带垫	压棍	压板
				100m²		套	100m
名称			单位	消耗量			
人工	合计工日		工日	14.518	21.794	0.094	4.712
	其中	普工	工日	2.904	4.359	0.019	0.943
		一般技工	工日	5.081	7.628	0.033	1.649
		高级技工	工日	6.533	9.807	0.042	2.120
材料	地毯		m^2	143.325	143.325	—	—
	地毯胶垫		m^2	—	143.325	—	—
	地毯烫带		m	23.620	23.620	—	—
	地毯木条		m	192.430	192.430	—	—
	铝合金压条（综合）		m	20.380	20.380	—	—
	铜质压棍		m	—	—	1.530	—
	铜压板 5×40		m	—	—	—	106.000
	铜管		m	—	—	0.025	—
	钢管 *D*15		m	—	—	0.106	—
	其他材料费		%	0.50	0.50	2.00	2.00

工作内容：清理基层、刮腻子、涂刷粘结剂、贴面层、净面。　　　　**计量单位：**100m^2

编　号				11-107	11-108
项　目				木板面层	橡胶板面层
名　称			单位	消耗量	
人工	合计工日		工日	21.516	16.800
	其中	普工	工日	4.303	3.360
		一般技工	工日	7.531	5.880
		高级技工	工日	9.682	7.560
材料	实木地板		m^2	143.325	—
	橡胶板 δ3		m^2	—	143.325
	水胶粉		kg	21.840	—
	XY-401 胶		kg	95.550	—
	氯丁橡胶粘接剂		kg	—	74.530
	水		m^3	7.100	—
	其他材料费		%	0.50	1.50
机械	木工圆锯机 500mm		台班	4.300	—

九、台 阶 装 饰

工作内容：清理基层、调运砂浆、铺设面层；试排弹线、锯板修边、铺抹结合层，铺贴饰面、清理净面。

计量单位：$100m^2$

编号				11-109	11-110	11-111	11-112	11-113
项目				水泥砂浆（mm）		石材	石材弧形台阶	陶瓷地面砖
				20	每增减 1			
名称			单位	消耗量				
人工	合计工日		工日	23.337	0.286	30.599	42.845	28.348
	其中	普工	工日	4.667	0.057	6.120	8.569	5.670
		一般技工	工日	8.168	0.100	10.710	14.996	9.922
		高级技工	工日	10.502	0.129	13.769	19.280	12.756
材料	干混地面砂浆 DS M20		m^3	3.019	0.151	2.960	4.228	3.019
	天然石材饰面板		m^2	—	—	156.880	219.664	—
	陶瓷地砖（综合）		m^2	—	—	—	—	156.880
	胶粘剂 DTA 砂浆		m^3	0.153	—	0.150	0.150	0.150
	电		kW·h	—	—	31.820	44.560	29.480
	水		m^3	5.300	—	3.854	5.388	3.550
	其他材料费		%	—	—	0.50	0.50	2.00
机械	干混砂浆罐式搅拌机		台班	0.302	0.015	0.296	0.423	0.302

工作内容：清理基层、调运砂浆、铺设面层、剁斧。

计量单位：$100m^2$

编号				11-114
项目				剁假石
				20mm
名称			单位	消耗量
人工	合计工日		工日	48.773
	其中	普工	工日	9.755
		一般技工	工日	17.070
		高级技工	工日	21.948
材料	水泥白石子浆 1∶1.5		m^3	1.153
	干混地面砂浆 DS M20		m^3	1.387
	胶粘剂 DTA 砂浆		m^3	0.151
	水		m^3	0.945
	其他材料费		%	2.00
机械	干混砂浆罐式搅拌机		台班	0.139

十、零星装饰项目

工作内容: 清理基层、调运砂浆、铺设面层;试排弹线、锯板修边、铺抹结合层,铺贴饰面、清理净面。

计量单位: 100m²

编　号				11-115	11-116
项　目				水泥砂浆 20mm	石材
名　称			单位	消　耗　量	
人工	合计工日		工日	27.016	38.327
	其中	普工	工日	5.404	7.665
		一般技工	工日	9.455	13.415
		高级技工	工日	12.157	17.247
材料	干混地面砂浆 DS M20		m³	2.040	2.040
	天然石材饰面板		m²	—	106.000
	胶粘剂 DTA 砂浆		m³	—	0.110
	水		m³	3.800	2.600
	电		kW·h	—	39.860
	其他材料费		%	—	0.50
机械	干混砂浆罐式搅拌机		台班	0.204	0.204

工作内容: 清理基层、试排弹线、锯板修边、铺抹结合层,铺贴饰面、清理净面。

计量单位: 100m²

编　号				11-117	11-118
项　目				陶瓷地面砖	缸砖
名　称			单位	消　耗　量	
人工	合计工日		工日	47.454	47.179
	其中	普工	工日	9.491	9.436
		一般技工	工日	16.609	16.513
		高级技工	工日	21.354	21.230
材料	陶瓷地砖(综合)		m²	106.000	—
	缸砖		m²	—	106.000
	干混地面砂浆 DS M20		m³	2.040	2.040
	胶粘剂 DTA 砂浆		m³	0.150	—
	水		m³	2.600	2.600
	电		kW·h	49.350	49.070
	其他材料费		%	2.00	2.00
机械	干混砂浆罐式搅拌机		台班	0.204	0.204

十一、其他装饰项目

工作内容：清理、切割、镶嵌、固定。　　　　**计量单位：**100m

编号				11-119	11-120
项目				楼地面嵌金属分隔条	
				水磨石铜嵌条	块料地面铜分隔条
				2×12	T形 5×10
名称			单位	消耗量	
人工	合计工日		工日	1.200	1.400
	其中	普工	工日	0.240	0.280
		一般技工	工日	0.420	0.490
		高级技工	工日	0.540	0.630
材料	铜条 12×2		m	106.000	—
	铜条T形 5×10		m	—	106.000
	板枋材 杉木		m^3	0.010	—
	电		kW·h	0.580	0.670
	其他材料费		%	2.00	2.00

注：铜嵌条规格与项目取定不同时，材料单价可以换算。

工作内容：清理、切割、镶嵌、固定。　　　　**计量单位：**100m

编　号				11-121	11-122	11-123	11-124
项　目				楼梯、台阶踏步防滑条			
				铜嵌条	青铜板（直角）	铸铜条板	金刚砂
				4×6	5×50	6×110	
名　称			单位	消　耗　量			
人工	合计工日		工日	4.640	5.920	4.480	2.300
	其中	普工	工日	0.928	1.184	0.896	0.460
		一般技工	工日	1.624	2.072	1.568	0.805
		高级技工	工日	2.088	2.664	2.016	1.035
材料	铜条 4×6		m	106.000	—	—	—
	青铜板（直条）5×50		m	—	106.000	—	—
	铸铜条 6×110		m	—	—	106.000	—
	金刚砂		kg	—	—	—	43.347
	硅酮结构胶 300mL		支	11.000	15.000	30.000	—
	水泥（综合）		kg	—	—	—	42.514
	水		m^3	—	—	—	0.300
	电		kW·h	2.220	2.830	2.150	—

注：防滑条规格与项目取定不同时，材料单价可以换算。

工作内容：清理表面、酸洗打蜡、磨光。　　　　**计量单位：**$100m^2$

编　号				11-125	11-126
项　目				酸洗打蜡	
				楼地面	楼梯台阶
名　称			单位	消　耗　量	
人工	合计工日		工日	3.946	5.490
	其中	普工	工日	0.789	1.098
		一般技工	工日	1.381	1.921
		高级技工	工日	1.776	2.471
材料	草酸		kg	1.000	1.420
	地蜡（砂蜡）		kg	2.650	3.760
	煤油		kg	4.000	5.680
	松节油		kg	0.530	0.750
	清油		kg	0.530	0.750

工作内容：清扫地面、定位放线、涂料制备、涂敷、漆划、养护；广角镜安装；标志制作、安装。

编号				11-127	11-128	11-129	11-130
项目				地下车库标线		广角镜安装	标志制作安装
				常温涂料	热熔涂料		
				100m²		个	m²
名称			单位	消耗量			
人工	合计工日		工日	7.150	7.520	0.230	0.256
	其中	普工	工日	1.430	1.504	0.046	0.051
		一般技工	工日	2.502	2.632	0.080	0.090
		高级技工	工日	3.218	3.384	0.104	0.115
材料	常温涂料		kg	53.000	—	—	—
	热熔标线涂料		kg	—	300.000	—	—
	底漆		kg	—	23.500	—	—
	反光材料（玻璃珠）		kg	—	20.000	—	—
	广角镜		个	—	—	1.000	—
	反光膜		m²	—	—	—	1.600
	粗制六角螺栓 M18×（40~100）		10套	—	—	—	8.160
	角铝		m	—	—	—	4.100
	纯铝板 $\delta 3$		m²	—	—	—	1.080
机械	路面喷涂机		台班	0.645	—	—	—
	热熔釜溶解车		台班	—	0.650	—	—
	热熔划线车 手推式		台班	—	0.650	—	—
	平台作业升降车 9m		台班	—	—	0.077	0.670
	手提式砂轮机		台班	—	—	—	0.009
	砂轮切割机 $\phi 500$		台班	—	—	—	0.011
	立式钻床 25mm		台班	—	—	—	0.277
	载重汽车 6t		台班	0.645	0.650	0.077	0.093

第十二章　墙、柱面装饰与隔断、幕墙工程

说　明

一、本章包括抹灰、墙面块料面层、柱面镶贴块料、镶贴零星块料、墙饰面、柱饰面、幕墙工程、隔断共八节。

二、圆弧形、锯齿形、异型等不规则墙面抹灰、镶贴块料、幕墙人工及机械按相应项目乘以系数 1.15。

三、干挂石材、面砖、陶土板骨架及玻璃幕墙型钢骨架，均按干挂石材钢骨架项目执行。预埋铁件按第五章“混凝土及钢筋混凝土工程”铁件制作安装项目执行。

四、女儿墙无泛水挑砖者，人工及机械乘以系数 1.10，按墙面相应项目执行；女儿墙带泛水挑砖者，人工及机械乘以系数 1.30，按墙面相应项目执行；女儿墙外侧并入外墙计算。

五、抹灰。

1. 墙面抹灰项目中砂浆强度等级设计与消耗量不同时，按设计要求调整；如设计厚度与取定厚度不同者，按墙面一般抹灰每增减 1mm 项目调整。

2. 与墙相连的梁、柱侧面抹灰并入相应墙面项目执行。

3. 抹灰工程的“零星抹灰”适用于各种壁柜、碗柜、飘窗板、阳台栏板、空调搁板、暖气罩，出屋面烟气道、通气道、附墙烟道、垃圾道等孔洞内侧以及面积≤$0.5m^2$ 的其他各种零星抹灰。

4. 抹灰工程的线条适用于门窗套、挑檐、腰线、压顶、遮阳板外边、宣传栏边框以及突出墙面单面宽度在 500mm 以内的竖横线条等项目的抹灰，单面宽度超过 500mm 分别按楼地面、墙柱面及天棚相应抹灰项目执行。

5. 抹灰项目的工作内容已包括搭拆脚手架及支模板产生孔洞的修补堵眼，对拉螺栓堵眼另按第五章“混凝土及钢筋混凝土工程”对拉螺栓堵眼增加费项目执行。

6. 墙面抹灰包括分格缝，如设计要求嵌（填）分格缝者，按本章外墙面嵌（填）分格缝增加费项目计取嵌缝增加费。

7. 墙面抹灰中的轻质墙是指轻质条板隔墙，即用轻质条板组装的非承重内隔墙，如混凝土轻质条板、玻璃纤维增强水泥条板、玻璃纤维增强石膏空心条板、钢丝（钢丝网）增强水泥条板、硅镁加气混凝土空心条板、复合夹芯条板等隔墙。

六、玻化砖、干挂玻化砖或玻岩板按面砖相应项目执行。

七、梁面镶贴块料按相应柱面镶贴块料项目人工、机械乘以系数 1.15。

八、镶贴块料中砂浆结合层厚度除石材综合考虑外，其他镶贴块料均按 15mm 考虑，设计厚度与取定厚度不同者，按墙面一般抹灰每增减 1mm 项目调整。

九、镶贴零星块料适用于挑檐、天沟、腰线、窗台线、门窗套、飘窗板、空调搁板、压顶、扶手、雨篷周边和壁柜、碗柜等。

十、除已列有挂贴石材柱帽、柱墩项目外，其他项目的柱帽、柱墩并入相应柱面积内，每个柱帽或柱墩另增人工：抹灰 0.25 工日，块料 0.38 工日，饰面 0.5 工日。

十一、木龙骨基层是按双向计算的，如设计为单向时，人工、材料乘以系数 0.55。

十二、柱饰面。

1. 圆柱包铜饰面按相应的圆柱包不锈钢板饰面项目执行。

2. 钢龙骨圆柱包不锈钢板饰面，不分结构柱为方形或圆形，均执行同一项目。

3. 柱饰面除玻璃饰面项目外，其他材料饰面项目均未包括压条、装饰线或封边包角线条，设计要求时，按第十五章“其他装饰工程”中墙面相应项目人工、机械乘以系数 1.20。

4. 柱饰面在胶合板或抹灰面上粘贴玻璃按墙饰面相应项目人工、机械乘以系数 1.20。

5. 成品装饰柱项目已包含柱帽、柱墩安装。

十三、幕墙、隔断。

1. 幕墙如设计为曲面、异形或者斜面，按相应项目人工乘以系数 1.15。

2. 玻璃幕墙中的玻璃按成品玻璃考虑；幕墙的封边、封顶的费用按相应项目另行计算。型钢、挂件设计用量与取定用量不同时，按设计要求调整。

3. 幕墙饰面中的结构胶与耐候胶设计用量与取定用量不同时，用量按设计计算的用量加 15% 的施工损耗计算。

4. 型材弧形拉弯增加费按照型材弧形部分长度或重量套用相应项目计算，若型材材料价格已考虑拉弯费用，则不另行计算。型材弧形拉弯增加费项目只考虑人工、机械增加费用。

5. 点支式玻璃幕墙钢结构桁架安装按第六章“金属结构工程”相应项目计算。

6. 本章中的单元式幕墙是指由各种面板与支承框架在工厂制成，形成完整的幕墙结构基本单位后，运至施工现场直接安装在主体结构上的建筑幕墙。单元板块使用材料材质不同时，可按设计调整单元板块材料用量，其他不变。槽型埋件及连接件适用于单元式幕墙在钢筋混凝土或钢结构中预置。

7. 玻璃幕墙开启窗面积并入幕墙计算，增加的人工费及五金配件套用相应项目计算，增加的型材用量并入相应幕墙项目中。

8. 隔墙按隔断相应项目执行。

9. 面层、隔墙（间壁）、隔断（护壁）项目内，除注明者外均未包括压边、收边、装饰线（板），如设计要求时，应按第十五章“其他装饰工程”相应项目执行；浴厕隔断已综合了隔断门所增加的工料。

10. 隔墙（间壁）、隔断（护壁）、幕墙等项目中龙骨间距、规格如与设计不同时，按设计要求调整。

十四、本章设计要求做防火、防腐处理者，应按第十四章“油漆、涂料、裱糊工程”相应项目执行。

工程量计算规则

一、抹灰。

1. 内墙面、墙裙抹灰按设计图示结构尺寸以面积计算，扣除门窗洞口和单个面积 >0.3m^2 的空圈所占的面积，不扣除踢脚线、挂镜线及单个面积≤0.3m^2 的孔洞和墙与构件交接处的面积。门窗洞口、空圈、孔洞的侧壁面积亦不增加，附墙柱的侧面抹灰应并入墙面、墙裙抹灰工程量内计算。

2. 内墙面、墙裙的长度以主墙间的图示净长计算，墙面高度按室内地面或楼面至天棚底面净高计算，墙面抹灰面积应扣除墙裙抹灰面积，如墙面和墙裙抹灰种类相同者，工程量合并计算。

3. 外墙抹灰面积按垂直投影面积计算，应扣除门窗洞口、外墙裙（墙面和墙裙抹灰种类相同者应合并计算）和单个面积 >0.3m^2 的孔洞所占面积，不扣除单个面积≤0.3m^2 的孔洞所占面积，门窗洞口及孔洞侧壁面积亦不增加。附墙柱侧面抹灰面积应并入外墙面抹灰工程量内。

4. 女儿墙（包括泛水、挑砖）内侧、阳台栏板（不扣除花格所占孔洞面积）内侧与阳台栏板外侧抹灰工程量按其垂直投影面积计算。

5. 柱抹灰按结构断面周长乘以抹灰高度计算。

6. 线条抹灰按设计图示尺寸以长度计算。

7. 外墙面嵌（填）分格缝增加费按设计图示尺寸以长度计算。

8. “零星项目” 按设计图示尺寸以展开面积计算。

二、块料面层。

1. 挂贴石材零星项目中柱墩、柱帽是按圆弧形成品考虑的，按其圆的最大外径以周长计算；其他类型的柱帽、柱墩工程量按设计图示尺寸以展开面积计算。

2. 镶贴块料面层按镶贴表面积计算。

3. 柱镶贴块料面层按设计图示饰面外围尺寸乘以高度以面积计算。

4. 女儿墙（包括泛水、挑砖）内侧、阳台栏板（不扣除花格所占孔洞面积）内侧与阳台栏板外侧镶贴块料按展开面积计算。

三、墙饰面、柱饰面。

1. 龙骨、基层、面层墙饰面项目按设计图示饰面尺寸以面积计算，扣除门窗洞口及单个面积 >0.3m^2 的空圈所占的面积，不扣除单个面积≤0.3m^2 的孔洞所占面积，门窗洞口及孔洞侧壁面积亦不增加。

2. 柱饰面的龙骨、基层、面层按设计图示饰面尺寸以面积计算，柱帽、柱墩并入相应柱面积计算。

3. 成品装饰柱按设计图示数量计算。

四、幕墙、隔断。

1. 玻璃幕墙、铝板幕墙以框外围面积计算，如设计为曲面，按其展开面积计算；半玻隔断、全玻幕墙如有加强肋者，工程量按其展开面积计算。

2. 幕墙防火隔离带按其设计图示尺寸以延长米计算。

3. 幕墙与建筑物的封顶、封边按设计图示尺寸以面积计算。

4. 幕墙、门窗铝型材龙骨弧形拉弯按其设计图示尺寸以延长米计算。幕墙钢型材弧形拉弯按设计图示尺寸以理论质量计算。

5. 单元式幕墙的工程量按图示尺寸的外围面积计算，不扣除幕墙区域设置的窗面积。槽型预埋件及 T 形转接件螺栓安装的工程量按设计图示数量计算。

6. 玻璃幕墙开启窗人工及五金增加费按开启窗的设计图示数量计算。

7. 幕墙铝骨架调整按铝骨架的设计图示尺寸以理论质量计算。

8. 隔断按设计图示框外围尺寸以面积计算，扣除门窗洞口及单个面积 >0.3m^2 的孔洞所占面积。

一、抹　　灰

1. 墙 面 抹 灰

工作内容： 1. 清理基层、修补堵眼、湿润基层、调运砂浆、清扫落地灰。
2. 分层抹灰找平、面层压光（包括门窗洞口侧壁抹灰）。

计量单位： 100m^2

编　　号				12-1	12-2	12-3
项　　目				一般抹灰		
				内墙	外墙	每增减 1mm
				(14+6)mm		
名　　称			单位	消　耗　量		
人工	合计工日		工日	9.667	15.732	0.196
	其中	普工	工日	1.933	3.146	0.039
		一般技工	工日	3.384	5.506	0.069
		高级技工	工日	4.350	7.080	0.088
材料	干混抹灰砂浆 DP M10		m^3	2.320	2.320	0.116
	水		m^3	0.980	0.980	0.029
机械	干混砂浆罐式搅拌机		台班	0.232	0.232	0.012

工作内容： 1. 清理基层、修补堵眼、湿润基层、调运砂浆、清扫落地灰。
2. 分层抹灰。

计量单位： 100m^2

编　　号				12-4	12-5
项　　目				一般抹灰	
				毛石墙	轻质墙
				(24+6)mm	(15+5)mm
名　　称			单位	消　耗　量	
人工	合计工日		工日	13.354	11.620
	其中	普工	工日	2.671	2.324
		一般技工	工日	4.674	4.067
		高级技工	工日	6.009	5.229
材料	干混抹灰砂浆 DP M10		m^3	3.214	2.143
	水		m^3	1.203	0.935
机械	干混砂浆罐式搅拌机		台班	0.321	0.214

工作内容：线条抹灰。　　　　**计量单位：**100m

编　号				12-6	12-7	12-8	12-9	12-10
项　目				一般抹灰				
				线条抹灰				
				单面宽度(mm)以内				
				100	200	300	400	500
名　称			单位	消　耗　量				
人工	合计工日		工日	4.187	8.139	11.859	14.878	16.261
	其中	普工	工日	0.837	1.628	2.372	2.976	3.252
		一般技工	工日	1.466	2.849	4.151	5.207	5.691
		高级技工	工日	1.884	3.662	5.336	6.695	7.318
材料	干混抹灰砂浆 DP M10		m^3	0.154	0.308	0.461	0.615	0.769
	水		m^3	0.073	0.145	0.218	0.291	0.363
机械	干混砂浆罐式搅拌机		台班	0.015	0.031	0.046	0.062	0.077

工作内容：1. 清理基层、修补堵眼、湿润基层、调运砂浆、清扫落地灰。
2. 分层抹灰找平、抹装饰面、勾分格缝。　　　　**计量单位：**$100m^2$

编　号				12-11	12-12
项　目				外墙面装饰抹灰	
				水刷石	斩假石
名　称			单位	消　耗　量	
人工	合计工日		工日	18.969	33.222
	其中	普工	工日	3.794	6.644
		一般技工	工日	6.639	11.628
		高级技工	工日	8.536	14.950
材料	干混抹灰砂浆 DP M10		m^3	1.285	1.285
	水泥豆石浆 1∶1.25		m^3	1.030	1.030
	水		m^3	3.159	0.968
机械	灰浆搅拌机 200L		台班	0.172	0.172
	干混砂浆罐式搅拌机		台班	0.129	0.129

工作内容：清理基层，调运砂浆；胶贴玻纤网格布；挂贴钢丝网。 **计量单位：**100m²

编号			12-13	12-14
项目			贴玻纤网格布	挂钢丝网
名称		单位	消耗量	
人工	合计工日	工日	2.465	2.805
	其中 普工	工日	0.493	0.561
	其中 一般技工	工日	0.863	0.982
	其中 高级技工	工日	1.109	1.262
材料	玻璃纤维网格布	m²	105.000	—
	钢丝网（综合）	m²	—	105.000
	其他材料费	%	2.00	2.00

工作内容：嵌（填）缝、勾缝、净面。 **计量单位：**100m

编号			12-15
项目			外墙面嵌（填）分格缝增加费
名称		单位	消耗量
人工	合计工日	工日	3.650
	其中 普工	工日	0.730
	其中 一般技工	工日	1.277
	其中 高级技工	工日	1.643
材料	填缝剂	kg	6.300

2. 柱（梁）面抹灰

工作内容： 1. 清理基层、修补堵眼、湿润基层、调运砂浆、清扫落地灰。
2. 分层抹灰找平、面层压光。

计量单位： 100m²

编　　号				12-16	12-17
项　　目				一般抹灰	
				异型柱（梁）面	矩形柱（梁）面
名　　称			单位	消　耗　量	
人工	合计工日		工日	17.391	13.070
	其中	普工	工日	3.478	2.614
		一般技工	工日	6.087	4.574
		高级技工	工日	7.826	5.882
材料	干混抹灰砂浆 DP M10		m^3	2.260	2.260
	水		m^3	0.965	0.965
机械	干混砂浆罐式搅拌机		台班	0.226	0.226

工作内容： 1. 清理基层、修补堵眼、湿润基层、调运砂浆、清扫落地灰。
2. 砂浆打底、抹装饰面等。

计量单位： 100m²

编　　号				12-18	12-19
项　　目				装饰抹灰	
				水刷石	斩假石
名　　称			单位	消　耗　量	
人工	合计工日		工日	27.722	45.165
	其中	普工	工日	5.544	9.033
		一般技工	工日	9.703	15.808
		高级技工	工日	12.745	20.324
材料	干混抹灰砂浆 DP M10		m^3	1.298	1.298
	水泥豆石浆 1∶1.25		m^3	1.030	1.030
	水		m^3	3.159	1.000
机械	灰浆搅拌机 200L		台班	0.214	0.172
	干混砂浆罐式搅拌机		台班	0.130	0.130

3. 零 星 抹 灰

工作内容: 1. 清理基层、湿润基层、调运砂浆、清扫落地灰。

2. 分层抹灰、面层压光。

3. 砂浆打底、抹装饰面等。

计量单位: 100m^2

编号				12-20	12-21	12-22
项目				一般抹灰	水刷石	斩假石
名称			单位	消耗量		
人工	合计工日		工日	35.586	41.871	53.123
	其中	普工	工日	7.117	8.374	10.625
		一般技工	工日	12.455	14.655	18.593
		高级技工	工日	16.014	18.842	23.905
材料	干混抹灰砂浆 DP M10		m^3	2.260	1.298	1.298
	水		m^3	0.965	3.159	0.953
	水泥豆石浆 1∶1.25		m^3	—	1.040	1.050
机械	灰浆搅拌机 200L		台班	—	0.173	0.175
	干混砂浆罐式搅拌机		台班	0.226	0.130	0.130

4. 打 底

工作内容: 清理基层、修补堵眼、湿润基层、调运砂浆、抹灰、涂刷、清扫落地灰。 **计量单位:** 100m^2

编号				12-23	12-24	12-25	12-26
项目				打底找平(15mm厚)		墙面界面剂	素水泥浆界面剂
				内墙	外墙		
名称			单位	消耗量			
人工	合计工日		工日	7.792	13.233	0.919	0.918
	其中	普工	工日	1.558	2.647	0.184	0.184
		一般技工	工日	2.727	4.631	0.322	0.321
		高级技工	工日	3.507	5.955	0.413	0.413
材料	干混抹灰砂浆 DP M10		m^3	1.740	1.740	—	—
	干混界面砂浆 DIT M10		m^3	—	—	0.113	—
	水		m^3	0.835	0.835	0.432	0.034
	建筑胶		kg	—	—	5.100	29.151
	水泥 42.5		t	—	—	—	0.165
机械	干混砂浆罐式搅拌机		台班	0.174	0.174	0.011	—

注: 如打底找平设计厚度与项目取定不同时,按墙面一般抹灰每增减 1mm 项目调整。

二、墙面块料面层

1. 石 材 墙 面

工作内容： 1. 清理、修补基层表面、制作安装钢筋、焊接固定；选料、钻孔成槽、穿丝固定；灌浆；挂贴面层；擦缝、清洁表面。
2. 清理、修补基层表面、铺抹结合层、粘贴面层；擦缝、清洁表面。　**计量单位：** $100m^2$

编　号			12-27	12-28
项　目			挂贴石材	拼碎石材
名　称		单位	消　耗　量	
人工	合计工日	工日	41.895	41.044
	其中 普工	工日	8.379	8.209
	其中 一般技工	工日	14.663	14.365
	其中 高级技工	工日	18.853	18.470
材料	石材（综合）	m^2	102.000	—
	天然石材饰面板 碎拼	m^2	—	102.000
	干混抹灰砂浆 DP M10	m^3	3.966	1.545
	水泥石膏砂浆 1∶0.2∶2.5	m^3	—	1.236
	铜丝	kg	7.875	—
	热轧圆盘条 ϕ6	kg	107.201	—
	低合金钢焊条 E43 系列	kg	1.510	—
	合金钢钻头 ϕ16~20	个	6.681	—
	金刚石（综合）	块	—	21.420
	金属膨胀螺栓 M8	套	528.870	—
	水	m^3	1.737	0.872
	电	kW·h	67.120	—
	其他材料费	%	1.00	1.00
机械	交流弧焊机 32kV·A	台班	8.370	—
	灰浆搅拌机 200L	台班	—	0.206
	干混砂浆罐式搅拌机	台班	0.397	0.155

工作内容： 1. 清理、修补基层表面、调运砂浆、砂浆打底、铺抹结合层（刷粘结剂）。
2. 选料、面层粘贴、清洁表面。

计量单位： 100m²

编号				12-29	12-30
项目				粘贴石材	
				预拌砂浆（干混）	粉状型建筑胶粘剂
名称			单位	消耗量	
人工	合计工日		工日	36.373	37.021
	其中	普工	工日	7.275	7.404
		一般技工	工日	12.730	12.957
		高级技工	工日	16.368	16.660
材料	石材（综合）		m²	102.000	102.000
	干混抹灰砂浆 DP M10		m³	1.978	1.288
	粉状型建筑胶粘剂		kg	—	682.500
	水		m³	0.939	0.766
	电		kW·h	37.800	38.500
	其他材料费		%	2.00	0.50
机械	干混砂浆罐式搅拌机		台班	0.198	0.129

工作内容：1. 基层清理、清洗石材、钻孔开槽、安挂件（螺栓）。
2. 面层安装、嵌缝；刷胶、清洁表面。

计量单位：$100m^2$

编　号				12-31	12-32	12-33	12-34
项　目				挂钩式干挂石材（m^2）			
				1.0 以下		1.5 以下	1.5 以上
				密缝	嵌缝	嵌缝（石材 3~5cm 厚）	
名　称			单位	消　耗　量			
人工	合计工日		工日	39.800	46.429	41.075	42.716
	其中	普工	工日	7.960	9.286	8.215	8.543
		一般技工	工日	13.930	16.250	14.376	14.951
		高级技工	工日	17.910	20.893	18.484	19.222
材料	石材 800×800		m^2	102.000	100.000	—	—
	石材 1 200×1200		m^2	—	—	102.000	—
	石材 1 300×1300		m^2	—	—	—	102.000
	不锈钢石材干挂挂件		套	318.750	311.100	141.780	122.400
	金属膨胀螺栓 M8		套	637.500	622.200	283.560	244.800
	合金钢钻头 ϕ16~20		个	18.312	18.312	16.454	16.454
	云石 AB 胶		kg	19.630	19.610	19.630	19.610
	密封胶		kg	10.250	39.670	39.670	39.670
	泡沫条 ϕ18		m	—	306.000	306.000	306.000
	美纹纸		m	500.000	487.000	328.000	303.000
	水		m^3	1.420	1.420	1.420	1.420
	电		kW·h	63.830	74.420	65.840	68.490
	其他材料费		%	0.50	0.50	0.50	0.50

工作内容：1. 基层清理、清洗石材、钻孔开槽、安挂件（螺栓）。
2. 面层安装、嵌缝；刷胶、清洁表面。

计量单位：$100m^2$

编号				12-35	12-36	12-37	12-38
项目				背栓式干挂石材（m^2）			
				1.0 以下		1.5 以下	1.5 以上
				密缝	嵌缝	嵌缝（石材 3~5cm 厚）	
名称			单位	消耗量			
人工	合计工日		工日	42.337	47.041	42.716	45.229
	其中	普工	工日	8.467	9.408	8.543	9.046
		一般技工	工日	14.818	16.464	14.951	15.830
		高级技工	工日	19.052	21.169	19.222	20.353
材料	石材 800×800		m^2	103.000	100.980	—	—
	石材 1 200×1 200		m^2	—	—	103.000	—
	石材 1 300×1 300		m^2	—	—	—	103.000
	不锈钢石材背栓		个	637.500	622.200	283.560	241.740
	铝合金石材干挂挂件		套	637.500	622.200	283.560	241.740
	铝合金型材转接件		kg	173.000	169.000	75.650	64.600
	不锈钢六角螺栓 M6×30		10 个	63.750	85.800	28.356	24.174
	不锈钢六角螺栓 M8×30		套	637.500	622.200	283.560	241.740
	合金钢钻头 $\phi10$		个	5.720	5.720	5.720	5.720
	云石 AB 胶		kg	19.630	19.610	19.610	19.610
	密封胶		kg	10.250	39.670	39.670	39.670
	泡沫条 $\phi18$		m	—	321.300	321.300	321.300
	美纹纸		m	500.000	487.000	328.000	303.000
	水		m^3	1.491	1.491	1.491	1.491
	电		kW·h	67.840	75.380	68.490	72.500
	其他材料费		%	1.00	1.00	1.00	1.00
机械	锥形双头台式打孔机		台班	1.230	1.205	1.230	1.230

2. 陶瓷锦砖、玻璃马赛克

工作内容： 1. 基层清理、修补；调运砂浆、砂浆打底、铺抹结合层（刷粘结剂）。

2. 选料、贴瓷块、擦缝、清洁表面。

计量单位： 100m²

编号				12-39	12-40	12-41	12-42
项目				陶瓷锦砖		玻璃马赛克	
				水泥石膏砂浆	粉状型建筑胶粘剂	水泥石膏砂浆	粉状型建筑胶粘剂
名称			单位	消耗量			
人工	合计工日		工日	37.799	37.756	37.801	37.743
	其中	普工	工日	7.560	7.551	7.560	7.549
		一般技工	工日	13.230	13.215	13.230	13.210
		高级技工	工日	17.009	16.990	17.011	16.984
材料	陶瓷锦砖		m^2	102.000	102.000	—	—
	玻璃马赛克		m^2	—	—	102.000	102.000
	干混抹灰砂浆 DP M10		m^3	1.545	1.545	1.545	1.545
	水泥石膏砂浆 1∶0.2∶2.5		m^3	0.824	—	0.824	—
	粉状型建筑胶粘剂		kg	—	420.000	—	420.000
	水		m^3	0.964	0.766	0.823	0.823
	其他材料费		%	1.00	1.00	0.25	0.25
机械	灰浆搅拌机 200L		台班	0.137	—	0.137	—
	干混砂浆罐式搅拌机		台班	0.155	0.155	0.155	0.155

3. 瓷　　板

工作内容：1. 清理、修补基层表面；调运砂浆、砂浆打底、铺抹结合层（刷粘结剂）。
2. 选料、贴瓷块、擦缝、清洁表面。

计量单位：100m²

编　　号				12-43	12-44	12-45	12-46
项　　目				瓷板 每块面积 0.025m² 以内		瓷板 每块面积 0.025m² 以外	
				预拌砂浆（干混）	粉状型建筑胶粘剂	预拌砂浆（干混）	粉状型建筑胶粘剂
名　　称			单位	消　耗　量			
人工	合计工日		工日	31.782	31.748	31.375	31.328
	其中	普工	工日	6.356	6.350	6.275	6.266
		一般技工	工日	11.124	11.112	10.981	10.965
		高级技工	工日	14.302	14.286	14.119	14.097
材料	瓷板 152×152		m²	103.000	103.000	—	—
	瓷板 200×300		m²	—	—	104.000	104.000
	干混抹灰砂浆 DP M10		m³	2.163	1.545	2.163	1.545
	粉状型建筑胶粘剂		kg	—	420.000	—	420.000
	水		m³	0.832	0.714	0.832	0.714
	电		kW·h	33.050	33.010	33.010	32.580
	其他材料费		%	0.50	0.50	0.50	0.50
机械	干混砂浆罐式搅拌机		台班	0.216	0.155	0.216	0.155

注：瓷板厚度按小于 7mm 考虑，大于或等于 7mm 者按面砖相应项目执行。

4. 面　　砖

工作内容：1. 清理、修补基层表面；调运砂浆、砂浆打底、铺抹结合层（刷粘结剂）。
2. 选料、贴面砖、拖缝、清洁表面。

计量单位：$100m^2$

编　　号				12-47	12-48	12-49	12-50
项　　目				面砖 每块面积 $0.01m^2$ 以内			
				预拌砂浆（干混）		粉状型建筑胶粘剂	
				面砖灰缝（mm 以内）			
				5	10	5	10
名　　称			单位	消　耗　量			
人工	合计工日		工日	36.133	36.131	36.087	36.081
	其中	普工	工日	7.227	7.226	7.217	7.216
		一般技工	工日	12.646	12.646	12.610	12.628
		高级技工	工日	16.260	16.259	16.239	16.237
材料	面砖 95×95		m^2	92.961	87.630	92.961	87.630
	干混抹灰砂浆 DP M10		m^3	2.225	2.256	1.545	1.545
	粉状型建筑胶粘剂		kg	—	—	462.000	483.000
	水		m^3	1.005	1.009	0.775	0.779
	电		kW·h	37.570	37.570	37.530	37.520
	其他材料费		%	1.00	1.00	1.00	1.00
机械	干混砂浆罐式搅拌机		台班	0.223	0.226	0.155	0.155

注：面砖灰缝如采用不同材料嵌缝（勾缝）者，另按加浆勾缝项目执行。

工作内容：1. 清理、修补基层表面；调运砂浆、砂浆打底、铺抹结合层（刷粘结剂）。
2. 选料、贴面砖、拖缝、清洁表面。

计量单位：100m²

编号				12-51	12-52	12-53	12-54
项目				面砖 每块面积 0.02m² 以内			
				预拌砂浆（干混）		粉状型建筑胶粘剂	
				面砖灰缝（mm 以内）			
				5	10	5	10
名称			单位	消耗量			
人工	合计工日		工日	31.764	31.757	31.718	31.712
	其中	普工	工日	6.353	6.351	6.344	6.342
		一般技工	工日	11.117	11.115	11.101	11.099
		高级技工	工日	14.294	14.291	14.273	14.271
材料	面砖 240×60		m²	93.112	89.257	93.112	89.257
	干混抹灰砂浆 DP M10		m³	2.222	2.245	1.545	1.545
	粉状型建筑胶粘剂		kg	—	—	420.000	420.000
	水		m³	1.032	1.036	0.959	0.818
	电		kW·h	33.830	33.020	32.980	32.980
	其他材料费		%	1.00	1.00	1.00	1.00
机械	干混砂浆罐式搅拌机		台班	0.222	0.225	0.155	0.155

注：面砖灰缝如采用不同材料嵌缝（勾缝）者，另按加浆勾缝项目执行。

工作内容：1. 清理、修补基层表面；调运砂浆、砂浆打底、铺抹结合层。
2. 选料、贴面砖、擦缝、清洁表面。

计量单位：100m²

编号				12-55	12-56	12-57	12-58
项目				面砖			
				预拌砂浆（干混）			
				每块面积（m²）			
				≤0.06	≤0.20	≤0.64	>0.64
名称			单位	消耗量			
人工	合计工日		工日	31.431	28.641	28.273	29.375
	其中	普工	工日	6.286	5.728	5.655	5.875
		一般技工	工日	11.001	10.024	9.895	10.281
		高级技工	工日	14.144	12.888	12.723	13.219
材料	面砖 200×300		m²	104.000	—	—	—
	面砖 400×500		m²	—	104.000	—	—
	面砖 800×800		m²	—	—	105.000	—
	面砖 1 000×1 000		m²	—	—	—	105.000
	干混抹灰砂浆 DP M10		m³	2.163	2.163	2.163	2.163
	水		m³	0.996	0.996	0.996	0.996
	电		kW·h	32.680	29.780	29.400	30.550
	其他材料费		%	1.00	1.00	0.50	0.50
机械	干混砂浆罐式搅拌机		台班	0.216	0.216	0.216	0.216

工作内容：1. 清理、修补基层表面；调运砂浆、砂浆打底、刷粘结剂。
2. 选料、贴面砖、擦缝、清洁表面。

计量单位：100m²

编号				12-59	12-60	12-61	12-62
项目				面砖			
				粉状型建筑胶粘剂			
				每块面积（m²）			
				≤0.06	≤0.20	≤0.64	>0.64
名称			单位	消耗量			
人工	合计工日		工日	29.835	27.094	26.711	27.795
	其中	普工	工日	5.967	5.419	5.342	5.559
		一般技工	工日	10.442	9.483	9.349	9.728
		高级技工	工日	13.426	12.192	12.020	12.508
材料	面砖 200×300		m²	104.000	—	—	—
	面砖 400×500		m²	—	104.000	—	—
	面砖 800×800		m²	—	—	105.000	—
	面砖 1 000×1 000		m²	—	—	—	105.000
	干混抹灰砂浆 DP M10		m³	1.545	1.545	1.545	1.545
	粉状型建筑胶粘剂		kg	442.050	442.050	442.050	442.050
	水		m³	0.810	0.810	0.810	0.810
	电		kW·h	31.020	28.170	27.770	28.900
	其他材料费		%	1.00	1.00	0.50	0.50
机械	干混砂浆罐式搅拌机		台班	0.155	0.155	0.155	0.155

工作内容：砖缝清理、调运砂浆、勾缝、清洁表面。　　　　**计量单位：**100m²

编　号				12-63	12-64
项　目				面砖	
				加浆勾缝（mm 以内）	
				5	10
名　称			单位	消　耗　量	
人工	合计工日		工日	6.242	5.852
	其中	普工	工日	1.248	1.170
		一般技工	工日	2.185	2.048
		高级技工	工日	2.809	2.634
材料	干混抹灰砂浆 DP M10		m^3	0.110	0.204
	水		m^3	0.348	0.357
机械	干混砂浆罐式搅拌机		台班	0.011	0.020

5. 背栓式干挂面砖

工作内容： 1. 清理、修补基层表面；刷浆、安挂件（螺栓）。
2. 选料、钻孔成槽；安装面层；刷胶、清洁表面。

计量单位： $100m^2$

编　号				12-65
项　目				背栓式干挂面砖
名　称			单位	消　耗　量
人工	合计工日		工日	41.871
	其中	普工	工日	8.374
		一般技工	工日	14.655
		高级技工	工日	18.842
材料	面砖 600×800（厚≥13mm）		m^2	106.000
	铝合金石材干挂挂件		套	849.660
	铝合金型材转接件		kg	229.000
	不锈钢石材背栓		个	849.660
	不锈钢六角螺栓 M8×30		套	849.660
	云石 AB 胶		kg	19.630
	密封胶		kg	10.250
	水		m^3	1.420
	电		kW·h	43.480
	其他材料费		%	1.00
机械	锥形双头台式打孔机		台班	2.770

6. 干挂陶土板

工作内容：1. 清理、修补基层表面；刷浆、安挂件（螺栓）。
2. 选料、钻孔成槽；安装面层；刷胶、清洁表面。 **计量单位：**$100m^2$

编　号				12-66	12-67
项　目				干挂陶土板	
				陶板墙面	陶辊墙面
名　称			单位	消　耗　量	
人工	合计工日		工日	52.101	44.818
	其中	普工	工日	10.420	8.964
		一般技工	工日	18.235	15.686
		高级技工	工日	23.446	20.168
材料	陶土板		m^2	105.000	—
	陶辊		m	—	385.000
	玻璃胶 335g/支		支	160.900	—
	不锈钢型钢		kg	10.680	—
	不锈钢板托 4mm		个	414.000	—
	不锈钢燕尾板		个	828.000	—
	铝合金接插件		个	—	897.600
	不锈钢六角螺栓 M8×30		10个	—	1 830.400
	电		kW·h	54.180	46.610
	其他材料费		%	2.00	2.00

7. 凹凸假麻石

工作内容： 1. 清理、修补基层表面；调运砂浆、砂浆打底、铺抹结合层（刷粘结剂）。
2. 选料、贴假石块、擦缝、清洁表面。

计量单位： $100m^2$

编号				12-68	12-69
项目				凹凸假麻石	
				预拌砂浆（干混）	粉状型建筑胶粘剂
名称			单位	消耗量	
人工	合计工日		工日	31.621	31.585
	其中	普工	工日	6.324	6.317
		一般技工	工日	11.067	11.055
		高级技工	工日	14.229	14.213
材料	凹凸麻石块		m^2	103.000	103.000
	干混抹灰砂浆 DP M10		m^3	2.163	1.545
	粉状型建筑胶粘剂		kg	—	420.000
	水		m^3	0.939	0.766
	电		kW·h	32.850	32.850
	其他材料费		%	1.50	1.50
机械	干混砂浆罐式搅拌机		台班	0.261	0.155

8. 干挂石材钢骨架、后置件

工作内容：铁件加工、钢架制作、安装、焊接等全部操作过程。

编　号				12-70	12-71
项　目				钢骨架	后置件
				t	套
名　称			单位	消　耗　量	
人工	合计工日		工日	20.433	0.100
	其中	普工	工日	4.087	0.020
		一般技工	工日	7.151	0.035
		高级技工	工日	9.195	0.045
材料	型钢（综合）		kg	1 080.000	—
	镀锌铁件		kg	—	1.440
	化学锚栓 M12×160		套	—	4.080
	低合金钢焊条 E43 系列		kg	23.415	—
	氧气		m^3	6.000	0.050
	乙炔气		m^3	2.600	0.050
	红丹环氧防锈漆		kg	3.900	—
	电		kW·h	11.520	0.060
	其他材料费		%	1.00	—
机械	交流弧焊机 32kV·A		台班	4.090	—

注：钢骨架弧形拉弯按幕墙工程相应项目执行。

三、柱面镶贴块料

1. 石 材 柱 面

工作内容： 1. 清理、修补基层表面、刷浆、安铁件、制作安装钢筋、焊接固定；砂浆打底、铺抹结合层；安挂件（螺栓）。
2. 选料、钻孔开槽、穿丝固定；调运砂浆；挂贴、安装面层；嵌缝；刷胶、清洁表面。

计量单位： 100m²

编　号				12-72	12-73	12-74	12-75
项　目				柱面			
				挂贴石材	拼碎石材	挂钩式干挂石材	背栓式干挂石材
名　称			单位	消　耗　量			
人工	合计工日		工日	52.922	55.572	61.124	60.619
	其中	普工	工日	10.584	11.115	12.225	12.124
		一般技工	工日	18.523	19.450	21.393	21.217
		高级技工	工日	23.815	25.007	27.506	27.278
材料	石材（综合）		m^2	106.000	—	—	—
	天然石材饰面板 碎拼		m^2	—	106.000	—	—
	石材 600×900		m^2	—	—	106.000	106.000
	干混抹灰砂浆 DP M10		m^3	4.004	1.362	—	—
	水泥石膏砂浆 1∶0.2∶2.5		m^3	—	1.248	—	—
	白水泥		kg	15.450	—	—	—
	低合金钢焊条 E43 系列		kg	1.224	—	—	—
	铜丝		kg	8.075	—	—	—
	圆钢（综合）		kg	150.120	—	—	—
	麻刀快硬水泥		m^3	—	—	0.364	—
	铝合金石材干挂挂件		套	—	—	—	754.800
	铝合金型材转接件		kg	—	—	—	204.100
	不锈钢六角螺栓 M8×30		套	—	—	—	754.800
	不锈钢六角螺栓 M6×30		10个	—	—	—	75.480
	金属膨胀螺栓 M8		套	929.220	—	754.800	—
	不锈钢石材背栓		个	—	—	—	754.800
	不锈钢石材干挂挂件		套	—	—	377.400	—
	铝合金条 ϕ4		m	—	—	252.280	—
	合金钢钻头 ϕ10		个	—	—	—	5.610
	合金钢钻头 ϕ16~20		个	11.730	—	21.882	—
	金刚石（综合）		块	—	22.260	—	—
	云石 AB 胶		kg	—	—	19.610	19.610
	密封胶		kg	—	—	39.670	39.670
	水		m^3	1.578	0.872	1.491	1.420
	电		kW·h	84.870	—	98.040	97.230
	其他材料费		%	2.00	1.00	0.50	0.50
机械	交流弧焊机 32kV·A		台班	0.240	—	—	—
	干混砂浆罐式搅拌机		台班	0.400	0.136	—	—
	灰浆搅拌机 200L		台班	—	0.208	—	—
	锥形双头台式打孔机		台班	—	—	—	1.230

工作内容：1. 清理基层、清理石材、钻孔、预埋铁件、制作安装钢筋网、焊接固定。
2. 面层安装、挂板、镶贴、穿丝固定、调运砂浆、灌浆、清洁表面。　　**计量单位：**100m²

编　号				12-76	12-77
项　目				石材包圆柱饰面	
				包圆柱	方柱包圆柱
名　称			单位	消　耗　量	
人工	合计工日		工日	53.384	66.510
	其中	普工	工日	10.677	13.302
		一般技工	工日	18.684	23.278
		高级技工	工日	24.023	29.930
材料	石材圆弧形（成品）		m^2	106.000	106.000
	干混抹灰砂浆 DP M10		m^3	2.600	3.016
	铜丝		kg	7.350	7.350
	圆钢（综合）		kg	216.000	81.000
	角钢（综合）		kg	—	1 263.600
	扁钢（综合）		kg	—	118.720
	金属膨胀螺栓 M8		套	—	816.000
	合金钢钻头 ϕ16~20		个	32.640	32.640
	电		kW·h	85.630	106.680
	水		m^3	1.670	1.670
	其他材料费		%	1.50	1.50
机械	交流弧焊机 32kV·A		台班	0.648	3.241
	干混砂浆罐式搅拌机		台班	0.260	0.302

2. 陶瓷锦砖、玻璃马赛克

工作内容：1. 清理、修补基层表面；调运砂浆、砂浆打底、铺抹结合层（刷粘结剂）。

2. 选料、贴瓷块、擦缝、清洁表面。

计量单位：$100m^2$

编号				12-78	12-79	12-80	12-81
项目				陶瓷锦砖		玻璃马赛克	
				矩形柱			
				水泥石膏砂浆	粉状型建筑胶粘剂	水泥石膏砂浆	粉状型建筑胶粘剂
名称			单位	消耗量			
人工	合计工日		工日	47.589	46.431	47.589	46.444
	其中	普工	工日	9.518	9.286	9.518	9.289
		一般技工	工日	16.656	16.251	16.656	16.255
		高级技工	工日	21.415	20.894	21.415	20.900
材料	陶瓷锦砖		m^2	104.000	104.000	—	—
	玻璃马赛克		m^2	—	—	104.000	104.000
	干混抹灰砂浆 DP M10		m^3	1.560	1.560	1.560	1.560
	水泥石膏砂浆 1∶0.2∶2.5		m^3	0.832	—	0.832	—
	粉状型建筑胶粘剂		kg	—	420.000	—	420.000
	水		m^3	0.824	0.769	0.973	0.828
	其他材料费		%	1.00	1.00	0.25	0.25
机械	灰浆搅拌机 200L		台班	0.139	—	0.139	—
	干混砂浆罐式搅拌机		台班	0.156	0.156	0.156	0.156

3. 瓷　　板

工作内容：1. 清理、修补基层表面；调运砂浆、砂浆打底、铺抹结合层（刷粘结剂）。
2. 选料、贴瓷块、擦缝、清洁表面。

计量单位：100m²

编　　号				12-82	12-83
项　　目				矩形柱	
				预拌砂浆（干混）	粉状型建筑胶粘剂
名　　称			单位	消　耗　量	
人工	合计工日		工日	36.498	36.078
	其中	普工	工日	7.300	7.216
		一般技工	工日	12.774	12.627
		高级技工	工日	16.424	16.235
材料	瓷板		m^2	106.000	106.000
	干混抹灰砂浆 DP M10		m^3	2.184	1.560
	粉状型建筑胶粘剂		kg	—	420.000
	水		m^3	0.904	0.704
	电		kW·h	37.960	37.520
	其他材料费		%	0.50	0.50
机械	干混砂浆罐式搅拌机		台班	0.218	0.156

注：瓷板厚度按小于 7mm 考虑，大于或等于 7mm 者按面砖相应项目执行。

4. 面 砖

工作内容：1. 清理、修补基层表面；调运砂浆、砂浆打底、铺抹结合层（刷粘结剂）。
2. 选料、贴面砖、拖缝、擦缝、清洁表面。

计量单位：100m²

编号				12-84	12-85	12-86	12-87
项目				矩形柱		圆形柱	
				预拌砂浆（干混）			
				勾缝	密缝	勾缝	密缝
名称			单位	消耗量			
人工	合计工日		工日	37.930	34.395	40.564	39.691
	其中	普工	工日	7.586	6.879	8.113	7.938
		一般技工	工日	13.275	12.038	14.197	13.892
		高级技工	工日	17.069	15.478	18.254	17.861
材料	面砖 194×94		m²	99.450	106.000	99.450	106.000
	干混抹灰砂浆 DP M10		m³	2.340	2.184	2.340	2.184
	水		m³	1.040	1.006	1.040	1.006
	电		kW·h	39.450	39.780	42.190	41.280
	其他材料费		%	1.00	1.00	1.00	1.00
机械	干混砂浆罐式搅拌机		台班	0.234	0.218	0.234	0.218

工作内容：1. 清理、修补基层表面；调运砂浆、砂浆打底、铺抹结合层（刷粘结剂）。
2. 选料、贴面砖、拖缝、擦缝、清洁表面。

计量单位：100m^2

编　号				12-88	12-89	12-90	12-91
项　目				矩形柱		圆形柱	
				粉状型建筑胶粘剂			
				勾缝	密缝	勾缝	密缝
名　称			单位	消　耗　量			
人工	合计工日		工日	35.155	31.873	40.564	39.691
	其中	普工	工日	7.031	6.375	8.113	7.338
		一般技工	工日	12.304	11.155	14.197	12.842
		高级技工	工日	15.820	14.343	18.254	16.511
材料	面砖 194×94		m^2	99.450	106.000	99.450	106.000
	干混抹灰砂浆 DP M10		m^3	1.716	1.560	1.716	1.560
	粉状型建筑胶粘剂		kg	420.000	420.000	420.000	420.000
	水		m^3	0.893	0.859	0.893	0.859
	电		kW·h	36.560	33.150	42.190	41.280
	其他材料费		%	1.00	1.00	1.00	1.00
机械	干混砂浆罐式搅拌机		台班	0.172	0.156	0.172	0.156

5. 凹凸假麻石

工作内容：1. 清理、修补基层表面；调运砂浆、砂浆打底、铺抹结合层（刷粘结剂）。
2. 选料、贴假麻石、擦缝、清洁表面。

计量单位：100m²

编号				12-92	12-93
项目				矩形柱	
				凹凸假麻石	
				预拌砂浆（干混）	粉状型建筑胶粘剂
名称			单位	消耗量	
人工	合计工日		工日	38.351	37.998
	其中	普工	工日	7.670	7.600
		一般技工	工日	13.423	13.299
		高级技工	工日	17.258	17.099
材料	凹凸假麻石块		m^2	106.000	106.000
	干混抹灰砂浆 DP M10		m^3	2.184	1.560
	粉状型建筑胶粘剂		kg	—	498.960
	水		m^3	1.043	1.355
	电		kW·h	39.890	39.520
	其他材料费		%	1.00	1.00
机械	干混砂浆罐式搅拌机		台班	0.218	0.156

四、镶贴零星块料

1. 石 材

工作内容：1. 清理、修补基层表面、刷浆、安铁件、制作安装钢筋、焊接固定；砂浆打底、铺抹结合层；安挂件（螺栓）。

2. 选料、钻孔开槽、穿丝固定；调运砂浆；挂贴、安装面层；清洁表面。 **计量单位**：$100m^2$

编 号				12-94	12-95	12-96	12-97
项 目				挂贴石材	拼碎石材	粘贴石材	
						预拌砂浆（干混）	粉状型建筑胶粘剂
名 称			单位	消 耗 量			
人工	合计工日		工日	54.891	57.642	42.596	45.184
	其中	普工	工日	10.978	11.528	8.519	9.037
		一般技工	工日	19.212	20.175	14.909	15.814
		高级技工	工日	24.701	25.939	19.168	20.333
材料	石材（综合）		m^2	106.000	—	106.000	106.000
	天然石材饰面板 碎拼		m^2	—	106.000	—	—
	干混抹灰砂浆 DP M10		m^3	4.004	1.362	2.078	1.248
	水泥石膏砂浆 1∶0.2∶2.5		m^3	—	1.248	—	—
	粉状型建筑胶粘剂		kg	—	—	—	682.500
	金属膨胀螺栓 M8		套	612.000	—	—	—
	圆钢 ϕ8~14		kg	148.400	—	—	—
	金刚石（综合）		块	—	22.260	—	—
	水		m^3	1.541	0.964	1.001	0.769
	电		kW·h	88.050	—	44.300	46.990
	其他材料费		%	2.00	1.00	2.00	1.00
机械	灰浆搅拌机 200L		台班	—	0.208	—	—
	干混砂浆罐式搅拌机		台班	0.400	0.136	0.208	0.125

工作内容：1. 清理、安铁件、制作安装钢筋、焊接固定；砂浆打底、铺抹结合层；安挂件（螺栓）。
2. 选料、钻孔开槽、穿丝固定；调运砂浆；挂贴、安装面层；嵌缝；清洁表面。

计量单位：100m

编号				12-98	12-99
项目				柱墩	柱帽
名称			单位	消耗量	
人工	合计工日		工日	37.046	37.919
	其中	普工	工日	7.409	7.584
		一般技工	工日	12.966	13.272
		高级技工	工日	16.671	17.063
材料	石材石柱墩 圆弧形（成品）		m	106.000	—
	石材柱帽 圆弧形（成品）		m	—	106.000
	干混抹灰砂浆 DP M10		m^3	5.845	4.680
	铁件（综合）		kg	41.200	35.700
	钢筋（综合）		kg	287.000	266.000
	低合金钢焊条 E43 系列		kg	9.653	8.874
	金属膨胀螺栓 M6		套	1 234.200	1 224.000
	铜丝		kg	10.710	10.710
	合金钢钻头		个	15.504	15.504
	水		m^3	1.575	1.575
	电		kW·h	59.420	60.820
	其他材料费		%	1.00	1.00
机械	交流弧焊机 32kV·A		台班	0.691	0.756
	干混砂浆罐式搅拌机		台班	0.585	0.468

2. 陶瓷锦砖、玻璃马赛克

工作内容: 1. 清理、修补基层表面;调运砂浆、砂浆打底、铺抹结合层(刷粘结剂)。

2. 选料、贴瓷块、擦缝、清洁表面。 **计量单位:** 100m^2

编号				12-100	12-101	12-102	12-103
项目				陶瓷锦砖		玻璃马赛克	
				水泥石膏砂浆	粉状型建筑胶粘剂	水泥石膏砂浆	粉状型建筑胶粘剂
名称			单位	消耗量			
人工	合计工日		工日	47.824	47.442	48.154	46.922
	其中	普工	工日	9.565	9.488	9.631	9.384
		一般技工	工日	16.738	16.605	16.854	16.423
		高级技工	工日	21.521	21.349	21.669	21.115
材料	陶瓷锦砖		m^2	104.000	104.000	—	—
	玻璃马赛克		m^2	—	—	104.000	104.000
	干混抹灰砂浆 DP M10		m^3	1.560	1.560	1.560	1.560
	水泥石膏砂浆 1∶0.2∶2.5		m^3	0.832	—	0.832	—
	粉状型建筑胶粘剂		kg	—	466.200	—	466.200
	水		m^3	1.575	0.685	1.271	1.094
	其他材料费		%	1.00	1.00	0.25	0.25
机械	灰浆搅拌机 200L		台班	0.139	—	0.139	—
	干混砂浆罐式搅拌机		台班	0.156	0.156	0.156	0.156

3. 瓷　板

工作内容： 1. 清理、修补基层表面；调运砂浆、砂浆打底、铺抹结合层（刷粘结剂）。

2. 选料、贴瓷块、擦缝、清洁表面。

计量单位： $100m^2$

编号				12-104	12-105
项目				瓷板	
				预拌砂浆（干混）	粉状型建筑胶粘剂粘贴
名称			单位	消耗量	
人工	合计工日		工日	37.516	37.454
	其中	普工	工日	7.503	7.491
		一般技工	工日	13.131	13.109
		高级技工	工日	16.882	16.854
材料	瓷板		m^2	106.000	106.000
	干混抹灰砂浆 DP M10		m^3	2.184	1.560
	粉状型建筑胶粘剂		kg	—	466.200
	水		m^3	1.271	1.092
	电		kW·h	39.020	38.950
	其他材料费		%	0.25	0.25
机械	干混砂浆罐式搅拌机		台班	0.218	0.156

注： 瓷板厚度按小于 7mm 考虑，大于或等于 7mm 者按面砖相应项目执行。

4. 面　　砖

工作内容: 1. 清理、修补基层表面;调运砂浆、砂浆打底、铺抹结合层(刷粘结剂)。
2. 选料、贴面砖、拖缝、擦缝、清洁表面。

计量单位: 100m²

编　　号				12-106	12-107	12-108	12-109
项　　目				面砖			
				预拌砂浆(干混)		粉状型建筑胶粘剂	
				勾缝	密缝	勾缝	密缝
名　　称			单位	消　耗　量			
人工	合计工日		工日	34.177	34.177	38.400	38.400
	其中	普工	工日	6.835	6.835	7.680	7.680
		一般技工	工日	11.962	11.962	13.440	13.440
		高级技工	工日	15.380	15.380	17.280	17.280
材料	面砖 194×94		m²	96.153	106.000	96.153	106.000
	干混抹灰砂浆 DP M10		m³	2.340	2.184	1.716	1.560
	粉状型建筑胶粘剂		kg	—	—	502.720	502.720
	水		m³	0.920	0.920	0.780	0.780
	电		kW·h	35.540	35.540	39.940	39.940
	其他材料费		%	1.00	1.00	1.00	1.00
机械	干混砂浆罐式搅拌机		台班	0.234	0.218	0.172	0.156

5. 凹凸假麻石

工作内容：1. 清理、修补基层表面；调运砂浆、砂浆打底、铺抹结合层（刷粘结剂）。
2. 选料、贴假麻石、擦缝、清洁表面。

计量单位：100m²

编号				12-110	12-111
项目				凹凸假麻石块	
				预拌砂浆（干混）	粉状型建筑胶粘剂
名称			单位	消耗量	
人工	合计工日		工日	40.088	39.831
	其中	普工	工日	8.017	7.966
		一般技工	工日	14.031	13.941
		高级技工	工日	18.040	17.924
材料	凹凸假麻石块		m^2	106.000	106.000
	干混抹灰砂浆 DP M10		m^3	2.184	1.560
	粉状型建筑胶粘剂		kg	—	498.960
	水		m^3	1.512	1.355
	电		kW·h	41.690	41.420
	其他材料费		%	1.00	1.00
机械	干混砂浆罐式搅拌机		台班	0.218	0.156

五、墙　饰　面

1.龙 骨 基 层

工作内容:清理基层,定位下料,钻眼,钉木楔,铺钉龙骨基层。　　　　**计量单位:**100m²

编　号				12-112	12-113	12-114	12-115	12-116
项　目				断面 7.5cm² 以内		断面 13cm² 以内		
				木龙骨平均中距(cm 以内)				
				30	40	30	40	45
名　称			单位	消　耗　量				
人工	合计工日		工日	6.888	5.927	6.936	5.966	5.600
	其中	普工	工日	1.377	1.185	1.387	1.193	1.120
		一般技工	工日	2.411	2.075	2.428	2.088	1.960
		高级技工	工日	3.100	2.667	3.121	2.685	2.520
材料	板枋材 杉木		m^3	0.861	0.702	1.283	1.041	0.952
	金属膨胀螺栓 M8		套	315.930	269.870	315.930	272.300	262.500
	合金钢钻头		个	7.820	6.680	7.820	6.740	6.498
	电		kW·h	3.880	3.340	3.910	3.360	3.160
	其他材料费		%	1.50	1.50	1.50	1.50	1.50
机械	木工圆锯机 500mm		台班	1.380	1.190	1.390	1.190	1.120

工作内容：清理基层，定位下料，钻眼，钉木楔，铺钉龙骨基层。 **计量单位：**$100m^2$

编号				12-117	12-118	12-119	12-120
项目				断面 $20cm^2$ 以内			
				木龙骨平均中距（cm 以内）			
				30	40	45	50
名称			单位	消耗量			
人工	合计工日		工日	6.767	6.350	6.102	5.291
	其中	普工	工日	1.353	1.270	1.220	1.058
		一般技工	工日	2.369	2.223	2.136	1.852
		高级技工	工日	3.045	2.857	2.746	2.381
材料	板枋材 杉木		m^3	1.831	1.480	1.355	1.252
	金属膨胀螺栓 M8		套	322.400	278.760	272.300	238.360
	合金钢钻头		个	7.980	6.900	6.740	5.910
	电		kW·h	3.820	3.580	3.440	2.980
	其他材料费		%	1.00	1.00	1.00	1.00
机械	木工圆锯机 500mm		台班	1.350	1.270	1.220	1.060

工作内容：清理基层，定位下料，钻眼，钉木楔，铺钉龙骨基层。 **计量单位：**$100m^2$

编号				12-121	12-122	12-123	12-124
项目				断面 $30cm^2$ 以内			
				木龙骨平均中距（cm 以内）			
				40	45	50	55
名称			单位	消耗量			
人工	合计工日		工日	6.430	6.184	6.146	6.104
	其中	普工	工日	1.286	1.237	1.229	1.221
		一般技工	工日	2.251	2.164	2.151	2.136
		高级技工	工日	2.893	2.783	2.766	2.747
材料	板枋材 杉木		m^3	2.168	1.988	1.830	1.627
	金属膨胀螺栓 M8		套	281.990	278.760	244.820	231.350
	合金钢钻头		个	6.980	6.900	6.060	5.726
	电		kW·h	3.580	3.490	3.470	3.440
	其他材料费		%	0.50	0.50	0.50	0.50
机械	木工圆锯机 500mm		台班	1.290	1.240	1.230	1.220

工作内容：清理基层，定位下料，钻眼，钉木楔，铺钉龙骨基层。 **计量单位：**$100m^2$

编号				12-125	12-126	12-127
项目				断面 $45cm^2$ 以内		
				木龙骨平均中距（cm 以内）		
				50	60	80
名称			单位	消耗量		
人工	合计工日		工日	6.132	6.117	6.102
	其中	普工	工日	1.226	1.223	1.220
		一般技工	工日	2.146	2.141	2.136
		高级技工	工日	2.760	2.753	2.746
材料	板枋材 杉木		m^3	2.520	2.232	1.952
	金属膨胀螺栓 M8		套	248.060	226.200	167.260
	合金钢钻头		个	6.140	5.600	4.140
	电		kW·h	3.460	3.450	3.440
	其他材料费		%	0.25	0.25	0.25
机械	木工圆锯机 500mm		台班	1.230	1.220	1.220

工作内容：清理基层，定位，弹线，钻眼、安膨胀螺栓、安装龙骨。

编号				12-128	12-129	12-130
项目				轻钢龙骨	铝合金龙骨	型钢龙骨
				中距（mm 以内）		
				竖 603 横 1 500	单向 500	单向 1 500
				$100m^2$		t
名称			单位	消耗量		
人工	合计工日		工日	4.437	4.708	22.476
	其中	普工	工日	0.887	0.942	4.495
		一般技工	工日	1.553	1.648	7.867
		高级技工	工日	1.997	2.118	10.114
材料	镀锌轻钢龙骨 75×50		m	198.750	—	—
	镀锌轻钢龙骨 75×40		m	106.000	—	—
	抽芯铆钉 $\phi4\times13$		100个	9.350	—	—
	铝合金 T 形龙骨 h=35		m	—	247.333	—
	金属膨胀螺栓 M8		套	211.555	542.111	674.000
	合金钢钻头		个	6.220	12.760	15.860
	角钢（综合）		t	—	—	1.080
	低合金钢焊条 E43 系列		kg	—	—	23.415
	氧气		m^3	—	—	6.000
	乙炔气		m^3	—	—	2.600
	红丹环氧防锈漆		kg	—	—	3.900
	电		kW·h	2.580	2.660	12.680
	其他材料费		%	—	—	1.00
机械	交流弧焊机 32kV·A		台班	—	—	4.500
	砂轮切割机		台班	0.890	0.940	4.500

2. 夹板、卷材基层

工作内容：龙骨基层上钉隔离层。　　　　**计量单位：**$100m^2$

编号			12-131	12-132	12-133	12-134	12-135
项目			玻璃棉毡隔离层	石膏板基层	胶合板基层（mm） 5	胶合板基层（mm） 9	细木工板基层
名称		单位	消耗量				
人工	合计工日	工日	2.211	4.223	3.986	4.403	4.883
人工	其中 普工	工日	0.442	0.845	0.797	0.881	0.977
人工	其中 一般技工	工日	0.774	1.478	1.395	1.541	1.709
人工	其中 高级技工	工日	0.995	1.900	1.794	1.981	2.197
材料	玻璃棉毡 δ75	m^2	105.000	—	—	—	—
材料	纸面石膏板	m^2	—	106.000	—	—	—
材料	胶合板 δ5	m^2	—	—	105.000	—	—
材料	胶合板 δ9	m^2	—	—	—	105.000	—
材料	细木工板 δ15	m^2	—	—	—	—	105.000
材料	聚醋酸乙烯乳液	kg	—	14.070	14.007	14.007	—
材料	其他材料费	%	0.50	1.50	1.50	1.50	1.50
机械	电动空气压缩机 $0.6m^3/min$	台班	—	—	0.800	0.880	0.980
机械	木工圆锯机 500mm	台班	—	—	0.800	0.880	0.980

3. 面 层

工作内容：安装玻璃面层、钉压条等。 **计量单位：**$100m^2$

编 号			12-136	12-137	12-138	12-139
项 目			镜面玻璃		镭射玻璃	
			在胶合板上粘贴	在抹灰面上粘贴	在胶合板上粘贴	在抹灰面上粘贴
名 称		单位	消 耗 量			
人工	合计工日	工日	8.191	11.473	9.090	12.291
	其中 普工	工日	1.638	2.295	1.818	2.458
	其中 一般技工	工日	2.867	4.015	3.181	4.302
	其中 高级技工	工日	3.686	5.163	4.091	5.531
材料	镜面玻璃 成品	m^2	105.000	105.000	—	—
	镭射玻璃 成品	m^2	—	—	106.000	106.000
	不锈钢压条 $65\times15\times2$	m	124.202	—	124.202	—
	铝合金压条（综合）	m	—	678.400	—	678.400
	玻璃胶 335g/支	支	113.400	—	113.400	—
	双面弹性胶带	m	—	504.000	—	504.000
	电	kW·h	4.620	6.470	5.130	6.930
	其他材料费	%	1.50	0.50	0.50	0.50

工作内容：清理基层、打胶、粘贴面层、清理净面等。

编　号			12-140	12-141	12-142	12-143	12-144	12-145
项　目			不锈钢面板		人造革软包	贴丝绒	塑料板面	木质饰面板
			墙面	不锈钢卡口槽	墙面、墙裙			
			$100m^2$	100m	$100m^2$			
名　称		单位	消　耗　量					
人工	合计工日	工日	16.898	7.752	27.053	12.673	3.568	5.552
	其中 普工	工日	3.380	1.550	5.411	2.535	0.713	1.111
	其中 一般技工	工日	5.914	2.713	9.468	4.435	1.249	1.943
	其中 高级技工	工日	7.604	3.488	12.174	5.703	1.606	2.498
材料	不锈钢板 δ1.2	m^2	115.869	—	—	—	—	—
	不锈钢卡口槽	m	—	102.000	—	—	—	—
	人造革	m^2	—	—	110.000	—	—	—
	丝绒面料	m^2	—	—	—	112.000	—	—
	塑料板	m^2	—	—	—	—	105.000	—
	榉木板 δ3	m^2	—	—	—	—	—	105.000
	木弧线 50	m	—	—	—	—	—	70.667
	玻璃胶 335g/支	支	97.223	21.000	—	—	—	—
	松木板枋材	m^3	—	—	0.206	—	—	—
	泡沫塑料（综合）	m^2	—	—	105.000	—	—	—
	铝合金压条（综合）	m	—	—	106.000	—	—	—
	镀锌螺钉（综合）	10个	—	—	134.000	—	—	—
	万能胶 1kg/瓶	kg	—	—	—	23.100	—	—
	专用粘胶带	m	—	—	—	52.500	—	—
	塑料板扫脚盖板	m	—	—	—	—	58.334	—
	塑料板压口盖板	m	—	—	—	—	58.334	—
	塑料板阴阳角卡口板	m	—	—	—	—	52.500	—
	其他材料费	%	—	—	—	1.50	1.50	1.00
机械	电动空气压缩机 $0.6m^3/min$	台班	—	—	—	—	—	1.110

工作内容：铺钉面层、钉压条、清理等。 **计量单位：**$100m^2$

		编号		12-146	12-147	12-148	12-149
		项目		硬木条吸音墙面（成品）	硬木板条墙面（成品）	石膏板墙面	竹片内墙面（成品）
		名称	单位	消耗量			
人工		合计工日	工日	14.861	12.018	10.157	10.736
	其中	普工	工日	2.972	2.404	2.031	2.147
		一般技工	工日	5.201	4.206	3.555	3.758
		高级技工	工日	6.688	5.408	4.571	4.831
材料		吸音胶合板	m^2	105.000	—	—	—
		硬木板条	m^2	—	105.000	—	—
		纸面石膏板	m^2	—	—	106.000	—
		半圆竹片 *DN*20	m^2	—	—	—	105.000
		石膏顶角线 80×30	m	—	—	70.667	—
		其他材料费	%	1.00	1.00	2.00	2.00
机械		木工圆锯机 500mm	台班	2.970	2.400	—	2.150

工作内容：钉或贴面层、钉压条、清理等。　　　　**计量单位：**100m²

编号				12-150	12-151	12-152	12-153	12-154	12-155
项目				铝合金装饰板墙面	铝合金复合板墙面		塑料扣板	柚木皮	岩棉吸音板
					胶合板基层上	木龙骨基层上			
名称			单位	消耗量					
人工	合计工日		工日	15.107	15.661	15.661	5.192	18.360	5.422
	其中	普工	工日	3.021	3.132	3.132	1.039	3.672	1.084
		一般技工	工日	5.288	5.481	5.481	1.817	6.426	1.898
		高级技工	工日	6.798	7.048	7.048	2.336	8.262	2.440
材料	铝合金条板		m^2	110.000	—	—	—	—	—
	铝塑板 δ5		m^2	—	110.000	110.000	—	—	—
	塑料装饰扣板		m^2	—	—	—	105.000	—	—
	柚木皮		m^2	—	—	—	—	110.000	—
	岩棉吸音板		m^2	—	—	—	—	—	105.000
	铝合金压条（综合）		m	105.509	—	—	—	—	—
	玻璃胶 335g/支		支	—	85.869	28.623	—	—	—
	密封胶		支	—	50.048	50.048	—	—	—
	塑料压条		m	—	—	—	117.777	—	—
	万能胶 1kg/瓶		kg	—	—	—	—	31.500	—
	其他材料费		%	1.00	—	—	1.00	—	0.50

工作内容： 1. 钉或铺贴面层、清理等。

2. 清理基层、打胶、粘贴二层、清理净面等。

计量单位： $100m^2$

编号				12-156	12-157	12-158	12-159	12-160
项目				GRC 板		FC 板	超细玻璃棉板	木制饰面板拼色、拼花
				粘贴	背栓干挂			
名称			单位	消耗量				
人工	合计工日		工日	9.480	39.590	7.932	4.608	25.300
	其中	普工	工日	1.896	7.918	1.586	0.921	5.060
		一般技工	工日	3.318	13.856	2.776	1.613	8.855
		高级技工	工日	4.266	17.816	3.570	2.074	11.385
材料	GRC 饰面板（综合）		m^2	101.000	101.000	—	—	—
	FC 板 300×600×8		m^2	—	—	105.000	—	—
	超细玻璃棉板 δ50		m^2	—	—	—	105.000	—
	榉木板 δ3		m^2	—	—	—	—	110.000
	硅酮结构胶 300mL		支	83.300	—	—	—	—
	云石 AB 胶		kg	—	19.630	—	—	—
	铝合金石材干挂挂件		套	—	6.375	—	—	—
	金属膨胀螺栓 M8		套	—	6.375	—	—	—
	聚醋酸乙烯乳液		kg	—	—	—	—	42.000
	电		kW·h	—	63.500	—	—	—
	其他材料费		%	0.50	1.00	1.50	1.00	0.50
机械	电动空气压缩机 $0.6m^3/min$		台班	1.896	—	—	—	5.060
	木工圆锯机 500mm		台班	—	—	—	—	5.060

工作内容：骨架及边框制作、安装；隔板制作、安装；嵌缝、塞口；装钉压条、清理净面等。

计量单位：100m²

编　号				12-161	12-162
项　目				墙面丝绒面料软包（木龙骨五夹板衬底）	
				装饰线条分格	装饰板分格
名　称			单位	消　耗　量	
人工	合计工日		工日	34.416	38.570
	其中	普工	工日	6.883	7.714
		一般技工	工日	12.046	13.499
		高级技工	工日	15.487	17.357
材料	石油沥青油毡 350#		m^2	110.250	110.250
	胶合板 δ9		m^2	—	39.127
	胶合板 δ5		m^2	115.500	72.050
	榉木板 δ3		m^2	—	40.986
	板枋材 杉木		m^3	1.292	1.292
	海绵 δ20		m^2	110.250	68.775
	木封边条 10×20		m	349.650	829.920
	木弧线 50×20		m	211.900	—
	丝绒面料		m^2	125.440	78.221
	聚醋酸乙烯乳液		kg	29.484	34.976
	其他材料费		%	2.00	2.00
机械	电动空气压缩机 0.6m³/min		台班	6.880	7.710
	木工圆锯机 500mm		台班	6.880	7.710

六、柱 饰 面

1. 龙骨基层及饰面

工作内容: 1. 清理基层、定位下料、钻眼、钉木楔、铺钉龙骨基层。
2. 打胶、粘贴装铺层面、清理等。

计量单位: 100m²

编号				12-163	12-164	12-165
项目				圆柱包不锈钢板饰面		
				方柱木龙骨	圆柱木龙骨	钢龙骨
名称			单位	消耗量		
人工	合计工日		工日	51.876	49.282	56.527
	其中	普工	工日	11.305	9.856	11.305
		一般技工	工日	19.785	17.249	19.785
		高级技工	工日	25.437	22.177	25.437
材料	胶合板 δ5		m²	105.000	105.000	105.000
	不锈钢板圆柱 δ1.2		m²	102.000	102.000	102.000
	板枋材 杉木		m³	1.292	1.607	—
	细木工板 δ15		m²	13.377	13.650	—
	聚醋酸乙烯乳液		kg	42.000	42.000	—
	角钢(综合)		kg	—	—	777.171
	扁钢(综合)		kg	—	—	228.578
	钢板(综合)		kg	—	—	105.979
	金属膨胀螺栓 M8		套	—	—	204.000
	低合金钢焊条 E43 系列		kg	—	—	26.040
	万能胶 1kg/瓶		kg	42.000	42.000	42.000
	电		kW·h	29.260	27.800	31.880
	其他材料费		%	0.50	0.50	1.00
机械	电动空气压缩机 0.6m³/min		台班	10.380	9.860	—
	木工圆锯机 500mm		台班	10.380	9.860	—
	交流弧焊机 32kV·A		台班	—	—	11.310

注: 钢龙骨型钢含量设计与项目取定不同者,按设计要求调整,人工、机械不变。

工作内容：1. 清理基层、定位下料、钻眼、钉木楔、铺钉龙骨基层。
2. 打胶、粘贴装铺层面、清理等。　　**计量单位：**$100m^2$

编　号				12-166	12-167
项　目				圆柱饰面	
				木龙骨胶合板基层	
				人造革软包	饰面夹板
名　称			单位	消　耗　量	
人工	合计工日		工日	47.082	36.435
	其中	普工	工日	9.416	7.287
		一般技工	工日	16.479	12.752
		高级技工	工日	21.187	16.396
材料	板枋材 杉木		m^3	1.607	1.607
	细木工板 δ15		m^2	24.003	24.003
	胶合板 δ5		m^2	105.000	105.000
	人造革		m^2	110.000	—
	饰面胶合板		m^2	—	110.000
	泡沫塑料（综合）		m^2	105.000	—
	聚醋酸乙烯乳液		kg	27.300	42.000
	电		kW·h	26.550	20.550
	其他材料费		%	1.50	2.00
机械	电动空气压缩机 $0.6m^3/min$		台班	9.420	7.290
	木工圆锯机 500mm		台班	9.420	7.290

工作内容：1. 清理基层、定位下料、钻眼、钉木楔、铺钉龙骨基层。
2. 打胶、粘贴装铺层面、清理等。 **计量单位：**100m²

编号				12-168	12-169	12-170	12-171
项目				方柱饰面			
				木龙骨胶合板基层			
				镜面玻璃	镭射玻璃	饰面夹板	不锈钢板
名称			单位	消耗量			
人工	合计工日		工日	32.791	32.791	33.792	39.575
	其中	普工	工日	6.558	6.558	6.758	7.915
		一般技工	工日	11.477	11.477	11.827	13.851
		高级技工	工日	14.756	14.756	15.207	17.809
材料	板枋材 杉木		m^3	0.704	0.704	0.914	0.914
	镜面玻璃 成品		m^2	105.000	—	—	—
	镭射玻璃 成品		m^2	—	105.000	—	—
	饰面胶合板		m^2	—	—	110.000	—
	不锈钢板方柱 δ1.2		m^2	—	—	—	102.000
	胶合板 δ5		m^2	105.000	105.000	105.000	105.000
	不锈钢压条 2		m	216.123	216.123	—	—
	聚醋酸乙烯乳液		kg	55.650	55.650	27.300	42.000
	玻璃胶 335g/ 支		支	105.000	105.000	—	—
	万能胶 1kg/ 瓶		kg	—	—	—	42.000
	电		kW·h	18.490	18.490	19.060	22.320
	其他材料费		%	1.00	0.50	0.50	0.50
机械	电动空气压缩机 0.6m³/min		台班	6.560	6.560	6.760	7.910
	木工圆锯机 500mm		台班	6.560	6.560	6.760	7.910

2. 成品装饰柱

工作内容：定位、安装、清理。　　**计量单位：**10根

编　号				12-172	12-173	12-174
项　目				石膏柱安装	GRC柱安装	
					粉状胶结剂	
					柱高（m）	
					4以内	4以外
名　称			单位	消　耗　量		
人工	合计工日		工日	15.725	22.525	29.156
	其中	普工	工日	3.145	5.831	5.831
		一般技工	工日	5.504	10.205	10.205
		高级技工	工日	7.076	13.119	13.120
材料	成品石膏装饰柱 ϕ350		根	10.000	—	—
	成品 GRC 装饰柱 ϕ400		根	—	10.000	—
	成品 GRC 装饰柱 ϕ600		根	—	—	10.000
	膨胀螺栓 M8		10套	8.000	—	—
	石膏粉特制		kg	2.600	—	—
	万能胶		kg	1.300	—	—
	水泥砂浆 1∶2.5		m^3	—	0.100	0.100
	粉状型建筑胶粘剂		kg	—	2.000	3.000
	其他材料费		%	2.00	2.00	2.00
机械	其他机械费		元	76.10	95.10	122.50

七、幕 墙 工 程

工作内容： 1. 型材矫正、放料下料、钻孔、切割断料、安装固定。

2. 注胶安玻璃；铝板下料安装；清洁净面。

计量单位： $100m^2$

编号				12-175	12-176	12-177	12-178	12-179
项目				玻璃幕墙			铝板幕墙	
				全隐框	半隐框	明框	铝塑板	铝单板
名称			单位	消耗量				
人工	合计工日		工日	88.985	88.984	89.081	80.314	80.314
	其中	普工	工日	17.797	17.797	17.816	16.063	16.063
		一般技工	工日	31.145	31.144	31.178	28.110	28.110
		高级技工	工日	40.043	40.043	40.087	36.141	36.141
材料	铝合金型材 140系列		kg	1 068.260	1 147.947	983.827	—	—
	铝合金型材 110系列		kg	—	—	—	644.688	628.523
	铝单板（幕墙）		m^2	4.400	4.400	4.400	—	116.760
	铝塑板 δ3		m^2	—	—	—	116.760	—
	硅酮结构胶（双组分）		L	35.000	22.400	—	7.435	8.204
	耐候胶		L	22.313	24.938	22.313	22.838	22.838
	钢化镀膜玻璃 δ6		m^2	102.282	99.378	95.317	—	—
	不锈钢六角螺栓带螺母 M12×45		套	132.812	132.812	132.812	132.812	132.812
	不锈钢六角螺栓带螺母 M12×110		套	132.812	132.812	132.812	132.812	132.812
	双面胶带纸		m^2	364.583	420.000	—	—	—
	泡沫条 φ18		m	247.917	319.010	277.083	253.750	253.750
	铁件（综合）		kg	200.970	200.970	200.970	200.970	200.970
	低合金钢焊条 E43系列		kg	21.000	21.000	21.000	21.000	21.000
	空心胶条		m	—	—	729.166	—	—
	电		kW·h	50.190	50.190	50.240	45.300	45.300
	其他材料费		%	2.00	2.00	2.00	2.00	2.00
机械	交流弧焊机 32kV·A		台班	17.800	17.800	17.820	16.060	16.060

注： 铝板幕墙按现场制作考虑，如为成品安装者，铝塑板与铝单板用量调整为 $102m^2$，每 $100m^2$ 幕墙面积扣减人工18.90工日。

工作内容： 1. 放线、定位、玻璃吊装、就位、安装、注密封胶、表面清理等幕墙制作、安装。
2. 框边封闭；嵌缝、塞口；清洗等隔离带制作、安装。

编号				12-180	12-181	12-182
项目				全玻璃幕墙		防火隔离带
				挂式	点式	100×240
				$100m^2$		100m
名称			单位	消耗量		
人工	合计工日		工日	18.139	24.302	17.695
	其中	普工	工日	3.628	4.860	3.539
		一般技工	工日	6.349	8.506	6.193
		高级技工	工日	8.162	10.936	7.963
材料	钢化玻璃 $\delta15$		m^2	107.164	103.000	—
	镀锌角钢 $5^{\#}$		kg	—	—	318.000
	镀锌薄钢板 $\delta1\sim1.5$		kg	—	—	954.000
	镀锌角钢（综合）		kg	—	—	10.200
	硅酮结构胶（双组分）		L	15.750	22.240	—
	耐候胶		L	6.462	6.185	—
	玻璃吊挂件		套	24.231	—	—
	不锈钢四爪件		套	—	35.028	—
	不锈钢二爪件		套	—	23.352	—
	不锈钢六角螺栓带螺母 M14×120		套	—	46.704	—
	泡沫条 $\phi18$		m	68.007	37.500	—
	低合金钢焊条 E43 系列		kg	—	—	3.941
	岩棉板		m^3	—	—	2.604
	电		kW·h	—	13.710	—
	其他材料费		%	1.00	1.00	—
机械	电动吸盘		台班	6.050	8.100	—
	交流弧焊机 32kV·A		台班	—	—	3.540
	汽车式起重机 8t		台班	3.630	4.860	—

注： 全玻璃幕墙是指由玻璃肋和玻璃面板构成的无框玻璃幕墙。

工作内容: 清理基层、定位、弹线、下料、安装封边面板、注密封胶、表面清理等。　　**计量单位:** $100m^2$

编号				12-183	12-184	12-185
项目				幕墙与建筑物的封顶、封边		
				不锈钢板	铝板	镀锌铁皮
名称			单位	消耗量		
人工	合计工日		工日	17.446	13.086	14.887
	其中	普工	工日	3.488	2.617	2.977
		一般技工	工日	6.106	4.580	5.210
		高级技工	工日	7.852	5.889	6.700
材料	不锈钢板 $\delta 1.0$		m^2	115.650	—	—
	3mm 弯折成形铝板		m^2	—	102.000	—
	镀锌铁皮(综合)		m^2	—	—	115.650
	玻璃胶 335g/支		支	6.770	—	6.770
	耐候胶		L	—	28.730	—
	电		kW·h	5.410	4.060	4.620
	其他材料费		%	2.00	2.00	2.00

注: 铝塑复合板封顶、封边参照铝板子目执行。

工作内容： 1. 测量放线、固定、拉弯、调整、清洗。
2. 不锈钢板、镀锌钢板剪裁、折边。
3. 预埋放线、预埋件校准、桁架安装焊接、校准检验、连接受力拉索、施加预应力、整体调整、校准检验、施加配重物、安装驳接系统、安装玻璃、调整检验、玻璃清洗。

编号				12-186	12-187	12-188	12-189
项目				钢型材弧形拉弯增加费	铝型材弧形拉弯增加费	不锈钢板、镀锌钢板折边	拉索、拉杆点支式玻璃幕墙
				t	100m		$100m^2$
名称			单位	消耗量			
人工	合计工日		工日	2.863	5.368	0.665	50.440
	其中	普工	工日	0.573	1.074	0.133	10.088
		一般技工	工日	1.002	1.879	0.233	17.654
		高级技工	工日	1.288	2.415	0.299	22.698
材料	不锈钢拉索 L=500，ϕ20 幕墙用		套	—	—	—	341.000
	不锈钢锚具		套	—	—	—	47.000
	大玻璃结构胶		L	—	—	—	22.000
	钢化玻璃 δ15		m^2	—	—	—	105.000
	弦掌栏		套	—	—	—	19.000
	其他材料费		%	—	—	—	2.00
机械	交流弧焊机 32kV·A		台班	—	—	—	10.090
	其他机械费		元	120.00	200.00	150.00	—

工作内容： 1. 单元板块零部件加工组装养护。
2. 预埋件清理、幕墙板块定位、安装、板块间及板块连接件固定、注胶、清洗。
3. 槽式预埋件定位、放置、调整及开口封堵、槽式预埋件封口清理、T 形螺栓安装。

编号			12-190	12-191	12-192	12-193
项目			单元式玻璃幕墙板块制作	单元板块安装	槽式预埋件安装	T 形转接螺栓安装
			100m^2		10 套	10 个
	名称	单位	消耗量			
人工	合计工日	工日	98.430	36.465	1.027	1.027
其中	普工	工日	19.686	7.293	0.205	0.205
	一般技工	工日	34.450	12.763	0.360	0.360
	高级技工	工日	44.294	16.409	0.462	0.462
材料	幕墙铝型材	kg	1 945.500	—	—	—
	橡胶条	m	640.000	—	—	—
	不锈钢螺钉 M6×30	10 个	131.000	—	—	—
	对拉螺栓	kg	51.290	—	—	—
	不锈钢六角螺栓 M12×30	套	55.000	—	—	—
	单元幕墙挂钩	套	22.000	—	—	—
	镀锌铁件	kg	260.000	260.000	—	—
	LOW-E 钢化中空玻璃（5+6A+5）	m^2	72.100	—	—	—
	铝单板（幕墙）	m^2	30.600	—	—	—
	硅酮密封胶	L	41.900	18.000	—	—
	幕墙结构胶	L	53.900	—	—	—
	幕墙双面不干胶条 8×16	m	364.600	—	—	—
	泡沫条 ϕ18	m	203.700	—	—	—
	单元幕墙专用安装镀锌件	kg	—	93.000	—	—
	低碳钢焊条（综合）	kg	—	0.100	—	—
	合金钢钻头 ϕ6~13	个	—	1.000	—	—
	槽式埋件	个	—	—	10.700	—
	T 形不锈钢螺栓 M16×70	套	—	—	—	10.100
	其他材料费	%	0.50	0.50	—	—
机械	桥式起重机 5t	台班	8.000	—	—	—
	电动葫芦单速 2t	台班	—	1.600	—	—
	台式钻床 16mm	台班	3.000	—	—	—
	半自动切割机 100mm	台班	4.140	—	—	—
	岩石切割机 3kW	台班	—	0.010	—	—
	交流弧焊机 21kV·A	台班	—	0.010	—	—
	其他机械费	元	494.30	—	—	—

注： 钢骨架如需镀锌，其镀锌费用另计。

工作内容： 1. 清理基层、测量定位、五金及面板安装、注胶、清理。
2. 定位、弹线、下料、安装龙骨。

编　　号				12-194	12-195
项　　目				玻璃幕墙开启窗人工及五金增加费	幕墙骨架调整
					铝骨架
				樘	t
名　　称			单位	消　耗　量	
人工	合计工日		工日	0.134	47.934
	其中	普工	工日	0.027	9.587
		一般技工	工日	0.047	16.776
		高级技工	工日	0.060	21.571
材料	风撑		只	2.040	—
	滑撑		只	2.040	—
	铝传动杆		只	1.020	—
	执手锁		把	1.020	—
	铝合金型材(综合)		kg	—	1 060.000
	不锈钢六角螺栓带螺母 M12×110		套	—	124.370
	其他材料费		%	2.00	—

注： 幕墙钢骨架按干挂石材钢骨架项目执行。

八、隔　　断

工作内容：定位弹线、下料、安装龙骨、安玻璃、嵌缝清理等。　　　　**计量单位：**$100m^2$

编　号				12-196	12-197	12-198	12-199
项　目				木骨架玻璃隔断		全玻璃隔断	
				半玻	全玻	普通玻璃	钢化玻璃
名　称			单位	消　耗　量			
人工	合计工日		工日	21.097	22.114	16.234	16.234
	其中	普工	工日	4.219	4.423	3.247	3.247
		一般技工	工日	7.384	7.740	5.682	5.682
		高级技工	工日	9.494	9.951	7.305	7.305
材料	板枋材 杉木		m^3	2.353	2.316	—	—
	平板玻璃 δ5		m^2	91.490	89.250	—	—
	平板玻璃 δ12		m^2	—	—	108.103	—
	钢化玻璃 δ12		m^2	—	—	—	108.103
	角钢（综合）		kg	—	—	436.226	436.226
	低合金钢焊条 E43 系列		kg	—	—	9.420	9.420
	橡胶条伸缩缝		m	—	—	157.360	157.360
	金属膨胀螺栓 M8		套	—	—	353.600	353.600
	玻璃胶 335g/支		支	—	—	25.666	25.666
	电		kW·h	11.900	12.470	9.160	9.160
	其他材料费		%	1.00	1.00	—	—
机械	电动空气压缩机 $0.6m^3/min$		台班	4.220	4.420	3.250	3.250
	木工圆锯机 500mm		台班	4.220	4.420	3.250	3.250

工作内容：定位弹线、下料、安装龙骨、安玻璃或板条、嵌缝清理等。　　　　**计量单位：**100m²

编　号				12-200	12-201	12-202
项　目				防弹玻璃隔断	铝合金玻璃隔断	铝合金板条隔断
名　称			单位	消耗量		
人工	合计工日		工日	42.962	21.946	18.597
	其中	普工	工日	8.592	4.389	3.719
		一般技工	工日	15.037	7.681	6.509
		高级技工	工日	19.333	9.876	8.369
材料	防弹玻璃 $\delta 19$		m^2	97.394	—	—
	平板玻璃 $\delta 5$		m^2	—	105.000	—
	铝合金型材（综合）		kg	—	411.739	393.753
	不锈钢槽钢 10×20×1		m	151.428	—	—
	不锈钢管 $\phi 76$		m	86.992	—	—
	铝合金条板		m^2	—	—	97.275
	角铝 25.4×1		m	—	—	277.268
	槽铝 50		m	—	—	628.149
	铁件（综合）		kg	—	0.032	94.646
	金属膨胀螺栓 M6		套	—	—	259.723
	金属膨胀螺栓 M8		套	—	348.840	—
	玻璃胶 335g/支		支	76.667	63.000	—
	电		kW·h	68.910	35.200	29.830
	其他材料费		%	0.50	0.50	0.50

工作内容：定位弹线、下料、安装龙骨、安玻璃、嵌缝清理等。 **计量单位：**100m²

编号				12-203	12-204	12-205	12-206	12-207
项目				花式木隔断	花式木隔断		玻璃砖隔断	
				直栅漏空	井格（mm）		分格嵌缝	全砖
					100×100	200×200		
名称			单位	消耗量				
人工	合计工日		工日	23.036	35.274	29.865	22.230	15.892
	其中	普工	工日	4.607	7.055	5.973	4.446	3.178
		一般技工	工日	8.063	12.346	10.453	7.781	5.562
		高级技工	工日	10.366	15.873	13.439	10.003	7.152
材料	板枋材 杉木		m^3	2.293	4.650	3.928	0.683	—
	玻璃砖 190×190×95		块	—	—	—	2 458.838	2 761.341
	白水泥石子浆 1∶1.5		m^3	—	—	—	0.370	0.421
	冷拔钢丝		kg	—	—	—	58.395	65.580
	槽钢（综合）		kg	—	—	—	1 853.338	—
	扁钢 60 以外		kg	—	—	—	705.375	—
	铁件（综合）		kg	—	—	—	187.545	210.629
	槽钢 18#以外		kg	—	—	—	—	906.617
	聚醋酸乙烯乳液		kg	12.600	17.426	7.204	—	—
	电		kW·h	12.990	19.890	16.840	12.540	8.960
	其他材料费		%	0.50	1.50	1.00	0.25	0.25
机械	电动空气压缩机 0.6m^3/min		台班	4.610	7.050	5.970	—	—
	木工圆锯机 500mm		台班	4.610	7.050	5.970	—	—
	交流弧焊机 32kV·A		台班	—	—	—	4.450	3.180

工作内容：定位安装、周边塞口、下料、安装龙骨及面层、安玻璃、嵌缝清理等。　　**计量单位：**$100m^2$

编号				12-208	12-209	12-210	12-211	12-212	12-213
项目				塑钢隔断			浴厕隔断		
				全玻	半玻	全塑钢板	木龙骨基层榉木板面	不锈钢磨砂玻璃	成品浴厕隔断
名称			单位	消耗量					
人工	合计工日		工日	22.352	16.749	15.110	33.992	50.511	8.544
	其中	普工	工日	4.470	3.350	3.022	6.798	10.102	1.709
		一般技工	工日	7.823	5.862	5.288	11.897	17.679	2.990
		高级技工	工日	10.059	7.537	6.800	15.297	22.730	3.845
材料	塑钢全玻璃隔断		m^2	105.000	—	—	—	—	—
	塑钢半玻璃隔断		m^2	—	105.000	—	—	—	—
	塑钢隔断		m^2	—	—	102.000	—	—	—
	榉木板 $\delta 3$		m^2	—	—	—	220.000	—	—
	磨砂玻璃 $\delta 5$		m^2	—	—	—	—	91.705	—
	成品浴厕隔断（包括五金配件）		m^2	—	—	—	—	—	100.000
	橡胶条 $\phi 20$		个	625.274	625.274	625.274	—	—	—
	板枋材 杉木		m^3	—	—	—	1.188	—	—
	玻璃胶 335g/支		支	14.039	14.039	14.039	—	100.000	—
	钢板（综合）		kg	—	—	—	—	59.042	—
	榉木线条 22×5		m	—	—	—	0.120	—	—
	铁件（综合）		kg	—	—	—	174.930	—	—
	铰链 65 型		只	—	—	—	57.142	—	—
	拉手 30 以外		只	—	—	—	28.571	—	—
	插销 100		副	—	—	—	28.571	—	—
	防腐油		kg	—	—	—	1.272	—	—
	环氧树脂		kg	—	—	—	19.080	—	—
	干混抹灰砂浆 DP M10		m^3	—	—	—	0.124	—	—
	聚醋酸乙烯乳液		kg	—	—	—	32.076	—	—
	不锈钢方管 35×38×1		m	—	—	—	—	393.613	—
	不锈钢管 $\phi 50$		m	—	—	—	—	314.890	—
	不锈钢球 $\phi 63$		个	—	—	—	—	189.380	—
	金属膨胀螺栓 M6		套	218.191	218.191	218.188	—	510.204	—
	电		kW·h	44.790	33.560	30.280	68.120	101.220	4.820
	其他材料费		%	0.50	0.50	0.50	0.50	2.00	0.50
机械	电动空气压缩机 $0.6m^3/min$		台班	—	—	—	6.800	—	—
	木工圆锯机 500mm		台班	—	—	—	6.800	—	—

第十三章　天 棚 工 程

说 明

一、本章包括天棚抹灰、天棚吊顶、天棚其他装饰共三节。

二、抹灰项目中砂浆强度等级与设计不同时，可按设计要求予以换算；如设计厚度与取定厚度不同时，按相应项目调整。

三、如混凝土天棚刷素水泥浆或界面剂，按第十二章“墙、柱面装饰与隔断、幕墙工程”相应项目人工乘以系数 1.15。

四、楼梯底板抹灰按本章相应项目执行，其中锯齿形楼梯按相应项目人工乘以系数 1.35。

五、平面与跌级天棚、艺术造型天棚。

1. 平面与跌级天棚、艺术造型天棚均为天棚龙骨、基层、面层分别列项编制。

2. 龙骨的种类、间距、规格和基层、面层材料的型号、规格是按常用材料和常用做法考虑的，如设计要求与消耗量不同时，材料可按设计调整，人工、机械不变。

3. 天棚面层在同一标高者为平面天棚，天棚面层不在同一标高者为跌级天棚。跌级天棚其面层按相应项目人工乘以系数 1.30。

4. 轻钢龙骨、铝合金龙骨项目中龙骨按双层双向结构考虑，即中、小龙骨紧贴大龙骨底面吊挂，如为单层结构时，即大、中龙骨底面在同一水平上者，人工乘以系数 0.85。

5. 轻钢龙骨、铝合金龙骨项目中，如面层规格与消耗量不同时，按相近面积的项目执行。

6. 轻钢龙骨和铝合金龙骨不上人型吊杆长度为 0.6m，上人型吊杆长度为 1.4m。吊杆长度与消耗量不同时可按实际调整，人工不变。

7. 平面天棚和跌级天棚指一般直线形天棚，不包括灯光槽的制作、安装。灯光槽制作、安装应按本章相应项目执行。艺术造型天棚项目中包括灯光槽的制作、安装。

8. 天棚面层不在同一标高，且高差在 400mm 以下、跌级三级以内的一般直线形平面天棚按跌级天棚相应项目执行；高差在 400mm 以上或跌级超过三级，以及圆弧形、拱形等造型天棚按艺术造型天棚相应项目执行。

9. 天棚检查孔的工料已包括在项目内，不另计算。

10. 龙骨、基层、面层的防火处理及天棚龙骨的刷防腐油，石膏板刮嵌缝膏、贴绷带，按第十四章“油漆、涂料、裱糊工程”相应项目执行。

11. 天棚压条、装饰线按第十五章“其他装饰工程”相应项目执行。

六、龙骨吊挂天棚均按龙骨、面层合并列项编制。

工程量计算规则

一、天棚抹灰。

1. 天棚抹灰按设计图示结构尺寸以展开面积计算，不扣除间壁墙、垛、柱、附墙烟囱、检查口和管道所占的面积。

2. 密肋梁、井字梁等板底梁，其梁底面抹灰并入天棚面积内套用相应项目；梁侧面抹灰按天棚相应项目乘以系数 2.15。

3. 伸出外墙的阳台、雨篷，其底面抹灰按外墙外侧设计图示尺寸以水平投影面积计算，执行天棚抹灰相应项目；阳台或雨篷悬挑梁底面抹灰并入阳台或雨篷面积内计算，梁侧面抹灰按天棚相应项目人工乘以系数 2.15。

4. 板式楼梯底面抹灰面积（包括踏步、休息平台以及宽度≤ 500mm 的楼梯井）按水平投影面积乘以系数 1.15 计算，锯齿形楼梯底板抹灰面积（包括踏步、休息平台以及宽度≤ 500mm 的楼梯井）按水平投影面积乘以系数 1.37 计算。

二、天棚吊顶。

1. 天棚龙骨按主墙间水平投影面积计算，不扣除间壁墙、垛、附墙烟囱、检查口和管道所占的面积，扣除单个面积 $>0.3m^2$ 的独立柱、孔洞及与天棚相连的窗帘盒所占的面积。斜面龙骨按斜面计算。

2. 天棚吊顶的基层和面层均按设计图示饰面尺寸以展开面积计算。天棚面中的灯槽及跌级、阶梯式、锯齿形、吊挂式、藻井式天棚面积按展开计算。不扣除间壁墙、垛、附墙烟囱、检查口和管道所占的面积，扣除单个面积 $>0.3m^2$ 的独立柱、孔洞及与天棚相连的窗帘盒所占的面积。

3. 格栅吊顶、藤条造型悬挂吊顶、织物软雕吊顶和装饰网架吊顶，按主墙间水平投影面积计算。吊筒吊顶按最大外围水平投影尺寸以外接矩形面积计算。

三、天棚其他装饰。

1. 悬挑式、附加式灯带（槽）按设计图示尺寸以框外围面积计算。

2. 送风口、回风口及灯光孔按设计图示数量计算。

3. 天棚固定检修道按设计尺寸以“延长米”计算，活动走道板按实际安装长度以“延长米”计算。

一、天 棚 抹 灰

工作内容: 清理基层、修补堵眼、调运砂浆、清扫落地灰;抹灰找平、压光。　　**计量单位:** $100m^2$

编　号				13-1	13-2
项　目				混凝土天棚抹灰	
				一遍成活(10mm)	每增减 1mm
名　称			单位	消 耗 量	
人工	合计工日		工日	8.628	0.216
	其中	普工	工日	1.726	0.043
		一般技工	工日	3.020	0.076
		高级技工	工日	3.882	0.097
材料	干混抹灰砂浆 DP M10		m^3	1.130	0.113
	水		m^3	0.683	0.028
机械	干混砂浆罐式搅拌机		台班	0.113	0.011

二、天 棚 吊 顶

1. 平面、跌级天棚

(1)方 木 龙 骨

工作内容: 制作、安装木楞(包括检查孔)等。　　**计量单位:** $100m^2$

编　号				13-3	13-4	13-5	13-6	13-7
项　目				方木天棚龙骨(搁在砖墙上)				
				单层楞	双层楞			
					规格(mm)			
					300×300	450×450	600×600	>600×600
名　称			单位	消 耗 量				
人工	合计工日		工日	6.087	8.575	8.117	8.010	7.910
	其中	普工	工日	1.217	1.715	1.623	1.602	1.582
		一般技工	工日	2.130	3.001	2.841	2.804	2.769
		高级技工	工日	2.740	3.859	3.653	3.604	3.559
材料	杉木板		m^3	0.990	2.748	1.961	1.497	1.174
	铁件(综合)		kg	10.948	24.632	16.422	10.948	8.211

工作内容：制作、安装木楞（包括检查孔）等。 **计量单位**：$100m^2$

编号				13-8	13-9	13-10	13-11	13-12
项目				方木天棚龙骨（吊在梁下或板下）				
				单层楞	双层楞			
					规格（mm）			
					300×300	450×450	600×600	>600×600
名称			单位	消耗量				
人工	合计工日		工日	6.983	9.439	8.985	8.882	8.782
	其中	普工	工日	1.397	1.888	1.797	1.776	1.756
		一般技工	工日	2.444	3.304	3.145	3.109	3.074
		高级技工	工日	3.142	4.247	4.043	3.997	3.952
材料	杉木板		m^3	1.452	2.567	1.855	1.463	1.143
	镀锌铁丝 ϕ2.8～4.0		kg	7.992	7.992	7.992	7.992	7.992
	铁件（综合）		kg	94.681	94.681	94.681	94.681	94.681
	低合金钢焊条 E43 系列		kg	3.230	3.230	3.230	3.230	3.230
	电		kW·h	3.940	5.320	5.070	5.010	4.950
	其他材料费		%	1.00	2.00	2.00	1.50	1.00
机械	交流弧焊机 32kV·A		台班	1.400	1.890	1.800	1.780	1.760
	木工圆锯机 500mm		台班	1.400	1.890	1.800	1.780	1.760

（2）轻钢龙骨

工作内容：1. 吊件加工、安装。
2. 定位、弹线、射钉。
3. 选料、下料、定位杆控制高度、平整、安装龙骨及吊配附件、孔洞预留等。
4. 临时加固、调整、校正。
5. 灯箱风口封边、龙骨设置。
6. 预留位置、整体调整。

计量单位：100m^2

编号				13-13	13-14	13-15	13-16
项目				装配式U形轻钢天棚龙骨（不上人型）			
				规格（mm）			
				300×300		450×450	
				平面	跌级	平面	跌级
名称			单位	消耗量			
人工	合计工日		工日	11.957	13.288	10.917	12.734
	其中	普工	工日	2.391	2.658	2.183	2.547
		一般技工	工日	4.185	4.651	3.821	4.457
		高级技工	工日	5.381	5.979	4.913	5.730
材料	轻钢龙骨不上人型（平面）300×300		m^2	105.000	—	—	—
	轻钢龙骨不上人型（跌级）300×300		m^2	—	105.000	—	—
	轻钢龙骨不上人型（平面）450×450		m^2	—	—	105.000	—
	轻钢龙骨不上人型（跌级）450×450		m^2	—	—	—	105.000
	吊杆		kg	23.683	35.700	26.163	36.000
	低合金钢焊条 E43系列		kg	2.180	2.580	2.240	2.580
	铁件（综合）		kg	40.000	40.000	40.000	40.000
	杉木板		m^3	—	0.070	—	0.070
	方钢管 25×25×2.5		m	—	6.120	—	6.120
	电		kW·h	6.740	7.490	6.160	7.180
	其他材料费		%	1.00	1.00	1.00	1.00
机械	交流弧焊机 32kV·A		台班	2.390	2.660	2.180	2.550

工作内容： 1. 吊件加工、安装。
2. 定位、弹线、射钉。
3. 选料、下料、定位杆控制高度、平整、安装龙骨及吊配附件、孔洞预留等。
4. 临时加固、调整、校正。
5. 灯箱风口封边、龙骨设置。
6. 预留位置、整体调整。

计量单位： $100m^2$

编号				13-17	13-18	13-19	13-20
项目				装配式U形轻钢天棚龙骨(不上人型)			
				规格(mm)			
				600×600		>600×600	
				平面	跌级	平面	跌级
名称			单位	消耗量			
人工	合计工日		工日	9.884	11.627	9.358	11.073
	其中	普工	工日	1.977	2.325	1.872	2.215
		一般技工	工日	3.459	4.069	3.275	3.876
		高级技工	工日	4.448	5.233	4.211	4.982
材料	轻钢龙骨不上人型(平面)600×600		m^2	105.000	—	—	—
	轻钢龙骨不上人型(跌级)600×600		m^2	—	105.000	—	—
	轻钢龙骨不上人型(平面)600×600 以上		m^2	—	—	105.000	—
	轻钢龙骨不上人型(跌级)600×600 以上		m^2	—	—	—	105.000
	吊杆		kg	27.200	35.700	25.979	33.900
	低合金钢焊条 E43系列		kg	2.280	2.600	2.240	2.540
	铁件(综合)		kg	40.000	40.700	40.000	40.700
	杉木板		m^3	—	0.070	—	0.070
	方钢管 25×25×2.5		m	—	6.120	—	6.120
	电		kW·h	5.570	6.560	5.280	6.240
	其他材料费		%	1.50	1.50	1.50	1.50
机械	交流弧焊机 32kV·A		台班	1.980	2.330	1.870	2.210

工作内容： 1. 吊件加工、安装。
2. 定位、弹线、射钉。
3. 选料、下料、定位杆控制高度、平整、安装龙骨及吊配附件、孔洞预留等。
4. 临时加固、调整、校正。
5. 灯箱风口封边、龙骨设置。
6. 预留位置、整体调整。

计量单位： 100m²

编　　号				13-21	13-22	13-23	13-24
项　　目				装配式U形轻钢天棚龙骨（上人型）			
				规格（mm）			
				300×300		450×450	
				平面	跌级	平面	跌级
名　　称			单位	消　耗　量			
人工	合计工日		工日	12.100	13.431	11.061	12.877
	其中	普工	工日	2.420	2.686	2.212	2.575
		一般技工	工日	4.235	4.701	3.871	4.507
		高级技工	工日	5.445	6.044	4.978	5.795
材料	轻钢龙骨上人型（平面）300×300		m^2	105.000	—	—	—
	轻钢龙骨上人型（跌级）300×300		m^2	—	105.000	—	—
	轻钢龙骨上人型（平面）450×450		m^2	—	—	105.000	—
	轻钢龙骨上人型（跌级）450×450		m^2	—	—	—	105.000
	吊杆		kg	83.951	100.000	83.951	100.000
	铁件（综合）		kg	170.000	170.470	170.000	170.470
	低合金钢焊条 E43系列		kg	8.640	9.200	8.640	9.200
	杉木板		m^3	0.010	0.070	0.010	0.070
	方钢管 25×25×2.5		m	—	6.120	—	6.120
	电		kW·h	6.820	7.580	6.240	7.260
	其他材料费		%	0.50	0.50	0.50	0.50
机械	交流弧焊机 32kV·A		台班	2.420	2.690	2.210	2.580

工作内容：1. 吊件加工、安装。
2. 定位、弹线、射钉。
3. 选料、下料、定位杆控制高度、平整、安装龙骨及吊配附件、孔洞预留等。
4. 临时加固、调整、校正。
5. 灯箱风口封边、龙骨设置。
6. 预留位置、整体调整。

计量单位：$100m^2$

编号				13-25	13-26	13-27	13-28
项目				装配式U形轻钢天棚龙骨（上人型）			
				规格（mm）			
				600×600		>600×600	
				平面	跌级	平面	跌级
名称			单位	消耗量			
人工	合计工日		工日	10.027	11.770	9.501	11.216
	其中	普工	工日	2.005	2.354	1.900	2.243
		一般技工	工日	3.509	4.120	3.325	3.926
		高级技工	工日	4.512	5.296	4.276	5.047
材料	轻钢龙骨上人型（平面）600×600		m^2	105.000	—	—	—
	轻钢龙骨上人型（跌级）600×600		m^2	—	105.000	—	—
	轻钢龙骨上人型（平面）600×600 以上		m^2	—	—	105.000	—
	轻钢龙骨上人型（跌级）600×600 以上		m^2	—	—	—	105.000
	吊杆		kg	96.420	99.500	83.951	88.400
	铁件（综合）		kg	170.000	170.470	170.000	170.470
	低合金钢焊条 E43 系列		kg	9.040	9.180	8.640	8.810
	杉木板		m^3	0.010	0.070	0.010	0.070
	方钢管 25×25×2.5		m	1.280	6.120	1.280	6.120
	电		kW·h	5.660	6.640	5.360	6.330
	其他材料费		%	0.50	0.50	0.50	0.50
机械	交流弧焊机 32kV·A		台班	2.010	2.350	1.900	2.240

工作内容：1. 吊件加工、安装。
2. 定位、弹线、射钉。
3. 选料、下料、定位杆控制高度、平整、安装龙骨及吊配附件、孔洞预留等。
4. 临时加固、调整、校正。
5. 灯箱风口封边、龙骨设置。
6. 预留位置、整体调整。

计量单位：$100m^2$

编号				13-29	13-30
项目				轻钢天棚龙骨	
				圆弧形	
				不上人型	上人型
名称			单位	消耗量	
人工	合计工日		工日	17.099	17.242
	其中	普工	工日	3.420	3.448
		一般技工	工日	5.985	6.035
		高级技工	工日	7.694	7.759
材料	轻钢龙骨不上人型（圆弧形）		m^2	105.000	—
	轻钢龙骨上人型（圆弧形）		m^2	—	105.000
	吊杆		kg	64.286	150.000
	低合金钢焊条 E43 系列		kg	2.210	5.100
	电		kW·h	9.640	9.720
	其他材料费		%	1.50	1.50
机械	交流弧焊机 32kV·A		台班	3.420	3.450

（3）铝合金龙骨

工作内容：1. 定位、弹线、射钉、膨胀螺栓及吊筋安装。
2. 选料、下料组装。
3. 安装龙骨及吊配附件、临时加固支撑。
4. 预留空洞、安封边龙骨。
5. 调整、校正。

计量单位：100m²

编号				13-31	13-32	13-33	13-34
项目				装配式T形铝合金天棚龙骨（不上人型）			
				规格（mm）			
				300×300		450×450	
				平面	跌级	平面	跌级
名称			单位	消耗量			
人工	合计工日		工日	8.838	9.819	7.798	9.273
	其中	普工	工日	1.768	1.964	1.560	1.855
		一般技工	工日	3.093	3.437	2.729	3.246
		高级技工	工日	3.977	4.418	3.509	4.172
材料	铝合金龙骨不上人型（平面）300×300		m²	105.000	—	—	—
	铝合金龙骨不上人型（跌级）300×300		m²	—	105.000	—	—
	铝合金龙骨不上人型（平面）450×450		m²	—	—	105.000	—
	铝合金龙骨不上人型（跌级）450×450		m²	—	—	—	105.000
	吊杆		kg	31.600	35.600	31.600	35.600
	膨胀螺栓 M8×60		套	125.995	125.995	125.995	125.995
	铁件（综合）		kg	—	5.410	—	5.410
	角钢（综合）		kg	—	122.000	—	122.000
	杉木板		m³	—	0.040	—	0.040
	低合金钢焊条 E43系列		kg	1.070	5.370	1.070	5.370
	电		kW·h	4.980	5.540	4.400	5.230
	其他材料费		%	2.00	2.00	2.00	2.00
机械	交流弧焊机 32kV·A		台班	1.770	1.960	1.560	1.850

工作内容: 1. 定位、弹线、射钉、膨胀螺栓及吊筋安装。
2. 选料、下料组装。
3. 安装龙骨及吊配附件、临时加固支撑。
4. 预留空洞、安封边龙骨。
5. 调整、校正。

计量单位: $100m^2$

编　号				13-35	13-36	13-37	13-38
项　目				装配式T形铝合金天棚龙骨(不上人型)			
				规格(mm)			
				600×600		>600×600	
				平面	跌级	平面	跌级
名　称			单位	消　耗　量			
人工	合计工日		工日	7.278	8.182	6.758	7.637
	其中	普工	工日	1.456	1.636	1.352	1.527
		一般技工	工日	2.547	2.864	2.365	2.673
		高级技工	工日	3.275	3.682	3.041	3.437
材料	铝合金龙骨不上人型(平面)600×600		m^2	105.000	—	—	—
	铝合金龙骨不上人型(跌级)600×600		m^2	—	105.000	—	—
	铝合金龙骨不上人型(平面)600×600 以上		m^2	—	—	105.000	—
	铝合金龙骨不上人型(跌级)600×600 以上		m^2	—	—	—	105.000
	吊杆		kg	31.600	35.600	31.600	35.600
	铁件(综合)		kg	40.000	45.360	40.000	45.360
	膨胀螺栓 M8×60		套	125.995	125.995	125.995	125.995
	角钢(综合)		kg	—	122.000	—	122.000
	杉木板		m^3	—	0.040	—	0.040
	低合金钢焊条 E43 系列		kg	2.430	6.900	2.430	6.900
	电		kW·h	4.100	4.610	3.810	4.390
	其他材料费		%	2.00	2.00	2.00	2.00
机械	交流弧焊机 32kV·A		台班	1.460	1.640	1.350	1.530

工作内容：1. 定位、弹线、射钉、膨胀螺栓及吊筋安装。
2. 选料、下料组装。
3. 安装龙骨及吊配附件、临时加固支撑。
4. 预留空洞、安封边龙骨。
5. 调整、校正。

计量单位：100m²

编号				13-39	13-40	13-41	13-42
项目				装配式T形铝合金天棚龙骨(上人型)			
				规格(mm)			
				300×300		450×450	
				平面	跌级	平面	跌级
名称			单位	消耗量			
人工	合计工日		工日	8.981	9.962	7.941	9.591
	其中	普工	工日	1.796	1.992	1.588	1.918
		一般技工	工日	3.143	3.487	2.779	3.357
		高级技工	工日	4.042	4.483	3.574	4.316
材料	铝合金龙骨上人型(平面)300×300		m²	105.000	—	—	—
	铝合金龙骨上人型(跌级)300×300		m²	—	105.000	—	—
	铝合金龙骨上人型(平面)450×450		m²	—	—	105.000	—
	铝合金龙骨上人型(跌级)450×450		m²	—	—	—	105.000
	吊杆		kg	54.355	66.800	54.355	66.800
	铁件(综合)		kg	170.440	175.800	170.440	175.800
	杉木板		m³	0.010	0.050	0.010	0.050
	膨胀螺栓 M8×60		套	125.995	125.995	125.995	125.995
	低合金钢焊条 E43系列		kg	7.650	12.410	7.650	12.410
	角钢(综合)		kg	—	122.000	—	122.000
	电		kW·h	5.070	5.620	4.480	5.410
	其他材料费		%	1.00	1.00	1.00	1.00
机械	交流弧焊机 32kV·A		台班	1.800	1.990	1.590	1.920

工作内容：1. 定位、弹线、射钉、膨胀螺栓及吊筋安装。
2. 选料、下料组装。
3. 安装龙骨及吊配附件、临时加固支撑。
4. 预留空洞、安封边龙骨。
5. 调整、校正。

计量单位：100m^2

编号				13-43	13-44	13-45	13-46
项目				装配式T形铝合金天棚龙骨（上人型）			
				规格（mm）			
				600×600		600×600以上	
				平面	跌级	平面	跌级
名称			单位	消耗量			
人工	合计工日		工日	7.421	8.326	6.902	7.780
	其中	普工	工日	1.484	1.665	1.380	1.556
		一般技工	工日	2.597	2.914	2.416	2.723
		高级技工	工日	3.340	3.747	3.106	3.501
材料	铝合金龙骨上人型（平面）600×600		m^2	105.000	—	—	—
	铝合金龙骨上人型（跌级）600×600		m^2	—	105.000	—	—
	铝合金龙骨上人型（平面）600×600 以上		m^2	—	—	105.000	—
	铝合金龙骨上人型（跌级）600×600 以上		m^2	—	—	—	105.000
	吊杆		kg	54.355	66.800	54.355	66.800
	铁件（综合）		kg	170.440	175.850	170.440	175.850
	低合金钢焊条 E43系列		kg	7.650	12.410	7.650	12.410
	膨胀螺栓 M8×60		套	125.995	125.995	125.995	125.995
	角钢（综合）		kg	—	122.000	—	122.000
	杉木板		m^3	0.010	0.050	0.010	0.050
	电		kW·h	4.190	4.700	3.890	4.390
	其他材料费		%	1.00	1.00	1.00	1.00
机械	交流弧焊机 32kV·A		台班	1.480	1.670	1.380	1.560

工作内容：1. 定位、弹线、射钉、膨胀螺栓及吊筋安装。
2. 选料、下料组装。
3. 安装龙骨及吊配附件、临时加固支撑。
4. 预留空洞、安封边龙骨。
5. 调整、校正。

计量单位：100m²

编号				13-47	13-48	13-49
项目				铝合金方板天棚龙骨（不上人型）		
				嵌入式		
				规格（mm）		
				500×500	600×600	600×600以上
名称			单位	消耗量		
人工	合计工日		工日	7.792	7.278	6.758
	其中	普工	工日	1.559	1.456	1.352
		一般技工	工日	2.727	2.547	2.365
		高级技工	工日	3.506	3.275	3.041
材料	铝合金方板天棚龙骨不上人型（嵌入式）500×500		m²	105.000	—	—
	铝合金方板天棚龙骨不上人型（嵌入式）600×600		m²	—	105.000	—
	铝合金方板天棚龙骨不上人型（嵌入式）600×600以上		m²	—	—	105.000
	吊杆		kg	23.995	23.295	20.159
	角钢（综合）		kg	151.000	151.000	113.000
	低合金钢焊条 E43系列		kg	5.950	5.950	4.520
	电		kW·h	4.100	4.100	3.810
	其他材料费		%	2.00	2.00	2.00
机械	交流弧焊机 32kV·A		台班	1.460	1.460	1.350

工作内容：1. 定位、弹线、射钉、膨胀螺栓及吊筋安装。
2. 选料、下料组装。
3. 安装龙骨及吊配附件、临时加固支撑。
4. 预留空洞、安封边龙骨。
5. 调整、校正

计量单位：$100m^2$

编号				13-50	13-51	13-52
项目				铝合金方板天棚龙骨（上人型）		
				嵌入式		
				规格（mm）		
				500×500	600×600	600×600 以上
名称			单位	消耗量		
人工	合计工日		工日	8.349	7.798	7.278
	其中	普工	工日	1.670	1.560	1.456
		一般技工	工日	2.922	2.729	2.547
		高级技工	工日	3.757	3.509	3.275
材料	铝合金方板天棚龙骨上人型（嵌入式）500×500		m^2	105.000	—	—
	铝合金方板天棚龙骨上人型（嵌入式）600×600		m^2	—	105.000	—
	铝合金方板天棚龙骨上人型（嵌入式）600×600 以上		m^2	—	—	105.000
	吊杆		kg	85.058	82.578	71.463
	铁件（综合）		kg	170.000	170.000	170.000
	低合金钢焊条 E43 系列		kg	8.670	8.600	8.210
	电		kW·h	4.400	4.400	4.100
	其他材料费		%	1.50	1.50	1.50
机械	交流弧焊机 32kV·A		台班	1.560	1.560	1.460

工作内容： 1. 定位、弹线、射钉、膨胀螺栓及吊筋安装。
2. 选料、下料组装。
3. 安装龙骨及吊配附件、临时加固支撑。
4. 预留空洞、安封边龙骨。
5. 调整、校正。

计量单位：$100m^2$

编号				13-53	13-54	13-55
项目				铝合金方板天棚龙骨（不上人型）		
				浮搁式		
				规格（mm）		
				500×500	600×600	600×600 以上
名称			单位	消耗量		
人工	合计工日		工日	7.792	7.278	6.758
	其中	普工	工日	1.559	1.456	1.352
		一般技工	工日	2.727	2.547	2.365
		高级技工	工日	3.506	3.275	3.041
材料	铝合金方板天棚龙骨不上人型（浮搁式）500×500		m^2	105.000	—	—
	铝合金方板天棚龙骨不上人型（浮搁式）600×600		m^2	—	105.000	—
	铝合金方板天棚龙骨不上人型（浮搁式）600×600 以上		m^2	—	—	105.000
	吊杆		kg	23.995	23.295	20.159
	铁件（综合）		kg	40.000	40.000	30.000
	膨胀螺栓 M8×60		套	130.000	130.000	130.000
	低合金钢焊条 E43 系列		kg	2.180	2.150	1.710
	电		kW·h	4.100	4.100	3.810
	其他材料费		%	2.00	2.00	2.00
机械	交流弧焊机 32kV·A		台班	1.460	1.460	1.350

工作内容：1. 定位、弹线、射钉、膨胀螺栓及吊筋安装。
2. 选料、下料组装。
3. 安装龙骨及吊配附件、临时加固支撑。
4. 预留空洞、安封边龙骨。
5. 调整、校正。

计量单位：$100m^2$

编号				13-56	13-57	13-58
项目				铝合金方板天棚龙骨（上人型）		
				浮搁式		
				规格（mm）		
				500×500	600×600	600×600 以上
名称			单位	消耗量		
人工	合计工日		工日	8.349	7.798	7.278
	其中	普工	工日	1.670	1.560	1.456
		一般技工	工日	2.922	2.729	2.547
		高级技工	工日	3.757	3.509	3.275
材料	铝合金方板天棚龙骨上人型（浮搁式）500×500		m^2	105.000	—	—
	铝合金方板天棚龙骨上人型（浮搁式）600×600		m^2	—	105.000	—
	铝合金方板天棚龙骨上人型（浮搁式）600×600 以上		m^2	—	—	105.000
	吊杆		kg	85.058	82.578	71.463
	铁件（综合）		kg	170.000	170.000	140.000
	膨胀螺栓 M8×60		套	130.000	130.000	130.000
	低合金钢焊条 E43 系列		kg	8.670	8.600	7.170
	电		kW·h	4.400	4.400	4.100
	其他材料费		%	1.00	1.00	1.00
机械	交流弧焊机 32kV·A		台班	1.560	1.560	1.460

工作内容： 1. 定位、弹线、射钉、膨胀螺栓及吊筋安装。
2. 选料、下料组装。
3. 安装龙骨及吊配附件、临时加固支撑。
4. 预留空洞、安封边龙骨。
5. 调整、校正。

计量单位： 100m²

编号			13-59	13-60	13-61
项目			铝合金轻型方板天棚龙骨		
			中龙骨直接吊挂骨架		
			规格（mm）		
			500×500	600×600	600×600 以上
名称		单位	消耗量		
人工	合计工日	工日	6.227	5.706	5.187
	其中 普工	工日	1.245	1.141	1.037
	其中 一般技工	工日	2.179	1.997	1.815
	其中 高级技工	工日	2.803	2.568	2.335
材料	铝合金轻型方板天棚龙骨（中龙骨直接吊挂骨架）500×500	m²	105.000	—	—
	铝合金轻型方板天棚龙骨（中龙骨直接吊挂骨架）600×600	m²	—	105.000	—
	铝合金轻型方板天棚龙骨（中龙骨直接吊挂骨架）600×600 以上	m²	—	—	105.000
	吊杆	kg	15.243	13.891	7.082
	角钢（综合）	kg	67.928	61.902	28.269
	低合金钢焊条 E43 系列	kg	2.820	2.580	1.200
	电	kW·h	3.510	3.220	2.930
	其他材料费	%	2.00	2.00	2.00
机械	交流弧焊机 32kV·A	台班	1.250	1.140	1.040

工作内容：1. 定位、弹线、射钉、膨胀螺栓及吊筋安装。
2. 选料、下料组装。
3. 安装龙骨及吊配附件、临时加固支撑。
4. 预留空洞、安封边龙骨。
5. 调整、校正。

计量单位：100m²

编号				13-62	13-63
项目				铝合金条板天棚龙骨	铝合金格片式天棚 龙骨间距 150mm 以内
名称			单位	消耗量	
人工	合计工日		工日	7.266	4.153
	其中	普工	工日	1.453	0.831
		一般技工	工日	2.543	1.454
		高级技工	工日	3.270	1.868
材料	铝合金条板天棚龙骨（中型）		m^2	105.000	—
	铝合金格片天棚龙骨（间距 100mm）		m^2	—	105.000
	吊杆		kg	12.716	2.000
	铁件（综合）		kg	22.000	20.000
	低合金钢焊条 E43 系列		kg	1.180	0.750
	电		kW·h	4.100	2.340
	其他材料费		%	1.00	1.00
机械	交流弧焊机 32kV·A		台班	1.450	0.830

(4)天 棚 基 层

工作内容：安装天棚基层。 **计量单位：**100m²

<table>
<tr><td colspan="3">编　号</td><td>13-64</td><td>13-65</td><td>13-66</td></tr>
<tr><td colspan="3" rowspan="2">项　目</td><td colspan="2">胶合板基层（mm）</td><td rowspan="2">硅酸钙板
天棚基层</td></tr>
<tr><td>5</td><td>9</td></tr>
<tr><td colspan="2">名　称</td><td>单位</td><td colspan="3">消　耗　量</td></tr>
<tr><td rowspan="4">人工</td><td>合计工日</td><td>工日</td><td>4.346</td><td>4.614</td><td>5.938</td></tr>
<tr><td>其中 普工</td><td>工日</td><td>0.869</td><td>0.923</td><td>1.188</td></tr>
<tr><td>其中 一般技工</td><td>工日</td><td>1.521</td><td>1.615</td><td>2.078</td></tr>
<tr><td>其中 高级技工</td><td>工日</td><td>1.956</td><td>2.076</td><td>2.672</td></tr>
<tr><td rowspan="5">材料</td><td>胶合板 δ5</td><td>m²</td><td>105.000</td><td>—</td><td>—</td></tr>
<tr><td>胶合板 δ9</td><td>m²</td><td>—</td><td>105.000</td><td>—</td></tr>
<tr><td>硅酸钙板（综合）</td><td>m²</td><td>—</td><td>—</td><td>105.000</td></tr>
<tr><td>电</td><td>kW·h</td><td>—</td><td>—</td><td>6.176</td></tr>
<tr><td>其他材料费</td><td>%</td><td>2.00</td><td>2.00</td><td>2.00</td></tr>
<tr><td rowspan="2">机械</td><td>电动空气压缩机 0.6m³/min</td><td>台班</td><td>0.870</td><td>0.920</td><td>—</td></tr>
<tr><td>木工圆锯机 500mm</td><td>台班</td><td>0.870</td><td>0.920</td><td>—</td></tr>
</table>

(5)天 棚 面 层

工作内容: 安装天棚面层。 **计量单位:** 100m²

编号				13-67	13-68	13-69	13-70
项目				板条	漏风条	胶合板	水泥木丝板
				天棚面层			
名称			单位	消耗量			
人工	合计工日		工日	6.695	6.900	4.383	4.543
	其中	普工	工日	1.339	1.380	0.877	0.909
		一般技工	工日	2.343	2.415	1.534	1.590
		高级技工	工日	3.013	3.105	1.972	2.044
材料	板条 1 000×30×8		百根	27.358	—	—	—
	杉木板		m^3	—	1.080	—	—
	胶合板 $\delta 9$		m^2	—	—	105.000	—
	木丝板		m^2	—	—	—	105.000
	镀锌薄钢板 $\delta 0.55$		kg	—	—	—	3.612
	松木板枋材		m^3	0.020	—	—	—
	其他材料费		%	2.00	2.00	1.00	1.00
机械	木工圆锯机 500mm		台班	1.340	1.380	0.880	0.910

工作内容：安装天棚面层。 **计量单位：**100m²

编号				13-71	13-72	13-73	13-74
项目				胶压刨花木屑板	埃特板	玻璃纤维板（搁放型）	宝丽板
				天棚面层			天棚面板
名称			单位	消耗量			
人工	合计工日		工日	4.505	6.224	4.500	8.322
	其中	普工	工日	0.901	1.245	0.900	1.664
		一般技工	工日	1.577	2.178	1.575	2.913
		高级技工	工日	2.027	2.801	2.025	3.745
材料	刨花板 1 830×915×4		m²	105.000	—	—	—
	埃特板		m²	—	105.000	—	—
	玻璃纤维板		m²	—	—	105.000	—
	宝丽板		m²	—	—	—	105.000
	胶粘剂		kg	—	—	—	32.550
	电		kW·h	—	6.473	4.680	—
	其他材料费		%	2.00	2.00	0.50	—
机械	木工圆锯机 500mm		台班	0.901	—	—	1.660

工作内容：安装天棚面层。 **计量单位：**100m²

编号				13-75	13-76	13-77
项目				塑料板天棚面板	铝板网天棚面层	
					搁在龙骨上	钉在龙骨上
名称			单位	消耗量		
人工	合计工日		工日	6.230	5.710	6.224
	其中	普工	工日	1.246	1.142	1.245
		一般技工	工日	2.181	1.999	2.178
		高级技工	工日	2.803	2.569	2.801
材料	塑料板		m²	105.000	—	—
	铝板网 1mm		m²	—	105.000	105.000
	胶粘剂		kg	32.550	—	—
	其他材料费		%	—	—	1.00

工作内容：安装天棚面层。　　　　**计量单位：**100m²

编号				13-78	13-79	13-80	13-81
项目				铝塑板天棚面层			矿棉板天棚面层
				贴在混凝土板下	贴在胶合板上	贴在龙骨底	搁放在龙骨上
名称			单位	消耗量			
人工	合计工日		工日	8.818	8.818	7.784	5.191
	其中	普工	工日	1.764	1.764	1.557	1.038
		一般技工	工日	3.086	3.086	2.724	1.817
		高级技工	工日	3.968	3.968	3.503	2.336
材料	铝塑板 $\delta 5$		m²	105.000	105.000	105.000	—
	矿棉板		m²	—	—	—	105.000
	胶粘剂		kg	32.550	32.550	5.859	—
	电		kW·h	9.170	9.170	8.095	5.399

注：主材不同，可以换算。

工作内容：安装天棚面层。　　　　**计量单位：**100m²

编号				13-82	13-83	13-84	13-85	13-86
项目				硅酸钙板天棚面层		石膏板天棚面层		玻岩板天棚面层
				安在U形轻钢龙骨上	安在T形铝合金龙骨上	安在U形轻钢龙骨上	安在T形铝合金龙骨上	安在U形轻钢龙骨上
名称			单位	消耗量				
人工	合计工日		工日	7.466	5.926	7.090	5.671	7.265
	其中	普工	工日	1.493	1.185	1.418	1.134	1.453
		一般技工	工日	2.613	2.074	2.482	1.985	2.543
		高级技工	工日	3.360	2.667	3.190	2.552	3.269
材料	硅酸钙板（综合）		m²	105.000	105.000	—	—	—
	纸面石膏板		m²	—	—	105.000	105.000	—
	玻岩板		m²	—	—	—	—	105.000
	电		kW·h	7.765	6.163	7.374	5.898	7.556
	其他材料费		%	2.00	—	2.00	—	2.00

工作内容：安装天棚面层。 **计量单位：**100m²

编号			13-87	13-88	13-89
项目			竹片	不锈钢板	镜面玲珑胶板
			天棚面层		
名称		单位	消耗量		
人工	合计工日	工日	10.917	11.435	17.180
	其中 普工	工日	2.183	2.287	3.436
	其中 一般技工	工日	3.821	4.002	6.013
	其中 高级技工	工日	4.913	5.146	7.731
材料	竹片	m²	105.000	—	—
	镜面不锈钢板 δ0.8	m²	—	105.000	—
	镜面玲珑胶板 3	m²	—	—	105.000
	胶粘剂	kg	—	32.550	32.550
	其他材料费	%	2.00	0.50	0.50

工作内容：安装天棚面层。 **计量单位：**100m²

编号			13-90	13-91	13-92
项目			阻燃聚丙烯天棚面层	真空镀膜仿金（仿银）装饰板天棚面层	空腹 PVC 扣板天棚面层
名称		单位	消耗量		
人工	合计工日	工日	6.224	5.707	6.439
	其中 普工	工日	1.245	1.141	1.288
	其中 一般技工	工日	2.178	1.997	2.254
	其中 高级技工	工日	2.801	2.569	2.897
材料	聚丙烯板 阻燃	m²	105.000	—	—
	真空镀膜仿金装饰板	m²	—	110.000	—
	PVC 装饰板 δ1.25	m²	—	—	105.000
	聚氯乙烯边条	m	—	—	145.830
	其他材料费	%	2.00	1.00	2.00

工作内容：安装天棚面层。　　　　**计量单位：**100m²

编号			13-93	13-94	13-95	13-96
项目			吸音板天棚			
			矿棉吸音板	石膏吸音板	胶合板 穿孔面板	隔音板
名称		单位	消耗量			
人工	合计工日	工日	7.375	7.375	7.436	7.375
其中	普工	工日	1.475	1.475	1.487	1.475
	一般技工	工日	2.581	2.581	2.603	2.581
	高级技工	工日	3.319	3.319	2.346	3.319
材料	矿棉吸音板	m^2	105.000	—	—	—
	石膏吸音板	m^2	—	105.000	—	—
	穿孔胶合板	m^2	—	—	105.000	—
	隔音板	m^2	—	—	—	105.000
	胶粘剂	kg	—	—	2.000	32.550
	双面胶带纸	m^2	—	—	—	105.000
	电	kW·h	7.670	7.670	—	7.670
	其他材料费	%	0.50	0.50	2.00	0.50
机械	木工圆锯机 500mm	台班	—	—	1.490	—

注：1. 穿孔面板按现场打孔考虑，若是成品按人工乘以系数 0.50 执行。

2. 矿棉或石膏板安在 U 形龙骨上时增加自攻螺丝 3 450 个 /100m²。

工作内容：安装天棚面层。 **计量单位：**100m²

编号				13-97	13-98	13-99
项目				铝合金方板天棚		
				嵌入式（平板）	吸音板	搁式（平板）
名称			单位	消耗量		
人工	合计工日		工日	4.671	4.671	4.671
	其中	普工	工日	0.934	0.934	0.934
		一般技工	工日	1.635	1.635	1.635
		高级技工	工日	2.102	2.102	2.102
材料	铝合金嵌入式方板		m²	100.000	—	—
	铝合金吸音板		m²	—	100.000	—
	铝合金浮搁式方板		m²	—	—	100.000
	铝合金靠墙条板		m²	5.000	5.000	5.000
	膨胀螺栓 M8×80		10个	10.833	—	—
	电		kW·h	6.924	—	—

工作内容：安装天棚面层。 **计量单位：**100m²

编号				13-100	13-101	13-102	13-103
项目				铝板天棚		铝合金条板天棚	
				600×600	1 200×300	闭缝	开缝
名称			单位	消耗量			
人工	合计工日		工日	6.224	6.745	8.304	5.705
	其中	普工	工日	1.245	1.349	1.661	1.141
		一般技工	工日	2.178	2.361	2.906	1.997
		高级技工	工日	2.801	3.035	3.737	2.567
材料	铝板 600×600×0.8		m²	105.000	—	—	—
	铝板 1 200×300×1		m²	—	105.000	—	—
	铝合金条板		m²	—	—	86.780	86.780
	铝合金靠墙条板		m²	—	—	1.021	1.021
	铝合金插缝板		m²	—	—	42.218	—
	插接件		个	—	—	338.906	338.906
	玻璃胶 335g/支		支	35.522	35.523	—	—
	膨胀螺栓 M8×60		套	—	—	63.194	—

工作内容：安装天棚面层。　　　　**计量单位：**$100m^2$

编号			13-104	13-105	13-106	13-107
项目			铝合金挂片天棚			
			条形			块形
			间距（mm）			
			100	150	200	
名称		单位	消耗量			
人工	合计工日	工日	2.595	2.075	1.555	2.595
	其中 普工	工日	0.519	0.415	0.311	0.519
	其中 一般技工	工日	0.908	0.726	0.544	0.908
	其中 高级技工	工日	1.168	0.934	0.700	1.168
材料	铝合金挂片 100mm 间距	m^2	105.000	—	—	—
	铝合金挂片 150mm 间距	m^2	—	105.000	—	—
	铝合金挂片 200mm 间距	m^2	—	—	105.000	—
	铝合金挂片 块型 200mm 间距	m^2	—	—	—	105.000

工作内容：安装天棚面层。　　　　**计量单位：**$100m^2$

编号			13-108	13-109	13-110
项目			铝方通天棚		
			条形		
			间距（mm）		
			100	150	200
名称		单位	消耗量		
人工	合计工日	工日	3.634	3.115	2.595
	其中 普工	工日	0.727	0.623	0.519
	其中 一般技工	工日	1.272	1.090	0.908
	其中 高级技工	工日	1.635	1.402	1.168
材料	铝方通 100mm 间距	m^2	105.000	—	—
	铝方通 150mm 间距	m^2	—	105.000	—
	铝方通 200mm 间距	m^2	—	—	105.000

注：材料不同，可以换算。

工作内容：安装天棚面层。

计量单位：100m²

编号				13-111	13-112
项目				铝合金扣板天棚	方形铝扣板 300×300
名称			单位	消耗量	
人工	合计工日		工日	6.230	7.784
	其中	普工	工日	1.246	1.557
		一般技工	工日	2.181	2.724
		高级技工	工日	2.803	3.503
材料	铝合金扣板		m²	105.000	—
	铝合金方板 300×300		m²	—	105.000
	其他材料费		%	1.00	0.50

工作内容：1. 安装天棚面层。
2. 钉收边线。

编号				13-113	13-114
项目				铝扣板收边线	不锈钢镜面板 方形
				100m	100m²
名称			单位	消耗量	
人工	合计工日		工日	2.593	15.393
	其中	普工	工日	0.519	3.079
		一般技工	工日	0.908	5.388
		高级技工	工日	1.166	6.926
材料	铝合金收边条		m	105.000	—
	镜面不锈钢板		m²	—	105.000
	立时得胶		kg	—	32.550
	杉木板		m³	—	0.800
	其他材料费		%	2.00	0.50

工作内容：安装天棚面层。　　　　**计量单位：**100m²

编　　号				13-115	13-116	13-117	13-118	13-119
项　　目				镜面玻璃天棚	镭射玻璃		镜面玻璃	
				平缝	平面	异型	井格形	锥形
名　　称			单位	消　耗　量				
人工	合计工日		工日	14.371	13.171	20.355	21.555	22.990
	其中	普工	工日	2.874	2.634	4.071	4.311	4.598
		一般技工	工日	5.030	4.610	7.124	7.544	8.047
		高级技工	工日	6.467	5.927	9.160	9.700	10.345
材料	镜面玻璃 成品 $\delta 5$		m²	105.000	—	—	105.000	—
	镭射玻璃 成品		m²	—	105.000	—	—	—
	镭射玻璃 造型		m²	—	—	105.000	—	—
	镜面玻璃 异型 $\delta 5$		m²	—	—	—	—	105.000
	镜钉		个	1 390.200	—	—	—	—
	玻璃胶 335g/ 支		支	64.423	104.478	104.478	—	—
	板枋材 杉木		m³	—	—	—	5.800	7.800
	其他材料费		%	0.50	0.50	0.50	0.50	0.50

工作内容：安装天棚面层。　　　　**计量单位：**100m²

编　　号				13-120	13-121	13-122
项　　目				有机胶片	金属板	嵌入式
				方格式	烤漆异型板条	不锈钢格栅
					吊顶	
名　　称			单位	消　耗　量		
人工	合计工日		工日	6.224	8.304	6.224
	其中	普工	工日	1.245	1.661	1.245
		一般技工	工日	2.178	2.906	2.178
		高级技工	工日	2.801	3.737	2.801
材料	有机玻璃片 方格型		m²	105.000	—	—
	金属烤漆板条 异型 2 500×200×2		m²	—	105.000	—
	不锈钢格栅		m²	—	—	105.000
	角铝		m	—	210.000	—
	其他材料费		%	—	—	0.50

工作内容：安装天棚面层。 **计量单位**：$100m^2$

编号				13-123	13-124	13-125	13-126
项目				天棚灯片（搁放型）			
				乳白胶片	分光铝格栅	塑料透光片	玻璃纤维片
名称			单位	消耗量			
人工	合计工日		工日	6.388	6.388	6.388	6.388
	其中	普工	工日	1.278	1.278	1.278	1.278
		一般技工	工日	2.236	2.236	2.236	2.236
		高级技工	工日	2.874	2.874	2.874	2.874
材料	天棚乳白胶片		m^2	105.000	—	—	—
	铝格栅		m^2	—	105.000	—	—
	塑料透光片		m^2	—	—	105.000	—
	玻璃纤维板		m^2	—	—	—	105.000

2. 艺术造型天棚

（1）方 木 龙 骨

工作内容：定位、弹线、选料、下料、制作安装龙骨等。 **计量单位**：$100m^2$

编号				13-127	13-128
项目				方木天棚龙骨	
				圆形	半圆形
名称			单位	消耗量	
人工	合计工日		工日	7.685	6.783
	其中	普工	工日	1.537	1.357
		一般技工	工日	2.690	2.374
		高级技工	工日	3.458	3.052
材料	膨胀螺栓 M8×60		套	170.000	160.000
	板枋材 杉木		m^3	2.200	2.000
	电		kW·h	4.330	3.830
	其他材料费		%	2.00	2.00
机械	木工圆锯机 500mm		台班	1.540	1.360

(2)轻钢龙骨

工作内容: 1. 吊件加工、安装。
2. 定位、弹线、安膨胀螺栓。
3. 选料、下料、定位杆控制高度、平整、安装龙骨及调整横支撑附件、孔洞预留等。
4. 临时加固、调整、校正。
5. 灯箱风口封边、龙骨设置。
6. 预留位置、整体调整。

计量单位: 100m²

编号				13-129	13-130	13-131	13-132
项目				藻井天棚			
				平面		拱形	
				圆弧形	矩形	曲面形	筒形
名称			单位	消耗量			
人工	合计工日		工日	16.085	14.526	20.752	18.679
	其中	普工	工日	3.217	2.905	4.150	3.736
		一般技工	工日	5.630	5.084	7.263	6.538
		高级技工	工日	7.238	6.537	9.339	8.405
材料	轻钢龙骨藻井天棚龙骨(筒形)		m²	—	—	—	105.000
	轻钢龙骨藻井天棚龙骨(曲面形)		m²	—	—	105.000	—
	轻钢龙骨藻井天棚龙骨(矩形)		m²	—	105.000	—	—
	轻钢龙骨藻井天棚龙骨(圆弧形)		m²	105.000	—	—	—
	吊杆		kg	150.000	150.000	150.000	150.000
	低合金钢焊条 E43 系列		kg	5.100	5.100	5.100	5.100
	电		kW·h	9.070	8.190	11.700	10.530
	其他材料费		%	1.50	1.50	1.50	1.50
机械	交流弧焊机 32kV·A		台班	3.220	2.910	4.150	3.740

工作内容：1. 吊件加工、安装。
2. 定位、弹线、安膨胀螺栓。
3. 选料、下料、定位杆控制高度、平整、安装龙骨及调整横支撑附件、孔洞预留等。
4. 临时加固、调整、校正。
5. 灯箱风口封边、龙骨设置。
6. 预留位置、整体调整。

计量单位：100m²

编号				13-133	13-134	13-135
项目				吊挂式天棚		
				弧拱形	圆形	矩形
名称			单位	消耗量		
人工	合计工日		工日	21.792	12.972	11.413
	其中	普工	工日	4.358	2.594	2.283
		一般技工	工日	7.627	4.540	3.995
		高级技工	工日	9.807	5.838	5.135
材料	轻钢龙骨吊挂式天棚龙骨（矩形）		m²	—	—	105.000
	轻钢龙骨吊挂式天棚龙骨（圆形）		m²	—	105.000	—
	轻钢龙骨吊挂式天棚龙骨（弧拱形）		m²	105.000	—	—
	吊杆		kg	150.000	150.000	150.000
	低合金钢焊条 E43 系列		kg	5.100	5.100	5.100
	电		kW·h	12.290	7.320	8.440
	其他材料费		%	1.50	1.50	1.50
机械	交流弧焊机 32kV·A		台班	4.360	2.590	2.280

工作内容： 1. 吊件加工、安装。
2. 定位、弹线、安膨胀螺栓。
3. 选料、下料、定位杆控制高度、平整、安装龙骨及调整横支撑附件、孔洞预留等。
4. 临时加固、调整、校正。
5. 灯箱风口封边、龙骨设置。
6. 预留位置、整体调整。

计量单位： $100m^2$

编号				13-136	13-137	13-138	13-139
项目				阶梯形天棚		锯齿形天棚	
				直线形	弧线形	直线形	弧线形
名称			单位	消耗量			
人工	合计工日		工日	23.866	26.465	23.866	26.465
	其中	普工	工日	4.773	5.293	4.773	5.293
		一般技工	工日	8.353	9.263	8.353	9.263
		高级技工	工日	10.740	11.909	10.740	11.909
材料	轻钢龙骨锯齿形天棚龙骨（弧线形）		m^2	—	—	—	105.000
	轻钢龙骨锯齿形天棚龙骨（直线形）		m^2	—	—	105.000	—
	轻钢龙骨阶梯形天棚龙骨（弧线形）		m^2	—	105.000	—	—
	轻钢龙骨阶梯形天棚龙骨（直线形）		m^2	105.000	—	—	—
	吊杆		kg	150.000	150.000	150.000	150.000
	低合金钢焊条 E43 系列		kg	5.100	5.100	5.100	5.100
	电		kW·h	13.460	14.930	13.460	14.930
	其他材料费		%	1.50	1.50	1.50	1.50
机械	交流弧焊机 32kV·A		台班	4.770	5.290	4.770	5.290

(3)天 棚 基 层

工作内容：钉天棚基层板。　　　　**计量单位：**100m²

编号				13-140	13-141	13-142	13-143
项目				藻井天棚			
				平面			
				圆弧形		矩形	
				石膏板	胶合板	石膏板	胶合板
名称			单位	消耗量			
人工	合计工日		工日	9.342	7.785	8.302	7.261
	其中	普工	工日	1.868	1.557	1.660	1.452
		一般技工	工日	3.270	2.725	2.906	2.541
		高级技工	工日	4.204	3.503	3.736	3.268
材料	纸面石膏板		m²	130.000	—	115.000	—
	胶合板 δ5		m²	—	130.000	—	115.000
	电		kW·h	9.716	—	8.634	—
	其他材料费		%	2.00	2.00	2.00	2.00
机械	木工圆锯机 500mm		台班	—	1.560	—	1.450
	电动空气压缩机 0.6m³/min		台班	—	1.560	—	1.450

工作内容：钉天棚基层板。 **计量单位：**100m²

编号				13-144	13-145	13-146	13-147
项目				藻井天棚			
				拱形			
				圆弧形		矩形	
				石膏板	胶合板	石膏板	胶合板
名称			单位	消耗量			
人工	合计工日		工日	11.935	10.899	9.342	8.820
	其中	普工	工日	2.387	2.180	1.868	1.764
		一般技工	工日	4.177	3.815	3.270	3.087
		高级技工	工日	5.371	4.904	4.204	3.969
材料	纸面石膏板		m^2	130.000	—	115.000	—
	胶合板 δ5		m^2	—	130.000	—	115.000
	电		kW·h	12.412	—	9.716	—
	其他材料费		%	2.00	2.00	2.00	2.00
机械	木工圆锯机 500mm		台班	—	2.180	—	1.760
	电动空气压缩机 0.6m³/min		台班	—	2.180	—	1.760

工作内容：钉天棚基层板。 **计量单位：**100m²

编号				13-148	13-149	13-150	13-151
项目				吊挂式天棚			
				弧拱形		圆形	
				石膏板	胶合板	石膏板	胶合板
名称			单位	消耗量			
人工	合计工日		工日	10.376	9.342	9.856	8.823
	其中	普工	工日	2.075	1.868	1.971	1.765
		一般技工	工日	3.632	3.270	3.450	3.088
		高级技工	工日	4.669	4.204	4.435	3.970
材料	纸面石膏板		m^2	130.000	—	130.000	—
	胶合板 δ5		m^2	—	130.000	—	130.000
	电		kW·h	10.791	—	10.250	—
	其他材料费		%	2.00	2.00	2.00	2.00
机械	木工圆锯机 500mm		台班	—	1.870	—	1.760
	电动空气压缩机 0.6m³/min		台班	—	1.870	—	1.760

工作内容：钉天棚基层板。 **计量单位：**100m²

编号				13-152	13-153
项目				吊挂式天棚	
				矩形	
				石膏板	胶合板
名称			单位	消耗量	
人工	合计工日		工日	8.822	7.786
	其中	普工	工日	1.764	1.557
		一般技工	工日	3.088	2.725
		高级技工	工日	3.970	3.504
材料	纸面石膏板		m²	115.000	—
	胶合板 δ5		m²	—	115.000
	电		kW·h	9.175	—
	其他材料费		%	2.00	2.00
机械	木工圆锯机 500mm		台班	—	1.560
	电动空气压缩机 0.6m³/min		台班	—	1.560

工作内容：钉天棚基层板。 **计量单位：**100m²

编号				13-154	13-155	13-156	13-157
项目				阶梯形天棚			
				直线形		弧线形	
				石膏板	胶合板	石膏板	胶合板
名称			单位	消耗量			
人工	合计工日		工日	16.082	14.526	17.642	16.602
	其中	普工	工日	3.216	2.905	3.528	3.320
		一般技工	工日	5.629	5.084	6.175	5.811
		高级技工	工日	7.237	6.537	7.939	7.471
材料	纸面石膏板		m²	115.000	—	130.000	—
	胶合板 δ5		m²	—	115.000	—	130.000
	电		kW·h	16.725	—	18.348	—
	其他材料费		%	2.00	2.00	2.00	2.00
机械	木工圆锯机 500mm		台班	—	2.910	—	3.320
	电动空气压缩机 0.6m³/min		台班	—	2.910	—	3.320

工作内容：钉天棚基层板。　　　　**计量单位：**100m²

编　号				13-158	13-159	13-160	13-161
项　目				锯齿形天棚			
				直线形		弧线形	
				石膏板	胶合板	石膏板	胶合板
名　称			单位	消　耗　量			
人工	合计工日		工日	15.568	14.012	16.602	16.083
	其中	普工	工日	3.114	2.802	3.320	3.217
		一般技工	工日	5.449	4.904	5.811	5.629
		高级技工	工日	7.005	6.306	7.471	7.237
材料	纸面石膏板		m^2	115.000	—	130.000	—
	胶合板 δ5		m^2	—	115.000	—	130.000
	电		kW·h	16.191	—	17.266	—
	其他材料费		%	2.00	2.00	—	2.00
机械	木工圆锯机 500mm		台班	—	2.800	—	3.220
	电动空气压缩机 0.6m³/min		台班	—	2.800	—	3.220

(4)天 棚 面 层

工作内容：安装天棚面层。　　　　　　**计量单位：**$100m^2$

编　号				13-162	13-163	13-164
项　目				藻井天棚		
				平面		
				圆弧形		
				石膏板	饰面板	金属板
名　称			单位	消　耗　量		
人工	合计工日		工日	7.581	6.387	16.365
	其中	普工	工日	1.516	1.277	3.273
		一般技工	工日	2.653	2.235	5.728
		高级技工	工日	3.412	2.875	7.364
材料	纸面石膏板		m^2	130.000	—	—
	饰面胶合板		m^2	—	130.000	—
	金属板		m^2	—	—	130.000
	胶粘剂		kg	—	35.000	—
	万能胶 1kg/瓶		kg	—	—	39.000
	电		kW·h	7.884	—	17.020
	其他材料费		%	2.00	2.00	—
机械	木工圆锯机 500mm		台班	—	1.280	—
	电动空气压缩机 $0.6m^3/min$		台班	—	1.280	—

工作内容：安装天棚面层。　　　　**计量单位：**100m²

编号				13-165	13-166	13-167
项目				藻井天棚		
				平面		
				矩形		
				石膏板	饰面板	金属板
名称			单位	消耗量		
人工	合计工日		工日	6.786	5.989	14.368
	其中	普工	工日	1.357	1.198	2.874
		一般技工	工日	2.375	2.096	5.029
		高级技工	工日	3.054	2.695	6.465
材料	纸面石膏板		m^2	115.000	—	—
	饰面胶合板		m^2	—	115.000	—
	金属板		m^2	—	—	115.000
	胶粘剂		kg	—	32.000	—
	万能胶 1kg/瓶		kg	—	—	35.000
	电		kW·h	7.057	—	14.943
	其他材料费		%	2.00	2.00	—
机械	木工圆锯机 500mm		台班	—	1.200	—
	电动空气压缩机 $0.6m^3/min$		台班	—	1.200	—

工作内容：安装天棚面层。 **计量单位：**100m²

编号				13-168	13-169	13-170
项目				藻井天棚		
				拱形		
				曲面形		
				石膏板	饰面板	金属板
名称			单位	消耗量		
人工	合计工日		工日	9.976	8.781	19.160
	其中	普工	工日	1.995	1.756	3.832
		一般技工	工日	3.492	3.073	6.706
		高级技工	工日	4.489	3.952	8.622
材料	纸面石膏板		m²	130.000	—	—
	饰面胶合板		m²	—	130.000	—
	金属板		m²	—	—	130.000
	胶粘剂		kg	—	40.000	—
	万能胶 1kg/瓶		kg	—	—	45.000
	电		kW·h	10.375	—	19.926
	其他材料费		%	2.00	2.00	—
机械	木工圆锯机 500mm		台班	—	1.760	—
	电动空气压缩机 0.6m³/min		台班	—	1.760	—

工作内容：安装天棚面层。 **计量单位：**100m²

编号				13-171	13-172	13-173
项目				藻井天棚		
				拱形		
				筒形		
				石膏板	饰面板	金属板
名称			单位	消耗量		
人工	合计工日		工日	7.981	7.584	17.163
	其中	普工	工日	1.596	1.517	3.433
		一般技工	工日	2.793	2.654	6.007
		高级技工	工日	3.592	3.413	7.723
材料	纸面石膏板		m^2	115.000	—	—
	饰面胶合板		m^2	—	115.000	—
	金属板		m^2	—	—	115.000
	胶粘剂		kg	—	40.000	—
	万能胶 1kg/瓶		kg	—	—	45.000
	电		kW·h	8.300	—	17.850
	其他材料费		%	2.00	2.00	—
机械	木工圆锯机 500mm		台班	—	1.520	—
	电动空气压缩机 0.6m³/min		台班	—	1.520	—

工作内容：安装天棚面层。 **计量单位：**100m²

编号				13-174	13-175	13-176
项目				吊挂式天棚		
				弧拱形		
				石膏板	饰面板	金属板
名称			单位	消耗量		
人工	合计工日		工日	9.181	7.982	19.160
	其中	普工	工日	1.836	1.596	3.832
		一般技工	工日	3.213	2.794	6.706
		高级技工	工日	4.132	3.592	8.622
材料	纸面石膏板		m^2	130.000	—	—
	饰面胶合板		m^2	—	130.000	—
	金属板		m^2	—	—	130.000
	胶粘剂		kg	—	23.000	—
	万能胶 1kg/瓶		kg	—	—	29.000
	电		kW·h	9.548	—	19.926
	其他材料费		%	2.00	2.00	—
机械	木工圆锯机 500mm		台班	—	1.600	—
	电动空气压缩机 $0.6m^3/min$		台班	—	1.600	—

工作内容：安装天棚面层。　　　　　　**计量单位：**$100m^2$

编　　号				13-177	13-178	13-179
项　　目				吊挂式天棚		
				圆形		
				石膏板	饰面板	金属板
名　　称			单位	消　耗　量		
人工	合计工日		工日	7.981	7.186	15.966
	其中	普工	工日	1.596	1.437	3.193
		一般技工	工日	2.793	2.515	5.588
		高级技工	工日	3.592	3.234	7.185
材料	纸面石膏板		m^2	130.000	—	—
	饰面胶合板		m^2	—	130.000	—
	金属板		m^2	—	—	130.000
	胶粘剂		kg	—	32.000	—
	万能胶 1kg/瓶		kg	—	—	35.000
	电		kW·h	8.300	—	16.605
	其他材料费		%	2.00	2.00	—
机械	木工圆锯机 500mm		台班	—	1.440	—
	电动空气压缩机 $0.6m^3/min$		台班	—	1.440	—

工作内容：安装天棚面层。 **计量单位：**100m²

编号				13-180	13-181	13-182
项目				吊挂式天棚		
				矩形		
				石膏板	饰面板	金属板
名称			单位	消耗量		
人工	合计工日		工日	7.981	6.784	15.964
	其中	普工	工日	1.596	1.357	3.193
		一般技工	工日	2.793	2.374	5.587
		高级技工	工日	3.592	3.053	7.184
材料	纸面石膏板		m²	115.000	—	—
	饰面胶合板		m²	—	115.000	—
	金属板		m²	—	—	120.000
	胶粘剂		kg	—	30.000	—
	万能胶 1kg/瓶		kg	—	—	35.000
	电		kW·h	8.300	—	16.603
	其他材料费		%	2.00	2.00	—
机械	木工圆锯机 500mm		台班	—	1.360	—
	电动空气压缩机 $0.6m^3/min$		台班	—	1.360	—

工作内容：安装天棚面层。　　　　**计量单位：**$100m^2$

编　号				13-183	13-184	13-185
项　目				阶梯形天棚		
				直线形		
				石膏板	饰面板	金属板
名　称			单位	消　耗　量		
人工	合计工日		工日	15.166	14.368	18.358
	其中	普工	工日	3.033	2.874	3.672
		一般技工	工日	5.308	5.029	6.425
		高级技工	工日	6.825	6.465	8.261
材料	纸面石膏板		m^2	115.000	—	—
	饰面胶合板		m^2	—	115.000	—
	金属板		m^2	—	—	115.000
	胶粘剂		kg	—	56.000	—
	万能胶 1kg/瓶		kg	—	—	68.000
	电		kW·h	15.773	—	19.092
	其他材料费		%	2.00	2.00	—
机械	木工圆锯机 500mm		台班	—	2.870	—
	电动空气压缩机 $0.6m^3/min$		台班	—	2.870	—

工作内容：安装天棚面层。　　　　**计量单位：**100m²

编号				13-186	13-187	13-188
项目				阶梯形天棚		
				弧线形		
				石膏板	饰面板	金属板
名称			单位	消耗量		
人工	合计工日		工日	18.360	16.365	19.556
	其中	普工	工日	3.672	3.273	3.911
		一般技工	工日	6.426	5.728	6.845
		高级技工	工日	8.262	7.364	8.800
材料	纸面石膏板		m^2	130.000	—	—
	饰面胶合板		m^2	—	130.000	—
	金属板		m^2	—	—	130.000
	胶粘剂		kg	—	62.000	—
	万能胶 1kg/瓶		kg	—	—	75.000
	电		kW·h	19.094	—	20.338
	其他材料费		%	2.00	2.00	—
机械	木工圆锯机 500mm		台班	—	3.270	—
	电动空气压缩机 0.6m³/min		台班	—	3.270	—

工作内容：安装天棚面层。　　　　**计量单位：**100m²

编　　号				13-189	13-190	13-191
项　　目				锯齿形天棚		
				直线形		
				石膏板	饰面板	金属板
名　　称			单位	消　耗　量		
人工	合计工日		工日	14.370	13.569	17.963
	其中	普工	工日	2.874	2.714	3.593
		一般技工	工日	5.030	4.749	6.287
		高级技工	工日	6.466	6.106	8.083
材料	纸面石膏板		m^2	115.000	—	—
	饰面胶合板		m^2	—	115.000	—
	金属板		m^2	—	—	115.000
	胶粘剂		kg	—	59.000	—
	万能胶 1kg/瓶		kg	—	—	71.000
	电		kW·h	14.945	—	18.653
	其他材料费		%	2.00	2.00	—
机械	木工圆锯机 500mm		台班	—	2.710	—
	电动空气压缩机 $0.6m^3/min$		台班	—	2.710	—

工作内容：安装天棚面层。 **计量单位：**$100m^2$

编号				13-192	13-193	13-194
项目				锯齿形天棚		
				弧线形		
				石膏板	饰面板	金属板
名称			单位	消耗量		
人工	合计工日		工日	17.960	15.966	19.160
	其中	普工	工日	3.592	3.193	3.832
		一般技工	工日	6.286	5.588	6.706
		高级技工	工日	8.082	7.185	8.622
材料	纸面石膏板		m^2	130.000	—	—
	饰面胶合板		m^2	—	130.000	—
	金属板		m^2	—	—	130.000
	胶粘剂		kg	—	64.000	—
	万能胶 1kg/瓶		kg	—	—	77.000
	电		kW·h	18.678	—	19.926
	其他材料费		%	2.00	2.00	—
机械	木工圆锯机 500mm		台班	—	3.190	—
	电动空气压缩机 $0.6m^3/min$		台班	—	3.190	—

3. 龙骨吊挂天棚

(1)烤漆龙骨天棚

工作内容：1. 吊件加工、安装。
2. 定位、弹线、射钉。
3. 选料、下料、定位杆控制高度、平整、安装龙骨及吊配附件、孔洞预留等。
4. 临时加固、调整、校正。
5. 灯箱风口封边、龙骨设置。
6. 预留位置、整体调整。

计量单位：100m²

编　号				13-195	13-196
项　目				复合式烤漆T形龙骨吊顶	H形矿棉吸音板轻钢吊顶
				明架式吊顶	暗架式吊顶
名　称			单位	消　耗　量	
人工	合计工日		工日	14.530	15.564
	其中	普工	工日	2.906	3.113
		一般技工	工日	5.086	5.447
		高级技工	工日	6.538	7.004
材料	矿棉吸音板		m^2	105.000	105.000
	复合式烤漆龙骨(暗架式)		m^2	—	105.000
	复合式烤漆龙骨(明架式)		m^2	105.000	—
	吊杆		kg	77.560	77.560
	插片		件	—	560.000
	弹簧件		件	—	280.000
	低合金钢焊条 E43系列		kg	2.650	2.650
	电		kW·h	8.190	8.780
	其他材料费		%	1.00	1.00
机械	交流弧焊机 32kV·A		台班	2.910	3.110

注：面层材料不同可以换算，其他不变。

(2)铝合金格栅与条板天棚

工作内容: 1. 定位、弹线、射钉膨胀螺栓及吊筋安装。
2. 选料、下料组装。
3. 安装龙骨及吊配附件、临时加固支撑。
4. 预留孔洞、安封边龙骨。
5. 调整、校正。

计量单位: $100m^2$

编号				13-197
项目				铝合金格栅吊顶天棚
				铝格栅(包括吊配件) 规格(mm)
				125×125×4.5
名称			单位	消耗量
人工	合计工日		工日	6.745
	其中	普工	工日	1.349
		一般技工	工日	2.361
		高级技工	工日	3.035
材料	铝格栅(含配件)125×125×4.5		m^2	105.000
	其他铁件		kg	20.000
	低合金钢焊条 E43 系列		kg	0.680
	电		kW·h	3.800
	其他材料费		%	2.00
机械	交流弧焊机 32kV·A		台班	1.350

注: 铝格栅规格不同可以换算。

工作内容：电锤打眼、埋膨胀螺栓，吊、安天棚面层。　　　　**计量单位：**100m²

编　号				13-198	13-199
项　目				铝合金格栅天棚（直接吊在楼板下）	
				直条形铝合金格栅天棚	铝合金空腹格栅天棚
				规格（mm）	多边形
				1 260 × 60 × 126	
名　称			单位	消　耗　量	
人工	合计工日		工日	7.264	7.784
	其中	普工	工日	1.453	1.557
		一般技工	工日	2.542	2.724
		高级技工	工日	3.269	3.503
材料	直条形铝合金格栅（含配件）1 260 × 60 × 126		m²	105.000	—
	多边形铝合金空腹格栅（含配件）		m²	—	105.000
	膨胀螺栓　M8 × 60		套	320.000	320.000
	电		kW · h	4.100	4.390
	其他材料费		%	2.00	2.00

注：格栅规格不同可以换算。

（3）木格栅天棚

工作内容：定位、放线、下料、安装等。 **计量单位：**100m²

编号				13-200
项目				木格栅天棚
				井格规格（mm）
				100×100×55
名称			单位	消耗量
人工	合计工日		工日	6.815
	其中	普工	工日	1.363
		一般技工	工日	2.385
		高级技工	工日	3.067
材料	成品木格栅 100×100×55		m²	105.000
	膨胀螺栓 M8×60		套	149.000
	合金钢钻头		个	0.750
	扁钢（综合）		kg	220.000
	电		kW·h	3.840
	其他材料费		%	1.00
机械	木工圆锯机 500mm		台班	1.360

工作内容：定位、放线、下料、制作、安装等。 **计量单位：**100m²

编号				13-201	13-202	13-203	13-204
项目				胶合板格栅天棚			
				井格规格（mm）			
				100×100×55	150×150×80	200×200×100	250×250×120
名称			单位	消耗量			
人工	合计工日		工日	16.085	14.530	11.932	10.379
	其中	普工	工日	3.217	2.906	2.386	2.076
		一般技工	工日	5.630	5.086	4.176	3.633
		高级技工	工日	7.238	6.538	5.370	4.670
材料	胶合板 δ12		m²	130.000	128.000	120.000	120.000
	轻钢龙骨吊挂件 U38		个	120.000	120.000	120.000	120.000
	扁钢（综合）		kg	220.000	220.000	220.000	220.000
	电		kW·h	9.070	8.190	6.730	5.850
	其他材料费		%	1.50	1.50	1.50	1.50
机械	木工圆锯机 500mm		台班	3.220	2.910	2.370	2.080

(4)吊筒吊挂

工作内容：清理基层、安装吊挂装饰。　　　　**计量单位：**100m²

编号				13-205	13-206	13-207	13-208
项目				铝合金筒形天棚（直接吊在天棚下）			
				圆筒形	方筒形		
				分组规格（mm）			
				600×600		900×900	1 200×1 200
名称			单位	消耗量			
人工	合计工日		工日	8.818	8.304	7.784	7.264
	其中	普工	工日	1.764	1.661	1.557	1.453
		一般技工	工日	3.086	2.906	2.724	2.542
		高级技工	工日	3.968	3.737	3.503	3.269
材料	圆筒形铝合金（含配件）600×600		m^2	105.000	—	—	—
	方筒形铝合金（含配件）600×600		m^2	—	105.000	—	—
	方筒形铝合金（含配件）900×900		m^2	—	—	105.000	—
	方筒形铝合金（含配件）1 200×1 200		m^2	—	—	—	105.000
	膨胀螺栓 M8×60		套	320.000	320.000	320.000	320.000
	电		kW·h	4.970	4.680	4.390	4.100
	其他材料费		%	1.00	1.00	1.00	1.00

(5)藤条造型悬挂

工作内容：清理基层、安装吊挂装饰。　　　　**计量单位：**100m²

编号				13-209
项目				藤条造型悬挂吊顶
名称			单位	消耗量
人工	合计工日		工日	9.162
	其中	普工	工日	1.832
		一般技工	工日	3.207
		高级技工	工日	4.123
材料	造型藤条吊顶		m^2	110.000
	电		kW·h	5.170
	其他材料费		%	2.00

（6）织物软雕吊挂

工作内容：清理基层、安装吊挂装饰。　　　　**计量单位：**$100m^2$

编号			13-210	13-211	13-212	13-213
项目			织物软雕吊顶	软膜吊顶		
				弧拱形	圆形	矩形
名称		单位	消耗量			
人工	合计工日	工日	7.782	20.754	14.528	10.375
其中	普工	工日	1.556	4.151	2.906	2.075
	一般技工	工日	2.724	7.264	5.085	3.631
	高级技工	工日	3.502	9.339	6.537	4.669
材料	织物软雕	m^2	280.000	—	—	—
	软膜	m^2	—	130.000	115.000	105.000
	镀锌铁丝 $\phi0.6$	kg	3.000	3.000	3.000	3.000
	膨胀螺栓 M8×60	套	200.000	200.000	200.000	200.000
	合金钢钻头	个	1.000	1.000	1.000	1.000
	电	kW·h	4.390	11.710	8.190	5.850
	其他材料费	%	0.50	0.50	0.50	0.50

（7）装饰网架吊挂

工作内容：清理基层、网架安装。　　　　**计量单位：**$100m^2$

编号			13-214
项目			装饰钢网架天棚
名称		单位	消耗量
人工	合计工日	工日	9.257
其中	普工	工日	1.851
	一般技工	工日	3.240
	高级技工	工日	4.166
材料	钢网架 成品	m^2	105.000
	电	kW·h	5.220
	其他材料费	%	1.00

三、天棚其他装饰

1. 灯带(槽)

工作内容：定位、弹线、下料、钻孔埋木楔、灯槽制作安装。　　**计量单位：**$100m^2$

编　号				13-215	13-216	13-217	13-218
项　目				悬挑式灯槽			附加式灯槽
				直形		弧形	
				胶合板面	细木工板面	胶合板面	
名　称			单位	消　耗　量			
人工	合计工日		工日	40.790	45.982	53.248	98.510
	其中	普工	工日	8.158	9.196	10.650	19.702
		一般技工	工日	14.277	16.094	18.637	34.479
		高级技工	工日	18.355	20.692	23.961	44.329
材料	胶合板 δ5		m^2	175.000	—	183.333	315.000
	细木工板 δ18		m^2	—	175.000	—	—
	电		kW·h	23.010	25.930	30.030	55.560
	其他材料费		%	2.00	2.00	2.00	2.00
机械	电动空气压缩机 $0.6m^3/min$		台班	8.150	9.200	10.650	19.700
	木工圆锯机 500mm		台班	8.150	9.200	10.650	19.700

2. 送风口、回风口安装

工作内容：对口、号眼、安装木柜条、过滤网及风口校正、上螺钉、固定等。　　**计量单位：**个

编　号				13-219	13-220	13-221	13-222
项　目				铝合金		硬木	
				送风口	回风口	送风口	回风口
名　称			单位	消　耗　量			
人工	合计工日		工日	0.067	0.067	0.067	0.067
	其中	普工	工日	0.013	0.013	0.013	0.013
		一般技工	工日	0.023	0.023	0.023	0.023
		高级技工	工日	0.031	0.031	0.031	0.031
材料	铝合金送风口 成品		个	1.050	—	—	—
	铝合金回风口 成品		个	—	1.050	—	—
	硬木风口 成品		个	—	—	1.050	1.050

注：开灯光孔、风口以方形为准，如为圆形者，其人工乘以系数 1.30。

3. 检修道、走道制作、安装

工作内容：1. 吊筋安装，走道铁件制作、安装，刷防锈漆，铺走道板、固定等。
2. 截料、制框、安装、清理等全部操作过程。

计量单位：10m

编号				13-223	13-224	13-225
项目				天棚固定检修道		活动走道板
				有吊杆	无吊杆	
名称			单位	消耗量		
人工	合计工日		工日	2.550	0.655	0.145
	其中	普工	工日	0.510	0.131	0.029
		一般技工	工日	0.893	0.229	0.051
		高级技工	工日	1.147	0.295	0.065
材料	板枋材		m^3	0.161	0.161	0.080
	吊杆		kg	27.941	—	—
	膨胀螺栓 M8×60		套	20.400	—	—
	低合金钢焊条 E43 系列		kg	0.942	—	—
	电		kW·h	1.438	—	—
	其他材料费		%	2.00	1.00	—

注：固定走道板的铁件按设计用量进行调整，走道板宽按 500mm，厚按 30mm 计算，实际不同时可换算。

4. 天棚开孔

工作内容：天棚面层开孔。

编号				13-226	13-227	13-228	13-229	13-230
项目				灯光孔、风口（每个面积在 m^2 以内）开孔				格栅灯带
				0.02	0.04	0.1	0.5	
				10 个				10m
名称			单位	消耗量				
人工	合计工日		工日	0.340	0.425	0.569	0.705	0.935
	其中	普工	工日	0.068	0.085	0.114	0.141	0.187
		一般技工	工日	0.119	0.149	0.199	0.247	0.327
		高级技工	工日	0.153	0.191	0.256	0.317	0.421

注：开灯光孔、风口以方形为准，如为圆形者，其人工乘以系数 1.30。

第十四章　油漆、涂料、裱糊工程

说　明

一、本章包括木门油漆，木扶手及其他板条、线条油漆，其他木材面油漆，金属面油漆，抹灰面油漆，喷刷涂料，裱糊七节。

二、木材面、金属面、抹灰面油漆、涂料项目中注明的涂（喷）刷遍数设计与消耗量不同时，可按本章中相应项目进行调整。涂（喷）刷油漆、涂料需强制通风时，机械使用费另计。

三、油漆、涂料中均已考虑刮腻子。当抹灰面油漆、喷刷涂料设计与取定的刮腻子遍数不同时，可按本章喷刷涂料一节中刮腻子每增减一遍项目进行调整。喷刷涂料一节中刮腻子项目仅适用于单独刮腻子工程。

四、附着安装在同材质装饰面上的木线条、石膏线条等油漆、涂料，与装饰面同色者，并入装饰面计算；与装饰面分色者，执行本章线条相应项目单独计算。

五、门窗套、窗台板、腰线、压顶、扶手（栏板上扶手）等抹灰面刷油漆、涂料，与整体墙面同色者，并入墙面计算；与整体墙面分色者，单独计算，按墙面相应项目执行，其中人工乘以系数 1.43。

六、纸面石膏板等装饰板材面刮腻子刷油漆、涂料，按抹灰面刮腻子刷油漆、涂料相应项目执行。

七、附墙柱抹灰面喷刷油漆、涂料、裱糊，按墙面相应项目执行；独立柱抹灰面喷刷油漆、涂料、裱糊，按墙面相应项目执行，其中人工乘以系数 1.20。

八、油漆。

1. 油漆浅、中、深各种颜色已在消耗量中综合考虑，颜色不同时，人工、材料用量不另调整。

2. 消耗量综合考虑了在同一平面上的分色，但美术图案需另外计算。

3. 木材面硝基清漆项目中每增加刷理漆片一遍项目和每增加硝基清漆一遍项目均适用于三遍以内。

4. 木材面聚酯清漆、聚酯色漆项目，当设计与取定的底漆遍数不同时，可执行每增加聚酯清漆（聚酯色漆）一遍项目进行调整，其中聚酯清漆（聚酯色漆）调整为聚酯底漆，用量不变。

5. 木材面刷底油一遍、清油一遍可按相应底油一遍、熟桐油一遍项目执行，其中熟桐油调整为清油，用量不变。

6. 木门、木扶手、其他木材面刷广漆，按熟桐油、底油、生漆二遍项目执行。

7. 当设计要求金属面刷两遍防锈漆时，按金属面刷防锈漆一遍项目执行，其中人工乘以系数 1.74，材料乘以系数 1.90。

8. 金属面油漆项目均考虑了手工除锈，如实际为机械除锈，另按第六章“金属结构工程”中相应项目执行，油漆项目中的除锈用工亦不扣除。

9. 环氧富锌漆、环氧云铁漆与氯磺化聚乙烯漆或氯化橡胶漆配合使用时，面漆可按氯磺化聚乙烯面漆或氯化橡胶面漆项目执行。

10. 喷塑（一塑三油）：底油、装饰漆、面油，其规格划分如下：

（1）大压花：喷点压平，点面积在 1.2cm^2 以上；

（2）中压花：喷点压平，点面积在 1 ~ 1.2cm^2；

（3）喷中点、幼点：喷点面积在 1cm^2 以下。

11. 墙面真石漆、氟碳漆项目不包括分格嵌缝，设计要求做分格嵌缝时，执行第十二章“墙、柱面装饰与隔断、幕墙工程”墙面抹灰一节中相应项目。

九、涂料。

1. 木龙骨刷防火涂料按四面涂刷考虑，木龙骨刷防腐涂料按一面（接触结构基层面）涂刷考虑。

2. 木龙骨、木基层板刷防蛀虫剂，按防腐油项目执行，其中防腐油调整为防蛀虫剂，用量不变。

3. 金属面防火涂料项目中防火涂料用量设计与消耗量不同时，可以调整。

4. 金属面防火涂料项目中超薄型防火涂料涂层厚度不大于 3mm，薄型防火涂料涂层厚度不大于 7mm，厚型防火涂料涂层厚度不大于 45mm。

5. 艺术造型天棚吊顶、墙面装饰的基层板缝粘贴胶带，按本章相应项目执行，人工乘以系数 1.20。

工程量计算规则

一、木门油漆工程。

执行单层木门油漆的项目，其工程量计算规则及相应系数见表 14-1。

表 14-1　单层木门油漆工程量计算规则和系数表

项　　目		系数	工程量计算规则（设计图示尺寸）
1	单层木门	1.00	门洞口面积
2	单层半玻门	0.85	
3	单层全玻门	0.75	
4	半截百叶门	1.50	
5	全百叶门	1.70	
6	厂库房大门	1.10	
7	纱门扇	0.80	
8	特种门（包括冷藏门）	1.00	
9	单独门框	0.40	
10	装饰门扇	0.90	扇外围尺寸面积
11	间壁、隔断	1.00	单面外围面积
12	玻璃间壁露明墙筋	0.80	
13	木栅栏、木栏杆（带扶手）	0.90	

注：多面涂刷按单面计算工程量。

二、木扶手及其他板条、线条油漆工程。

1. 执行木扶手（不带托板）油漆的项目，其工程量计算规则及相应系数见表 14-2。

表 14-2　木扶手（不带托板）油漆工程量计算规则和系数表

项　　目		系数	工程量计算规则（设计图示尺寸）
1	木扶手（不带托板）	1.00	延长米
2	木扶手（带托板）	2.50	
3	封檐板、博风板	1.70	
4	黑板框、生活园地框	0.50	

2. 木线条油漆按设计图示尺寸以中心线长度计算。

三、其他木材面油漆工程。

1. 执行其他木材面油漆的项目，其工程量计算规则及相应系数见表 14-3。

表 14-3　其他木材面油漆工程量计算规则和系数表

项　　目		系数	工程量计算规则（设计图示尺寸）
1	木板、胶合板天棚	1.00	长 × 宽
2	屋面板带檩条	1.10	斜长 × 宽
3	清水板条檐口天棚	1.10	长 × 宽
4	吸音板（墙面或天棚）	0.87	
5	鱼鳞板墙	2.40	
6	木护墙、木墙裙、木踢脚	0.83	
7	窗台板、窗帘盒	0.83	
8	出入口盖板、检查口	0.87	
9	壁橱	0.83	展开面积
10	木屋架	1.77	跨度（长）× 中高 ×1/2
11	以上未包括的其余木材面油漆	0.83	展开面积

2. 木地板油漆按设计图示尺寸以面积计算，空洞、空圈、暖气包槽、壁龛的开口部分并入相应的工程量内。

3. 木龙骨刷防火、防腐涂料按设计图示尺寸以龙骨架投影面积计算。

4. 基层板刷防火、防腐涂料按实际涂刷面积计算。

5. 油漆面抛光打蜡、封油刮腻子按相应刷油部位油漆工程量计算规则计算。

四、金属面油漆工程。

1. 执行金属面油漆、涂料项目，其工程量按设计图示尺寸以展开面积计算。质量在 500kg 以内的单个金属构件可参考表 14–4 中相应的系数，将质量（t）折算为面积（m^2）。

表 14-4　质量折算面积参考系数表

项　　目		系数
1	钢栅栏门、栏杆、窗栅	64.98
2	钢爬梯	44.84
3	踏步式钢扶梯	39.90
4	轻型屋架	53.20
5	零星铁件	58.00

2. 执行金属面（涂刷磷化底漆）油漆的项目，其工程量计算规则及相应的系数见表 14–5。

表 14-5　金属面（涂刷磷化底漆）油漆工程量计算规则和系数表

项　　目		系数	工程量计算规则（设计图示尺寸）
1	平板屋面	1.00	斜长 × 宽
2	瓦垄板屋面	1.20	
3	排水、伸缩缝盖板	1.05	展开面积
4	吸气罩	2.20	水平投影面积
5	包镀锌薄钢板门	2.20	门窗洞口面积

注：多面涂刷按单面计算工程量。

五、抹灰面油漆、涂料工程。

1. 抹灰面油漆、涂料（另做说明的除外）按设计图示尺寸以面积计算。

2. 踢脚线刷耐磨漆按设计图示尺寸以长度计算。

3. 槽型底板、混凝土折瓦板、有梁板底、密肋梁板底、井字梁板底刷油漆、涂料按设计图示尺寸以展开面积计算。

4. 混凝土花格窗刷（喷）油漆、涂料按设计图示尺寸以窗洞口面积计算。

5. 混凝土栏杆、花饰刷（喷）油漆、涂料按设计图示尺寸以垂直投影面积计算。

6. 软包面、地毯面喷阻燃剂按软包工程、地毯工程相应工程量计算规则计算。

7. 天棚、墙、柱面基层板缝粘贴胶带纸按相应天棚、墙、柱面基层板面积计算。

六、裱糊工程。

按裱糊设计图示尺寸以面积计算。

一、木 门 油 漆

1. 调 和 漆

工作内容： 1. 清扫，打磨，补嵌腻子，刷底油、调和漆等。
2. 清扫，打磨，润油粉，满刮腻子，刷调和漆等。
3. 清扫，打磨，刷调和漆等。

计量单位： 100m^2

编号				14-1	14-2	14-3
项目				单层木门		
				刷底油	润油粉、满刮腻子	每增加一遍调和漆
				调和漆二遍		
名称			单位	消耗量		
人工	合计工日		工日	12.494	19.059	3.617
	其中	普工	工日	2.499	3.811	0.723
		一般技工	工日	4.373	6.671	1.266
		高级技工	工日	5.622	8.577	1.628
材料	酚醛调和漆 各色		kg	21.894	21.894	—
	酚醛调和漆		kg	24.846	24.846	23.604
	熟桐油		kg	4.255	6.888	—
	油漆溶剂油		kg	8.213	5.990	—
	石膏粉		kg	5.040	5.292	—
	清油		kg	1.733	3.541	—
	水砂纸		张	42.000	54.000	12.000
	大白粉		kg	—	18.662	—
	其他材料费		%	1.00	1.00	1.00

2.醇 酸 磁 漆

工作内容：1. 清扫，打磨，补嵌腻子，刷底油、调和漆、磁漆等。
2. 清扫，打磨，润油粉，满刮腻子，刷调和漆、磁漆等。
3. 清扫，打磨，刷磁漆等。

计量单位：100m²

<table>
<tr><td colspan="4">编　　号</td><td>14-4</td><td>14-5</td><td>14-6</td></tr>
<tr><td colspan="4" rowspan="3">项　　目</td><td colspan="3">单层木门</td></tr>
<tr><td>刷底油、调和漆二遍</td><td>润油粉、满刮腻子、调和漆一遍</td><td rowspan="2">每增加一遍磁漆</td></tr>
<tr><td>磁漆一遍</td><td>磁漆二遍</td></tr>
<tr><td colspan="3">名　　称</td><td>单位</td><td colspan="3">消　耗　量</td></tr>
<tr><td rowspan="4">人工</td><td colspan="2">合计工日</td><td>工日</td><td>15.431</td><td>23.304</td><td>4.810</td></tr>
<tr><td rowspan="3">其中</td><td>普工</td><td>工日</td><td>3.086</td><td>4.661</td><td>0.961</td></tr>
<tr><td>一般技工</td><td>工日</td><td>5.401</td><td>8.156</td><td>1.684</td></tr>
<tr><td>高级技工</td><td>工日</td><td>6.944</td><td>10.487</td><td>2.165</td></tr>
<tr><td rowspan="10">材料</td><td colspan="2">醇酸磁漆 各色</td><td>kg</td><td>20.910</td><td>39.730</td><td>18.820</td></tr>
<tr><td colspan="2">酚醛调和漆</td><td>kg</td><td>49.692</td><td>24.846</td><td>—</td></tr>
<tr><td colspan="2">熟桐油</td><td>kg</td><td>4.255</td><td>6.888</td><td>—</td></tr>
<tr><td colspan="2">油漆溶剂油</td><td>kg</td><td>8.213</td><td>5.990</td><td>—</td></tr>
<tr><td colspan="2">石膏粉</td><td>kg</td><td>5.040</td><td>5.292</td><td>—</td></tr>
<tr><td colspan="2">清油</td><td>kg</td><td>1.733</td><td>3.541</td><td>—</td></tr>
<tr><td colspan="2">醇酸漆稀释剂</td><td>kg</td><td>—</td><td>2.122</td><td>2.122</td></tr>
<tr><td colspan="2">水砂纸</td><td>张</td><td>48.000</td><td>60.000</td><td>6.000</td></tr>
<tr><td colspan="2">大白粉</td><td>kg</td><td>—</td><td>18.662</td><td>—</td></tr>
<tr><td colspan="2">其他材料费</td><td>%</td><td>1.00</td><td>1.00</td><td>1.00</td></tr>
</table>

3. 硝基清漆

工作内容：1. 清扫、打磨、润水粉、满刮腻子、刷理硝基清漆、磨退出亮等。
2. 清扫、打磨、刷理漆片（硝基清漆）等。

计量单位：$100m^2$

编号				14-7	14-8	14-9
项目				单层木门		
				润水粉、满刮腻子、硝基清漆五遍、磨退出亮	每增加刷理漆片一遍	每增加硝基清漆一遍
名称			单位	消耗量		
人工	合计工日		工日	42.173	5.055	6.232
	其中	普工	工日	8.434	1.011	1.247
		一般技工	工日	14.761	1.769	2.181
		高级技工	工日	18.978	2.275	2.804
材料	硝基清漆		kg	48.263	—	9.652
	硝基漆稀释剂		kg	99.840	—	19.968
	漆片 各种规格		kg	—	2.585	—
	大白粉		kg	27.994	—	—
	氧化铁红		kg	2.252	—	—
	骨胶		kg	0.881	—	—
	酒精		kg	5.931	10.956	—
	石膏粉		kg	3.647	—	—
	光蜡		kg	1.212	—	—
	砂蜡		kg	3.672	—	—
	水砂纸		张	84.000	4.000	4.800
	其他材料费		%	1.00	1.00	1.00

4. 醇酸清漆

工作内容： 1. 清扫、打磨、补嵌腻子、刷底油、油色、刷清漆等。
2. 清扫、打磨、润油粉、满刮腻子、油色、刷清漆等。
3. 清扫、打磨、刷清漆等。

计量单位： 100m²

编号				14-10	14-11	14-12
项目				单层木门		
				刷底油、油色	润油粉、满刮腻子、油色	每增加一遍清漆
				清漆二遍		
名称			单位	消耗量		
人工	合计工日		工日	12.819	19.301	2.177
	其中	普工	工日	2.563	3.861	0.435
		一般技工	工日	4.487	6.755	0.762
		高级技工	工日	5.769	8.685	0.980
材料	醇酸调和漆 各色		kg	0.903	3.344	—
	醇酸清漆		kg	23.002	24.300	9.964
	大白粉		kg	—	18.662	—
	清油		kg	2.472	2.804	—
	熟桐油		kg	4.255	5.990	—
	油漆溶剂油		kg	14.578	12.355	1.123
	石膏粉		kg	5.040	5.292	—
	水砂纸		张	42.000	78.000	6.000
	其他材料费		%	1.00	1.00	1.00

5. 聚 酯 清 漆

工作内容： 1. 清扫，打磨，满刮腻子，刷底漆、聚酯清漆等。
2. 清扫、打磨、刷聚酯清漆等。

计量单位： $100m^2$

编号				14-13	14-14
项目				单层木门	
				满刮腻子、底漆二遍、聚酯清漆二遍	每增加一遍聚酯清漆
名称			单位	消耗量	
人工	合计工日		工日	14.800	2.847
	其中	普工	工日	2.960	0.570
		一般技工	工日	5.180	0.996
		高级技工	工日	6.660	1.281
材料	聚酯底漆		kg	17.888	—
	聚酯清漆		kg	15.256	7.569
	高级聚酯漆稀释剂		kg	33.511	7.679
	聚酯固化剂		kg	16.594	3.783
	聚酯透明腻子		kg	9.734	—
	水砂纸		张	66.000	6.000
	其他材料费		%	1.00	1.00

6. 聚酯色漆

工作内容： 1. 清扫，打磨，满刮腻子，刷底漆、聚酯色漆等。
2. 清扫、打磨、刷聚酯色漆等。

计量单位： 100m²

编　号				14-15	14-16
项　目				单层木门	
				满刮腻子、底漆二遍、聚酯色漆二遍	每增加一遍聚酯色漆
名　称			单位	消　耗　量	
人工	合计工日		工日	15.184	2.921
	其中	普工	工日	3.037	0.585
		一般技工	工日	5.314	1.022
		高级技工	工日	6.833	1.314
材料	聚酯色漆		kg	15.256	7.569
	聚酯底漆		kg	17.888	—
	聚酯固化剂		kg	16.594	3.802
	高级聚酯漆稀释剂		kg	33.511	7.679
	聚酯透明腻子		kg	9.734	—
	水砂纸		张	66.000	6.000
	其他材料费		%	1.00	1.00

7. 其 他 油 漆

工作内容： 1. 清扫，打磨，满刮腻子，刷底漆一遍、磁漆二遍、清漆二遍等。
2. 清扫、打磨、刷底漆（磁漆、清漆）等。 **计量单位：** $100m^2$

编 号				14-17	14-18	14-19	14-20
项 目				单层木门过氯乙烯漆			
				五遍成活	每增加一遍		
					底漆	磁漆	清漆
名 称			单位	消 耗 量			
人工	合计工日		工日	25.754	4.522	4.512	4.512
	其中	普工	工日	5.151	0.904	0.903	0.903
		一般技工	工日	9.014	1.583	1.579	1.579
		高级技工	工日	11.589	2.035	2.030	2.030
材料	过氯乙烯漆稀释剂 X3		kg	63.208	9.247	8.248	18.731
	过氯乙烯底漆（综合）		kg	31.745	31.745	—	—
	过氯乙烯磁漆 G52-1		kg	63.960	—	31.980	—
	过氯乙烯清漆（综合）		kg	86.124	—	—	43.061
	过氯乙烯腻子		kg	7.416	—	—	—
	水砂纸		张	72.000	6.000	6.000	6.000
	其他材料费		%	1.00	1.00	1.00	1.00

工作内容：1. 清扫、打磨、满刮腻子、刷底漆、喷裂纹漆等。
2. 清扫，打磨，刷底油、熟桐油等。
3. 清扫、打磨、补嵌腻子、涂熟桐油、刷底油、刷生漆等。
4. 清扫、打蜡等。

计量单位：100m^2

编　号				14-21	14-22	14-23	14-24
项　目				单层木门			
				底漆二遍、裂纹漆二遍	底油一遍、熟桐油一遍	熟桐油、底油、生漆二遍	油漆面抛光打蜡
名　称			单位	消　耗　量			
人工	合计工日		工日	28.906	9.699	71.588	4.367
	其中	普工	工日	5.781	1.939	14.317	0.874
		一般技工	工日	10.117	3.395	25.056	1.528
		高级技工	工日	13.008	4.365	32.215	1.965
材料	熟桐油		kg	—	15.238	20.530	—
	油漆溶剂油		kg	—	8.213	4.100	—
	清油		kg	19.482	1.733	—	—
	生漆		kg	—	—	25.536	—
	亚麻子油		kg	—	—	2.150	—
	煤油		kg	—	—	7.317	—
	氧化铁红		kg	—	—	5.474	—
	石膏粉		kg	—	—	7.750	—
	双酚不饱和聚酯树脂 A 型		kg	52.562	—	—	—
	硝基磁漆		kg	46.025	—	—	—
	硝基漆稀释剂		kg	6.432	—	—	—
	裂纹漆		kg	33.891	—	—	—
	硝基清漆		kg	25.482	—	—	—
	水砂纸		张	80.000	24.000	—	—
	光蜡		kg	—	—	—	1.210
	砂蜡		kg	—	—	—	3.670
	其他材料费		%	1.00	1.00	1.00	1.00

二、木扶手及其他板条、线条油漆

1. 调 和 漆

工作内容：清扫、打磨、补嵌腻子、刷底油、调和漆等。 **计量单位：**100m

编号				14-25	14-26	14-27	14-28
项目				木扶手不带托板	木线条（宽度 mm）		
				刷底油、调和漆二遍	≤50	≤100	≤150
					刷底油、调和漆二遍		
名称			单位	消耗量			
人工	合计工日		工日	3.212	1.502	2.570	4.227
	其中	普工	工日	0.643	0.300	0.513	0.846
		一般技工	工日	1.124	0.526	0.900	1.479
		高级技工	工日	1.445	0.676	1.157	1.902
材料	酚醛调和漆 各色		kg	2.098	1.003	1.642	2.372
	酚醛调和漆		kg	2.381	1.139	1.863	2.692
	清油		kg	0.166	0.080	0.130	0.188
	熟桐油		kg	0.408	0.195	0.319	0.461
	油漆溶剂油		kg	0.787	0.376	0.616	0.890
	水砂纸		张	4.000	1.900	3.200	4.600
	石膏粉		kg	0.483	0.231	0.378	0.546
	其他材料费		%	1.00	1.00	1.00	1.00

工作内容：清扫、打磨、润油粉、满刮腻子、刷调和漆等。 **计量单位：**100m

编号				14-29	14-30	14-31	14-32
项目				木扶手	木线条（宽度 mm）		
				不带托板	≤50	≤100	≤150
				润油粉、满刮腻子、调和漆二遍			
名称			单位	消耗量			
人工	合计工日		工日	5.201	2.425	4.165	5.906
	其中	普工	工日	1.041	0.485	0.833	1.181
		一般技工	工日	1.820	0.849	1.458	2.067
		高级技工	工日	2.340	1.091	1.874	2.658
材料	酚醛调和漆 各色		kg	2.098	1.003	1.642	2.372
	酚醛调和漆		kg	2.381	1.139	1.863	2.692
	清油		kg	0.339	0.162	0.265	0.384
	大白粉		kg	1.788	0.855	1.400	2.022
	熟桐油		kg	0.660	0.316	0.517	0.746
	油漆溶剂油		kg	0.574	0.275	0.449	0.649
	石膏粉		kg	0.507	0.243	0.397	0.573
	水砂纸		张	5.200	2.500	4.100	5.900
	其他材料费		%	1.00	1.00	1.00	1.00

工作内容：清扫、打磨、刷调和漆等。 **计量单位：**100m

编号				14-33	14-34	14-35	14-36
项目				木扶手	木线条（宽度 mm）		
				不带托板	≤50	≤100	≤150
				每增加一遍调和漆			
名称			单位	消耗量			
人工	合计工日		工日	0.974	0.456	0.777	1.274
	其中	普工	工日	0.195	0.091	0.155	0.255
		一般技工	工日	0.341	0.160	0.272	0.446
		高级技工	工日	0.438	0.205	0.350	0.573
材料	酚醛调和漆		kg	2.262	1.082	1.770	2.557
	水砂纸		张	1.200	0.600	0.900	1.300
	其他材料费		%	1.00	1.00	1.00	1.00

2.醇酸磁漆

工作内容：清扫，打磨，补嵌腻子，刷底油、调和漆、磁漆等。　　**计量单位：**100m

编号				14-37	14-38	14-39	14-40
项目				木扶手	木线条（宽度 mm）		
				不带托板	≤50	≤100	≤150
				刷底油、调和漆二遍，磁漆一遍			
名称			单位	消耗量			
人工	合计工日		工日	4.145	1.927	3.306	4.684
	其中	普工	工日	0.829	0.386	0.661	0.937
		一般技工	工日	1.451	0.674	1.157	1.639
		高级技工	工日	1.865	0.867	1.488	2.108
材料	醇酸磁漆　各色		kg	2.004	0.958	1.568	2.265
	酚醛调和漆		kg	4.762	2.278	3.727	5.383
	清油		kg	0.166	0.080	0.130	0.188
	熟桐油		kg	0.408	0.195	0.319	0.461
	油漆溶剂油		kg	0.787	0.376	0.616	0.890
	石膏粉		kg	0.483	0.231	0.378	0.546
	水砂纸		张	4.600	2.200	3.600	5.200
	其他材料费		%	1.00	1.00	1.00	1.00

工作内容：清扫，打磨，润油粉，满刮腻子，刷调和漆、磁漆等。　　**计量单位**：100m

编　号				14-41	14-42	14-43	14-44
项　目				木扶手	木线条（宽度 mm）		
				不带托板	≤50	≤100	≤150
				润油粉、满刮腻子、调和漆一遍、磁漆二遍			
名　称			单位	消　耗　量			
人工	合计工日		工日	6.445	3.005	5.150	7.305
	其中	普工	工日	1.289	0.601	1.029	1.461
		一般技工	工日	2.256	1.052	1.803	2.557
		高级技工	工日	2.900	1.352	2.318	3.287
材料	醇酸磁漆　各色		kg	3.808	1.821	2.980	4.304
	酚醛调和漆		kg	2.381	1.139	1.863	2.692
	醇酸漆稀释剂		kg	0.203	0.756	0.159	0.230
	清油		kg	0.339	0.162	0.265	0.384
	大白粉		kg	1.788	0.855	1.400	2.022
	熟桐油		kg	0.660	0.316	0.517	0.746
	油漆溶剂油		kg	0.574	0.275	0.449	0.649
	石膏粉		kg	0.507	0.243	0.397	0.573
	水砂纸		张	5.800	2.800	4.500	6.500
	其他材料费		%	1.00	1.00	1.00	1.00

工作内容：清扫、打磨、刷磁漆等。　　**计量单位**：100m

编　号				14-45	14-46	14-47	14-48
项　目				木扶手	木线条（宽度 mm）		
				不带托板	≤50	≤100	≤150
				每增加一遍磁漆			
名　称			单位	消　耗　量			
人工	合计工日		工日	1.295	0.601	1.036	1.461
	其中	普工	工日	0.259	0.121	0.207	0.293
		一般技工	工日	0.453	0.210	0.363	0.511
		高级技工	工日	0.583	0.270	0.466	0.657
材料	醇酸磁漆　各色		kg	1.803	0.863	1.411	2.039
	醇酸漆稀释剂		kg	0.203	0.097	0.159	0.230
	水砂纸		张	0.600	0.300	0.500	0.700
	其他材料费		%	1.00	1.00	1.00	1.00

3. 硝基清漆

工作内容：清扫、打磨、润水粉、满刮腻子、刷理硝基清漆、磨退出亮等。 **计量单位：**100m

编号				14-49	14-50	14-51	14-52
项目				木扶手	木线条（宽度 mm）		
				不带托板	≤50	≤100	≤150
				润水粉、满刮腻子、硝基清漆五遍、磨退出亮			
名称			单位	消耗量			
人工	合计工日		工日	12.450	5.818	9.964	14.110
	其中	普工	工日	2.489	1.164	1.993	2.821
		一般技工	工日	4.358	2.036	3.487	4.939
		高级技工	工日	5.603	2.618	4.484	6.350
材料	硝基清漆		kg	4.625	2.212	3.619	5.229
	硝基漆稀释剂		kg	9.568	4.576	7.488	10.816
	大白粉		kg	2.683	1.283	2.100	3.033
	氧化铁红		kg	0.216	0.104	0.169	0.244
	骨胶		kg	0.084	0.040	0.066	0.095
	酒精		kg	0.568	0.272	0.445	0.643
	石膏粉		kg	0.350	0.167	0.274	0.395
	光蜡		kg	0.116	0.056	0.091	0.131
	砂蜡		kg	0.352	0.168	0.275	0.398
	水砂纸		张	8.100	3.900	6.300	9.100
	其他材料费		%	1.00	1.00	1.00	1.00

工作内容：清扫、打磨、刷理漆片等。　　　　**计量单位：**100m

编　　号				14-53	14-54	14-55	14-56
项　　目				木扶手	木线条（宽度 mm）		
				不带托板	≤50	≤100	≤150
				每增加刷理漆片一遍			
名　　称			单位	消　耗　量			
人工	合计工日		工日	1.401	0.656	1.127	1.588
	其中	普工	工日	0.281	0.131	0.226	0.317
		一般技工	工日	0.490	0.230	0.394	0.556
		高级技工	工日	0.630	0.295	0.507	0.715
材料	漆片 各种规格		kg	0.248	0.118	0.194	0.280
	酒精		kg	1.050	0.502	0.822	1.187
	水砂纸		张	0.400	0.200	0.300	0.400
	其他材料费		%	1.00	1.00	1.00	1.00

工作内容：清扫、打磨、刷硝基清漆等。　　　　**计量单位：**100m

编　　号				14-57	14-58	14-59	14-60
项　　目				木扶手	木线条（宽度 mm）		
				不带托板	≤50	≤100	≤150
				每增加硝基清漆一遍			
名　　称			单位	消　耗　量			
人工	合计工日		工日	1.715	0.804	1.372	1.949
	其中	普工	工日	0.343	0.161	0.275	0.390
		一般技工	工日	0.600	0.281	0.480	0.682
		高级技工	工日	0.772	0.362	0.617	0.877
材料	硝基清漆		kg	0.926	0.442	0.725	1.046
	硝基漆稀释剂		kg	1.914	0.915	1.498	2.163
	水砂纸		张	0.500	0.200	0.400	0.500
	其他材料费		%	1.00	1.00	1.00	1.00

4. 醇酸清漆

工作内容：清扫、打磨、补嵌腻子、刷底油、油色、刷清漆等。 **计量单位：**100m

编号				14-61	14-62	14-63	14-64
项目				木扶手	木线条（宽度 mm）		
				不带托板	≤50	≤100	≤150
				刷底油、油色、清漆二遍			
名称			单位	消耗量			
人工	合计工日		工日	3.236	1.517	2.596	3.674
	其中	普工	工日	0.647	0.303	0.519	0.735
		一般技工	工日	1.133	0.531	0.909	1.286
		高级技工	工日	1.456	0.683	1.168	1.653
材料	醇酸调和漆 各色		kg	0.086	0.042	0.068	0.097
	醇酸清漆		kg	2.204	1.054	1.725	2.492
	清油		kg	0.237	0.114	0.186	0.268
	熟桐油		kg	0.408	0.195	0.319	0.461
	油漆溶剂油		kg	1.397	0.668	1.093	1.579
	石膏粉		kg	0.483	0.231	0.378	0.546
	水砂纸		张	4.000	1.900	3.200	4.600
	其他材料费		%	1.00	1.00	1.00	1.00

工作内容：清扫、打磨、润油粉、满刮腻子、油色、刷清漆等。　　**计量单位：**100m

编　号				14-65	14-66	14-67	14-68
项　目				木扶手	木线条（宽度 mm）		
				不带托板	≤50	≤100	≤150
				润油粉、满刮腻子、油色、清漆二遍			
名　称			单位	消　耗　量			
人工	合计工日		工日	5.045	2.353	4.044	5.715
	其中	普工	工日	1.009	0.470	0.809	1.143
		一般技工	工日	1.766	0.824	1.415	2.000
		高级技工	工日	2.270	1.059	1.820	2.572
材料	醇酸调和漆 各色		kg	0.321	0.153	0.251	0.362
	醇酸清漆		kg	2.329	1.113	1.822	2.632
	清油		kg	0.269	0.128	0.210	0.303
	大白粉		kg	1.788	0.855	1.400	2.022
	熟桐油		kg	0.574	0.275	0.449	0.649
	油漆溶剂油		kg	1.184	0.566	0.927	1.338
	石膏粉		kg	0.507	0.243	0.397	0.573
	水砂纸		张	7.500	3.600	5.900	8.500
	其他材料费		%	1.00	1.00	1.00	1.00

工作内容：清扫、打磨、刷清漆等。　　**计量单位：**100m

编　号				14-69	14-70	14-71	14-72
项　目				木扶手	木线条（宽度 mm）		
				不带托板	≤50	≤100	≤150
				每增加一遍清漆			
名　称			单位	消　耗　量			
人工	合计工日		工日	0.506	0.233	0.409	0.573
	其中	普工	工日	0.101	0.046	0.082	0.114
		一般技工	工日	0.177	0.082	0.143	0.201
		高级技工	工日	0.228	0.105	0.184	0.258
材料	醇酸清漆		kg	0.955	0.457	0.747	1.085
	油漆溶剂油		kg	0.108	0.051	0.084	0.120
	水砂纸		张	0.570	0.280	0.450	0.650
	其他材料费		%	1.00	1.00	1.00	1.00

5.聚酯清漆

工作内容:清扫,打磨,满刮腻子,刷底漆、聚酯清漆等。 **计量单位:**100m

编号				14-73	14-74	14-75	14-76
项目				木扶手	木线条(宽度 mm)		
				不带托板	≤50	≤100	≤150
				满刮腻子、底漆二遍、聚酯清漆二遍			
名称			单位	消耗量			
人工	合计工日		工日	3.066	1.421	2.450	3.469
	其中	普工	工日	0.613	0.285	0.489	0.694
		一般技工	工日	1.073	0.497	0.858	1.214
		高级技工	工日	1.380	0.639	1.103	1.561
材料	聚酯底漆		kg	1.715	0.820	1.342	1.937
	聚酯清漆		kg	1.462	0.700	1.144	1.653
	高级聚酯漆稀释剂		kg	3.212	1.536	2.514	3.631
	聚酯固化剂		kg	1.590	0.761	1.245	1.798
	聚酯透明腻子		kg	0.933	0.446	0.730	1.055
	水砂纸		张	6.330	3.030	4.950	7.150
	其他材料费		%	1.00	1.00	1.00	1.00

工作内容:清扫、打磨、刷聚酯清漆等。 **计量单位:**100m

编号				14-77	14-78	14-79	14-80
项目				木扶手	木线条(宽度 mm)		
				不带托板	≤50	≤100	≤150
				每增加一遍聚酯清漆			
名称			单位	消耗量			
人工	合计工日		工日	0.666	0.313	0.529	0.754
	其中	普工	工日	0.133	0.062	0.106	0.151
		一般技工	工日	0.233	0.110	0.185	0.264
		高级技工	工日	0.300	0.141	0.238	0.339
材料	聚酯清漆		kg	0.726	0.347	0.567	0.820
	聚酯固化剂		kg	0.362	0.173	0.284	0.410
	高级聚酯漆稀释剂		kg	0.735	0.353	0.576	0.832
	水砂纸		张	0.580	0.280	0.450	0.650
	其他材料费		%	1.00	1.00	1.00	1.00

6. 聚 酯 色 漆

工作内容： 清扫，打磨，满刮腻子，刷底漆、聚酯色漆等。　　**计量单位：** 100m

编　　号				14-81	14-82	14-83	14-84
项　　目				木扶手	木线条（宽度 mm）		
				不带托板	≤50	≤100	≤150
				满刮腻子、底漆二遍、聚酯色漆二遍			
名　　称			单位	消　耗　量			
人工	合计工日		工日	3.146	1.458	2.513	3.559
	其中	普工	工日	0.629	0.292	0.502	0.711
		一般技工	工日	1.101	0.510	0.880	1.246
		高级技工	工日	1.416	0.656	1.131	1.602
材料	聚酯色漆		kg	1.462	0.700	1.144	1.653
	聚酯底漆		kg	1.715	0.820	1.342	1.937
	聚酯固化剂		kg	1.590	0.761	1.245	1.798
	高级聚酯漆稀释剂		kg	3.212	1.536	2.514	3.631
	聚酯透明腻子		kg	0.933	0.446	0.730	1.055
	水砂纸		张	6.330	3.030	4.950	7.150
	其他材料费		%	1.00	1.00	1.00	1.00

工作内容： 清扫、打磨、刷聚酯色漆等。　　**计量单位：** 100m

编　　号				14-85	14-86	14-87	14-88
项　　目				木扶手	木线条（宽度 mm）		
				不带托板	≤50	≤100	≤150
				每增加一遍聚酯色漆			
名　　称			单位	消　耗　量			
人工	合计工日		工日	0.684	0.321	0.543	0.774
	其中	普工	工日	0.137	0.065	0.109	0.155
		一般技工	工日	0.239	0.112	0.190	0.271
		高级技工	工日	0.308	0.144	0.244	0.348
材料	聚酯色漆		kg	0.726	0.347	0.567	0.820
	聚酯固化剂		kg	0.364	0.174	0.285	0.412
	高级聚酯漆稀释剂		kg	0.735	0.353	0.576	0.832
	水砂纸		张	0.580	0.280	0.450	0.650
	其他材料费		%	1.00	1.00	1.00	1.00

7.其他油漆

工作内容:1.清扫,打磨,满刮腻子,刷底漆一遍、磁漆二遍、清漆二遍等。
2.清扫、打磨、刷底漆(磁漆、清漆)等。 **计量单位**:100m

编号				14-89	14-90	14-91	14-92
项目				木扶手(不带托板)过氯乙烯漆			
				五遍成活	每增加一遍		
					底漆	磁漆	清漆
名称			单位	消耗量			
人工	合计工日		工日	6.989	1.215	1.215	1.215
	其中	普工	工日	1.398	0.243	0.243	0.243
		一般技工	工日	2.446	0.425	0.425	0.425
		高级技工	工日	3.145	0.547	0.547	0.547
材料	过氯乙烯漆稀释剂 X3		kg	6.058	0.886	0.790	1.795
	过氯乙烯底漆(综合)		kg	3.043	3.043	—	—
	过氯乙烯磁漆 G52-1		kg	6.130	—	3.065	—
	过氯乙烯清漆(综合)		kg	8.253	—	—	4.127
	过氯乙烯腻子		kg	0.711	—	—	—
	水砂纸		张	6.900	0.600	0.600	0.600
	其他材料费		%	1.00	1.00	1.00	1.00

工作内容：1. 清扫，打磨，刷底油、熟桐油等。
2. 清扫、打磨、补嵌腻子、涂熟桐油、刷底油、刷生漆等。　　**计量单位：**100m

编　号				14-93	14-94
项　目				木扶手（不带托板）	
				底油一遍、熟桐油一遍	熟桐油、底油、生漆二遍
名　称			单位	消　耗　量	
人工	合计工日		工日	2.459	12.685
	其中	普工	工日	0.491	2.537
		一般技工	工日	0.861	4.440
		高级技工	工日	1.107	5.708
材料	生漆		kg	—	2.428
	熟桐油		kg	1.460	1.940
	亚麻子油		kg	—	0.200
	煤油		kg	—	0.700
	油漆溶剂油		kg	0.787	0.390
	氧化铁红		kg	—	0.518
	石膏粉		kg	—	0.560
	清油		kg	0.166	—
	水砂纸		张	2.300	—
	其他材料费		%	1.00	1.00

工作内容：清扫、打蜡等。　　**计量单位：**100m

编　号				14-95	14-96
项　目				木扶手（不带托板）	木线条
				油漆面抛光打蜡	
名　称			单位	消　耗　量	
人工	合计工日		工日	0.945	0.540
	其中	普工	工日	0.189	0.108
		一般技工	工日	0.331	0.189
		高级技工	工日	0.425	0.243
材料	光蜡		kg	0.120	0.090
	砂蜡		kg	0.350	0.280
	其他材料费		%	1.00	1.00

三、其他木材面油漆

1. 调　和　漆

工作内容： 1. 清扫，打磨，补嵌腻子，刷底油、调和漆等。
2. 清扫、打磨、润油粉、满刮腻子、刷调和漆等。
3. 清扫、打磨、刷调和漆等。

计量单位： 100m²

<table>
<tr><td colspan="3">编　号</td><td>14-97</td><td>14-98</td><td>14-99</td></tr>
<tr><td colspan="3" rowspan="3">项　目</td><td colspan="3">其他木材面</td></tr>
<tr><td>刷底油</td><td>润油粉、满刮腻子</td><td rowspan="2">每增加一遍调和漆</td></tr>
<tr><td colspan="2">调和漆二遍</td></tr>
<tr><td colspan="2">名　称</td><td>单位</td><td colspan="3">消　耗　量</td></tr>
<tr><td rowspan="4">人工</td><td>合计工日</td><td>工日</td><td>8.911</td><td>13.698</td><td>2.632</td></tr>
<tr><td>其中 普工</td><td>工日</td><td>1.782</td><td>2.740</td><td>0.527</td></tr>
<tr><td>其中 一般技工</td><td>工日</td><td>3.119</td><td>4.794</td><td>0.921</td></tr>
<tr><td>其中 高级技工</td><td>工日</td><td>4.010</td><td>6.164</td><td>1.184</td></tr>
<tr><td rowspan="9">材料</td><td>酚醛调和漆 各色</td><td>kg</td><td>11.038</td><td>11.038</td><td>—</td></tr>
<tr><td>酚醛调和漆</td><td>kg</td><td>12.527</td><td>12.527</td><td>11.900</td></tr>
<tr><td>清油</td><td>kg</td><td>0.873</td><td>1.786</td><td>—</td></tr>
<tr><td>大白粉</td><td>kg</td><td>—</td><td>9.409</td><td>—</td></tr>
<tr><td>熟桐油</td><td>kg</td><td>2.145</td><td>3.473</td><td>—</td></tr>
<tr><td>油漆溶剂油</td><td>kg</td><td>4.141</td><td>3.020</td><td>—</td></tr>
<tr><td>石膏粉</td><td>kg</td><td>2.541</td><td>2.668</td><td>—</td></tr>
<tr><td>水砂纸</td><td>张</td><td>21.200</td><td>27.200</td><td>6.100</td></tr>
<tr><td>其他材料费</td><td>%</td><td>1.00</td><td>1.00</td><td>1.00</td></tr>
</table>

2. 醇酸磁漆

工作内容： 1. 清扫，打磨，补嵌腻子，刷底油、调和漆、磁漆等。
2. 清扫，打磨，润油粉，满刮腻子，刷调和漆、磁漆等。
3. 清扫、打磨、刷磁漆等。

计量单位： $100m^2$

编号				14-100	14-101	14-102
项目				其他木材面		
				刷底油、调和漆二遍	润油粉、满刮腻子、调和漆一遍	每增加一遍磁漆
				磁漆一遍	磁漆二遍	
名称			单位	消耗量		
人工	合计工日		工日	11.211	16.899	3.492
	其中	普工	工日	2.242	3.379	0.699
		一般技工	工日	3.924	5.915	1.222
		高级技工	工日	5.045	7.605	1.571
材料	醇酸磁漆 各色		kg	10.542	20.031	9.488
	酚醛调和漆		kg	25.053	12.527	—
	醇酸漆稀释剂		kg	—	1.070	1.070
	清油		kg	0.873	1.786	—
	大白粉		kg	—	9.409	—
	熟桐油		kg	2.145	3.473	—
	油漆溶剂油		kg	4.141	3.020	—
	石膏粉		kg	2.541	2.668	—
	水砂纸		张	24.200	30.300	3.000
	其他材料费		%	1.00	1.00	1.00

3. 硝基清漆

工作内容： 1. 清扫、打磨、润水粉、满刮腻子、刷理硝基清漆、磨退出亮等。
2. 清扫、打磨、刷理漆片（硝基清漆）等。

计量单位： $100m^2$

编号				14-103	14-104	14-105
项目				其他木材面		
				润水粉、满刮腻子、硝基清漆五遍、磨退出亮	每增加刷理漆片一遍	每增加硝基清漆一遍
名称			单位	消耗量		
人工	合计工日		工日	32.534	3.694	4.556
	其中	普工	工日	6.507	0.739	0.911
		一般技工	工日	11.387	1.293	1.595
		高级技工	工日	14.640	1.662	2.050
材料	硝基清漆		kg	24.332	—	4.867
	硝基漆稀释剂		kg	50.336	—	10.067
	漆片 各种规格		kg	—	1.303	—
	大白粉		kg	14.113	—	—
	氧化铁红		kg	1.136	—	—
	骨胶		kg	0.444	—	—
	酒精		kg	2.990	5.524	—
	石膏粉		kg	1.839	—	—
	光蜡		kg	0.611	—	—
	砂蜡		kg	1.851	—	—
	水砂纸		张	42.000	2.000	2.400
	其他材料费		%	1.00	1.00	1.00

4.醇 酸 清 漆

工作内容：1. 清扫、打磨、补嵌腻子、刷底油、油色、刷清漆等。
2. 清扫、打磨、润油粉、满刮腻子、油色、刷清漆等。
3. 清扫、打磨、刷清漆等。

计量单位：100m²

编　　号				14-106	14-107	14-108
项　　目				其他木材面		
				刷底油、油色	润油粉、刮腻子、油色	每增加一遍清漆
				清漆二遍		
名　　称			单位	消　耗　量		
人工	合计工日		工日	9.068	13.345	1.419
	其中	普工	工日	1.813	2.669	0.283
		一般技工	工日	3.174	4.671	0.497
		高级技工	工日	4.081	6.005	0.639
材料	醇酸调和漆 各色		kg	0.455	1.686	—
	醇酸清漆		kg	11.598	12.251	5.024
	清油		kg	1.246	1.415	—
	大白粉		kg	—	9.409	—
	熟桐油		kg	2.145	3.020	—
	油漆溶剂油		kg	7.350	6.229	0.566
	石膏粉		kg	2.541	2.668	—
	水砂纸		张	21.200	39.300	3.030
	其他材料费		%	1.00	1.00	1.00

5. 聚 酯 清 漆

工作内容：1. 清扫，打磨，满刮腻子，刷底漆、聚酯清漆等。
2. 清扫、打磨、刷聚酯清漆等。

计量单位：$100m^2$

编号				14-109	14-110
项目				其他木材面	
				满刮腻子、底漆二遍、聚酯清漆二遍	每增加一遍聚酯清漆
名称			单位	消耗量	
人工	合计工日		工日	8.259	1.861
	其中	普工	工日	1.651	0.373
		一般技工	工日	2.891	0.651
		高级技工	工日	3.717	0.837
材料	聚酯底漆		kg	9.019	—
	聚酯清漆		kg	7.692	3.815
	高级聚酯漆稀释剂		kg	16.895	3.872
	聚酯固化剂		kg	8.366	1.917
	聚酯透明腻子		kg	4.908	—
	水砂纸		张	33.280	3.030
	其他材料费		%	1.00	1.00

6. 聚 酯 色 漆

工作内容： 1. 清扫，打磨，满刮腻子，刷底漆、聚酯色漆等。
2. 清扫、打磨、刷聚酯色漆等。

计量单位： $100m^2$

编　号				14-111	14-112
项　目				其他木材面	
				满刮腻子、底漆二遍、聚酯色漆二遍	每增加一遍聚酯色漆
名　称			单位	消　耗　量	
人工	合计工日		工日	8.474	1.910
	其中	普工	工日	1.695	0.381
		一般技工	工日	2.966	0.669
		高级技工	工日	3.813	0.860
材料	聚酯色漆		kg	7.692	3.815
	聚酯底漆		kg	9.019	—
	聚酯固化剂		kg	8.366	1.917
	高级聚酯漆稀释剂		kg	16.895	3.872
	聚酯透明腻子		kg	4.908	—
	水砂纸		张	33.280	3.030
	其他材料费		%	1.00	1.00

7. 其 他 油 漆

工作内容： 1. 清扫，打磨，满刮腻子，刷底漆一遍、磁漆二遍、清漆二遍等。
2. 清扫、打磨、刷底漆（磁漆、清漆）等。

计量单位： $100m^2$

编　号			14-113	14-114	14-115	14-116
项　目			其他木材面过氯乙烯漆			
			五遍成活	每增加一遍		
				底漆	磁漆	清漆
名　称		单位	消　耗　量			
人工	合计工日	工日	18.691	3.276	3.276	3.276
人工	其中 普工	工日	3.738	0.655	0.655	0.655
人工	其中 一般技工	工日	6.542	1.147	1.147	1.147
人工	其中 高级技工	工日	8.411	1.474	1.474	1.474
材料	过氯乙烯漆稀释剂 X3	kg	31.868	4.662	4.159	9.444
材料	过氯乙烯底漆（综合）	kg	16.005	16.005	—	—
材料	过氯乙烯磁漆 G52-1	kg	32.247	—	16.123	—
材料	过氯乙烯清漆（综合）	kg	43.421	—	—	21.711
材料	过氯乙烯腻子	kg	3.739	—	—	—
材料	水砂纸	张	36.300	3.000	3.000	3.000
材料	其他材料费	%	1.00	1.00	1.00	1.00

工作内容：1. 清扫，打磨，满刮腻子，刷底漆，喷裂纹漆等。
2. 清扫，打磨，刷底油、熟桐油等。
3. 清扫，打磨，补嵌腻子，涂熟桐油，刷底油、生漆等。
4. 清扫，打蜡等。

计量单位：$100m^2$

编　号				14-117	14-118	14-119	14-120
项　目				其他木材面			
				底漆二遍、裂纹漆二遍	底油一遍、熟桐油一遍	熟桐油、底油、生漆二遍	油漆面抛光打蜡
名　称			单位	消　耗　量			
人工	合计工日		工日	21.731	7.183	31.298	2.025
	其中	普工	工日	4.346	1.437	6.260	0.405
		一般技工	工日	7.606	2.514	10.954	0.709
		高级技工	工日	9.779	3.232	14.084	0.911
材料	硝基磁漆		kg	23.204	—	—	—
	硝基漆稀释剂		kg	3.243	—	—	—
	裂纹漆		kg	17.087	—	—	—
	硝基清漆		kg	12.846	—	—	—
	生漆		kg	—	—	10.210	—
	熟桐油		kg	—	7.682	8.210	—
	亚麻子油		kg	—	—	0.860	—
	油漆溶剂油		kg	—	4.141	1.640	—
	煤油		kg	—	—	2.912	—
	氧化铁红		kg	—	—	2.189	—
	石膏粉		kg	—	—	3.100	—
	清油		kg	9.823	0.873	—	—
	双酚不饱和聚酯树脂 A 型		kg	26.500	—	—	—
	水砂纸		张	48.000	12.100	—	—
	光蜡		kg	—	—	—	0.610
	砂蜡		kg	—	—	—	1.850
	其他材料费		%	1.00	1.00	1.00	1.00

工作内容：1. 清扫、打磨、满刮腻子等。
2. 清扫、打磨、操底油等。

计量单位：100m²

编号				14-121	14-122
项目				木材面	
				满刮腻子每增加一遍	清漆操底油
名称			单位	消耗量	
人工	合计工日		工日	2.304	1.973
	其中	普工	工日	0.461	0.394
		一般技工	工日	0.806	0.691
		高级技工	工日	1.037	0.888
材料	大白粉		kg	12.600	—
	清油		kg	1.194	10.947
	羧甲基纤维素		kg	0.900	—
	107 胶		kg	3.764	—
	聚醋酸乙烯乳液		kg	1.492	—
	水砂纸		张	10.000	—
	其他材料费		%	1.00	1.00

工作内容：清扫、打磨、刷防火涂料等。

计量单位：100m²

编号				14-123	14-124	14-125
项目				双向 木龙骨	单向 木龙骨	木基层板
				防火涂料二遍		
名称			单位	消耗量		
人工	合计工日		工日	7.689	3.801	3.489
	其中	普工	工日	1.538	0.761	0.698
		一般技工	工日	2.691	1.330	1.221
		高级技工	工日	3.460	1.710	1.570
材料	防火涂料		kg	40.010	20.005	52.788
	其他材料费		%	1.00	1.00	1.00

工作内容：清扫、打磨、刷防火涂料等。 **计量单位：**100m²

编号				14-126	14-127	14-128
项目				双向 木龙骨	单向 木龙骨	木基层板
				防火涂料每增加一遍		
名称			单位	消耗量		
人工	合计工日		工日	3.266	1.652	1.475
	其中	普工	工日	0.653	0.331	0.295
		一般技工	工日	1.143	0.578	0.516
		高级技工	工日	1.470	0.743	0.664
材料	防火涂料		kg	16.004	8.002	21.115
	其他材料费		%	1.00	1.00	1.00

工作内容：清扫、打磨、刷防腐油等。 **计量单位：**100m²

编号				14-129	14-130	14-131
项目				双向 木龙骨	单向 木龙骨	木基层板
				防腐油一遍		
名称			单位	消耗量		
人工	合计工日		工日	1.691	0.845	0.778
	其中	普工	工日	0.338	0.169	0.156
		一般技工	工日	0.592	0.296	0.272
		高级技工	工日	0.761	0.380	0.350
材料	防腐油		kg	5.571	2.965	24.381
	其他材料费		%	1.00	1.00	1.00

8. 木地板油漆

工作内容：1. 清扫，打磨，补嵌腻子，刷底油、调和漆等。

2. 清扫、打磨、补嵌腻子、刷底油、油色、刷清漆等。

3. 清扫、打磨、补嵌腻子、刷底油、润油粉、漆片、擦蜡等。

计量单位：100m^2

编号				14-132	14-133	14-134
项目				木地板面		
				底油一遍		
				调和漆三遍	油色、清漆三遍	润油粉一遍、漆片四遍、擦蜡
名称			单位	消耗量		
人工	合计工日		工日	5.440	6.217	6.761
	其中	普工	工日	1.088	1.243	1.353
		一般技工	工日	1.904	2.176	2.366
		高级技工	工日	2.448	2.798	3.042
材料	酚醛调和漆 各色		kg	9.123	0.376	—
	酚醛调和漆		kg	20.705	—	—
	清油		kg	0.723	1.030	1.476
	醇酸清漆		kg	—	13.736	—
	熟桐油		kg	1.773	1.773	1.310
	油漆溶剂油		kg	3.422	6.542	2.496
	漆片 各种规格		kg	—	—	4.309
	石膏粉		kg	2.100	2.100	0.630
	水砂纸		张	17.500	17.500	15.000
	大白粉		kg	—	—	7.776
	酒精		kg	—	—	18.261
	其他材料费		%	1.00	1.00	1.00

四、金属面油漆

1. 金属面防腐涂料、漆

工作内容：除锈、清扫、打磨、刷冷固环氧树脂涂料等。　　　　**计量单位：**$100m^2$

编　　号				14-135	14-136	14-137
项　　目				金属面		
				冷固环氧树脂涂料		
				底漆		面漆
				二遍	每增加一遍	每一遍
名　　称			单位	消　耗　量		
人工	合计工日		工日	4.750	2.508	1.710
	其中	普工	工日	0.949	0.501	0.341
		一般技工	工日	1.663	0.878	0.599
		高级技工	工日	2.138	1.129	0.770
材料	冷固环氧树脂涂料		kg	32.160	15.040	13.440
	专用稀释剂		kg	9.600	4.640	3.680
	T31 固化剂		kg	1.920	0.880	0.960
	砂纸		张	57.600	28.800	—
	其他材料费		%	1.00	1.00	1.00

工作内容：除锈、清扫、打磨、刷环氧呋喃树脂涂料等。　　**计量单位：**$100m^2$

编号				14-138	14-139	14-140
项目				金属面		
				环氧呋喃树脂涂料		
				底漆		面漆
				二遍	每增加一遍	每一遍
名称			单位	消耗量		
人工	合计工日		工日	4.798	2.527	1.720
	其中	普工	工日	0.960	0.506	0.344
		一般技工	工日	1.679	0.884	0.602
		高级技工	工日	2.159	1.137	0.774
材料	环氧呋喃树脂涂料		kg	40.230	21.170	19.150
	环氧呋喃树脂稀释剂		kg	6.710	3.540	3.200
	环氧呋喃树脂涂料固化剂		kg	5.020	2.640	2.380
	砂纸		张	57.600	28.800	—
	其他材料费		%	1.00	1.00	1.00

工作内容：除锈、清扫、打磨、刷氯磺化聚乙烯涂料等。　　**计量单位：**$100m^2$

编号				14-141	14-142	14-143
项目				金属面		
				氯磺化聚乙烯涂料		
				底漆	中间漆	面漆
				每一遍		
名称			单位	消耗量		
人工	合计工日		工日	6.242	5.102	4.560
	其中	普工	工日	1.248	1.020	0.912
		一般技工	工日	2.185	1.786	1.596
		高级技工	工日	2.809	2.296	2.052
材料	氯磺化聚乙烯涂料		kg	21.120	19.200	16.320
	氯磺化聚乙烯涂料稀释剂		kg	5.200	4.960	1.520
	砂纸		张	2.080	—	—
	其他材料费		%	1.00	1.00	1.00

工作内容：除锈、清扫、打磨、刷聚氨酯涂料等。　　**计量单位：**100m²

编　　号				14-144	14-145	14-146	14-147
项　　目				金属面			
				聚氨酯涂料			
				底漆		中间漆	面漆
				二遍	每增加一遍	每一遍	
名　　称			单位	消　耗　量			
人工	合计工日		工日	4.959	3.164	2.356	2.356
	其中	普工	工日	0.991	0.633	0.471	0.471
		一般技工	工日	1.736	1.107	0.825	0.825
		高级技工	工日	2.232	1.424	1.060	1.060
材料	聚氨酯底层涂料		kg	19.200	9.600	—	—
	聚氨酯面层涂料		kg	—	—	8.320	11.360
	聚氨酯涂料稀释剂		kg	6.720	3.360	3.440	3.600
	砂纸		张	57.600	28.800	28.800	—
	其他材料费		%	1.00	1.00	1.00	1.00

工作内容：除锈、清扫、打磨、刷酚醛树脂涂料等。　　**计量单位：**100m²

编　　号				14-148	14-149	14-150	14-151
项　　目				金属面			
				酚醛树脂涂料			
				底漆		中间漆	面漆
				二遍	每增加一遍	每一遍	
名　　称			单位	消　耗　量			
人工	合计工日		工日	5.966	3.211	2.622	2.128
	其中	普工	工日	1.193	0.642	0.524	0.425
		一般技工	工日	2.088	1.124	0.918	0.745
		高级技工	工日	2.685	1.445	1.180	0.958
材料	酚醛树脂涂料		kg	28.320	13.280	10.560	11.600
	酚醛树脂稀释剂		kg	9.280	4.480	3.360	3.040
	苯磺酰氯		kg	1.840	0.880	0.800	0.960
	砂纸		张	57.600	28.800	14.400	—
	其他材料费		%	1.00	1.00	1.00	1.00

工作内容：除锈、清扫、打磨、喷过氯乙烯涂料等。 **计量单位：**100m²

<table>
<tr><td colspan="3">编 号</td><td>14-152</td><td>14-153</td><td>14-154</td><td>14-155</td><td>14-156</td></tr>
<tr><td colspan="3" rowspan="4">项 目</td><td colspan="5">金属面</td></tr>
<tr><td>磷化底漆</td><td colspan="4">过氯乙烯涂料</td></tr>
<tr><td rowspan="2">一遍</td><td colspan="2">底漆</td><td>中间漆</td><td>面漆</td></tr>
<tr><td>二遍</td><td>每增加一遍</td><td colspan="2">每一遍</td></tr>
<tr><td colspan="2">名 称</td><td>单位</td><td colspan="5">消 耗 量</td></tr>
<tr><td rowspan="4">人工</td><td>合计工日</td><td>工日</td><td>3.610</td><td>3.260</td><td>1.007</td><td>1.406</td><td>0.627</td></tr>
<tr><td>其中 普工</td><td>工日</td><td>0.721</td><td>0.651</td><td>0.202</td><td>0.281</td><td>0.126</td></tr>
<tr><td>其中 一般技工</td><td>工日</td><td>1.264</td><td>1.142</td><td>0.352</td><td>0.492</td><td>0.219</td></tr>
<tr><td>其中 高级技工</td><td>工日</td><td>1.625</td><td>1.467</td><td>0.453</td><td>0.633</td><td>0.282</td></tr>
<tr><td rowspan="9">材料</td><td>磷化底漆</td><td>kg</td><td>12.640</td><td>—</td><td>—</td><td>—</td><td>—</td></tr>
<tr><td>过氯乙烯底层涂料</td><td>kg</td><td>—</td><td>17.410</td><td>8.660</td><td>—</td><td>—</td></tr>
<tr><td>过氯乙烯中间层涂料</td><td>kg</td><td>—</td><td>—</td><td>—</td><td>14.870</td><td>—</td></tr>
<tr><td>过氯乙烯面层涂料</td><td>kg</td><td>—</td><td>—</td><td>—</td><td>—</td><td>6.210</td></tr>
<tr><td>过氯乙烯涂料稀释剂</td><td>kg</td><td>—</td><td>17.410</td><td>8.660</td><td>14.870</td><td>6.210</td></tr>
<tr><td>丁醇 95%</td><td>kg</td><td>2.000</td><td>—</td><td>—</td><td>—</td><td>—</td></tr>
<tr><td>酒精 工业用 99.5%</td><td>kg</td><td>0.640</td><td>—</td><td>—</td><td>—</td><td>—</td></tr>
<tr><td>砂纸</td><td>张</td><td>28.800</td><td>33.880</td><td>16.940</td><td>—</td><td>—</td></tr>
<tr><td>其他材料费</td><td>%</td><td>1.00</td><td>1.00</td><td>1.00</td><td>1.00</td><td>1.00</td></tr>
<tr><td>机械</td><td>电动空气压缩机 3m³/min</td><td>台班</td><td>—</td><td>2.260</td><td>1.130</td><td>1.790</td><td>0.940</td></tr>
</table>

工作内容：除锈，清扫，打磨，刷环氧富锌、云铁中间层涂料等。　　**计量单位：**$100m^2$

编号				14-157	14-158
项目				金属面	
				环氧富锌底漆	环氧云铁中间漆
				每一遍	
名称			单位	消耗量	
人工	合计工日		工日	1.815	2.366
	其中	普工	工日	0.363	0.473
		一般技工	工日	0.635	0.828
		高级技工	工日	0.817	1.065
材料	环氧富锌底层涂料		kg	20.100	—
	氯化橡胶云铁中间层涂料		kg	—	40.580
	专用稀释剂		kg	4.010	8.020
	T31 固化剂		kg	4.010	8.020
	其他材料费		%	1.00	1.00

工作内容：除锈、清扫、打磨、刷耐高温防腐漆等。　　**计量单位：**$100m^2$

编号				14-159	14-160	14-161	14-162
项目				金属面			
				耐高温防腐漆		改性沥青漆	
				面漆		三遍	每增加一遍
				二遍	每增加一遍		
名称			单位	消耗量			
人工	合计工日		工日	14.331	5.212	7.063	2.257
	其中	普工	工日	2.866	1.043	1.413	0.451
		一般技工	工日	5.016	1.824	2.472	0.790
		高级技工	工日	6.449	2.345	3.178	1.016
材料	耐高温防腐底漆		kg	34.000	17.000	—	—
	耐高温防腐面漆		kg	24.000	12.500	—	—
	耐高温防腐稀释剂		kg	2.400	1.200	—	—
	改性沥青漆		kg	—	—	19.660	6.550
	油漆溶剂油		kg	—	—	21.840	7.280
	清油		kg	—	—	2.149	0.716
	砂纸		张	30.000	5.000	20.000	2.500
	其他材料费		%	1.00	1.00	1.00	1.00

工作内容：除锈、清扫、打磨、刷氯化橡胶漆等。　　　　**计量单位：**100m²

编号				14-163	14-164	14-165	14-166
项目				金属面			
				氯化橡胶漆			
				底漆	中间漆		面漆
				一遍		每增一遍	一遍
名称			单位	消耗量			
人工	合计工日		工日	7.166	5.863	5.863	5.212
	其中	普工	工日	1.433	1.173	1.173	1.043
		一般技工	工日	2.508	2.052	2.052	1.824
		高级技工	工日	3.225	2.638	2.638	2.345
材料	氯化橡胶底漆		kg	29.500	—	—	—
	氯化橡胶中间漆		kg	—	20.000	18.000	—
	氯化橡胶面漆		kg	—	—	—	18.000
	NSJ-Ⅱ稀释剂		kg	1.800	1.000	1.000	0.900
	砂纸		张	15.000	15.000	—	—
	其他材料费		%	1.00	1.00	1.00	1.00

工作内容：除锈、清扫、打磨、刷互穿网络防腐漆等。　　　　**计量单位：**100m²

编号				14-167	14-168	14-169	14-170
项目				金属面			
				互穿网络防腐漆			
				底漆		面漆	
				二遍	每增加一遍	二遍	每增加一遍
名称			单位	消耗量			
人工	合计工日		工日	13.028	5.863	10.396	5.212
	其中	普工	工日	2.605	1.173	2.079	1.043
		一般技工	工日	4.560	2.052	3.639	1.824
		高级技工	工日	5.863	2.638	4.678	2.345
材料	互穿网络底漆		kg	40.000	19.000	—	—
	互穿网络面漆		kg	—	—	36.000	18.000
	互穿网络稀释剂		kg	4.000	0.190	3.600	1.800
	砂纸		张	30.000	5.000	—	—
	其他材料费		%	1.00	1.00	1.00	1.00

2. 金属面其他油漆

工作内容: 除锈、清扫、打磨、刷调和漆等。　　　　**计量单位:** 100m²

编　号				14-171	14-172
项　目				金属面	
				调和漆二遍	调和漆每增加一遍
名　称			单位	消　耗　量	
人工	合计工日		工日	3.618	1.696
	其中	普工	工日	0.724	0.339
		一般技工	工日	1.266	0.594
		高级技工	工日	1.628	0.763
材料	酚醛调和漆 各色		kg	16.550	8.280
	油漆溶剂油		kg	0.880	0.440
	砂纸		张	8.150	0.060
	其他材料费		%	1.00	1.00

工作内容: 除锈、清扫、打磨、刷醇酸磁漆等。　　　　**计量单位:** 100m²

编　号				14-173	14-174
项　目				金属面	
				醇酸磁漆	
				二遍	每增加一遍
名　称			单位	消　耗　量	
人工	合计工日		工日	4.085	1.919
	其中	普工	工日	0.817	0.383
		一般技工	工日	1.430	0.672
		高级技工	工日	1.838	0.864
材料	醇酸磁漆　各色		kg	15.584	7.792
	醇酸漆稀释剂		kg	0.828	0.414
	砂纸		张	8.000	4.000
	其他材料费		%	1.00	1.00

工作内容：1. 除锈、清扫、打磨、刷油漆等。

2. 除锈，清扫，刷防锈漆，满刮抗裂腻子三遍、光面腻子二遍，刷底漆、中间漆、金属氟碳漆、氟碳罩面清漆等。

计量单位：100m²

编号				14-175	14-176	14-177
项目				金属面		
				银粉漆二遍	红丹防锈漆一遍	氟碳漆
名称			单位	消耗量		
人工	合计工日		工日	3.618	2.063	24.840
	其中	普工	工日	0.724	0.413	4.968
		一般技工	工日	1.266	0.722	8.694
		高级技工	工日	1.628	0.928	11.178
材料	酚醛防锈漆 红丹		kg	—	—	24.093
	氟碳漆用光面腻子粉		kg	—	—	85.554
	丙烯酸聚氨酯底漆		kg	—	—	7.975
	丙烯酸聚氨酯中间漆		kg	—	—	15.816
	丙烯酸聚氨酯稀释剂		kg	—	—	14.217
	金属氟碳漆面漆		kg	—	—	17.425
	氟碳漆面漆稀释剂		kg	—	—	4.784
	丙烯酸聚氨酯固化剂		kg	—	—	4.254
	氟碳罩面清漆		kg	—	—	6.017
	氟碳漆固化剂		kg	—	—	1.576
	醇酸防锈漆 红丹		kg	—	12.180	—
	清油		kg	7.623	—	—
	银粉		kg	1.890	—	—
	油漆溶剂油		kg	19.000	0.640	—
	砂纸		张	6.000	—	—
	水		m^3	—	—	0.010
	其他材料费		%	1.00	1.00	1.00

3. 金属面防火涂料

工作内容：除锈、清扫、打磨、喷刷防火涂料等。　　　　**计量单位：**$100m^2$

编　号				14-178	14-179
项　目				金属面	
				超薄型防火涂料（耐火时间≥ 1h）	
				涂层厚度（mm）	
				2.0	每增减 0.5
名　称			单位	消　耗　量	
人工	合计工日		工日	3.472	0.421
	其中	普工	工日	0.695	0.085
		一般技工	工日	1.215	0.147
		高级技工	工日	1.562	0.189
材料	超薄型防火涂料		kg	330.000	82.500
	防火涂料稀释剂		kg	36.360	9.000
机械	电动空气压缩机　$3m^3/min$		台班	0.800	0.100

工作内容：除锈、清扫、打磨、喷刷防火涂料等。　　　　**计量单位：**$100m^2$

编　号				14-180	14-181
项　目				金属面	
				薄型防火涂料（耐火时间≥ 1h）	
				涂层厚度（mm）	
				5.0	每增减 0.5
名　称			单位	消　耗　量	
人工	合计工日		工日	3.974	0.476
	其中	普工	工日	0.795	0.095
		一般技工	工日	1.391	0.167
		高级技工	工日	1.788	0.214
材料	薄型防火涂料		kg	550.000	55.000
机械	电动空气压缩机　$3m^3/min$		台班	0.920	0.110

工作内容：除锈、清扫、打磨、喷刷防火涂料等。 **计量单位：**100m²

编号				14-182	14-183
项目				金属面	
				厚型防火涂料（耐火时间≥2h）	
				涂层厚度（mm）	
				25.0	每增减5.0
名称			单位	消耗量	
人工	合计工日		工日	8.820	1.510
	其中	普工	工日	1.764	0.301
		一般技工	工日	3.087	0.529
		高级技工	工日	3.969	0.680
材料	厚型防火涂料		kg	2 750.000	550.000
	水		m^3	0.900	0.300
机械	电动空气压缩机 $3m^3/min$		台班	4.350	0.940

五、抹灰面油漆

1. 调和漆、真石漆、氟碳漆

工作内容：1. 清扫，打磨，满刮腻子一遍，刷底油、调和漆等。
2. 清扫、打磨、刷调和漆等。

计量单位：100m²

编号				14-184	14-185
项目				调和漆	
				墙面	
				满刮腻子、底油一遍、调和漆二遍	每增加一遍调和漆
名称			单位	消耗量	
人工	合计工日		工日	4.381	0.913
	其中	普工	工日	0.877	0.182
		一般技工	工日	1.533	0.320
		高级技工	工日	1.971	0.411
材料	醇酸无光调和漆		kg	9.270	8.807
	醇酸调和漆 白		kg	9.270	—
	油漆溶剂油		kg	6.136	1.040
	成品腻子粉		kg	124.950	—
	熟桐油		kg	1.560	—
	清油		kg	1.538	—
	水		m^3	0.060	—
	砂纸		张	9.090	1.000
	其他材料费		%	1.00	1.00

工作内容：1. 清扫，打磨，满刮腻子二遍，刷底漆、真石漆、罩面漆等。
2. 清扫，打磨，满刮抗裂腻子三遍、光面腻子二遍，刷底漆、中涂漆、金属漆、罩面漆等。
3. 清扫、打磨、满刮腻子二遍、刷底漆和面漆等。

计量单位：$100m^2$

编号				14-186	14-187	14-188
项目				真石漆	氟碳漆	裂纹漆
				墙面		
名称			单位	消耗量		
人工	合计工日		工日	29.323	33.655	27.510
	其中	普工	工日	5.865	6.731	5.501
		一般技工	工日	10.263	11.779	9.629
		高级技工	工日	13.195	15.145	12.380
材料	硝基清漆		kg	—	—	12.846
	硝基漆稀释剂		kg	—	—	3.243
	裂纹漆		kg	—	—	17.337
	硝基磁漆		kg	—	—	23.204
	清油		kg	—	—	9.823
	醇酸清漆		kg	27.675	—	—
	醇酸漆稀释剂		kg	3.120	—	—
	真石漆		kg	416.000	—	—
	真石面漆		kg	31.200	—	—
	成品腻子粉		kg	198.450	—	198.450
	氟碳漆用抗裂腻子粉		kg	—	277.200	—
	氟碳漆用光面腻子粉		kg	—	198.450	—
	丙烯酸聚氨酯底漆		kg	—	8.088	—
	丙烯酸聚氨酯中间漆		kg	—	16.054	—
	丙烯酸聚氨酯固化剂		kg	—	4.239	—
	丙烯酸聚氨酯稀释剂		kg	—	14.237	—
	金属氟碳漆面漆		kg	—	17.670	—
	氟碳罩面清漆		kg	—	6.109	—
	氟碳漆固化剂		kg	—	1.572	—
	氟碳漆面漆稀释剂		kg	—	4.786	—
	水		m^3	0.095	0.135	0.095
	砂纸		张	8.080	12.000	12.400
	其他材料费		%	1.00	0.90	0.50

2. 过氯乙烯漆

工作内容： 1. 五遍成活：清扫，打磨，补嵌腻子，刷底漆一遍、磁漆二遍、清漆二遍等。

2. 每增加一遍：清扫、打磨、刷底漆（磁漆、清漆）等。　　**计量单位：** $100m^2$

编　　号				14-189	14-190	14-191	14-192
项　　目				过氯乙烯漆			
				墙面			
				五遍成活	每增加一遍		
					底漆	磁漆	清漆
名　　称			单位	消　耗　量			
人工	合计工日		工日	7.131	1.169	1.210	1.210
	其中	普工	工日	1.426	0.234	0.241	0.241
		一般技工	工日	2.496	0.409	0.424	0.424
		高级技工	工日	3.209	0.526	0.545	0.545
材料	过氯乙烯漆稀释剂 X3		kg	26.312	3.848	3.432	7.800
	过氯乙烯底漆（综合）		kg	13.287	13.287	—	—
	过氯乙烯磁漆 G52-1		kg	26.780	—	13.390	—
	过氯乙烯清漆（综合）		kg	36.050	—	—	18.025
	过氯乙烯腻子		kg	3.090	—	—	—
	砂纸		张	30.000	2.500	2.500	2.500
	其他材料费		%	1.00	1.00	1.00	1.00

3.乳 胶 漆

工作内容：1. 清扫，打磨，满刮腻子二遍，刷底漆一遍、乳胶漆二遍等。
2. 清扫、打磨、刷乳胶漆等。

计量单位：$100m^2$

编 号				14-193	14-194	14-195	14-196	14-197
项 目				乳胶漆				
				室外		室内		
				墙面	每增加一遍	墙面	天棚面	每增加一遍
				二遍		二遍		
名 称			单位	消 耗 量				
人工	合计工日		工日	9.213	1.847	7.798	9.747	1.847
	其中	普工	工日	1.842	0.370	1.560	1.950	0.370
		一般技工	工日	3.225	0.646	2.729	3.411	0.646
		高级技工	工日	4.146	0.831	3.509	4.386	0.831
材料	苯丙清漆		kg	11.620	—	11.620	11.620	—
	苯丙乳胶漆 外墙用		kg	28.080	12.480	—	—	—
	苯丙乳胶漆 内墙用		kg	—	—	27.810	27.810	12.360
	成品腻子粉		kg	198.450	—	198.450	198.450	—
	油漆溶剂油		kg	1.291	—	1.291	1.291	—
	水		m^3	0.100	0.002	0.100	0.100	0.002
	砂纸		张	10.100	4.000	10.100	10.100	4.000
	其他材料费		%	0.90	0.90	0.90	0.90	0.90

工作内容：清扫、打磨、补嵌腻子、刷乳胶漆等。　　**计量单位：**100m^2

编号			14-198	14-199	14-200
项目			乳胶漆		
			室内拉毛面	石膏饰物	混凝土花格窗、栏杆、花饰
			二遍		
名称		单位	消耗量		
人工	合计工日	工日	6.218	28.500	7.757
	其中 普工	工日	1.244	5.700	1.551
	其中 一般技工	工日	2.176	9.975	2.715
	其中 高级技工	工日	2.798	12.825	3.491
材料	苯丙清漆	kg	23.240	11.620	—
	苯丙乳胶漆 内墙用	kg	55.620	27.810	—
	苯丙乳胶漆 外墙用	kg	—	—	56.160
	成品腻子粉	kg	—	9.923	—
	油漆溶剂油	kg	2.580	1.290	—
	砂纸	张	6.000	6.262	6.000
	水	m^3	0.020	0.010	0.010
	其他材料费	%	0.90	0.80	0.90

工作内容:清扫、打磨、补嵌腻子、刷乳胶漆等。 **计量单位**:100m

编号				14-201	14-202	14-203
项目				乳胶漆		
				线条(宽度 mm)		
				≤50	≤100	≤150
名称			单位	消耗量		
人工	合计工日		工日	2.257	3.088	4.225
	其中	普工	工日	0.451	0.617	0.845
		一般技工	工日	0.790	1.081	1.479
		高级技工	工日	1.016	1.390	1.901
材料	苯丙清漆		kg	1.390	2.090	3.020
	苯丙乳胶漆 内墙用		kg	3.333	5.010	7.229
	成品腻子粉		kg	1.186	1.789	2.577
	油漆溶剂油		kg	0.150	0.230	0.340
	砂纸		张	0.747	1.131	1.626
	水		m^3	0.001	0.002	0.003
	其他材料费		%	1.00	1.00	1.00

4. 耐　磨　漆

工作内容：清扫、打磨、满刮腻子、刷防护涂料、刷油漆、磨退等。

编　号				14-204	14-205	14-206	14-207
项　目				KCM 耐磨漆			
				地面		踢脚线	
				三遍	每增减一遍	三遍	每增减一遍
				$100m^2$		100m	
名　称			单位	消　耗　量			
人工	合计工日		工日	11.108	2.869	2.009	0.806
	其中	普工	工日	2.221	0.574	0.402	0.161
		一般技工	工日	3.888	1.005	0.703	0.282
		高级技工	工日	4.999	1.290	0.904	0.363
材料	KCM 清漆		kg	4.700	3.500	0.700	0.500
	KCM 色漆		kg	12.000	—	1.700	—
	水泥 42.5		kg	60.000	—	8.400	—
	建筑胶		kg	25.800	—	3.600	—
	二甲苯		kg	1.600	1.100	0.200	0.100
	其他材料费		%	1.00	0.20	0.90	1.00

六、喷 刷 涂 料

1. 涂　　料

工作内容：1. 清扫、打磨、满刮腻子二遍、刷涂料等。
2. 清扫、打磨、刷涂料等。

计量单位：$100m^2$

编　号				14-208	14-209	14-210
项　目				内墙涂料		
				墙面	天棚面	每增加一遍
				二遍		
名　称			单位	消　耗　量		
人工	合计工日		工日	7.008	8.759	1.950
	其中	普工	工日	1.401	1.751	0.389
		一般技工	工日	2.453	3.066	0.683
		高级技工	工日	3.154	3.942	0.878
材料	内墙涂料		kg	38.110	38.110	17.510
	成品腻子粉		kg	198.450	198.450	—
	水		m^3	0.101	0.101	0.003
	砂纸		张	10.100	10.100	4.000
	其他材料费		%	0.90	0.90	0.90

工作内容：1. 清扫、打磨、满刮腻子一遍、刮涂料等。
2. 清扫、打磨、刮涂料等。

计量单位：100m²

编号				14-211	14-212	14-213
项目				仿瓷涂料		
				墙面	天棚面	每增加一遍
				三遍		
名称			单位	消耗量		
人工	合计工日		工日	9.025	11.281	1.615
	其中	普工	工日	1.805	2.257	0.323
		一般技工	工日	3.159	3.948	0.565
		高级技工	工日	4.061	5.076	0.727
材料	仿瓷涂料		kg	127.000	127.000	38.000
	成品腻子粉		kg	124.950	124.950	—
	水		m^3	0.060	0.060	—
	砂纸		张	7.000	7.000	4.000
	其他材料费		%	1.00	1.00	1.00

工作内容：清扫，打磨，满刮腻子二遍，调刷底漆、中间漆、面漆等。　　　　**计量单位：**100m²

编　　号				14-214	14-215
项　　目				凹凸型涂料	多彩涂料
				墙面	
名　　称			单位	消　耗　量	
人工	合计工日		工日	7.495	6.545
	其中	普工	工日	1.499	1.309
		一般技工	工日	2.623	2.291
		高级技工	工日	3.373	2.945
材料	复层涂料骨浆（喷涂型）		kg	150.000	—
	多彩底涂料		kg	—	10.400
	多彩中涂料		kg	—	20.800
	多彩面涂料		kg	—	34.500
	水性耐候面漆（半光型）		kg	20.000	—
	水性中间（层）涂料		kg	20.000	—
	水性封底漆（普通）		kg	12.500	12.500
	成品腻子粉		kg	198.450	198.450
	水		m^3	0.095	0.095
	砂纸		张	4.200	4.200
	其他材料费		%	1.00	1.00

工作内容： 1. 清扫、打磨、满刮腻子二遍、刷涂料等。
2. 清扫、打磨、刷涂料等。

计量单位： 100m²

编　　号				14-216	14-217	14-218
项　　目				外墙丙烯酸酯涂料		
				墙面		混凝土花格窗栏杆花饰
				二遍	每增加一遍	二遍
名　　称			单位	消　耗　量		
人工	合计工日		工日	7.758	1.826	7.911
	其中	普工	工日	1.552	0.365	1.582
		一般技工	工日	2.715	0.639	2.769
		高级技工	工日	3.491	0.822	3.560
材料	高级丙烯酸外墙涂料 无光		kg	93.600	46.800	234.000
	成品腻子粉		kg	198.450	—	—
	水		m^3	0.113	0.009	0.045
	砂纸		张	10.100	4.000	6.000
	其他材料费		%	0.90	0.90	0.90

注： 每增加一遍子目适用于墙面子目。

2. 胶砂、彩砂喷涂

工作内容： 清扫、打磨、刮腻子、喷涂料、压平等。

计量单位： 100m²

编　　号				14-219	14-220
项　　目				胶砂喷涂	彩砂喷涂
				墙面	
名　　称			单位	消　耗　量	
人工	合计工日		工日	9.619	8.550
	其中	普工	工日	1.923	1.709
		一般技工	工日	3.367	2.993
		高级技工	工日	4.329	3.848
材料	砂胶料		kg	110.000	—
	丙烯酸彩砂涂料		kg	—	380.000
	白色硅酸盐水泥 32.5		t	—	0.030
	水		m^3	—	0.640
	其他材料费		%	1.00	1.00
机械	电动空气压缩机 $1m^3/min$		台班	1.200	0.710

3. 一 塑 三 油

工作内容：清扫、打磨、调制、刷底油、喷塑、胶辘、压平、刷面油等。 **计量单位：**100m²

编号			14-221	14-222	14-223	14-224
项目			一塑三油			
			墙面			
			大压花	中压花 喷大点	喷中点、 细点	平面
名称		单位	消耗量			
人工	合计工日	工日	10.355	9.310	8.427	4.845
人工	其中 普工	工日	2.071	1.861	1.686	0.969
人工	其中 一般技工	工日	3.624	3.259	2.949	1.696
人工	其中 高级技工	工日	4.660	4.190	3.792	2.180
材料	面层高光面油	kg	43.200	40.850	40.000	35.190
材料	中层涂料	kg	142.500	93.100	65.610	—
材料	底层硬化剂	kg	21.750	17.100	15.070	8.700
材料	水	m^3	0.200	0.200	0.200	0.100
材料	其他材料费	%	0.28	0.36	0.43	0.44
机械	电动空气压缩机 6m^3/min	台班	0.990	0.890	0.810	—

4. 美 术 涂 饰

工作内容： 清扫、打磨、涂熟桐油、满刮腻子二遍、磨光、刷底油、做花纹、刷漆等。　　**计量单位：** $100m^2$

编　号				14-225	14-226
项　目				仿木纹涂饰	仿石纹涂饰
				墙面	
名　称			单位	消　耗　量	
人工	合计工日		工日	14.891	10.189
	其中	普工	工日	2.978	2.038
		一般技工	工日	5.212	3.566
		高级技工	工日	6.701	4.585
材料	调和漆		kg	17.500	17.500
	无光调和漆		kg	4.300	4.300
	清油		kg	3.100	3.100
	醇酸稀释剂		kg	3.300	2.200
	熟桐油		kg	2.300	2.300
	油漆溶剂油		kg	5.000	5.000
	醇酸清漆		kg	5.200	—
	成品腻子粉		kg	198.450	198.450
	水		m^3	0.095	0.095
	砂纸		张	4.000	4.000
	其他材料费		%	0.20	0.20

5. 腻子及其他

工作内容：清扫、打磨、满刮腻子等。 **计量单位：**100m²

编号				14-227	14-228	14-229	14-230
项目				刮腻子			
				室外	室内		每增减一遍
				墙面		天棚面	
				二遍			
名称			单位	消耗量			
人工	合计工日		工日	5.205	4.732	5.915	2.117
	其中	普工	工日	1.041	0.946	1.183	0.423
		一般技工	工日	1.822	1.656	2.070	0.741
		高级技工	工日	2.342	2.130	2.662	0.953
材料	成品腻子粉		kg	198.450	198.450	198.450	99.225
	水		m^3	0.095	0.095	0.095	0.047
	水砂纸		张	4.000	4.000	4.000	2.000

工作内容：清扫、打磨、刷涂料等。 **计量单位：**100m²

编号				14-231	14-232	14-233	14-234
项目				抗碱封底涂料		防霉涂料	
				墙面	天棚面	墙面	天棚面
名称			单位	消耗量			
人工	合计工日		工日	2.100	2.625	3.150	3.950
	其中	普工	工日	0.420	0.525	0.629	0.789
		一般技工	工日	0.735	0.919	1.103	1.383
		高级技工	工日	0.945	1.181	1.418	1.778
材料	抗碱底涂料		kg	18.430	18.430	—	—
	耐水防霉涂料		kg	—	—	30.720	30.720
	其他材料费		%	1.00	1.00	1.00	1.00

工作内容：清扫、打磨、喷刷阻燃剂等。　　**计量单位：**100m²

编号				14-235	14-236
项目				喷刷阻燃剂	
				软包面	地毯面
名称			单位	消耗量	
人工	合计工日		工日	4.500	6.000
	其中	普工	工日	0.900	1.200
		一般技工	工日	1.575	2.100
		高级技工	工日	2.025	2.700
材料	高效阻燃剂		kg	56.000	69.000
	其他材料费		%	2.00	2.00

工作内容：清扫、打磨，天棚、墙、柱面板缝粘贴胶带等。　　**计量单位：**100m²

编号				14-237
项目				天棚、墙、柱面板缝粘贴胶带
名称			单位	消耗量
人工	合计工日		工日	3.758
	其中	普工	工日	0.752
		一般技工	工日	1.315
		高级技工	工日	1.691
材料	贴缝胶带 9m		卷	18.310
	其他材料费		%	1.00

七、裱　　糊

1.壁　　纸

工作内容：清扫、打磨、补嵌腻子、刷基膜、刷粘贴剂、铺贴壁纸等。　　　　**计量单位：**$100m^2$

编　　号				14-238	14-239	14-240
项　　目				墙面		
				普通壁纸		金属壁纸
				对花	不对花	
名　　称			单位	消　耗　量		
人工	合计工日		工日	7.346	5.222	11.973
	其中	普工	工日	1.469	1.044	2.394
		一般技工	工日	2.571	1.828	4.191
		高级技工	工日	3.306	2.350	5.388
材料	壁纸		m^2	116.000	110.000	—
	金属壁纸		m^2	—	—	115.000
	壁纸专用基膜		kg	16.590	16.590	16.590
	成品腻子粉		kg	51.450	51.450	51.450
	壁纸专用粘贴剂		kg	27.810	27.810	27.810
	水		m^3	0.030	0.030	0.030
	其他材料费		%	1.00	1.00	1.00

工作内容：清扫、打磨、补嵌腻子、刷基膜、刷粘贴剂、铺贴壁纸等。　　　**计量单位**：100m²

编　号				14-241	14-242	14-243
项　目				天棚面		
				普通壁纸		金属壁纸
				对花	不对花	
名　称			单位	消　耗　量		
人工	合计工日		工日	11.081	8.064	16.590
	其中	普工	工日	2.217	1.613	3.317
		一般技工	工日	3.878	2.822	5.807
		高级技工	工日	4.986	3.629	7.466
材料	壁纸		m^2	116.000	110.000	—
	金属壁纸		m^2	—	—	115.000
	壁纸专用基膜		kg	16.590	16.590	16.590
	成品腻子粉		kg	51.450	51.450	51.450
	壁纸专用粘贴剂		kg	27.810	27.810	27.810
	水		m^3	0.030	0.030	0.030
	其他材料费		%	1.00	1.00	1.00

2. 织　锦　缎

工作内容：清扫、打磨、补嵌腻子、刷基膜、配置贴面材料、裱糊刷胶、裁贴墙纸布等。　　　**计量单位**：100m²

编　号				14-244	14-245
项　目				墙面	天棚面
				贴织锦缎	
名　称			单位	消　耗　量	
人工	合计工日		工日	13.369	21.382
	其中	普工	工日	2.674	4.276
		一般技工	工日	4.679	7.484
		高级技工	工日	6.016	9.622
材料	织锦缎		m^2	116.000	116.000
	壁纸专用基膜		kg	16.590	16.590
	成品腻子粉		kg	51.450	51.450
	壁纸专用粘贴剂		kg	27.810	27.810
	水		m^3	0.030	0.030
	其他材料费		%	1.00	1.00

第十五章　其他装饰工程

说　　明

一、本章包括柜台、货架，压条、装饰线，扶手、栏杆、栏板装饰，暖气罩，浴厕配件，雨篷、旗杆，招牌、灯箱，美术字，石材、瓷砖加工九节。

二、柜台、货架。

1. 柜、台、架以现场加工、手工制作为主，按常用规格编制。设计与消耗量不同时，可另行补充。

2. 柜、台、架项目包括五金配件（设计有特殊要求者除外），未考虑压板拼花及饰面板上贴其他材料的花饰、造型艺术品。

3. 木质柜、台、架项目中板材按胶合板考虑，如设计为其他板材时，主材可以换算。

三、压条、装饰线。

1. 压条、装饰线均按成品安装考虑。

2. 装饰线条（顶角装饰线除外）按直线形在墙面安装考虑。墙、柱面安装圆弧形装饰线条、天棚面安装直线形和圆弧形装饰线条，按相应项目乘以系数执行：

（1）墙、柱面安装圆弧形装饰线条，人工乘以系数 1.20、材料乘以系数 1.10；

（2）天棚面安装直线形装饰线条，人工乘以系数 1.34；

（3）天棚面安装圆弧形装饰线条，人工乘以系数 1.60，材料乘以系数 1.10；

四、扶手、栏杆、栏板装饰。

1. 扶手、栏杆、栏板项目（护窗栏杆除外）适用于楼梯、走廊、回廊及其他装饰性扶手、栏杆、栏板。

2. 栏杆（带扶手）制作、安装项目主材用量与设计不同时，可调整主材用量。

3. 栏杆（带扶手）制作、安装项目已包括扶手弯头制作与安装的人工、材料。

4. 成品扶手、靠墙扶手项目已包括弯头安装，设计为成品整体弯头时，整体弯头安装另执行本章相应项目。

五、暖气罩。

1. 挂板式是指暖气罩直接钩挂在暖气片上；平墙式是指暖气片凹嵌入墙中，暖气罩与墙面平齐；明式是指暖气片全凸或半凸出墙面，暖气罩凸出于墙外。

2. 暖气罩项目未包括封边线、装饰线，另按本章相应装饰线条项目执行。

六、浴厕配件。

1. 石材洗漱台项目不包括石材磨边、倒角及开面盆洞口，另按本章相应项目执行。

2. 浴厕配件项目按成品安装考虑。

七、雨篷、旗杆。

1. 点支式、托架式雨篷的型钢、爪件的规格、数量是按常用做法考虑的，当设计要求与消耗量不同时，材料用量可以调整，人工、机械不变。托架式雨篷的斜拉杆另计。

2. 铝塑板、不锈钢面层雨篷项目按平面雨篷考虑，不包括雨篷侧面。

3. 旗杆项目按常用做法考虑，未包括旗杆基础、旗杆台座及其饰面。

八、招牌、灯箱。

1. 招牌、灯箱基层与骨架的连接固定，不论采用何种方式均不做调整。

2. 招牌、灯箱项目不包括广告牌喷绘、灯饰、灯光、店徽、其他艺术装饰及配套机械。

九、美术字。

1. 美术字项目均按成品安装考虑。

2. 美术字按最大外接矩形面积区分规格按相应项目执行。

3. 最大外接矩形面积≤4m^{2}的金属字、PVC 字、亚克力字项目按安装在钢骨架上考虑,项目中未包括钢骨架,另按本章“招牌、灯箱”一节中钢骨架项目执行。

十、石材、瓷砖加工。

石材、瓷砖加工项目按现场零星加工考虑。

工程量计算规则

一、柜台、货架。

柜台、货架工程量按各项目计量单位计算。其中以“m^2”为计量单位的项目，其工程量均按正立面的高度（包括脚的高度在内）乘以宽度计算。

二、压条、装饰线。

1. 压条、装饰线条按线条中心线长度计算。

2. 压条、装饰线条带45°割角者，按线条外边线长度计算。

3. 石膏角花、灯盘按设计图示数量计算。

三、扶手、栏杆、栏板装饰。

1. 栏杆、栏板、扶手（另做说明的除外）均按设计图示尺寸中心线长度（包括弯长度）计算。设计为成品整体弯头时，工程量需扣除整体弯头长度（设计不明确的，按每只整体弯头400mm计算）。

2. 成品栏杆栏板、护窗栏杆按设计图示尺寸中心线长度（不包括弯头长度）计算。

3. 整体弯头按设计图示数量计算。

四、暖气罩。

暖气罩（包括脚的高度在内）按边框外围尺寸垂直投影面积计算，成品暖气罩安装按设计图示数量计算。

五、浴厕配件。

1. 石材洗漱台按设计图示尺寸以展开面积计算，挡板、吊沿板面积并入其中，不扣除孔洞、挖弯、削角所占面积。

2. 石材台面面盆开孔按设计图示尺寸以孔洞面积计算。

3. 盥洗室台镜（带框）、盥洗室木镜箱按边框外围面积计算。

4. 盥洗室塑料镜箱、毛巾杆、毛巾环、浴帘杆、浴缸拉手、肥皂盒、卫生纸盒、晒衣架、晾衣绳等按设计图示数量计算。

六、雨篷、旗杆。

1. 雨篷按设计图示尺寸水平投影面积计算。

2. 不锈钢旗杆按设计图示数量计算。

3. 电动升降系统和风动系统按套数计算。

七、招牌、灯箱。

1. 木骨架按设计图示饰面尺寸正立面面积计算。

2. 钢骨架按设计图示尺寸乘以单位理论质量计算。

3. 基层板、面层板按设计图示饰面尺寸展开面积计算。

八、美术字。

美术字按设计图示数量计算。

九、石材、瓷砖加工。

1. 石材、瓷砖倒角、切割按块料设计倒角、切割长度计算。

2. 石材磨边按实际打磨长度计算。

3. 石材开槽按块料成型开槽长度计算。

4. 石材、瓷砖开孔按成型孔洞数量计算。

一、柜台、货架

工作内容：型材矫正、放样、下料，切割断料、组装，裁切、安装玻璃，镶贴面层，五金配件安装等。

计量单位：个

编号				15-1	15-2
项目				铝合金	
				柜台	货架
				1 500×900×500	1 500×2 000×500
名称			单位	消耗量	
人工	合计工日		工日	0.784	1.384
	其中	普工	工日	0.157	0.277
		一般技工	工日	0.274	0.484
		高级技工	工日	0.353	0.623
材料	铝合金型材（综合）		kg	12.992	17.313
	平板玻璃 δ5		m^2	5.888	4.260
	铝合金三节玻璃轮		个	4.080	8.160
	铸铝三爪		个	8.160	8.160
	门窗密封橡胶条		m	5.040	12.600
	镀锌自攻螺钉 ST（4～6）×（20～35）		10个	115.500	212.100
	防火胶板		m^2	0.825	6.116
	镜面玻璃		m^2	—	1.770
	铝合金门窗配件 角码		个	—	28.560
	其他材料费		%	1.00	1.00

工作内容：选料、下料、刨光、开榫打眼、骨架组装，贴防火板、面层装饰，裁切、安装玻璃，五金配件安装等。

计量单位：个

编号				15-3	15-4	15-5
项目				木质柜台		
				四面玻璃不带框	半玻带框	普通角柜
				1 500 × 900 × 500		1 400 × 900 × 500
名称			单位	消耗量		
人工	合计工日		工日	2.400	2.416	3.304
	其中	普工	工日	0.480	0.483	0.661
		一般技工	工日	0.840	0.846	1.156
		高级技工	工日	1.080	1.087	1.487
材料	板枋材 杉木		m^3	0.039	—	—
	椴木阴角线条		m	21.030	—	—
	胶合板 δ9		m^2	1.113	—	—
	胶合板 δ18		m^2	—	5.166	4.652
	平板玻璃 δ5		m^2	4.661	0.850	0.649
	平板玻璃 δ8		m^2	1.156	—	—
	平板玻璃 δ10		m^2	—	2.313	2.254
	柜台用钢制镀铬支柱 AA 支柱		m	1.616	—	—
	柜台用钢制镀铬支架 250mm		只	4.040	—	—
	铝合金门窗配件 无框玻璃上下轨		m	3.060	2.856	2.162
	玻璃胶 300mL		支	1.575	1.134	1.155
	防火胶板		m^2	3.388	—	—
	万能胶		kg	1.134	1.344	1.271
	气排钉 L20 2 000 个 / 盒		盒	0.053	—	—
	聚醋酸乙烯乳液		kg	0.315	0.840	0.840
	玻璃锁		把	1.020	1.020	1.020
	木龙骨		m^3	—	0.011	0.011
	防火胶板 δ1.0		m^2	—	4.037	4.114
	镜面不锈钢板 δ1.0		m^2	—	0.198	0.198
	圆钉 16（5/8″）		kg	—	0.100	—
	圆钉 30 ~ 45		kg	—	—	0.602
	圆钉 50 ~ 75		kg	—	0.180	—
	铜插销 65		个	—	1.020	—
	抽屉锁		把	—	1.020	1.020
	合页 65		个	—	—	4.080
	插销 50		个	—	—	1.020
机械	电动空气压缩机 $0.3m^3/min$		台班	0.080	—	—
	木工圆锯机 500mm		台班	0.120	0.200	0.180
	木工单面压刨床 600mm		台班	0.120	0.200	0.180

工作内容： 1. 酒吧台：下料、刨光、划线、成型，调制粘贴剂，石材切割磨边、粘贴、擦缝，五金配件安装、配合酒吧设备安装等。

2. 酒吧吊柜、背柜：下料、刨光、划线、成型，贴饰面板，五金配件安装、配合酒吧设备安装等。

计量单位：m

编号				15-6	15-7	15-8
项目				酒吧台	酒吧吊柜	酒吧背柜
名称			单位	消耗量		
人工	合计工日		工日	1.358	1.253	2.303
	其中	普工	工日	0.272	0.250	0.461
		一般技工	工日	0.475	0.439	0.806
		高级技工	工日	0.611	0.564	1.036
材料	圆钉 50 ~ 75		kg	0.265	0.265	0.479
	木龙骨		m^3	0.015	0.020	0.034
	胶合板 δ9		m^2	3.728	—	0.935
	木质饰面板 δ3		m^2	2.057	3.322	4.686
	云石 AB 胶		kg	0.179	—	—
	聚醋酸乙烯乳液		kg	1.428	1.712	3.392
	石材饰面板		m^2	0.477	—	—
	木踢脚线 100		m^2	0.159	—	—
	塑料透光片		m^2	0.137	0.242	—
	木平面装饰线条 20×5		m	—	—	8.554
	木平面装饰线条 25×10		m	—	4.346	—
	木平面装饰线条 30×10		m	3.975	—	—
	木半圆形装饰线条 20		m	1.537	—	—
	木半圆形装饰线条 60		m	1.537	—	—
	气排钉 L20 2 000 个 / 盒		盒	0.441	0.441	1.050
	镜面玻璃		m^2	—	1.730	1.510
	双面强力弹性胶带		m	—	9.030	—
	胶合板 δ5		m^2	—	1.922	3.087
	胶合板 δ18		m^2	—	2.804	3.465
	玻璃胶 300mL		支	—	1.586	—
	不锈钢碰珠		个	—	—	11.281
	铝合金下滑轨		m	—	—	1.040
	铝合金门窗配件 无框玻璃上下轨		m	—	—	1.040
	平板磨边玻璃 δ8		m^2	—	—	0.932
	木阴角线条 50×50		m	—	—	0.816
	木半圆形装饰线条 40		m	—	—	1.431
机械	木工圆锯机 500mm		台班	0.180	0.240	0.440
	木工单面压刨床 600mm		台班	0.180	0.240	0.440
	电动空气压缩机 $0.3m^3/min$		台班	0.180	0.240	0.440

工作内容：刨光、划线，截角线，拼装，钉贴基层板、贴饰面板，五金配件安装等。 **计量单位：**m^2

编号				15-9	15-10	15-11
项目				嵌入式木壁柜	附墙矮柜	隔断木衣柜
名称			单位	消耗量		
人工	合计工日		工日	0.770	0.987	0.861
	其中	普工	工日	0.153	0.198	0.173
		一般技工	工日	0.270	0.345	0.301
		高级技工	工日	0.347	0.444	0.387
材料	榉木线条 25×5		m	9.296	13.155	19.631
	镀锌自攻螺钉 ST（4～6）×（20～35）		10个	13.650	24.150	16.800
	气排钉 L20 2 000 个/盒		盒	1.061	0.756	1.008
	圆钉 50～75		kg	0.224	0.224	0.224
	铜合页 50		个	3.335	5.916	4.009
	木拉手		个	1.336	2.958	4.804
	胶合板 δ9		m^2	4.830	2.562	2.583
	胶合板 δ18		m^2	1.061	1.932	2.489
	木质饰面板 δ3		m^2	6.050	4.114	6.732
	聚醋酸乙烯乳液		kg	3.423	2.457	3.255
	红榉木装饰皮		m^2	—	0.968	—
	木阴角线条 12×12		m	—	5.205	—
	抽屉轨 350		副	—	—	0.806
	木龙骨		m^3	—	—	0.011
	胶合板 δ12		m^2	—	—	0.399
机械	木工圆锯机 500mm		台班	0.150	0.190	0.160
	电动空气压缩机 0.3m^3/min		台班	0.150	0.190	0.160
	木工单面压刨床 600mm		台班	—	—	0.160

工作内容：刨光、划线，截角线，拼装，钉贴基层板、贴饰面板，五金配件安装等。 **计量单位：**m

编号			15-12	15-13	15-14
项目			附墙书柜	附墙衣柜	附墙酒柜
名称		单位	消耗量		
人工	合计工日	工日	1.043	0.994	0.959
人工	其中 普工	工日	0.209	0.199	0.191
人工	其中 一般技工	工日	0.365	0.348	0.336
人工	其中 高级技工	工日	0.469	0.447	0.432
材料	红榉木装饰皮	m^2	0.341	—	—
材料	木阴角线条 12×12	m	5.459	—	—
材料	榉木线条 25×5	m	11.819	8.257	7.123
材料	木半圆形装饰线条 10	m	3.540	—	—
材料	磨砂玻璃 δ5	m^2	0.319	—	—
材料	镀锌沉头木螺钉 L40	个	23.100	—	—
材料	镀锌自攻螺钉 ST(4～6)×(20～35)	10个	4.620	11.865	10.710
材料	气排钉 L20 2 000个/盒	盒	1.061	0.693	0.662
材料	圆钉 50～75	kg	0.224	0.224	0.224
材料	胶合板 δ3	m^2	0.578	2.090	1.701
材料	胶合板 δ9	m^2	3.045	1.103	1.103
材料	胶合板 δ12	m^2	—	0.998	0.819
材料	胶合板 δ18	m^2	1.649	1.964	1.964
材料	木质饰面板 δ3	m^2	5.863	4.763	4.565
材料	铜合页 50	个	5.559	—	0.551
材料	木拉手	个	2.224	—	0.275
材料	聚醋酸乙烯乳液	kg	3.444	2.237	2.142
材料	铝合金门窗配件 路轨	m	—	0.469	0.469
材料	铝合金门窗配件 滚轮	个	—	1.642	1.102
材料	铝合金下滑轨	m	—	0.469	0.347
材料	门碰珠 40	个	—	—	0.275
材料	石材饰面板	m^2	—	—	0.064
材料	平板玻璃 δ8	m^2	—	—	0.070
材料	镜面玻璃 δ5	m^2	—	—	0.165
材料	玻璃胶 300mL	支	—	—	0.242
机械	木工圆锯机 500mm	台班	0.200	0.190	0.180
机械	电动空气压缩机 $0.3m^3/min$	台班	0.200	0.190	0.180

工作内容：下料、刨光、制裁，钉夹板、贴台面板，五金配件安装等。 **计量单位：**m^2

编号				15-15	15-16
项目				厨房矮柜	
				大理石台面	复合板台面
名称			单位	消耗量	
人工	合计工日		工日	1.554	1.379
	其中	普工	工日	0.311	0.275
		一般技工	工日	0.544	0.483
		高级技工	工日	0.699	0.621
材料	石材饰面板		m^2	0.848	—
	圆钉 30 ~ 45		kg	0.004	0.051
	胶合板 $\delta 3$		m^2	1.103	1.586
	胶合板 $\delta 9$		m^2	0.819	0.777
	胶合板 $\delta 18$		m^2	4.421	4.946
	聚醋酸乙烯乳液		kg	0.179	0.252
	木龙骨		m^3	0.004	0.004
	铜合页 50		个	4.876	5.202
	弓形拉手 75		个	4.468	4.682
	门碰珠 40		个	2.438	2.601
	抽屉轨 350		副	2.030	2.081
	中密度防火复合板 396 × 2 400 × 15		m^2	—	1.029
	玻璃胶 300mL		支	—	0.399
机械	木工圆锯机 600mm		台班	0.003	0.003
	木工平刨床 300mm		台班	0.001	0.001

工作内容：刨光、制裁，钉（粘）夹板，五金配件安装等。　　　　**计量单位：**m²

编号				15-17	15-18
项目				吊橱	壁橱
名称			单位	消耗量	
人工	合计工日		工日	1.694	1.071
	其中	普工	工日	0.339	0.214
		一般技工	工日	0.593	0.375
		高级技工	工日	0.762	0.482
材料	膨胀螺栓 M8×80		10个	5.049	2.111
	圆钉 50～75		kg	0.112	0.275
	铜合页 50		个	8.405	6.324
	门碰珠 40		个	4.202	1.581
	铁件（综合）		kg	1.691	—
	木拉手		个	4.202	3.162
	木材（成材）		m^3	0.002	0.002
	胶合板 δ3		m^2	—	1.103
	胶合板 δ18		m^2	4.589	3.234
	聚醋酸乙烯乳液		kg	0.221	0.242
机械	木工圆锯机 600mm		台班	0.044	0.033
	木工平刨床 300mm		台班	0.081	0.002

工作内容：下料、刨光、划线、成型，钉贴基层板、贴饰面板、裁安玻璃，五金配件安装等。

计量单位：m^2

编　号				15-19	15-20	15-21
项　目				衣服货架	袜子货架	文胸货架
名　称			单位	消　耗　量		
人工	合计工日		工日	0.791	0.791	0.875
	其中	普工	工日	0.158	0.158	0.175
		一般技工	工日	0.277	0.277	0.306
		高级技工	工日	0.356	0.356	0.394
材料	铝合金门夹轮		个	2.081	—	—
	防火胶板 δ1.0		m^2	1.221	—	—
	木平面装饰线条 10×10		m	1.124	—	—
	镜面玻璃 δ5		m^2	0.673	—	—
	平板磨边玻璃 δ8		m^2	0.413	—	0.413
	镀锌沉头木螺钉 L40		个	11.550	9.450	8.400
	气排钉 L20 2 000 个/盒		盒	0.242	0.357	0.210
	圆钉 50～75		kg	0.224	0.224	0.224
	柜台用钢制镀铬支柱 AA 支柱		m	1.182	0.646	—
	镀铬山字槽		m	0.212	—	—
	胶合板 δ5		m^2	1.775	—	—
	胶合板 δ9		m^2	—	1.554	—
	胶合板 δ15		m^2	1.596	—	3.591
	玻璃胶 300mL		支	0.347	—	0.735
	万能胶 1kg/瓶		kg	0.557	—	—
	木平面装饰线条 20×10		m	0.562	0.466	—
	有机玻璃灯片		m^2	0.071	0.212	0.142
	有机玻璃灯格片		m^2	0.159	—	—
	柜台用钢制镀铬支架 350mm		只	2.060	—	—
	木龙骨		m^3	0.013	—	—
	铜合页 50		个	—	1.663	2.081
	木拉手		个	—	0.836	0.418
	木质饰面板 δ3		m^2	—	2.574	1.309
	聚醋酸乙烯乳液		kg	—	1.166	0.588
	门碰珠 40		个	—	0.204	—
	不锈钢挑衣架		个	—	1.244	—
	不锈钢装饰矩形管 50×25×0.7		m	—	1.293	—
机械	木工圆锯机 500mm		台班	0.150	0.150	0.170
	电动空气压缩机 $0.3m^3/min$		台班	0.150	0.150	0.170
	木工单面压刨床 600mm		台班	0.150	—	—

工作内容：1. 木质靠墙展衣架：选料、下料、制作、安装、面层装饰等。
2. 博古架：选料、下料、制作与安装等。
3. 服务台：定位、划线、木龙骨制作与安装、安装基层板；型钢架制作与安装及刷防锈漆一遍，调制砂浆、贴大理石饰面板等。

编号				15-22	15-23	15-24
项目				木质靠墙展衣架	博古架（板厚 mm）	服务台
				1 400×260	18	
				m	m^2	
名称			单位	消耗量		
人工	合计工日		工日	2.415	0.868	0.973
	其中	普工	工日	0.483	0.173	0.194
		一般技工	工日	0.845	0.304	0.341
		高级技工	工日	1.087	0.391	0.438
材料	板枋材 杉木		m^3	0.019	—	0.014
	胶合板 δ5		m^2	—	—	1.218
	胶合板 δ18		m^2	2.867	3.092	—
	防火胶板 δ1.0		m^2	2.321	—	—
	万能胶 1kg/瓶		kg	0.777	—	—
	聚醋酸乙烯乳液		kg	0.252	0.105	0.494
	圆钉 30～45		kg	0.031	0.053	—
	圆钉 50～75		kg	—	—	0.041
	不锈钢装饰圆管 22.2×1.0		m	1.018	—	—
	不锈钢法兰底座 25		个	1.444	—	—
	木龙骨		m^3	—	—	0.008
	硬木踢脚线 120×15		m^2	—	—	0.117
	半圆头木螺钉 L16		个	—	—	4.200
	地板胶水		kg	—	—	0.032
	角钢 50		t	—	—	0.015
	白色硅酸盐水泥 32.5		t	—	—	0.001
	石材饰面板		m^2	—	—	2.010
	密封胶 XY02#		kg	—	—	0.414
	云石 AB 胶		kg	—	—	0.063
	氧气		m^3	—	—	0.035
	乙炔气		m^3	—	—	0.015
	水泥砂浆 1∶2.5		m^3	—	—	0.034
	素水泥浆		m^3	—	—	0.001
	建筑胶		kg	—	—	0.042
	不锈钢固定连接件		个	—	—	2.091
	不锈钢六角螺栓带螺母 M6×25		套	—	—	2.091
	低碳钢焊条 J422 ϕ4.0		kg	—	—	0.420
	红丹防锈漆		kg	—	—	0.082
	气排钉 L20 2 000 个/盒		盒	—	—	0.066
	其他材料费		%	—	—	1.00
机械	电动空气压缩机 0.3m^3/min		台班	—	—	0.012
	交流弧焊机 21kV·A		台班	—	—	0.020
	木工多用机床		台班	0.200	—	—

二、压条、装饰线

1. 木 装 饰 线

工作内容：定位、划线、下料、刷胶、安装线条等。 **计量单位：**100m

编号				15-25	15-26	15-27	15-28	15-29
项目				木装饰线				
				平面线				
				宽度（mm）				
				≤25	≤50	≤100	≤150	≤200
名称			单位	消耗量				
人工	合计工日		工日	2.012	2.376	2.765	3.164	3.467
	其中	普工	工日	0.403	0.475	0.553	0.633	0.694
		一般技工	工日	0.704	0.832	0.968	1.107	1.213
		高级技工	工日	0.905	1.069	1.244	1.424	1.560
材料	木平面装饰线条 20×20		m	—	—	—	—	106.000
	木平面装饰线条 25×13		m	106.000	—	—	—	—
	木平面装饰线条 50×10		m	—	106.000	—	—	—
	木平面装饰线条 100×20		m	—	—	106.000	—	—
	木平面装饰线条 150×20		m	—	—	—	106.000	—
	聚醋酸乙烯乳液		kg	0.683	1.365	2.730	4.095	5.460
	蚊钉 20mm 6 000 个 / 盒		盒	0.121	0.121	—	—	—
	气排钉 L20 2 000 个 / 盒		盒	—	—	0.351	0.351	0.351
	其他材料费		%	1.00	1.00	0.50	0.50	0.30
机械	电动空气压缩机 $0.3m^3/min$		台班	0.170	0.170	0.160	0.160	0.160

工作内容：定位、划线、下料、刷胶、安装线条等。　　　　**计量单位：**100m

编号				15-30	15-31	15-32	15-33
项目				木装饰线			
				顶角线			
				宽度（mm）			
				≤25	≤50	≤80	≤100
名称			单位	消耗量			
人工	合计工日		工日	2.688	2.856	3.324	3.625
	其中	普工	工日	0.537	0.571	0.665	0.725
		一般技工	工日	0.941	1.000	1.163	1.269
		高级技工	工日	1.210	1.285	1.496	1.631
材料	木顶角线条 25×25		m	106.000	—	—	—
	木顶角线条 50×50		m	—	106.000	—	—
	木顶角线条 70×28		m	—	—	106.000	—
	木顶角线条 100×35		m	—	—	—	106.000
	聚醋酸乙烯乳液		kg	0.750	1.575	2.520	3.150
	气排钉 L20 2 000 个/盒		盒	0.351	0.351	0.351	0.351
	其他材料费		%	1.00	0.60	0.70	0.50
机械	电动空气压缩机 0.3m³/min		台班	0.160	0.160	0.160	0.160

工作内容：定位、划线、下料、刷胶、安装线条等。　　**计量单位：**100m

编　号				15-34	15-35	15-36	15-37
项　目				木装饰线			
				角线			
				宽度（mm）			
				≤25	≤50	≤80	≤100
名　称			单位	消　耗　量			
人工	合计工日		工日	2.464	2.689	2.884	3.024
	其中	普工	工日	0.493	0.538	0.577	0.605
		一般技工	工日	0.862	0.941	1.009	1.058
		高级技工	工日	1.109	1.210	1.298	1.361
材料	木阳角线条 25×25		m	106.000	—	—	—
	木阳角线条 50×50		m	—	106.000	—	—
	木阳角线条 80×80		m	—	—	106.000	—
	木阳角线条 100×100		m	—	—	—	106.000
	聚醋酸乙烯乳液		kg	1.050	2.100	3.360	4.200
	蚊钉 20mm 6 000 个 / 盒		盒	0.116	0.116	—	—
	气排钉 L20 2 000 个 / 盒		盒	—	—	0.351	0.351
	其他材料费		%	1.00	0.60	0.50	0.20
机械	电动空气压缩机 0.3m^3/min		台班	0.170	0.170	0.170	0.170

2. 金属装饰线

工作内容：定位、划线、下料、刷胶、安装线条等。

计量单位：100m

编号				15-38	15-39	15-40	15-41
项目				铝合金装饰线			
				角线		槽线	
				宽度（mm）			
				≤20	≤50	≤20	≤50
名称			单位	消耗量			
人工	合计工日		工日	2.948	3.402	2.270	2.620
	其中	普工	工日	0.589	0.680	0.453	0.524
		一般技工	工日	1.032	1.191	0.795	0.917
		高级技工	工日	1.327	1.531	1.022	1.179
材料	铝合金角线 20×20×1		m	106.000	—	—	—
	铝合金角线 50×50×1		m	—	106.000	—	—
	铝合金槽线 20×12×1.0		m	—	—	106.000	—
	铝合金槽线 50×13×1.2		m	—	—	—	106.000
	万能胶 1kg/瓶		kg	1.680	4.200	1.848	3.192
	镀锌自攻螺钉 ST3×10		个	420.000	420.000	420.000	420.000
	电		kW·h	5.150	5.150	5.150	5.150
	其他材料费		%	5.00	2.00	5.00	2.00

工作内容：定位、划线、下料、刷胶、安装线条等。　　　　**计量单位：**100m

编号				15-42	15-43	15-44	15-45	15-46
项目				不锈钢装饰线				
				角线			槽线	
				宽度（mm）				
				≤20	≤50	≤75	≤20	≤50
名称			单位	消耗量				
人工	合计工日		工日	2.948	3.402	3.855	2.270	2.620
	其中	普工	工日	0.589	0.680	0.771	0.453	0.524
		一般技工	工日	1.032	1.191	1.349	0.795	0.917
		高级技工	工日	1.327	1.531	1.735	1.022	1.179
材料	不锈钢角线 20×20×1.0		m	106.000	—	—	—	—
	不锈钢角线 50×50×1.0		m	—	106.000	—	—	—
	不锈钢角线 75×75×1.0		m	—	—	106.000	—	—
	不锈钢槽线 20×20×20×1.0		m	—	—	—	106.000	—
	不锈钢槽线 50×50×50×1.0		m	—	—	—	—	106.000
	玻璃胶 300mL		支	8.400	21.000	31.500	12.600	31.500
	电		kW·h	5.150	5.150	6.695	5.150	5.150
	其他材料费		%	2.00	1.00	0.50	1.00	0.50
机械	磨光机		台班	—	1.000	1.300	—	—

3. 石材装饰线

工作内容: 清理基层,调运砂浆,线条切边磨细、湿板,砂浆打底,粘贴线条,擦缝等。 **计量单位:** 100m

编号				15-47	15-48	15-49	15-50
项目				石材装饰线			
				砂浆粘贴			
				宽度(mm)			
				≤50	≤100	≤150	≤200
名称			单位	消耗量			
人工	合计工日		工日	6.802	8.368	10.215	10.390
	其中	普工	工日	1.360	1.673	2.043	2.077
		一般技工	工日	2.381	2.929	3.575	3.637
		高级技工	工日	3.061	3.766	4.597	4.676
材料	石材装饰线 50		m	106.000	—	—	—
	石材装饰线 100		m	—	106.000	—	—
	石材装饰线 150		m	—	—	106.000	—
	石材装饰线 200		m	—	—	—	106.000
	水泥砂浆 1:3		m^3	0.077	0.155	0.232	0.343
	水泥砂浆 1:1		m^3	0.026	0.052	0.077	0.114
	建筑胶		kg	1.515	3.150	4.725	6.993
	白色硅酸盐水泥 32.5		t	0.001	0.002	0.002	0.003
	素水泥浆		m^3	0.005	0.010	0.015	0.023
	水		m^3	0.030	0.060	0.091	0.133
	其他材料费		%	5.00	1.00	0.60	0.50
机械	灰浆搅拌机 200L		台班	0.019	0.037	0.056	0.082

工作内容：1. 粘贴：清理基层，调运砂浆、粘贴剂，线条切边磨细、湿板，砂浆打底，粘贴线条，擦缝等。

2. 干挂：清理基层、安装干挂件、线条切边磨细、钻孔、安装等。　　**计量单位**：100m

编　号			15-51	15-52	15-53	15-54	15-55
项　目			石材装饰线				
			粘贴剂粘贴			干挂	
			宽度（mm）				
			≤50	≤100	≤150		≤350
名　称		单位	消　耗　量				
人工	合计工日	工日	7.412	9.078	11.046	18.575	23.381
	其中 普工	工日	1.483	1.816	2.209	3.715	4.677
	其中 一般技工	工日	2.594	3.177	3.866	6.501	8.183
	其中 高级技工	工日	3.335	4.085	4.971	8.359	10.521
材料	石材装饰线 50	m	106.000	—	—	—	—
	石材装饰线 100	m	—	106.000	—	—	—
	石材装饰线 150	m	—	—	106.000	106.000	—
	石材装饰线 350	m	—	—	—	—	106.000
	水泥砂浆 1∶3	m^3	0.077	0.155	0.232	—	—
	白色硅酸盐水泥 32.5	t	0.001	0.002	0.002	—	—
	干粉型粘接剂	kg	34.125	68.250	102.375	—	—
	水	m^3	0.026	0.052	0.077	0.185	0.433
	不锈钢固定连接件	个	—	—	—	343.400	343.400
	不锈钢六角螺栓带螺母 M10×20	套	—	—	—	346.800	346.800
	云石胶	kg	—	—	—	0.193	0.193
	其他材料费	%	1.00	0.80	0.50	0.50	0.20
机械	灰浆搅拌机 200L	台班	0.014	0.028	0.042	—	—

工作内容： 清理基层、调运砂浆，安装膨胀螺栓，钢筋网片制作、安装，线条切边磨细、钻孔开槽、穿丝固定，灌浆，擦缝等。

计量单位： 100m

编号				15-56	15-57	15-58	15-59
项目				石材装饰线			
				锚固灌浆挂贴			
				宽度（mm）			
				≤100	≤150	≤200	≤350
名称			单位	消耗量			
人工	合计工日		工日	13.812	15.069	16.389	18.690
	其中	普工	工日	2.763	3.014	3.278	3.737
		一般技工	工日	4.834	5.274	5.736	6.542
		高级技工	工日	6.215	6.781	7.375	8.411
材料	石材装饰线 100		m	106.000	—	—	—
	石材装饰线 150		m	—	106.000	—	—
	石材装饰线 200		m	—	—	106.000	—
	石材装饰线 350		m	—	—	—	106.000
	水泥砂浆 1∶2.5		m^3	0.309	0.464	0.618	1.082
	铁件（综合）		kg	10.649	10.649	10.649	10.649
	膨胀螺栓 M10×80		套	172.298	172.298	172.298	172.298
	圆钢 ϕ8		t	0.038	0.040	0.043	0.051
	紫铜丝 T2 1～4		kg	2.101	2.101	2.101	2.101
	白色硅酸盐水泥 32.5		t	0.002	0.002	0.003	0.005
	低碳钢焊条 J422 ϕ4.0		kg	0.151	0.227	0.304	0.304
	水		m^3	0.130	0.194	0.260	0.452
	其他材料费		%	0.50	0.40	0.40	0.20
机械	灰浆搅拌机 200L		台班	0.056	0.083	0.111	0.194
	钢筋调直机 40mm		台班	0.015	0.016	0.017	0.020
	钢筋切断机 40mm		台班	0.015	0.016	0.017	0.020
	交流弧焊机 32kV·A		台班	0.006	0.010	0.013	0.013

4. 其他装饰线

工作内容：清理基层、调运砂浆，线条切边磨细、浸板，砂浆打底，刷素水泥浆，粘贴线条，擦缝等。

计量单位：100m

编号				15-60	15-61	15-62
项目				瓷砖装饰线（mm）		
				砂浆粘贴		
				角线	平线	
					≤80	≤100
名称			单位	消耗量		
人工	合计工日		工日	5.500	5.600	5.800
	其中	普工	工日	1.100	1.120	1.160
		一般技工	工日	1.925	1.960	2.030
		高级技工	工日	2.475	2.520	2.610
材料	白瓷砖角线 L200		块	530.000	—	—
	瓷腰线砖（带花）200×70		块	—	530.000	—
	瓷腰线砖（带花）200×90		块	—	—	530.000
	水泥砂浆 1:3		m^3	0.060	0.120	0.150
	水泥砂浆 1:1		m^3	0.014	0.029	0.037
	素水泥浆		m^3	0.004	0.007	0.009
	建筑胶		kg	0.870	1.730	2.220
	白色硅酸盐水泥 32.5		t	0.001	0.001	0.001
	水		m^3	0.087	0.173	0.222
	其他材料费		%	5.00	2.00	1.00

工作内容：定位、划线、安装线条、接角等。 **计量单位：**100m

编号				15-63	15-64	15-65	15-66
项目				石膏装饰线			
				石膏平面线（宽度 mm）			
				≤50	≤100	≤150	≤200
名称			单位	消耗量			
人工	合计工日		工日	2.690	2.970	3.530	3.850
	其中	普工	工日	0.537	0.593	0.705	0.769
		一般技工	工日	0.942	1.040	1.236	1.348
		高级技工	工日	1.211	1.337	1.589	1.733
材料	快粘粉		kg	12.750	25.500	38.250	51.000
	石膏平线 50		m	1.060	—	—	—
	石膏平线 100		m	—	106.000	—	—
	石膏平线 150		m	—	—	106.000	—
	石膏平线 200		m	—	—	—	1.060
	镀锌自攻螺钉 ST4×30		个	400.000	400.000	400.000	400.000
	水		m^3	0.010	0.020	0.030	0.040

工作内容：定位、划线、安装线条、接角等。 **计量单位：**100m

编号				15-67	15-68	15-69	15-70
项目				石膏装饰线			
				石膏阴阳脚线（宽度 mm）			
				≤50	≤100	≤150	≤200
名称			单位	消耗量			
人工	合计工日		工日	3.410	3.410	3.880	4.230
	其中	普工	工日	0.681	0.681	0.776	0.845
		一般技工	工日	1.194	1.194	1.358	1.481
		高级技工	工日	1.535	1.535	1.746	1.904
材料	快粘粉		kg	30.600	61.200	91.800	122.400
	石膏角线 50		100m	1.060	—	—	—
	石膏角线 100		100m	—	1.060	—	—
	石膏角线 150		100m	—	—	1.060	—
	石膏角线 200		100m	—	—	—	1.060
	镀锌自攻螺钉 ST4×30		个	800.000	800.000	800.000	800.000
	水		m^3	0.024	0.040	0.057	0.960

工作内容: 定位、划线、打眼、下木楔子、安装角花或灯盘等。 **计量单位:** 10个

编号				15-71	15-72	15-73	15-74
项目				石膏角花	石膏灯盘(直径 mm)		
					≤500	≤1 000	≤1 500
名称			单位	消耗量			
人工	合计工日		工日	1.080	2.300	3.160	3.670
	其中	普工	工日	0.216	0.460	0.632	0.733
		一般技工	工日	0.378	0.805	1.106	1.285
		高级技工	工日	0.486	1.035	1.422	1.652
材料	石膏造型角 500×500		个	10.600	—	—	—
	石膏灯盘 ϕ500		个	—	10.600	—	—
	石膏灯盘 ϕ1 000		个	—	—	10.600	—
	石膏灯盘 ϕ1 500		个	—	—	—	10.600
	快粘粉		kg	2.300	5.000	20.000	45.000
	镀锌自攻螺钉 ST(4~6)×(10~16)		10个	—	5.000	10.000	15.000
	水		m^3	0.002	0.004	0.015	0.002

工作内容: 1. 玻璃镜面装饰线条:定位、划线、切割线条、安装线条等。
2. 聚氯乙烯装饰线条:定位、划线、安装线条等。 **计量单位:** 100m

编号				15-75	15-76
项目				玻璃镜面装饰线条	聚氯乙烯装饰线条
名称			单位	消耗量	
人工	合计工日		工日	2.924	1.780
	其中	普工	工日	0.585	0.356
		一般技工	工日	1.023	0.623
		高级技工	工日	1.316	0.801
材料	镜面玻璃 δ5		m^2	5.300	—
	聚氯乙烯阴、阳角线 50×50		m	—	106.000
	玻璃胶 300mL		支	10.500	—
	万能胶 1kg/瓶		kg	—	2.100
	胶带纸 宽30mm 单面胶		m	78.750	—

工作内容：清理基层、定位、焊接预埋铁件、安装线条、嵌缝等。　　**计量单位：**100m

<table>
<tr><td colspan="3">编　号</td><td>15-77</td><td>15-78</td><td>15-79</td><td>15-80</td></tr>
<tr><td colspan="3" rowspan="4">项　目</td><td colspan="4">欧式装饰线</td></tr>
<tr><td colspan="2">外挂檐口板</td><td colspan="2">外挂腰线板</td></tr>
<tr><td colspan="4">宽 × 高（mm）</td></tr>
<tr><td>≤550 × 550</td><td>>550 × 550</td><td>≤400 × 400</td><td>>400 × 400</td></tr>
<tr><td colspan="2">名　称</td><td>单位</td><td colspan="4">消　耗　量</td></tr>
<tr><td rowspan="4">人工</td><td>合计工日</td><td>工日</td><td>18.700</td><td>29.900</td><td>14.300</td><td>18.500</td></tr>
<tr><td>其中 普工</td><td>工日</td><td>3.740</td><td>5.980</td><td>2.860</td><td>3.700</td></tr>
<tr><td>其中 一般技工</td><td>工日</td><td>6.545</td><td>10.465</td><td>5.005</td><td>6.475</td></tr>
<tr><td>其中 高级技工</td><td>工日</td><td>8.415</td><td>13.455</td><td>6.435</td><td>8.325</td></tr>
<tr><td rowspan="9">材料</td><td>欧式 GRC 装饰线条 400 × 400 以内</td><td>m</td><td>—</td><td>—</td><td>102.000</td><td>—</td></tr>
<tr><td>欧式 GRC 装饰线条 400 × 400 以外</td><td>m</td><td>—</td><td>—</td><td>—</td><td>102.000</td></tr>
<tr><td>GRC 欧式外挂檐口线板 550 × 550 以内</td><td>m</td><td>102.000</td><td>—</td><td>—</td><td>—</td></tr>
<tr><td>GRC 欧式外挂檐口线板 550 × 550 以外</td><td>m</td><td>—</td><td>102.000</td><td>—</td><td>—</td></tr>
<tr><td>铁件（综合）</td><td>kg</td><td>476.100</td><td>740.800</td><td>261.230</td><td>476.100</td></tr>
<tr><td>低碳钢焊条 J422 ϕ4.0</td><td>kg</td><td>24.200</td><td>45.400</td><td>16.790</td><td>24.200</td></tr>
<tr><td>108 胶</td><td>kg</td><td>27.000</td><td>37.200</td><td>20.000</td><td>25.800</td></tr>
<tr><td>水泥砂浆 1 : 2.5</td><td>m^3</td><td>0.200</td><td>0.180</td><td>0.100</td><td>0.130</td></tr>
<tr><td>其他材料费</td><td>%</td><td>1.50</td><td>1.50</td><td>1.50</td><td>1.50</td></tr>
<tr><td>机械</td><td>交流弧焊机 21kV · A</td><td>台班</td><td>1.019</td><td>1.911</td><td>0.707</td><td>1.019</td></tr>
</table>

工作内容：清理基层、定位、焊接预埋铁件、安装线条、嵌缝等。　　　　**计量单位：**100 件

编号				15-81	15-82	15-83	15-84
项目				欧式装饰线			
				山花浮雕		门窗头拱形雕刻	
				宽 × 高（mm）			
				≤1 200 × 400	>1 200 × 400	≤1 500 × 540	>1 500 × 540
名称			单位	消耗量			
人工	合计工日		工日	8.900	14.600	35.200	53.700
	其中	普工	工日	1.780	2.920	7.040	10.740
		一般技工	工日	3.115	5.110	12.320	18.795
		高级技工	工日	4.005	6.570	15.840	24.165
材料	GRC 山花浮雕 1 200 × 400 以内		件	102.000	—	—	—
	GRC 山花浮雕 1 200 × 400 以外		件	—	102.000	—	—
	GRC 拱形雕刻门窗头装饰 1 500 × 540 以内		件	—	—	102.000	—
	GRC 拱形雕刻门窗头装饰 1 500 × 540 以外		件	—	—	—	102.000
	铁件（综合）		kg	42.000	56.000	9.800	18.200
	低碳钢焊条 J422 ϕ4.0		kg	15.100	20.100	35.200	65.400
	膨胀螺栓 M10		10 套	61.200	81.600	142.800	265.200
	108 胶		kg	40.000	50.000	108.000	135.000
	水泥砂浆 1 : 2.5		m^3	0.240	0.300	0.600	0.700
	其他材料费		%	1.50	1.50	1.50	1.50
机械	交流弧焊机 21kV · A		台班	0.636	0.846	1.481	2.753

三、扶手、栏杆、栏板装饰

1. 栏杆(带扶手)制作、安装

工作内容:选料、放样、下料,制作、安装栏杆、扶手等。 **计量单位:**10m

编号				15-85	15-86	15-87
项目				不锈钢栏杆		
				不锈钢扶手	塑料扶手	木扶手
名称			单位	消耗量		
人工	合计工日		工日	4.696	3.854	6.569
	其中	普工	工日	0.939	0.771	1.314
		一般技工	工日	1.644	1.349	2.299
		高级技工	工日	2.113	1.734	2.956
材料	不锈钢装饰圆管 25.4×1.5		m	31.800	31.800	31.800
	不锈钢装饰圆管 38.1×1.5		m	—	12.275	12.275
	不锈钢装饰圆管 45×1.5		m	12.275	—	—
	不锈钢装饰圆管 63.5×2		m	10.600	—	—
	塑料扶手		m	—	10.200	—
	木扶手 宽 65mm		m	—	—	10.200
	镀锌扁钢(综合)		kg	—	12.811	12.811
	沉头木螺钉 L30		个	—	81.030	81.030
	不锈钢焊丝 1.1 ~ 3mm		kg	0.803	0.803	0.803
	不锈钢法兰底座 59		个	—	13.246	13.246
	不锈钢法兰底座 63		个	13.246	—	—
	环氧树脂		kg	0.193	0.193	0.193
	氩气		m^3	2.271	2.271	2.271
	钸钨棒		g	4.412	4.412	4.412
机械	金属面抛光机		台班	0.900	0.900	0.900
	氩弧焊机 500A		台班	0.900	0.900	0.900
	管子切断机 150mm		台班	1.600	1.500	1.500

工作内容：选料、放样、下料，制作、安装栏杆、扶手等。　　**计量单位：**10m

编号			15-88	15-89	15-90
项目			金属花饰栏杆	铁栏杆	
			木扶手		钢管扶手
名称		单位	消耗量		
人工	合计工日	工日	4.979	4.619	3.594
其中	普工	工日	0.995	0.923	0.719
	一般技工	工日	1.743	1.617	1.258
	高级技工	工日	2.241	2.079	1.617
材料	铸铁楼梯栏杆铁花（3 片 /m^2）	m^2	9.302	—	—
	木扶手 宽 65	m	10.200	10.200	—
	钢栏杆	kg	—	165.201	165.201
	方钢 25×25	t	0.014	—	—
	扁钢（综合）	t	0.039	—	—
	焊接钢管 *DN*50	kg	—	—	50.750
	沉头木螺钉 L30	个	81.029	81.029	—
	红丹防锈漆	kg	0.331	—	—
	油漆溶剂油	kg	0.020	—	—
	低碳钢焊条 J422 ϕ4.0	kg	3.629	0.490	0.730
	氧气	m^3	0.277	—	—
	乙炔气	m^3	0.120	—	—
机械	交流弧焊机 21kV·A	台班	0.150	0.020	0.030
	钢材电动摵弯机 500mm 以内	台班	—	—	0.280

2. 成品栏杆、栏板、扶手安装

工作内容：放样，拼装栏板、栏杆等。 **计量单位**：10m

编号			15-91	15-92	15-93	15-94	15-95
项目			栏板、栏杆（不带扶手）				
			全玻璃栏板	半玻璃栏板	不锈钢栏杆	金属花饰栏杆	木栏杆
名称		单位	消耗量				
人工	合计工日	工日	3.384	3.384	2.529	2.790	1.233
	其中 普工	工日	0.677	0.677	0.506	0.557	0.246
	其中 一般技工	工日	1.184	1.184	0.885	0.977	0.432
	其中 高级技工	工日	1.523	1.523	1.138	1.256	0.555
材料	成品全玻璃栏板	m	10.200	—	—	—	—
	成品半玻璃栏板	m	—	10.200	—	—	—
	成品不锈钢栏杆	m	—	—	10.200	—	—
	成品金属花饰栏杆	m	—	—	—	10.200	—
	成品木栏杆	m	—	—	—	—	10.200
	环氧树脂	kg	0.300	0.300	0.190	—	—
	不锈钢六角机螺栓 带一螺帽两垫圈 M6×25	套	34.000	34.000	—	34.000	—
	沉头木螺钉 L30	个	—	—	—	—	554.880
	扁钢（综合）	t	—	—	—	0.038	—
	油灰	kg	15.320	10.210	—	—	—
	不锈钢氩弧焊丝 1Cr18Ni9Ti $\phi3$	kg	0.380	0.380	0.400	—	—
	玻璃胶 300mL	支	4.340	1.470	—	—	—
	铁件（综合）	kg	3.810	—	—	—	49.250
	氩气	m^3	—	1.130	1.130	1.250	—
	钍钨棒	g	—	20.200	20.200	15.150	—
	清油	kg	—	0.290	0.190	—	—
机械	交流弧焊机 21kV·A	台班	—	—	—	0.010	—
	金属面抛光机	台班	—	0.190	0.190	0.320	—
	氩弧焊机 500A	台班	—	0.190	0.190	0.320	—

工作内容：放样，拼装栏板、栏杆等。　　　　**计量单位：**10m

编号				15-96	15-97
项目				护窗栏杆（不带扶手）	
				不锈钢栏杆	木栏杆
名称			单位	消耗量	
人工	合计工日		工日	1.233	1.323
	其中	普工	工日	0.246	0.265
		一般技工	工日	0.432	0.463
		高级技工	工日	0.555	0.595
材料	成品不锈钢栏杆		m	10.200	—
	成品木栏杆		m	—	10.200
	不锈钢氩弧焊丝 1Cr18Ni9Ti $\phi3$		kg	0.390	—
	铁件（综合）		kg	—	24.620
	钍钨棒		g	18.890	—
	沉头木螺钉 L30		个	—	312.120
	氩气		m^3	1.170	—
	硅酮耐候密封胶		kg	0.040	—
机械	氩弧焊机 500A		台班	0.050	—
	金属面抛光机		台班	0.050	—

工作内容：放样，安装扶手等。　　　　**计量单位：**10m

编号				15-98	15-99	15-100	15-101	15-102
项目				扶手				
				不锈钢	钢管	塑料	木质	石材
名称			单位	消耗量				
人工	合计工日		工日	4.077	3.033	1.935	2.322	2.187
	其中	普工	工日	0.815	0.606	0.387	0.464	0.438
		一般技工	工日	1.427	1.062	0.677	0.813	0.765
		高级技工	工日	1.835	1.365	0.871	1.045	0.984
材料	环氧树脂		kg	0.120	—	—	0.120	0.200
	不锈钢扶手 $\phi60$		m	10.200	—	—	—	—
	钢管扶手		m	—	10.200	—	—	—
	塑料扶手		m	—	—	10.200	—	—
	硬木扶手		m	—	—	—	10.200	—
	石材扶手		m	—	—	—	—	10.200
	扁钢（综合）		t	—	—	0.014	0.014	—
	沉头木螺钉 L25		个	—	—	68.000	—	—
	镀锌沉头木螺钉 L40		个	—	—	—	68.000	—
	水泥砂浆 1：1		m^3	—	—	—	—	0.050
	不锈钢氩弧焊丝 1Cr18Ni9Ti $\phi3$		kg	0.120	—	—	—	—
	塑料堵头		个	—	—	5.950	—	—
	HPB300 $\phi10$ 以内		kg	—	—	—	—	1.000
	氩气		m^3	0.370	—	—	—	—
	乙炔气		m^3	—	0.210	0.230	0.230	—
	钍钨棒		g	10.100	—	—	—	—
	低碳钢焊条 J422 $\phi4.0$		kg	—	—	0.210	0.210	—
	低合金钢焊条 E4303 $\phi3.2$		kg	—	0.110	—	—	—
	万能胶		kg	—	—	0.120	—	—
机械	氩弧焊机 500A		台班	0.090	—	—	—	—
	交流弧焊机 32kV·A		台班	—	0.130	—	—	—
	金属面抛光机		台班	0.090	—	—	—	—

工作内容：放样，安装弯头等。　　　　**计量单位**：10 个

编　号				15-103	15-104
项　目				整体弯头	
				木质	石材
名　称			单位	消　耗　量	
人工	合计工日		工日	2.097	1.836
	其中	普工	工日	0.419	0.367
		一般技工	工日	0.734	0.643
		高级技工	工日	0.944	0.826
材料	硬木弯头 120×60		个	10.100	—
	大理石弯头		只	—	10.100
	圆钉		kg	0.120	—
	水泥砂浆 1∶1		m^3	—	0.010

工作内容：放样，安装支架、扶手等。 **计量单位：**10m

编号				15-105	15-106	15-107	15-108	15-109
项目				靠墙扶手				
				不锈钢	铝合金	钢管	塑料	木质
名称			单位	消耗量				
人工	合计工日		工日	6.120	2.907	2.907	3.483	3.285
	其中	普工	工日	1.224	0.582	0.582	0.697	0.657
		一般技工	工日	2.142	1.017	1.017	1.219	1.150
		高级技工	工日	2.754	1.308	1.308	1.567	1.478
材料	不锈钢靠墙扶手		m	10.200	—	—	—	—
	铝合金靠墙扶手		m	—	10.200	—	—	—
	塑料靠墙扶手		m	—	—	—	10.200	—
	木质靠墙扶手		m	—	—	—	—	10.200
	焊接钢管 *DN*40		m	—	—	10.200	—	—
	环氧树脂		kg	0.130	—	—	—	0.130
	铝抽芯铆钉		个	—	0.040	—	—	—
	金属支架		kg	—	—	0.630	—	—
	塑料堵头		个	—	—	—	6.250	—
	沉头木螺钉 L35		个	—	—	—	35.020	35.020
	不锈钢氩弧焊丝 1Cr18Ni9Ti $\phi3$		kg	0.250	—	—	—	—
	现浇混凝土 C20		m^3	0.010	0.010	0.010	0.010	0.010
	压制弯头 *DN*40		个	—	—	2.210	—	—
	扁钢（综合）		t	—	—	—	0.014	0.014
	氩气		m^3	0.740	—	—	—	—
	乙炔气		m^3	—	—	—	0.230	0.230
	低碳钢焊条 J422 $\phi4.0$		kg	—	—	0.470	0.210	0.210
	钍钨棒		g	1.370	—	—	—	—
	万能胶		kg	—	—	—	0.120	—
机械	氩弧焊机 500A		台班	0.230	—	—	—	—
	管子切断机 150mm		台班	0.140	0.140	0.140	—	—
	交流弧焊机 21kV·A		台班	—	—	0.140	0.010	0.010
	金属面抛光机		台班	0.120	—	—	—	—

四、暖　气　罩

工作内容：下料、裁口、成型、安装、刷油漆等。　　**计量单位：**$10m^2$

编　　号				15-110	15-111	15-112	15-113
项　　目				暖气罩			
				柚木板	塑板面	胶合板	
				挂板式		平墙式	明式
名　　称			单位	消　耗　量			
人工	合计工日		工日	4.828	3.812	5.001	5.272
	其中	普工	工日	0.965	0.763	1.001	1.055
		一般技工	工日	1.690	1.334	1.750	1.845
		高级技工	工日	2.173	1.715	2.250	2.372
材料	塑料贴面板		m^2	—	11.760	—	—
	松木板枋材		m^3	—	—	0.204	0.204
	柚木企口板		m^2	0.244	—	—	—
	胶合板 δ5		m^2	—	—	5.335	7.029
	角钢 40×3		kg	38.181	38.181	—	—
	钢筋(综合)		kg	11.596	11.596	—	—
	扁钢(综合)		kg	—	—	3.026	3.026
	铝板网 1mm		m^2	—	—	2.710	2.710
	镀锌钢管		kg	—	—	7.130	7.130
	铝合金压条 16×1.5		m	81.185	81.185	—	—
	塑料膨胀螺栓		套	125.460	125.460	—	65.790
	木螺钉		100个	—	—	1.316	1.316
	门轧头		只	—	—	16.320	16.320
	低碳钢焊条 J422 ϕ4.0		kg	1.326	1.326	—	—
	调和漆		kg	2.720	2.720	—	—
	防锈漆		kg	2.720	2.720	—	—
	胶粘剂		kg	0.641	0.735	—	—
	合金钢钻头		个	0.627	0.627	—	0.329
	电		kW·h	2.195	2.195	—	1.151
机械	木工圆锯机 600mm		台班	0.040	—	0.050	0.080
	木工四面压刨床 300mm		台班	0.120	—	0.280	0.370
	木工裁口机 400mm		台班	0.070	—	0.130	0.210
	交流弧焊机 42kV·A		台班	0.060	0.060	—	—

工作内容： 1. 铝合金、钢板暖气罩：放样、截料、平直、焊接、铁件制作与安装、刷油漆，铝合金面板、框装配、固定矫正等。

2. 成品暖气罩：成品矫正、安装、固定等。

<table>
<tr><td colspan="3">编　号</td><td>15-114</td><td>15-115</td><td>15-116</td><td>15-117</td><td>15-118</td></tr>
<tr><td colspan="3" rowspan="4">项　目</td><td colspan="5">暖气罩</td></tr>
<tr><td colspan="2">铝合金</td><td colspan="2">钢板</td><td rowspan="2">成品</td></tr>
<tr><td>平墙式</td><td>明式</td><td>平墙式</td><td>明式</td></tr>
<tr><td colspan="4">$10m^2$</td><td>10 个</td></tr>
<tr><td colspan="2">名　称</td><td>单位</td><td colspan="5">消 耗 量</td></tr>
<tr><td rowspan="4">人工</td><td>合计工日</td><td>工日</td><td>4.553</td><td>5.829</td><td>2.234</td><td>3.916</td><td>0.495</td></tr>
<tr><td>其中 普工</td><td>工日</td><td>0.910</td><td>1.166</td><td>0.447</td><td>0.783</td><td>0.099</td></tr>
<tr><td>其中 一般技工</td><td>工日</td><td>1.594</td><td>2.040</td><td>0.782</td><td>1.371</td><td>0.173</td></tr>
<tr><td>其中 高级技工</td><td>工日</td><td>2.049</td><td>2.623</td><td>1.005</td><td>1.762</td><td>0.223</td></tr>
<tr><td rowspan="14">材料</td><td>成品暖气罩 600×1 200</td><td>个</td><td>—</td><td>—</td><td>—</td><td>—</td><td>10.000</td></tr>
<tr><td>铝合金装饰板</td><td>m^2</td><td>10.500</td><td>15.748</td><td>—</td><td>—</td><td>—</td></tr>
<tr><td>穿孔钢板 δ1.5</td><td>kg</td><td>—</td><td>—</td><td>99.549</td><td>172.004</td><td>—</td></tr>
<tr><td>铝合金框料 L25×2</td><td>m</td><td>45.239</td><td>81.957</td><td>—</td><td>—</td><td>—</td></tr>
<tr><td>扁钢（综合）</td><td>kg</td><td>2.753</td><td>1.796</td><td>5.691</td><td>5.142</td><td>—</td></tr>
<tr><td>角钢 40×3</td><td>kg</td><td>50.848</td><td>107.622</td><td>51.802</td><td>111.712</td><td>—</td></tr>
<tr><td>镀锌螺钉</td><td>只</td><td>78.033</td><td>156.166</td><td>—</td><td>—</td><td>—</td></tr>
<tr><td>木螺钉</td><td>100 个</td><td>1.981</td><td>4.587</td><td>—</td><td>—</td><td>0.648</td></tr>
<tr><td>膨胀螺栓 M6×22</td><td>套</td><td>—</td><td>—</td><td>8.792</td><td>8.792</td><td>—</td></tr>
<tr><td>低碳钢焊条 J422 ϕ4.0</td><td>kg</td><td>1.443</td><td>2.948</td><td>1.548</td><td>3.149</td><td>—</td></tr>
<tr><td>调和漆</td><td>kg</td><td>0.293</td><td>0.596</td><td>0.907</td><td>1.670</td><td>—</td></tr>
<tr><td>防锈漆</td><td>kg</td><td>0.293</td><td>0.596</td><td>0.907</td><td>1.670</td><td>—</td></tr>
<tr><td>合金钢钻头</td><td>个</td><td>—</td><td>—</td><td>0.044</td><td>0.044</td><td>—</td></tr>
<tr><td>电</td><td>kW·h</td><td>—</td><td>—</td><td>0.154</td><td>0.154</td><td>—</td></tr>
<tr><td>机械</td><td>交流弧焊机 42kV·A</td><td>台班</td><td>0.060</td><td>0.120</td><td>0.070</td><td>0.220</td><td>—</td></tr>
</table>

五、浴 厕 配 件

工作内容：1. 大理石洗漱台：定位、划线，钢架制作、刷防锈漆二遍、安装，大理石板安装等。
2. 大理石台面开孔：切割、磨边、成型、刨光等。

编　号				15-119	15-120	15-121
项　目				石材洗漱台（面积 m^2）		石材台面面盆
				≤1	>1	开孔
				$10m^2$		个
名　称			单位	消　耗　量		
人工	合计工日		工日	17.129	15.681	0.190
	其中	普工	工日	3.426	3.137	0.037
		一般技工	工日	5.995	5.488	0.067
		高级技工	工日	7.708	7.056	0.086
材料	石材饰面板		m^2	10.600	10.600	—
	角钢 50mm		t	0.249	0.129	—
	热轧薄钢板 δ4.0		t	0.001	0.001	—
	膨胀螺栓 M10×80		套	12.240	13.260	—
	低碳钢焊条 J422 ϕ3.2		kg	6.972	3.612	—
	红丹防锈漆		kg	2.321	1.205	—
	油漆溶剂油		kg	0.237	0.124	—
	YJ-Ⅲ胶		kg	24.969	19.257	—
	玻璃胶 300mL		支	2.667	3.066	—
	水		m^3	—	—	0.010
	石料切割锯片		片	—	—	0.028
	合金钢钻头		个	5.400	2.300	—
	电		kW·h	0.280	0.308	1.378
机械	交流弧焊机 21kV·A		台班	0.290	0.150	—

工作内容：铺设油毡，木筋制作、安装，钉基层板，镜面玻璃裁割，安装固定角铝等。 **计量单位：**$10m^2$

编号				15-122	15-123	15-124	15-125
项目				盥洗室台镜（面积 m^2）			
				带框		不带框	
				≤1.0	>1.0	≤1.0	>1.0
名称			单位	消耗量			
人工	合计工日		工日	3.771	2.888	2.032	1.843
	其中	普工	工日	0.754	0.577	0.407	0.369
		一般技工	工日	1.320	1.011	0.711	0.645
		高级技工	工日	1.697	1.300	0.914	0.829
材料	木龙骨		m^3	0.120	0.090	0.120	0.090
	胶合板 δ5		m^2	10.500	10.500	10.500	10.500
	镜面玻璃 δ6		m^2	11.800	11.800	—	—
	镜面玻璃 磨边 δ6		m^2	—	—	10.200	10.200
	铝合金角线 20×20×1.5		m	57.230	34.350	—	—
	玻璃胶 300mL		支	4.750	4.050	4.750	4.050
	圆钉 25mm（1″）		kg	0.250	0.160	0.250	0.160
	沉头木螺钉 L35		个	321.000	211.000	321.000	211.000
	镀锌自攻螺钉 ST5×20		个	377.000	226.000	—	—
	镀铬装饰螺钉		个	—	—	75.000	28.000
	木材（成材）		m^3	0.001	0.001	0.001	0.001
	双面强力弹性胶带		m	97.300	75.570	97.300	75.570
	其他材料费		%	1.00	1.00	1.00	1.00

工作内容：1. 木质盥洗室镜箱：下料、制作、安装、固定等。
2. 塑料盥洗室镜箱：定位、划线、安装等。

编号				15-126	15-127
项目				盥洗室镜箱	
				木质	塑料
				$10m^2$	个
名称			单位	消耗量	
人工	合计工日		工日	13.518	0.117
	其中	普工	工日	2.704	0.023
		一般技工	工日	4.731	0.041
		高级技工	工日	6.083	0.053
材料	镜面玻璃 $\delta 3$		m^2	9.239	—
	胶合板 $\delta 18$		m^2	20.992	—
	塑料镜箱 560×320×130		个	—	1.010
	防火涂料		kg	3.730	—
	沉头木螺钉 L35		个	339.864	10.500
	塑料胀塞		个	—	10.500
	圆钉 25mm（1″）		kg	4.619	—
	木材（成材）		m^3	0.118	0.001
	电		kW·h	22.410	0.140
	其他材料费		%	1.00	2.00

工作内容：钻孔、加楔、拧螺钉、固定等。　　　**计量单位：**副

编号				15-128	15-129	15-130
项目				毛巾杆		毛巾环
				不锈钢	塑料	
名称			单位	消耗量		
人工	合计工日		工日	0.039	0.019	0.016
	其中	普工	工日	0.007	0.003	0.003
		一般技工	工日	0.014	0.007	0.006
		高级技工	工日	0.018	0.009	0.007
材料	不锈钢毛巾架		副	1.010	—	—
	塑料毛巾架		副	—	1.010	—
	不锈钢毛巾环		套	—	—	1.010
	木螺钉		100个	0.082	0.041	0.020

工作内容：钻孔、加楔、拧螺钉、固定等。　　　　计量单位：副

编　　号				15-131	15-132
项　　目				浴帘杆	浴缸拉手
				不锈钢	
名　　称			单位	消　耗　量	
人工	合计工日		工日	0.019	0.026
	其中	普工	工日	0.003	0.005
		一般技工	工日	0.007	0.009
		高级技工	工日	0.009	0.012
材料	不锈钢帘子杆（浴巾杆）		副	1.010	—
	浴缸拉手		副	—	1.010
	木螺钉		100个	0.082	0.082

工作内容：钻孔、加楔、拧螺钉、固定等。　　　　计量单位：只

编　　号				15-133	15-134	15-135
项　　目				肥皂盒		卫生纸盒
				搁放式	嵌入式	
名　　称			单位	消　耗　量		
人工	合计工日		工日	0.017	0.292	0.031
	其中	普工	工日	0.003	0.059	0.006
		一般技工	工日	0.006	0.102	0.011
		高级技工	工日	0.008	0.131	0.014
材料	瓷皂盒 普釉 150×150×130		件	—	1.010	—
	不锈钢肥皂盒		个	1.010	—	—
	不锈钢卫生纸盒		个	—	—	1.010
	木螺钉		100个	0.020	—	0.041
	白色硅酸盐水泥 32.5		kg	—	—	0.155
	水泥砂浆 1∶2.5		m^3	—	—	0.001

工作内容:定位、钻孔、加塑料胀塞、安装固定等。　　**计量单位:**套

				15-136	15-137
编　号				15-136	15-137
项　目				晒衣架	晾衣绳
				不锈钢	
名　称			单位	消　耗　量	
人工	合计工日		工日	0.439	0.146
	其中	普工	工日	0.087	0.029
		一般技工	工日	0.154	0.051
		高级技工	工日	0.198	0.066
材料	不锈钢晾衣架(手拉)长 2 000mm 三杆		套	1.010	—
	不锈钢壳晾衣绳 长 2 600mm		套	—	1.010
	沉头木螺钉 L35		个	18.900	6.300
	塑料胀塞		个	18.900	6.300
	电		kW·h	0.420	0.140
	其他材料费		%	2.00	2.00

六、雨篷、旗杆

1. 雨　　篷

工作内容： 1. 简支式：定位、划线、打眼、安螺栓及预埋件，选配料，简支梁制作、安装，临时固定校正，安装连接件及钢爪，安玻璃、打胶等。

2. 托架式、铝合金扣板：定位、划线、选料、下料、安装骨架或龙骨、拼装或安装面层等。

计量单位： 100m²

编　　号				15-138	15-139	15-140
项　　目				雨篷		
				夹胶玻璃简支式（点支式）	夹层玻璃托架式	铝合金扣板
名　　称			单位	消　耗　量		
人工	合计工日		工日	81.133	79.538	50.711
	其中	普工	工日	16.226	15.908	10.142
		一般技工	工日	28.397	27.838	17.749
		高级技工	工日	36.510	35.792	22.820
材料	夹胶玻璃（采光天棚用）8+0.76+8		m^2	103.000	103.000	—
	不锈钢型材		kg	1 095.870	—	—
	幕墙用四爪挂件		套	66.993	—	—
	幕墙用二爪挂件		套	44.662	—	—
	幕墙用单爪挂件		套	17.180	—	—
	型钢（综合）		t	—	5.334	—
	铝合金扣板		m^2	—	—	108.330
	铝合金角铝（综合）		m	—	—	184.940
	镀锌波纹瓦		块	—	—	40.840
	角钢（综合）		t	—	—	1.142
	铁件（综合）		kg	389.089	—	—
	钢丝绳 6×19 ϕ14		m	72.112	—	—
	地脚螺栓 M24×500		套	131.835	—	—
	镀锌双头螺栓 M12×350		套	131.835	—	—
	低碳钢焊条 J422 ϕ4.0		kg	1.968	192.440	34.000
	不锈钢焊丝 1.1～3mm		kg	20.877	—	—
	氩气		m^3	58.447	—	—
	钸钨棒		g	116.894	—	—
	硅酮结构胶 300mL		支	—	85.720	—
	玻璃胶 300mL		支	—	76.650	—
	垫胶		kg	—	85.720	—
	防锈漆		kg	—	60.000	—
	油漆溶剂油		kg	—	3.100	—
	氧气		m^3	—	68.330	—
	乙炔气		m^3	—	29.710	—
	铝拉铆钉		100个	—	—	30.670
	镀锌钉钩		个	—	—	181.580
机械	交流弧焊机 21kV·A		台班	0.080	8.080	1.430
	氩弧焊机 500A		台班	23.190	—	—

工作内容：基层龙骨安装、面层安装、刷防护涂料等。　　　　**计量单位：**$100m^2$

编　号				15-141	15-142
项　目				雨篷吊顶	
				木龙骨	
				铝塑板	不锈钢板
名　称			单位	消　耗　量	
人工	合计工日		工日	44.883	45.504
	其中	普工	工日	8.977	9.101
		一般技工	工日	15.709	15.926
		高级技工	工日	20.197	20.477
材料	铝塑板 δ3		m^2	110.000	—
	不锈钢板 δ1.0		m^2	—	118.000
	不锈钢压条 20×20×1.2		m	—	100.590
	立时得胶		kg	33.350	—
	玻璃胶		支	15.160	15.160
	木螺钉 d4×25		100个	—	24.811
	胶粘剂 SY-19		kg	—	1.010
	木龙骨		m^3	1.040	1.040
	圆钉		kg	6.320	6.320
	防腐油		kg	10.890	10.890
	胶合板 δ9		m^2	101.050	101.050

2. 旗　　杆

工作内容：下料、焊接、材料搬运、预埋铁件、安装、抛光等。　　**计量单位：**根

编号				15-143	15-144	15-145	15-146
项目				手动不锈钢旗杆（高度 m）			
				9	12	15	18
名称			单位	消耗量			
人工	合计工日		工日	6.719	8.960	11.200	13.440
	其中	普工	工日	1.343	1.792	2.240	2.688
		一般技工	工日	2.352	3.136	3.920	4.704
		高级技工	工日	3.024	4.032	5.040	6.048
材料	不锈钢管 $\phi76$		m	2.500	3.500	4.500	5.500
	不锈钢管 $\phi108$		m	3.000	4.000	5.000	6.000
	不锈钢管 $\phi133$		m	3.500	4.500	5.500	6.500
	旗杆球珠		个	1.000	1.000	1.000	1.000
	定滑轮		个	1.000	1.000	1.000	1.000
	铁件（综合）		kg	17.280	23.040	28.800	34.560
	不锈钢焊丝 1.1 ~ 3mm		kg	4.778	6.370	7.963	9.555
	高强螺栓		套	4.000	4.000	4.000	4.000
	柴油		kg	—	—	—	35.850
	其他材料费		%	1.50	1.50	1.50	1.50
机械	氩弧焊机 500A		台班	4.230	5.640	7.050	8.460

工作内容：安装、调试等。　　**计量单位：**套

编号				15-147	15-148
项目				旗帜电动升降系统	旗帜风动系统
名称			单位	消耗量	
人工	合计工日		工日	0.450	0.900
	其中	普工	工日	0.089	0.180
		一般技工	工日	0.158	0.315
		高级技工	工日	0.203	0.405
材料	旗帜电动升降系统		套	1.000	—
	旗帜风动系统		套	—	1.000
	其他材料费		%	1.50	1.50

七、招牌、灯箱

1. 基　　层

工作内容： 1. 木骨架：放样、下料、制作成型、刷防腐油、安装固定、成品校正等。

2. 钢骨架：放样、划线、下料、切割、平直、钻孔、拼接、焊接、补刷防锈漆、安装固定、成品校正等。

编　　号				15-149	15-150
项　　目				木骨架	型钢骨架
				$100m^2$	t
名　　称			单位	消　耗　量	
人工	合计工日		工日	10.449	23.715
	其中	普工	工日	2.090	4.743
		一般技工	工日	3.657	8.300
		高级技工	工日	4.702	10.672
材料	木龙骨		m^3	2.036	—
	角钢 40×5		t	—	0.881
	胶合板 δ18		m^2	31.500	—
	热轧薄钢板 δ3.0		t	—	0.037
	膨胀螺栓 M8×80		套	580.000	—
	焊接钢管（综合）		kg	—	142.040
	圆钉 φ70 以内		kg	1.450	—
	六角螺栓带螺母、垫圈 M8～10		套	—	424.320
	防腐油		kg	5.530	—
	醇酸防锈漆 红丹		kg	—	0.880
	醇酸漆稀释剂		kg	—	0.090
	低碳钢焊条 J422 φ4.0		kg	—	24.540
	氧气		m^3	—	1.560
	乙炔气		m^3	—	0.680
机械	汽车式起重机 8t		台班	—	0.820
	交流弧焊机 21kV·A		台班	—	1.980

工作内容：定位、下料、钉贴基层板等。 **计量单位：**100m²

编号				15-151	15-152
项目				基层	
				安装在木骨架上	安装在钢骨架上
				胶合板	
名称			单位	消耗量	
人工	合计工日		工日	10.368	8.640
	其中	普工	工日	2.073	1.728
		一般技工	工日	3.629	3.024
		高级技工	工日	4.666	3.888
材料	胶合板 $\delta 18$		m^2	104.000	104.000
	圆钉 $\phi 70$ 以内		kg	2.340	—
	木材（成材）		m^3	—	0.356
	聚醋酸乙烯乳液		kg	26.880	—
	镀锌自攻螺钉 ST（4 ~ 6）×（20 ~ 35）		个	—	3 453.860

2. 面　　层

工作内容：定位、裁板、安装面层板等。　　　　**计量单位：**100m²

编　号				15-153	15-154	15-155	15-156	15-157
项　目				面层				
				镀锌薄钢板	玻璃钢瓦	铝扣板	亚克力板	透光彩灯箱布
名　称			单位	消　耗　量				
人工	合计工日		工日	7.299	6.012	16.344	10.665	2.196
	其中	普工	工日	1.459	1.203	3.269	2.133	0.439
		一般技工	工日	2.555	2.104	5.720	3.733	0.769
		高级技工	工日	3.285	2.705	7.355	4.799	0.988
材料	镀锌薄钢板 δ0.5		m^2	105.000	—	—	—	—
	玻璃钢瓦 小波 1 800×720		张	—	81.020	—	—	—
	铝合金扣板		m^2	—	—	105.000	—	—
	有机玻璃 δ6		m^2	—	—	—	105.000	—
	灯箱布		m^2	—	—	—	—	125.790
	圆钉 φ70 以内		kg	0.840	—	—	—	—
	镀锌自攻螺钉 ST(4～6)×(20～35)		个	—	1 133.220	1 516.670	3 240.000	—
	不锈钢角线 20×20×1.0		m	—	—	—	291.670	—
	焊锡		kg	2.100	—	—	—	—
	沥青漆		kg	4.200	—	—	—	—
	万能胶		kg	—	—	—	32.400	—

工作内容：定位、裁板、安装面层板等。 **计量单位：**100m²

编号				15-158	15-159	15-160	15-161	15-162
项目				面层				
				不锈钢饰面板	铝塑板	磨砂玻璃	防火板	柚木饰面板
名称			单位	消耗量				
人工	合计工日		工日	10.053	12.636	13.365	12.798	6.048
	其中	普工	工日	2.010	2.527	2.673	2.560	1.209
		一般技工	工日	3.519	4.423	4.678	4.479	2.117
		高级技工	工日	4.524	5.686	6.014	5.759	2.722
材料	不锈钢饰面板 $\delta 1.0$		m²	105.000	—	—	—	—
	铝塑板 $\delta 3$		m²	—	105.000	—	—	—
	磨砂玻璃 $\delta 5$		m²	—	—	105.000	—	—
	防火胶板 $\delta 1.0$		m²	—	—	—	105.000	—
	胶合饰面板 泰柚		m²	—	—	—	—	105.000
	万能胶		kg	41.200	41.200	41.200	41.200	—
	聚醋酸乙烯乳液		kg	—	—	—	—	30.000
	不锈钢角线 $20\times20\times1.0$		m	—	—	291.670	—	—
	气排钉 L20 2 000 个 / 盒		盒	—	—	—	—	0.840
机械	电动空气压缩机 0.3m³/min		台班	—	—	—	—	0.140

八、美　术　字

1. 木　质　字

工作内容：字样排列、打眼、下木楔、拼装字样、成品校正、安装等。　　**计量单位：**10 个

编　号				15-163	15-164	15-165	15-166	15-167	15-168
项　目				木质字（面积 m^2 以内）					
				0.2			0.5		
				混凝土面	块料面	其他面	混凝土面	块料面	其他面
名　称			单位	消　耗　量					
人工	合计工日		工日	2.318	1.739	1.449	2.512	2.705	2.415
	其中	普工	工日	0.464	0.347	0.290	0.503	0.541	0.483
		一般技工	工日	0.811	0.609	0.507	0.879	0.947	0.845
		高级技工	工日	1.043	0.783	0.652	1.130	1.217	1.087
材料	木质字 $0.2m^2$ 以内		个	10.100	10.100	10.100	—	—	—
	木质字 $0.5m^2$ 以内		个	—	—	—	10.100	10.100	10.100
	沉头木螺钉 L35		个	204.015	204.015	204.015	306.075	306.075	306.075
	铁件（综合）		kg	3.657	3.657	3.657	5.485	5.485	5.485
	木材（成材）		m^3	0.002	0.002	0.002	0.003	0.003	0.003
	电		kW·h	0.840	0.840	—	1.120	1.120	—
	其他材料费		%	0.50	0.50	—	0.50	0.50	—

工作内容：字样排列、打眼、下木楔、拼装字样、成品校正、安装等。　　计量单位：10 个

编号				15-169	15-170	15-171
项目				木质字		
				1.0m²以内		
				混凝土面	块料面	其他面
名称			单位	消耗量		
人工	合计工日		工日	4.250	3.767	2.898
	其中	普工	工日	0.849	0.754	0.580
		一般技工	工日	1.488	1.318	1.014
		高级技工	工日	1.913	1.695	1.304
材料	木质字 1.0m² 以内		个	10.100	10.100	10.100
	沉头木螺钉 L35		个	408.030	408.030	408.030
	铁件（综合）		kg	7.086	7.121	7.121
	木材（成材）		m^3	0.003	0.003	0.003
	电		kW·h	1.400	1.400	—
	其他材料费		%	0.50	0.50	—

2. 金　属　字

工作内容：字样排列、打眼、下木楔、拼装字样、成品校正、安装等。　　计量单位：10 个

编号				15-172	15-173	15-174	15-175	15-176	15-177
项目				金属字（面积 m² 以内）					
				0.2			0.5		
				混凝土面	块料面	其他面	混凝土面	块料面	其他面
名称			单位	消耗量					
人工	合计工日		工日	1.903	1.565	1.266	2.956	2.435	2.193
	其中	普工	工日	0.381	0.313	0.253	0.591	0.487	0.438
		一般技工	工日	0.666	0.548	0.443	1.035	0.852	0.768
		高级技工	工日	0.856	0.704	0.570	1.330	1.096	0.987
材料	钛金字 0.2m² 以内		个	10.100	10.100	10.100	—	—	—
	钛金字 0.5m² 以内		个	—	—	—	10.100	10.100	10.100
	铁件（综合）		kg	2.405	2.405	2.405	3.368	3.368	3.368
	沉头木螺钉 L35		个	204.015	204.015	204.015	306.075	306.075	306.075
	木材（成材）		m^3	0.002	0.002	0.002	0.003	0.003	0.003
	电		kW·h	0.840	0.840	—	1.120	1.120	—
	其他材料费		%	0.50	0.50	—	0.50	0.50	—

工作内容：字样排列、打眼、下木楔、拼装字样、成品校正、安装等。　　　　**计量单位：**10个

编　　号				15-178	15-179	15-180	15-181	15-182	15-183	15-184
项　　目				金属字（面积 m^2 以内）						
				1.0			2.0			4.0
				混凝土面	块料面	其他面	混凝土面	块料面	其他面	钢骨架上
名　　称			单位	消　耗　量						
人工	合计工日		工日	5.465	3.413	2.608	4.207	3.753	2.869	10.591
	其中	普工	工日	1.093	0.682	0.521	0.842	0.750	0.574	2.118
		一般技工	工日	1.913	1.195	0.913	1.472	1.314	1.004	3.707
		高级技工	工日	2.459	1.536	1.174	1.893	1.689	1.291	4.766
材料	钛金字 $1.0m^2$ 以内		个	10.100	10.100	10.100	—	—	—	—
	钛金字 $1.5m^2$ 以内		个	—	—	—	10.100	10.100	10.100	—
	钛金字 $4.0m^2$ 以内		个	—	—	—	—	—	—	10.100
	膨胀螺栓 M8×60		10个	—	—	—	—	—	—	50.000
	膨胀螺栓 M8×80		10个	—	—	—	122.400	122.400	126.000	—
	铁件（综合）		kg	4.811	4.811	4.811	7.217	7.217	7.217	—
	沉头木螺钉 L35		个	408.030	408.030	408.030	387.555	387.555	387.555	—
	木材（成材）		m^3	0.003	0.003	0.003	0.003	0.003	0.003	0.003
	电		kW·h	1.400	1.400	—	2.121	2.121	2.121	—
	其他材料费		%	0.50	0.50	—	0.50	0.50	0.50	—

3. 石 材 字

工作内容：字样排列、打眼、下木楔、拼装字样、成品校正、安装等。 **计量单位：**10个

编号				15-185	15-186	15-187	15-188	15-189	15-190
项目				石材字（面积 m^2 以内）					
				0.2			0.5		
				混凝土面	块料面	其他面	混凝土面	块料面	其他面
名称			单位	消耗量					
人工	合计工日		工日	2.832	1.642	1.256	2.801	2.465	2.125
	其中	普工	工日	0.567	0.328	0.251	0.561	0.493	0.425
		一般技工	工日	0.991	0.575	0.440	0.980	0.863	0.744
		高级技工	工日	1.274	0.739	0.565	1.260	1.109	0.956
材料	石材字 $0.2m^2$ 以内		个	10.100	10.100	10.100	—	—	—
	石材字 $0.5m^2$ 以内		个	—	—	—	10.100	10.100	10.100
	云石胶		kg	15.918	15.918	15.918	39.795	39.795	39.795
	沉头木螺钉 L35		个	135.975	135.975	135.975	201.075	201.075	201.075
	木材（成材）		m^3	0.002	0.002	0.002	0.003	0.003	0.003
	电		kW·h	0.840	0.840	—	1.120	1.120	—
	其他材料费		%	0.50	0.50	—	0.50	0.50	0.50

4. 聚氯乙烯字

工作内容：字样排列、打眼、下木楔、拼装字样、成品校正、安装等。　　**计量单位：**10个

编号				15-191	15-192	15-193	15-194	15-195	15-196
项目				聚氯乙烯字（面积 m^2 以内）					
				0.2			0.5		
				混凝土面	块料面	其他面	混凝土面	块料面	其他面
名称			单位	消耗量					
人工	合计工日		工日	2.832	1.642	1.256	2.801	2.465	2.125
	其中	普工	工日	0.567	0.328	0.251	0.561	0.493	0.425
		一般技工	工日	0.991	0.575	0.440	0.980	0.863	0.744
		高级技工	工日	1.274	0.739	0.565	1.260	1.109	0.956
材料	聚氯乙烯字 $0.2m^2$ 以内		个	10.100	10.100	10.100	—	—	—
	聚氯乙烯字 $0.5m^2$ 以内		个	—	—	—	10.100	10.100	10.100
	圆钉		kg	0.480	0.480	0.480	0.720	0.720	0.720
	万能胶		kg	0.240	0.240	0.240	0.710	0.710	0.710
	沉头木螺钉 L35		个	136.080	136.080	136.080	201.075	201.075	201.075
	木材（成材）		m^3	0.002	0.002	0.002	0.003	0.003	0.003
	电		kW·h	0.304	0.304	—	0.604	0.604	—
	其他材料费		%	0.50	0.50	—	0.50	0.50	—

工作内容：字样排列、打眼、下木楔、拼装字样、成品校正、安装等。 **计量单位：**10 个

编号				15-197	15-198	15-199	15-200	15-201	15-202	15-203
项目				聚氯乙烯字（面积 m^2 以内）						
				1.0			2.0			4.0
				混凝土面	块料面	其他面	混凝土面	块料面	其他面	钢骨架上
名称			单位	消耗量						
人工	合计工日		工日	5.178	3.284	2.801	3.990	3.612	3.083	10.276
	其中	普工	工日	1.036	0.657	0.561	0.797	0.723	0.617	2.055
		一般技工	工日	1.812	1.149	0.980	1.397	1.264	1.079	3.597
		高级技工	工日	2.330	1.478	1.260	1.796	1.625	1.387	4.624
材料	聚氯乙烯字 1.0m^2 以内		个	10.100	10.100	10.100	—	—	—	—
	聚氯乙烯字 1.5m^2 以内		个	—	—	—	10.100	10.100	10.100	—
	聚氯乙烯字 4.0m^2 以内		个	—	—	—	—	—	—	10.100
	万能胶 1kg/瓶		kg	1.386	1.386	1.386	—	—	—	—
	沉头木螺钉 L35		个	272.003	272.003	272.003	387.555	387.555	387.555	—
	木材（成材）		m^3	0.003	0.003	0.003	0.003	0.003	0.003	0.003
	膨胀螺栓 M8×60		套	—	—	—	—	—	—	50.000
	膨胀螺栓 M8×100		套	—	—	—	91.800	91.800	91.800	—
	铁件（综合）		kg	—	—	—	7.650	7.650	7.650	—
	电		kW·h	1.400	1.400	—	1.592	1.592	1.592	—
	其他材料费		%	0.50	0.50	—	0.50	0.50	0.50	—

5.亚克力字

工作内容：字样排列、打眼、下木楔、拼装字样、成品校正、安装等。　　**计量单位：**10 个

编号				15-204	15-205	15-206	15-207	15-208	15-209	15-210
项目				不发光亚克力字（面积 m^2 以内）						
				1.0			2.0			4.0
				混凝土面	块料面	其他面	混凝土面	块料面	其他面	钢骨架上
名称			单位	消耗量						
人工	合计工日		工日	3.826	3.478	2.982	4.208	3.826	2.869	10.871
	其中	普工	工日	0.765	0.696	0.596	0.841	0.765	0.574	2.174
		一般技工	工日	1.339	1.217	1.044	1.473	1.339	1.004	3.805
		高级技工	工日	1.722	1.565	1.342	1.894	1.722	1.291	4.892
材料	不发光亚克力字 $1m^2$ 以内		个	10.100	10.100	10.100	—	—	—	—
	不发光亚克力字 $2m^2$ 以内		个	—	—	—	10.100	10.100	10.100	—
	不发光亚克力字 $4m^2$ 以内		个	—	—	—	—	—	—	10.100
	铁件（综合）		kg	4.811	4.811	4.811	7.217	7.217	7.217	—
	沉头木螺钉 L35		个	407.999	407.999	407.999	513.597	513.597	513.597	—
	膨胀螺栓 M8×60		套	—	—	—	—	—	—	50.000
	木材（成材）		m^3	0.003	0.003	0.003	0.003	0.003	0.003	0.003
	万能胶 1kg/瓶		kg	1.320	1.386	1.386	—	—	—	—
	电		kW·h	1.400	1.592	—	1.611	1.611	1.611	—
	其他材料费		%	0.50	0.50	—	0.50	0.50	0.50	—

工作内容：字样排列、打眼、下木楔、拼装字样、成品校正、安装等。　　　　**计量单位：**10 个

编号			15-211	15-212	15-213	15-214	15-215	15-216	15-217
项目			发光亚克力字（面积 m^2 以内）						
			1.0			2.0			4.0
			混凝土面	块料面	其他面	混凝土面	块料面	其他面	钢骨架上
名称		单位	消耗量						
人工	合计工日	工日	4.208	3.826	3.280	4.628	4.208	3.154	10.871
人工	其中 普工	工日	0.841	0.765	0.656	0.925	0.841	0.631	2.174
人工	其中 一般技工	工日	1.473	1.339	1.148	1.620	1.473	1.104	3.805
人工	其中 高级技工	工日	1.894	1.722	1.476	2.083	1.894	1.419	4.892
材料	发光亚克力字 $1m^2$ 以内	个	10.100	10.100	10.100	—	—	—	—
材料	发光亚克力字 $2m^2$ 以内	个	—	—	—	10.100	10.100	10.100	—
材料	发光亚克力字 $4m^2$ 以内	个	—	—	—	—	—	—	10.100
材料	铁件（综合）	kg	4.811	4.811	4.811	7.217	7.217	7.217	—
材料	沉头木螺钉 L35	个	407.999	407.999	407.999	513.597	513.597	513.597	—
材料	膨胀螺栓 M8×60	套	—	—	—	—	—	—	50.000
材料	木材（成材）	m^3	0.003	0.003	0.003	0.003	0.003	0.003	0.003
材料	万能胶 1kg/瓶	kg	1.386	1.386	1.386	—	—	—	—
材料	电	kW·h	1.400	1.400	—	1.611	1.611	1.611	—
材料	其他材料费	%	0.50	0.50	—	0.50	0.50	0.50	—

九、石材、瓷砖加工

1. 石材磨边、切割

工作内容：1. 磨边：磨边、抛光等。
2. 切割、倒角：切割、抛光等。
3. 磨圆边：粘板、磨边、成型、抛光等。　　**计量单位：**100m

编号				15-218	15-219	15-220	15-221	15-222
项目				磨边	切割	倒角	磨制、抛光	
							半圆边	加厚半圆边
名称			单位	消耗量				
人工	合计工日		工日	3.636	4.851	6.057	9.720	25.262
	其中	普工	工日	0.727	0.970	1.211	1.944	5.052
		一般技工	工日	1.273	1.698	2.120	3.402	8.842
		高级技工	工日	1.636	2.183	2.726	4.374	11.368
材料	水		m^3	0.230	0.230	0.230	0.350	0.350
	石材抛光片		片	—	—	—	2.640	3.560
	砂轮片（综合）		片	—	—	—	1.760	2.370
	电		kW·h	—	—	—	15.300	15.300

2. 石材开槽

工作内容：开槽、抛光等。　　**计量单位：**100m

编号				15-223	15-224	15-225
项目				开槽（断面面积 mm^2 以内）		
				30	100	200
名称			单位	消耗量		
人工	合计工日		工日	3.600	10.800	12.600
	其中	普工	工日	0.720	2.160	2.520
		一般技工	工日	1.260	3.780	4.410
		高级技工	工日	1.620	4.860	5.670
材料	水		m^3	0.230	0.230	0.230
	石料切割锯片		片	3.520	—	—
	电		kW·h	15.300	—	—
机械	开槽机		台班	—	2.000	2.000

3. 石 材 开 孔

工作内容：切割等。　　　　**计量单位：**100 个

编　　号				15-226	15-227	15-228
项　　目				开孔（周长 mm 以内）		
				400	800	1 000
名　　称			单位	消 耗 量		
人工	合计工日		工日	2.513	2.123	6.282
	其中	普工	工日	0.502	0.425	1.256
		一般技工	工日	0.880	0.743	2.199
		高级技工	工日	1.131	0.955	2.827
材料	水		m^3	0.230	0.230	0.230
	石料切割锯片		片	0.950	1.900	2.370
	电		kW·h	6.120	12.240	15.300

4. 瓷砖倒角、开孔

工作内容：1. 切割、倒角：切割、抛光等。
2. 开孔：切割等。

编　　号				15-229	15-230	15-231	15-232	15-233
项　　目				切割	倒角	开孔（周长 mm 以内）		
						400	800	1 000
				100m		100 个		
名　　称			单位	消 耗 量				
人工	合计工日		工日	2.907	3.294	1.508	3.015	3.769
	其中	普工	工日	0.582	0.659	0.301	0.603	0.754
		一般技工	工日	1.017	1.153	0.528	1.055	1.319
		高级技工	工日	1.308	1.482	0.679	1.357	1.696
材料	水		m^3	0.230	0.230	0.230	0.230	0.230
	釉面砖 500×500		m^2	1.000	—	—	—	—
	石料切割锯片		片	—	—	0.700	1.410	1.760
	电		kW·h	—	—	6.120	12.240	15.300

第十六章　拆 除 工 程

说　　明

一、本章适用于房屋工程施工过程中及二次装修前的拆除工程。

二、本章包括砌体拆除、混凝土及钢筋混凝土构件拆除、抹灰层铲除、块料面层铲除、龙骨及饰面拆除、油漆涂料裱糊面铲除、栏杆扶手拆除、门窗拆除、管道拆除、卫生洁具拆除、一般灯具拆除、其他构配件拆除以及楼层运出垃圾、建筑垃圾外运共十三节。

三、采用控制爆破拆除或机械整体性拆除者,另行处理。

四、本章拆除均按非保护性拆除考虑,如需要采取保护性拆除以及利用拆除后的旧材料抵减拆除人工费者,由发包方与承包方协商处理。

五、本章消耗量除说明者外不分人工或机械操作,均按消耗量执行。

六、墙体凿门窗洞口者套用相应墙体拆除项目,洞口面积在 0.5m^2 以内者,相应项目的人工乘以系数 3.00,洞口面积在 1.0m^2 以内者,相应项目的人工乘以系数 2.40。

七、混凝土构件拆除机械按风炮机编制,如采用切割机械无损拆除局部混凝土构件,另按无损切割项目执行。

八、地面抹灰层与块料面层铲除不包括找平层,如需铲除找平层者,每 10m^2 增加人工 0.20 工日。楼梯面层拆除按相应楼地面拆除项目乘以系数 1.65。

九、拆除带支架防静电地板按带龙骨木地板项目人工乘以系数 1.30。

十、整樘门窗、门窗框及钢门窗拆除,按每樘面积 2.5m^2 以内考虑,面积在 4m^2 以内者,人工乘以系数 1.30;面积超过 4m^2 者,人工乘以系数 1.50。

十一、钢筋混凝土构件拆除按起重机械配合拆除考虑,实际使用机械与取定机械型号规格不同者,按消耗量执行。

十二、楼层运出垃圾其垂直运输机械不分卷扬机、施工电梯或塔吊,均按消耗量执行,如采用人力运输,每 10m^3 按垂直运输距离每 5m 增加人工 0.78 工日,并取消楼层运出垃圾项目中相应的机械费。

工程量计算规则

一、墙体拆除：各种墙体拆除按实拆墙体体积计算，不扣除 $0.30m^2$ 以内孔洞和构件所占的体积。隔墙及隔断的拆除按实拆面积计算。

二、钢筋混凝土构件拆除：混凝土及钢筋混凝土的拆除按实拆体积计算，楼梯拆除按水平投影面积计算，无损切割按切割构件断面面积计算，钻芯按实钻孔数以数量计算。

三、抹灰层铲除：楼地面、墙柱面、天棚面抹灰层铲除均按实际铲除面积计算；踢脚线按实际铲除长度计算。

四、块料面层铲除：各种块料面层铲除均按实际铲除面积计算。楼梯面层拆除按楼梯水平投影面积计算，不扣除宽度≤500mm 以内的楼梯井。

五、龙骨及饰面拆除：各种龙骨及饰面拆除均按实拆投影面积计算。

六、油漆涂料裱糊面铲除：油漆涂料裱糊面层铲除均按实际铲除面积计算。

七、栏杆扶手拆除：栏杆扶手拆除均按实拆长度计算。

八、门窗拆除：门窗拆除均按实拆数量计算。

九、管道拆除：管道拆除按实拆长度计算。

十、卫生洁具拆除：卫生洁具拆除按实拆数量计算。

十一、灯具拆除：各种灯具、插座拆除均按实拆数量计算。

十二、其他构配件拆除：暖气罩、嵌入式柜体拆除按正立面边框外围尺寸垂直投影面积计算，窗台板拆除按实拆长度计算，筒子板拆除按洞口内侧长度计算，窗帘盒、窗帘轨拆除按实拆长度计算，干挂石材骨架拆除按拆除构件的质量计算，干挂预埋件拆除按实拆数量计算，防火隔离带按实拆长度计算。

十三、建筑垃圾外运按虚方体积计算。

一、砌 体 拆 除

工作内容：墙体拆除，废渣和废料清理、归堆。　　　　**计量单位：**$10m^3$

编　号				16-1	16-2	16-3	16-4
项　目				实心砖			多孔砖
				眠墙	空心斗墙	实心斗墙	
名　称			单位	消　耗　量			
人工	合计工日		工日	7.663	4.495	6.123	6.080
	其中	普工	工日	6.130	3.596	4.898	4.864
		一般技工	工日	1.533	0.899	1.225	1.216

注：包括墙体与墙皮以及墙上原有门窗的拆除。

工作内容：墙体拆除，废渣和废料清理、归堆。

编　号				16-5	16-6	16-7	16-8
项　目				多孔砖空心砌块墙	加气混凝土砌块墙	轻质墙板墙	石膏板隔断墙
				$10m^3$		$10m^2$	
名　称			单位	消　耗　量			
人工	合计工日		工日	4.590	4.850	0.530	0.990
	其中	普工	工日	3.672	3.880	0.424	0.792
		一般技工	工日	0.918	0.970	0.106	0.198

注：包括墙体与墙皮以及墙上原有门窗的拆除。

二、混凝土及钢筋混凝土构件拆除

1. 预制钢筋混凝土构件拆除

工作内容：钢筋混凝土拆除，废渣和废料清理、归堆。

编号				16-9	16-10	16-11	16-12
项目				楼板	梁	小型构件	楼梯
				10m³			10m²
名称			单位	消耗量			
人工	合计工日		工日	23.570	36.790	28.000	5.817
	其中	普工	工日	18.856	29.432	22.400	4.654
		一般技工	工日	4.714	7.358	5.600	1.163

2. 现浇钢筋混凝土构件拆除

工作内容：钢筋混凝土拆除，废渣和废料清理、归堆。　　**计量单位：**10m³

编号				16-13	16-14	16-15	16-16
项目				单梁	墙	柱	楼板
名称			单位	消耗量			
人工	合计工日		工日	48.000	49.100	49.100	36.000
	其中	普工	工日	38.400	39.280	39.280	28.800
		一般技工	工日	9.600	9.820	9.820	7.200
材料	电		kW·h	5.310	5.430	5.430	5.160

工作内容：钢筋混凝土拆除，废渣和废料清理、归堆。

编号				16-17	16-18	16-19
项目				小型构件	楼梯	混凝土地面
				$10m^3$	$10m^2$	$10m^3$
名称			单位	消耗量		
人工	合计工日		工日	40.000	9.550	32.000
	其中	普工	工日	32.000	7.640	25.600
		一般技工	工日	8.000	1.910	6.400
材料	电		kW·h	2.980	7.340	2.030

工作内容：钢筋混凝土拆除，废渣和废料清理、归堆。

编号				16-20	16-21	16-22	16-23	16-24
项目				无损切割	钻芯			
					钻孔深度（mm）			
					120以内	240以内	350以内	350以外
				m^2	10孔			
名称			单位	消耗量				
人工	合计工日		工日	3.657	1.250	2.143	3.572	4.465
	其中	普工	工日	2.926	1.000	1.714	2.858	3.572
		一般技工	工日	0.731	0.250	0.429	0.714	0.893
材料	切割锯片 ϕ1 000		片	0.100	—	—	—	—
	合金钢钻头 ϕ100		个	—	0.140	0.290	0.420	0.480
	电		kW·h	—	1.470	2.520	4.200	5.250
机械	无损切割系统 32kV·A		台班	0.380	—	—	—	—

三、抹灰层铲除

工作内容：铲除砂浆面层，废渣和废料清理、归堆。

编号				16-25	16-26	16-27
项目				楼地面		
				水泥面层	现浇水磨石	水泥踢脚线
				$10m^2$		10m
名称			单位	消耗量		
人工	合计工日		工日	1.591	3.178	0.354
	其中	普工	工日	1.273	2.542	0.283
		一般技工	工日	0.318	0.636	0.071

工作内容：铲除砂浆面层，废渣和废料清理、归堆。　　　　**计量单位：**$10m^2$

编号				16-28	16-29	16-30	16-31	16-32
项目				墙柱面			天棚面	
				石灰砂浆面	水泥及混合砂浆面	水刷石、干粘石面	石灰砂浆面	水泥及混合砂浆面
名称			单位	消耗量				
人工	合计工日		工日	0.882	1.327	1.585	1.327	1.855
	其中	普工	工日	0.706	1.062	1.268	1.062	1.484
		一般技工	工日	0.176	0.265	0.317	0.265	0.371

四、块料面层铲除

工作内容：铲除砂浆结合层、块料面层，废渣和废料清理、归堆。　　**计量单位：**$10m^2$

编号				16-33	16-34	16-35	16-36	16-37
项目				楼地面			墙柱面	
				地面砖	石材面	陶瓷锦砖面	墙面砖及陶瓷面砖	石材面
名称			单位	消耗量				
人工	合计工日		工日	0.780	0.920	0.810	0.790	0.940
	其中	普工	工日	0.624	0.736	0.648	0.632	0.752
		一般技工	工日	0.156	0.184	0.162	0.158	0.188

五、龙骨及饰面拆除

工作内容：拆除龙骨、面层，废渣和废料清理、归堆。　　**计量单位：**$10m^2$

编号				16-38	16-39	16-40	16-41	16-42	16-43
项目				楼地面			墙柱面		
				带龙骨木地板	不带龙骨木地板	塑胶地面	龙骨及护墙板	隔断板	墙面玻璃
名称			单位	消耗量					
人工	合计工日		工日	0.486	0.333	0.438	0.720	0.450	0.438
	其中	普工	工日	0.389	0.266	0.350	0.576	0.360	0.350
		一般技工	工日	0.097	0.067	0.088	0.144	0.090	0.088

工作内容：拆除龙骨、面层，废渣和废料清理、归堆。 **计量单位：**10m^2

编号				16-44	16-45	16-46	16-47
项目				天棚			
				木龙骨		金属龙骨	
				木质面	石膏面	金属面	石膏面
名称			单位	消耗量			
人工	合计工日		工日	0.390	0.468	0.570	0.516
	其中	普工	工日	0.312	0.374	0.456	0.413
		一般技工	工日	0.078	0.094	0.114	0.103

六、油漆涂料裱糊面铲除

工作内容：铲除，废料清理、归堆。 **计量单位：**10m^2

编号				16-48	16-49	16-50
项目				抹灰面油漆涂料	木材面油漆	撕墙纸
名称			单位	消耗量		
人工	合计工日		工日	0.364	0.444	0.233
	其中	普工	工日	0.291	0.355	0.186
		一般技工	工日	0.073	0.089	0.047

七、栏杆扶手拆除

工作内容: 拆除,废料清理、归堆。　　**计量单位:** 10m

编　号				16-51	16-52	16-53	16-54
项　目				木栏杆	金属栏杆	玻璃栏杆	靠墙扶手
名　称			单位	消 耗 量			
人工	合计工日		工日	0.390	1.473	0.750	0.852
人工	其中	普工	工日	0.312	1.178	0.600	0.682
人工	其中	一般技工	工日	0.078	0.295	0.150	0.170

八、门 窗 拆 除

工作内容: 拆除,废料清理、归堆。

编　号				16-55	16-56	16-57	16-58	16-59
项　目				整樘门窗	门窗框	钢门窗	门扇	窗扇
				10 樘			10 扇	
名　称			单位	消 耗 量				
人工	合计工日		工日	1.945	1.753	2.917	0.294	0.246
人工	其中	普工	工日	1.556	1.402	2.334	0.235	0.197
人工	其中	一般技工	工日	0.389	0.351	0.583	0.059	0.049

注: 1. 整樘门窗拆除包括门窗框及门扇的拆除。
2. 除钢门窗外,不分门窗材质均按相应项目执行。

九、管 道 拆 除

工作内容：拆除，废料清理、归堆。　　　　**计量单位：**10m

编号				16-60	16-61	16-62	16-63	16-64	16-65
项目				钢管拆除（mm）			塑料管拆除（mm）		
				ϕ50 以内	ϕ100 以内	ϕ100 以外	ϕ50 以内	ϕ100 以内	ϕ100 以外
名称			单位	消耗量					
人工	合计工日		工日	0.240	0.384	0.468	0.126	0.174	0.204
	其中	普工	工日	0.192	0.307	0.374	0.101	0.139	0.163
		一般技工	工日	0.048	0.077	0.094	0.025	0.035	0.041
机械	氧割机		台班	0.080	0.080	0.080	—	—	—

十、卫生洁具拆除

工作内容：拆除，废料清理、归堆。　　　　**计量单位：**10 套

编号				16-66	16-67	16-68	16-69
项目				坐式大便器	蹲式大便器	大便器水箱	挂式小便器
名称			单位	消耗量			
人工	合计工日		工日	2.641	3.962	0.708	1.327
	其中	普工	工日	2.113	3.170	0.566	1.062
		一般技工	工日	0.528	0.792	0.142	0.265

工作内容：拆除，废料清理、归堆。　　　　**计量单位：**10套

编　号				16-70	16-71	16-72	16-73
项　目				立式小便器	浴盆	沐浴器	脸盆
名　称			单位	消耗量			
人工	合计工日		工日	0.444	3.061	1.201	1.020
	其中	普工	工日	0.355	2.449	0.961	0.816
		一般技工	工日	0.089	0.612	0.240	0.204

十一、一般灯具拆除

工作内容：拆除，废料清理、归堆。　　　　**计量单位：**10套（只）

编　号				16-74	16-75	16-76	16-77	16-78
项　目				吸顶灯	软线吊灯	吊链灯	壁灯	吊杆灯
名　称			单位	消耗量				
人工	合计工日		工日	0.370	0.320	0.320	0.350	0.320
	其中	普工	工日	0.296	0.256	0.256	0.280	0.256
		一般技工	工日	0.074	0.064	0.064	0.070	0.064

工作内容：拆除，废料清理、归堆。 **计量单位：**10套（只）

编号				16-79	16-80	16-81	16-82	16-83
项目				嵌入式筒灯	明开关	暗开关	明插座	暗插座
名称			单位	消耗量				
人工	合计工日		工日	0.350	0.320	0.350	0.320	0.350
	其中	普工	工日	0.280	0.256	0.280	0.256	0.280
		一般技工	工日	0.070	0.064	0.070	0.064	0.070

十二、其他构配件拆除

工作内容：拆除，废料清理、归堆。

编号				16-84	16-85	16-86	16-87	16-88	16-89
项目				暖气罩拆除		嵌入式柜体拆除	窗台板拆除		筒子板拆除
				木质	金属		木质	石材瓷板	
				$10m^2$			10m		
名称			单位	消耗量					
人工	合计工日		工日	0.528	0.792	1.693	0.950	1.250	0.792
	其中	普工	工日	0.422	0.634	1.354	0.760	1.000	0.634
		一般技工	工日	0.106	0.158	0.339	0.190	0.250	0.158

工作内容：拆除，废料清理、归堆。

编　　号				16-90	16-91	16-92	16-93	16-94
项　　目				窗帘盒拆除	窗帘轨拆除	干挂石材骨架拆除	干挂预埋件拆除	防火隔离带
				10m		t	10 块	10m
名　　称			单位	消　耗　量				
人工	合计工日		工日	0.156	0.096	5.150	2.029	1.250
	其中	普工	工日	0.125	0.077	4.120	1.623	1.000
		一般技工	工日	0.031	0.019	1.030	0.406	0.250
机械	氧割机		台班	—	—	1.200	—	—

十三、楼层运出垃圾、建筑垃圾外运

工作内容：建筑垃圾外运，楼层运出垃圾（包括室外 20m 以内水平运输以及堆放）。　**计量单位：**$10m^3$

编　　号				16-95	16-96	16-97	16-98
项　　目				楼层运出垃圾		建筑垃圾外运	
				垂直运距 18m 以内	垂直运距每增加 1m	运距 5km 以内	每增加 1km
名　　称			单位	消　耗　量			
人工	合计工日		工日	8.040	—	1.550	—
	其中	普工	工日	6.432	—	1.240	—
		一般技工	工日	1.608	—	0.310	—
机械	轮胎式装载机 $0.5m^3$		台班	—	—	0.800	—
	自卸汽车 8t		台班	—	—	0.444	0.036
	单笼施工电梯 1t 75m		台班	0.960	0.053	—	—

第十七章　措 施 项 目

说 明

一、本章包括脚手架，垂直运输，建筑物超高增加费，大型机械设备进出场及安拆，施工排水、降水等五节。

二、建筑物檐高以设计室外地坪至檐口滴水高度（平屋顶系指屋面板底高度，斜屋面系指外墙外边线与斜屋面板底的交点）为准。突出主体建筑屋顶的楼梯间、电梯间、水箱间、屋面天窗等不计入檐口高度内。

三、同一建筑物有不同檐高时，按建筑物的不同檐高纵向分割，分别计算建筑面积，并按各自的檐高执行相应项目。建筑物多种结构按不同结构分别计算。

四、脚手架工程。

1. 一般说明。

（1）本章脚手架措施项目是指施工需要的脚手架搭、拆、运输及脚手架摊销的工料消耗。

（2）本章脚手架措施项目材料均按钢管式脚手架编制。

（3）各项脚手架用量中未包括脚手架基础加固。基础加固是指脚手架立杆下端以下或脚手架底座下皮以下的一切做法。

（4）室内净高超过 3.6m 的天棚抹灰所需的脚手架按满堂脚手架项目执行；室内凡计算了满堂脚手架，墙面装饰不再计算墙面粉饰脚手架，只按每 $100m^2$ 墙面垂直投影面积增加改架一般技工 1.28 工日。

2. 综合脚手架。

（1）单层建筑综合脚手架适用于檐高 20m 以内的单层建筑工程。

（2）单层建筑工程执行单层建筑综合脚手架项目；二层及二层以上的建筑工程执行多层建筑综合脚手架项目；地下室部分执行地下室综合脚手架项目，地下室工程位于设计室外地坪以上部分超过层高一半者，其全部工程执行相应地上综合脚手架项目。

（3）综合脚手架中包括外墙砌筑及外墙粉饰、3.6m 以内的内墙砌筑及混凝土浇捣用脚手架以及内墙面和天棚粉饰脚手架。

（4）装配式混凝土结构工程综合脚手架按本章相应项目乘以系数 0.85 计算。

（5）执行综合脚手架，有下列情况者可另执行单项脚手架项目：

①满堂基础或者高度（垫层上皮至基础顶面）在 1.2m 以外的混凝土或钢筋混凝土基础，按满堂脚手架基本层消耗量乘以系数 0.30；

②高度在 3.6m 以外的砖内墙，按单排脚手架消耗量乘以系数 0.30；砌筑高度在 3.6m 以外的砌块内墙按相应双排外脚手架消耗量乘以系数 0.30；

③砌筑高度在 1.2m 以外的屋顶烟囱的脚手架，按设计图示烟囱外围周长另加 3.6m 乘以烟囱出屋顶高度以面积计算，执行里脚手架项目；

④砌筑高度在 1.2m 以外的管沟墙及砖基础按设计图示砌筑长度乘以高度以面积计算，执行里脚手架项目；

⑤墙面粉饰高度在 3.6m 以外的执行内墙面粉饰脚手架项目；

⑥按照《建筑工程建筑面积计算规范》GB/T 50353 的有关规定未计入建筑面积，但施工过程中需搭设脚手架的施工部位。

（6）凡不适宜使用综合脚手架的项目，可按相应的单项脚手架项目执行。

3. 单项脚手架。

（1）建筑物外墙脚手架，设计室外地坪至檐口的砌筑高度在 15m 以内的按单排脚手架计算；砌筑高度在 15m 以外或砌筑高度虽然不足 15m，但外墙门窗及装饰面积超过外墙表面积 60% 的，执行双排脚手架项目。

（2）外脚手架消耗量中已综合斜道、上料平台、护卫栏杆等。

（3）建筑物内墙脚手架，设计室内地坪至板底（或山墙高度的1/2处）的砌筑高度在3.6m以内的，执行里脚手架项目。

（4）围墙脚手架，室外地坪至围墙顶面的砌筑高度在3.6m以内的，按里脚手架计算；砌筑高度在3.6m以外的，执行单排外脚手架项目。

（5）石砌墙体，砌筑高度在1.2m以外的，执行双排外脚手架项目。

（6）大型设备基础，凡距地坪高度在1.2m以外的，执行双排外脚手架项目。

（7）挑脚手架适用于外檐挑檐等部位的局部装饰。

（8）悬空脚手架适用于有露明屋架的屋面板勾缝、油漆或喷浆等部位。

（9）整体提升架适用于高层建筑的外墙施工。

（10）吊篮脚手架按外檐粉饰考虑，如幕墙施工使用吊篮脚手架，乘以系数1.70。

（11）独立柱、现浇混凝土单（连续）梁执行双排外脚手架项目乘以系数0.30。

五、垂直运输工程。

1. 垂直运输工作内容包括单位工程在合理工期内完成全部工程项目所需要的垂直运输机械台班，不包括机械的场外往返运输、一次安拆及路基铺垫和轨道铺拆等的费用。

2. 檐高3.6m以内的单层建筑不计算垂直运输机械台班。

3. 层高按3.6m考虑，超过3.6m者，应另计层高超高垂直运输增加费，每超过1m，其超高部分按相应消耗量增加10%，超高不足1m的按1m计算。

4. 垂直运输是按现行工期定额中规定的Ⅱ类地区标准编制的，Ⅰ、Ⅲ类地区按相应消耗量分别乘以系数0.95和1.10。

5. 装配式混凝土结构按照装配率50%编制。装配率40%、60%、70%按相应项目分别乘以系数1.05、0.95、0.90计算。

6. 钢结构厂（库）房按装配式混凝土结构（塔式起重机施工）相应消耗量乘以系数0.50。高层商务楼、商住楼、医院、教学楼等钢结构檐高40m以内执行装配式混凝土结构相应项目，檐高40m以上按装配式混凝土结构相应消耗量乘以系数1.30。

7. 本章按泵送混凝土考虑，如采用非泵送，垂直运输费按相应项目乘以调增系数（5% ~ 10%），再乘以非泵送混凝土数量占全部混凝土数量的百分比。

六、建筑物超高增加费。

建筑物超高增加费是指檐高超过20m的工程项目，人工和机械效率降低而增加的费用。

七、大型机械设备进出场及安拆。

1. 大型机械设备进出场及安拆费是指机械整体或分体自停放场地运至施工现场或由一个施工地点运至另一个施工地点，所发生的机械进出场运输和转移费用，以及机械在施工现场进行安装、拆卸所需的人工费、材料费、机械费、试运转费和安装所需的辅助设施的费用。

2. 塔式起重机及施工电梯基础。

（1）塔式起重机轨道铺拆以直线形为准，铺设弧线形时，乘以系数1.15。

（2）固定式基础适用于混凝土体积在10m³以内的塔式起重机基础，超出者按实际混凝土工程、模板工程、钢筋工程分别计算工程量，按第五章“混凝土及钢筋混凝土工程”相应项目执行。

（3）固定式基础如需打桩时，打桩费用另行计算。

3. 大型机械设备安拆费。

（1）机械安拆费是安装、拆卸的一次性费用。

（2）机械安拆费中包括机械安装完毕后的试运转费用。

（3）柴油打桩机的安拆费中已包括轨道的安拆费用。

（4）自升式塔式起重机安拆费按塔高45m确定，檐高>45m且檐高≤200m，塔高每增高10m，按相应消耗量增加费用 10%，尾数不足 10m 的按 10m 计算。

4. 大型机械设备进出场费。

（1）进出场费中已包括往返一次的费用，其中回程费按单程运费的 25% 考虑。

（2）进出场费中已包括了臂杆、铲斗及附件、道木、道轨的运费。

（3）机械运输路途中的台班费不另计取。

5. 大型机械现场的行驶路线需修整铺垫时，其人工修整可按实际计算。同一施工现场各建筑物之间的运输按 100m 以内综合考虑，如转移距离超过 100m，在 300m 以内的，按相应场外运输费用乘以系数 0.30；在 500m 以内的，按相应场外运输费用乘以系数 0.60。使用道木铺垫按 15 次摊销，使用碎石零星铺垫按一次摊销。

八、施工排水、降水。

1. 轻型井点以 50 根为一套，喷射井点以 30 根为一套，使用时累计根数轻型井点少于 25 根，喷射井点少于 15 根，使用费按相应消耗量乘以系数 0.70。

2. 井管间距应根据地质条件和施工降水要求，按施工组织设计确定，施工组织设计未考虑时，可按轻型井点管距 1.2m、喷射井点管距 2.5m 确定。

3. 直流深井降水成孔直径不同时，只调整相应的黄砂含量，其余不变；PVC-U 加筋管直径不同时，调整管材价格的同时，按管子周长的比例调整相应的密目网及铁丝。

4. 排水井分集水井和大口井两种。集水井项目按基坑内设置考虑，井深在 4m 以内，按本消耗量计算；井深超过 4m，按比例调整。大口井按井管直径分两种规格，抽水结束时回填大口井的人工和材料未包括在用量内，实际发生时应另行计算。

工程量计算规则

一、脚手架工程。

1. 综合脚手架按设计图示尺寸以建筑面积计算。

2. 单项脚手架。

（1）外脚手架、整体提升架按外墙外边线长度（含墙垛及附墙井道）乘以外墙高度以面积计算。

（2）计算内、外墙脚手架时，均不扣除门、窗、洞口、空圈等所占面积。同一建筑物檐高不同时，应按不同檐高分别计算。

（3）里脚手架按墙面垂直投影面积计算。

（4）独立柱按设计图示尺寸，以结构外围周长另加 3.6m 乘以高度以面积计算。

（5）现浇钢筋混凝土梁按梁顶面至地面（或楼面）间的高度乘以梁净长以面积计算。

（6）满堂脚手架按室内净面积计算，其高度在 3.6 ～ 5.2m 之间时计算基本层，5.2m 以外，每增加 1.2m 计算一个增加层，不足 0.6m 按一个增加层乘以系数 0.50 计算。计算公式如下：

$$满堂脚手架增加层 =（室内净高 -5.2m）/1.2m$$

（7）活动脚手架按室内地面净面积计算，不扣除柱、垛、间壁墙所占面积。

（8）水平防护架按设计图示建筑物临街长度另加 10m，乘以搭设宽度以面积计算；垂直防护架按设计图示建筑物临街长度乘以建筑物檐高以面积计算。

（9）单独斜道以外墙面积计算，不扣除门窗洞口面积。

（10）挑脚手架按搭设长度乘以层数以长度计算。

（11）悬空脚手架按搭设水平投影面积计算。

（12）吊篮脚手架按外墙垂直投影面积计算，不扣除门窗洞口所占面积。

（13）内墙面粉饰脚手架按内墙面垂直投影面积计算，不扣除门窗洞口所占面积。

（14）立挂式安全网按架网部分的实挂长度乘以实挂高度以面积计算。

（15）挑出式安全网按挑出的水平投影面积计算。

二、垂直运输工程。

建筑物垂直运输机械台班用量，区分不同建筑物结构及檐高按建筑面积计算。地下室面积与地上面积合并计算，独立地下室由各地根据实际自行补充。

三、建筑物超高增加费。

建筑物超高增加费按建筑物超高部分的建筑面积计算。

四、大型机械设备进出场及安拆。

1. 大型机械设备安拆费按“台・次”计算。

2. 大型机械设备进出场费按“台・次”计算。

五、施工排水、降水。

1. 轻型井点、喷射井点排水的井管安装、拆除以“根”为单位计算，使用以“套・天”计算；真空深井、自流深井排水的安装拆除以每口井计算，使用以“每口井・天”计算。

2. 使用天数以每昼夜（24h）为一天，并按施工组织设计要求的使用天数计算。

3. 集水井按设计图示数量以“座”计算，大口井按累计井深以长度计算。

一、脚 手 架

1. 综合脚手架

工作内容： 1. 场内、场外材料搬运。
2. 搭设、拆除脚手架、挡脚板、上下翻板子。
3. 拆除脚手架后材料的堆放。

计量单位： $100m^2$

编号				17-1	17-2	17-3	17-4	17-5	17-6
项目				单层建筑综合脚手架					
				建筑面积 $500m^2$ 以内	建筑面积 1 $600m^2$ 以内			建筑面积 1 $600m^2$ 以外	
					檐高（m）				
					4.5 以内	6 以内	每增高 1	10 以内	每增高 1
名称			单位	消耗量					
人工	合计工日		工日	14.340	5.750	5.880	1.400	5.490	0.710
	其中	普工	工日	4.302	1.725	1.764	0.420	1.647	0.213
		一般技工	工日	8.604	3.450	3.528	0.840	3.294	0.426
		高级技工	工日	1.434	0.575	0.588	0.140	0.549	0.071
材料	脚手架钢管		kg	60.230	20.270	49.170	11.360	46.110	6.360
	扣件		个	24.250	10.420	19.910	4.740	18.660	2.650
	木脚手板		m^3	0.140	0.040	0.080	0.020	0.070	0.010
	脚手架钢管底座		个	0.410	0.470	0.250	0.040	0.240	0.020
	镀锌铁丝 $\phi4.0$		kg	36.480	11.190	10.040	1.700	9.520	0.950
	圆钉		kg	5.220	2.310	3.410	0.220	3.710	0.130
	红丹防锈漆		kg	5.870	1.990	4.850	1.330	4.550	0.740
	油漆溶剂油		kg	0.520	0.150	0.420	0.120	0.400	0.070
	钢丝绳 $\phi8$		m	0.250	—	0.230	0.110	0.220	0.060
	原木		m^3	0.001	—	0.001	—	0.001	—
	垫木 60×60×60		块	2.360	0.180	2.150	0.330	2.000	0.180
	防滑木条		m^3	0.001	0.002	0.001	—	0.001	—
	挡脚板		m^3	0.011	—	0.008	0.002	0.008	0.001
机械	载重汽车 6t		台班	0.170	0.100	0.110	0.020	0.100	0.010

工作内容：1. 场内、场外材料搬运。
2. 搭设、拆除脚手架、挡脚板、上下翻板子。
3. 拆除脚手架后材料的堆放。

计量单位：100m²

编号				17-7	17-8
项目				多层建筑综合脚手架	
				砖混结构（檐高 m 以内）	
				20	30
名称			单位	消耗量	
人工	合计工日		工日	7.840	10.260
	其中	普工	工日	2.352	3.078
		一般技工	工日	4.704	6.156
		高级技工	工日	0.784	1.026
材料	脚手架钢管		kg	37.750	66.160
	扣件		个	15.200	27.830
	木脚手板		m³	0.080	0.110
	脚手架钢管底座		个	0.180	0.200
	镀锌铁丝 ϕ4.0		kg	9.040	10.270
	圆钉		kg	8.720	8.950
	红丹防锈漆		kg	3.700	8.260
	油漆溶剂油		kg	0.350	0.800
	钢丝绳 ϕ8		m	0.160	0.760
	原木		m³	0.001	0.001
	垫木 60×60×60		块	1.530	1.270
	防滑木条		m³	0.001	0.001
	挡脚板		m³	0.006	0.007
机械	载重汽车 6t		台班	0.100	0.120

工作内容： 1. 场内、场外材料搬运。

2. 搭设、拆除脚手架、挡脚板、上下翻板子。

3. 测试电动装置、安全锁等。

4. 拆除脚手架后材料的堆放。

计量单位： $100m^2$

编　　号				17-9	17-10	17-11	17-12
项　　目				多层建筑综合脚手架			
				现浇框架结构（檐高 m 以内）			
				20	30	50	70
名　　称			单位	消　耗　量			
人工	合计工日		工日	19.530	22.930	31.560	38.500
人工	其中	普工	工日	5.859	6.879	9.468	11.550
人工	其中	一般技工	工日	11.718	13.758	18.936	23.100
人工	其中	高级技工	工日	1.953	2.293	3.156	3.850
材料	脚手架钢管		kg	138.650	178.680	188.730	197.340
材料	扣件		个	55.660	73.470	77.720	81.360
材料	木脚手板		m^3	0.220	0.270	0.280	0.320
材料	脚手架钢管底座		个	0.740	0.770	0.700	0.720
材料	镀锌铁丝 ϕ4.0		kg	26.400	28.130	26.050	29.010
材料	圆钉		kg	8.830	9.160	8.870	8.970
材料	红丹防锈漆		kg	12.780	19.210	26.780	28.420
材料	油漆溶剂油		kg	1.100	1.740	2.440	2.600
材料	钢丝绳 ϕ8		m	0.610	1.450	1.760	1.950
材料	原木		m^3	0.001	0.001	0.001	0.001
材料	垫木 60×60×60		块	5.660	5.290	5.230	5.390
材料	防滑木条		m^3	0.003	0.003	0.003	0.003
材料	挡脚板		m^3	0.021	0.023	0.025	0.026
材料	槽钢 $18^{\#}$ 以外		kg	—	—	68.810	74.830
材料	圆钢 ϕ15 ~ 24		kg	—	—	13.420	14.590
材料	扁钢（综合）		kg	—	—	2.690	2.920
材料	钢管 $D63$		kg	—	—	0.750	0.820
材料	顶丝		个	—	—	2.690	2.920
材料	钢丝绳 ϕ12.5		m	—	—	1.400	1.520
材料	管卡子（钢管用）20mm		个	—	—	1.000	1.090
材料	花篮螺栓 M6×250		个	—	—	0.250	0.270
材料	预拌混凝土 C20		m^3	—	—	0.004	0.004
材料	钢筋 ϕ10 以内		kg	—	—	0.100	0.110
材料	钢脚手板		kg	—	—	—	2.690
材料	提升装置及架体		套	—	—	—	0.040
机械	载重汽车 6t		台班	0.200	0.240	0.280	0.330

工作内容： 1. 场内、场外材料搬运。
2. 搭设、拆除脚手架、挡脚板、上下翻板子。
3. 测试电动装置、安全锁等。
4. 拆除脚手架后材料的堆放。

计量单位：100m²

编　号				17-13	17-14	17-15	17-16	17-17	17-18
项　目				多层建筑综合脚手架					
				现浇框架结构（檐高 m 以内）					
				90	110	120	130	140	150
名　称			单位	消　耗　量					
人工	合计工日		工日	41.600	45.500	46.570	49.940	51.280	53.170
	其中	普工	工日	12.480	13.650	13.971	14.982	15.384	15.951
		一般技工	工日	24.960	27.300	27.942	29.964	30.768	31.902
		高级技工	工日	4.160	4.550	4.657	4.994	5.128	5.317
材料	脚手架钢管		kg	214.330	235.750	241.660	260.130	267.520	277.860
	扣件		个	88.550	97.620	100.120	107.940	111.070	115.450
	木脚手板		m^3	0.340	0.370	0.380	0.400	0.410	0.420
	脚手架钢管底座		个	0.760	0.800	0.820	0.860	0.870	0.890
	镀锌铁丝 ϕ4.0		kg	30.570	32.540	33.090	34.780	35.460	36.410
	圆钉		kg	9.190	9.450	9.520	9.750	9.840	9.970
	红丹防锈漆		kg	31.660	35.740	36.870	40.390	41.800	43.770
	油漆溶剂油		kg	2.900	3.280	3.380	3.710	3.840	4.020
	钢丝绳 ϕ8		m	2.190	2.490	2.580	2.840	2.940	3.090
	原木		m^3	0.001	0.001	0.001	0.001	0.001	0.001
	垫木 60×60×60		块	5.690	6.060	6.170	6.490	6.620	6.800
	防滑木条		m^3	0.004	0.004	0.004	0.004	0.004	0.005
	挡脚板		m^3	0.027	0.030	0.031	0.033	0.034	0.035
	槽钢 18# 以外		kg	86.700	101.660	105.790	118.690	123.860	131.080
	圆钢 ϕ15 ~ 24		kg	16.910	19.830	20.630	23.150	24.160	25.570
	扁钢（综合）		kg	3.390	3.970	4.130	4.630	4.840	5.120
	钢管 D63		kg	0.950	1.110	1.160	1.300	1.350	1.430
	顶丝		个	3.390	3.970	4.130	4.630	4.840	5.120
	钢丝绳 ϕ12.5		m	1.760	2.070	2.150	2.410	2.520	2.660
	管卡子（钢管用）20mm		个	1.260	1.480	1.540	1.720	1.800	1.900
	花篮螺栓 M6×250		个	0.310	0.370	0.380	0.430	0.450	0.480
	预拌混凝土 C20		m^3	0.005	0.006	0.006	0.007	0.007	0.008
	钢筋 ϕ10 以内		kg	0.130	0.150	0.150	0.170	0.180	0.190
	钢脚手板		kg	2.690	2.690	2.690	2.690	2.690	2.690
	提升装置及架体		套	0.040	0.040	0.040	0.040	0.040	0.040
机械	载重汽车 6t		台班	0.350	0.360	0.380	0.390	0.400	0.430

工作内容：1. 场内、场外材料搬运。
2. 搭设、拆除脚手架、挡脚板、上下翻板子。
3. 测试电动装置、安全锁等。
4. 拆除脚手架后材料的堆放。

计量单位：100m²

编　号				17-19	17-20	17-21	17-22	17-23
项　目				多层建筑综合脚手架				
				现浇框架结构（檐高 m 以内）				
				160	170	180	190	200
名　称			单位	消　耗　量				
人工	合计工日		工日	57.070	59.900	64.470	68.240	72.810
	其中	普工	工日	17.121	17.970	19.341	20.472	21.843
		一般技工	工日	34.242	35.940	38.682	40.944	43.686
		高级技工	工日	5.707	5.990	6.447	6.824	7.281
材料	脚手架钢管		kg	299.280	314.790	339.910	360.590	385.710
	扣件		个	124.520	131.080	141.710	150.470	161.100
	木脚手板		m^3	0.450	0.470	0.510	0.530	0.570
	脚手架钢管底座		个	0.940	0.970	1.030	1.070	1.130
	镀锌铁丝 ϕ4.0		kg	38.380	39.810	42.120	44.020	46.330
	圆钉		kg	10.240	10.430	10.740	10.990	11.300
	红丹防锈漆		kg	47.860	50.820	55.610	59.550	64.340
	油漆溶剂油		kg	4.400	4.680	5.120	5.490	5.930
	钢丝绳 ϕ8		m	3.390	3.610	3.960	4.250	4.610
	原木		m^3	0.001	0.001	0.001	0.001	0.001
	垫木 60×60×60		块	7.180	7.450	7.890	8.260	8.700
	防滑木条		m^3	0.005	0.005	0.006	0.006	0.006
	挡脚板		m^3	0.037	0.039	0.042	0.044	0.047
	槽钢 18# 以外		kg	146.050	156.880	174.430	188.880	206.430
	圆钢 ϕ15～24		kg	28.480	30.600	34.020	36.840	40.260
	扁钢（综合）		kg	5.700	6.130	6.810	7.380	8.060
	钢管 $D63$		kg	1.600	1.720	1.910	2.070	2.260
	顶丝		个	5.700	6.130	6.810	7.380	8.060
	钢丝绳 ϕ12.5		m	2.970	3.190	3.550	3.840	4.200
	管卡子（钢管用）20mm		个	2.120	2.280	2.530	2.740	3.000
	花篮螺栓 M6×250		个	0.530	0.570	0.630	0.690	0.750
	预拌混凝土 C20		m^3	0.008	0.009	0.010	0.011	0.012
	钢筋 ϕ10 以内		kg	0.210	0.230	0.250	0.270	0.300
	钢脚手板		kg	2.690	2.690	2.690	2.690	2.690
	提升装置及架体		套	0.040	0.040	0.040	0.040	0.040
机械	载重汽车 6t		台班	0.440	0.470	0.470	0.500	0.530

工作内容：1. 场内、场外材料搬运。
2. 搭设、拆除脚手架、挡脚板、上下翻板子。
3. 测试电动装置、安全锁等。
4. 拆除脚手架后材料的堆放。

计量单位：$100m^2$

编号				17-24	17-25	17-26	17-27	17-28	17-29	17-30
项目				多层建筑综合脚手架						
				现浇剪力墙结构(檐高 m 以内)						
				30	50	70	90	110	120	130
名称			单位	消耗量						
人工	合计工日		工日	14.130	21.990	27.300	30.530	33.450	34.260	36.780
	其中	普工	工日	4.239	6.597	8.190	9.159	10.035	10.278	11.034
		一般技工	工日	8.478	13.194	16.380	18.318	20.070	20.556	22.068
		高级技工	工日	1.413	2.199	2.730	3.053	3.345	3.426	3.678
材料	脚手架钢管		kg	120.310	141.100	142.580	160.310	176.370	180.800	194.650
	扣件		个	49.320	58.120	58.750	66.250	73.050	74.930	80.790
	木脚手板		m^3	0.180	0.210	0.230	0.260	0.280	0.280	0.300
	脚手架钢管底座		个	0.530	0.530	0.530	0.570	0.600	0.610	0.640
	镀锌铁丝 ϕ4.0		kg	19.120	19.230	21.400	23.030	24.510	24.920	26.190
	圆钉		kg	5.630	5.630	5.650	5.870	6.070	6.120	6.300
	红丹防锈漆		kg	12.690	20.040	20.320	23.700	26.770	27.610	30.260
	油漆溶剂油		kg	1.140	1.830	1.850	2.170	2.450	2.530	2.770
	钢丝绳 ϕ8		m	0.920	1.320	1.410	1.660	1.880	1.940	2.140
	原木		m^3	0.001	0.001	0.001	0.001	0.001	0.001	0.001
	垫木 60×60×60		块	3.700	3.930	3.950	4.260	4.550	4.620	4.870
	防滑木条		m^3	0.001	0.002	0.002	0.003	0.003	0.003	0.003
	挡脚板		m^3	0.020	0.018	0.019	0.021	0.022	0.023	0.025
	槽钢 18# 以外		kg	—	51.610	52.640	65.020	76.240	79.340	89.020
	圆钢 ϕ15～24		kg	—	10.070	10.270	12.680	14.870	15.470	17.360
	扁钢(综合)		kg	—	2.020	2.060	2.540	2.980	3.100	3.480
	钢管 $D63$		kg	—	0.560	0.580	0.710	0.830	0.870	0.970
	顶丝		个	—	2.020	2.060	2.540	2.980	3.100	3.480
	钢丝绳 ϕ12.5		m	—	1.050	1.070	1.320	1.550	1.610	1.810
	管卡子(钢管用) 20mm		个	—	0.750	0.760	0.940	1.110	1.150	1.290
	花篮螺栓 M6×250		个	—	0.190	0.190	0.240	0.280	0.290	0.320
	预拌混凝土 C20		m^3	—	0.003	0.003	0.004	0.004	0.005	0.005
	钢筋 ϕ10 以内		kg	—	0.070	0.080	0.090	0.110	0.120	0.130
	钢脚手板		kg	—	—	2.520	2.520	2.520	2.520	2.520
	提升装置及架体		套	—	—	0.040	0.040	0.040	0.040	0.040
机械	载重汽车 6t		台班	0.150	0.150	0.250	0.270	0.280	0.290	0.300

工作内容：1. 场内、场外材料搬运。
2. 搭设、拆除脚手架、挡脚板、上下翻板子。
3. 测试电动装置、安全锁等。
4. 拆除脚手架后材料的堆放。

计量单位：$100m^2$

编号				17-31	17-32	17-33	17-34	17-35	17-36	17-37
项目				多层建筑综合脚手架						
				现浇剪力墙结构（檐高 m 以内）						
				140	150	160	170	180	190	200
名称			单位	消耗量						
人工	合计工日		工日	37.790	39.210	42.130	44.250	47.680	50.510	53.940
	其中	普工	工日	11.337	11.763	12.639	13.275	14.304	15.153	16.182
		一般技工	工日	22.674	23.526	25.278	26.550	28.608	30.306	32.364
		高级技工	工日	3.779	3.921	4.213	4.425	4.768	5.051	5.394
材料	脚手架钢管		kg	200.190	207.950	224.020	235.650	254.490	270.000	288.830
	扣件		个	83.140	86.420	93.220	98.150	106.120	112.680	120.660
	木脚手板		m^3	0.310	0.320	0.340	0.350	0.380	0.400	0.430
	脚手架钢管底座		个	0.650	0.670	0.710	0.730	0.770	0.800	0.850
	镀锌铁丝 ϕ4.0		kg	26.700	27.410	28.890	29.960	31.690	33.120	34.850
	圆钉		kg	6.360	6.460	6.660	6.800	7.040	7.230	7.460
	红丹防锈漆		kg	31.310	32.790	35.860	38.070	41.670	44.620	48.220
	油漆溶剂油		kg	2.870	3.010	3.290	3.500	3.830	4.110	4.440
	钢丝绳 ϕ8		m	2.220	2.330	2.550	2.720	2.980	3.200	3.470
	原木		m^3	0.001	0.001	0.001	0.001	0.001	0.001	0.001
	垫木 60×60×60		块	4.970	5.100	5.380	5.590	5.920	6.190	6.530
	防滑木条		m^3	0.003	0.003	0.004	0.004	0.004	0.004	0.005
	挡脚板		m^3	0.025	0.026	0.028	0.029	0.031	0.033	0.035
	槽钢 18# 以外		kg	92.890	98.310	109.530	117.660	130.820	141.650	154.810
	圆钢 ϕ15 ~ 24		kg	18.120	19.170	21.360	22.950	25.510	27.630	30.190
	扁钢（综合）		kg	3.630	3.840	4.280	4.590	5.110	5.530	6.040
	钢管 $D63$		kg	1.020	1.070	1.200	1.290	1.430	1.550	1.690
	顶丝		个	3.630	3.840	4.280	4.590	5.110	5.530	6.040
	钢丝绳 ϕ12.5		m	1.890	2.000	2.230	2.390	2.660	2.880	3.150
	管卡子（钢管用）20mm		个	1.350	1.430	1.590	1.710	1.900	2.060	2.250
	花篮螺栓 M6×250		个	0.340	0.360	0.400	0.430	0.470	0.510	0.560
	预拌混凝土 C20		m^3	0.005	0.006	0.006	0.007	0.008	0.008	0.009
	钢筋 ϕ10 以内		kg	0.130	0.140	0.160	0.170	0.190	0.210	0.220
	钢脚手板		kg	2.520	2.520	2.520	2.520	2.520	2.520	2.520
	提升装置及架体		套	0.040	0.040	0.040	0.040	0.040	0.040	0.040
机械	载重汽车 6t		台班	0.310	0.330	0.340	0.360	0.360	0.380	0.400

工作内容：1. 场内、场外材料搬运。
2. 搭设、拆除脚手架、挡脚板、上下翻板子。
3. 拆除脚手架后材料的堆放。

计量单位：100m²

编号				17-38	17-39	17-40	17-41
项目				地下室综合脚手架			
				一层	二层	三层	四层
名称			单位	消耗量			
人工	合计工日		工日	8.880	9.280	10.770	13.450
	其中	普工	工日	2.664	2.784	3.231	4.035
		一般技工	工日	5.328	5.568	6.462	8.070
		高级技工	工日	0.888	0.928	1.077	1.345
材料	脚手架钢管		kg	14.090	48.780	62.190	86.170
	扣件		个	5.830	20.270	25.860	35.270
	木脚手板		m³	0.020	0.060	0.080	0.110
	脚手架钢管底座		个	0.080	0.180	0.240	0.330
	镀锌铁丝 ϕ4.0		kg	9.820	7.880	9.890	11.840
	圆钉		kg	3.670	3.380	3.650	4.040
	红丹防锈漆		kg	1.390	4.650	5.940	10.190
	油漆溶剂油		kg	0.130	0.430	0.550	0.830
	钢丝绳		kg	0.040	0.160	0.210	0.290
	原木		m³	0.001	0.001	0.001	—
	垫木 60×60×60		块	0.410	1.530	1.960	1.950
	防滑木条		m³	0.001	0.001	0.001	0.001
	挡脚板		m³	0.002	0.006	0.007	0.009
机械	载重汽车 6t		台班	0.120	0.140	0.150	0.180

2. 单项脚手架

(1)外 脚 手 架

工作内容: 1. 场内、场外材料搬运。

2. 搭设、拆除脚手架、挡脚板、上下翻板子。

3. 拆除脚手架后材料的堆放。

计量单位: 100m^2

编号				17-42	17-43	17-44	17-45	17-46
项目				外脚手架(m以内)				
				檐高15		檐高20	檐高30	檐高50
				单排	双排			
名称			单位	消耗量				
人工	合计工日		工日	5.410	6.830	7.680	8.530	20.540
	其中	普工	工日	1.623	2.049	2.304	2.559	6.162
		一般技工	工日	3.246	4.098	4.608	5.118	12.324
		高级技工	工日	0.541	0.683	0.768	0.853	2.054
材料	脚手架钢管		kg	44.350	61.620	69.100	81.010	112.760
	扣件		个	17.990	25.660	28.320	34.300	47.730
	木脚手板		m^3	0.060	0.070	0.080	0.110	0.150
	脚手架钢管底座		个	0.230	0.240	0.270	0.260	0.240
	镀锌铁丝 ϕ4.0		kg	8.620	9.240	9.020	10.200	10.370
	圆钉		kg	1.080	1.240	1.320	1.380	1.390
	红丹防锈漆		kg	3.890	5.400	8.130	7.100	9.880
	油漆溶剂油		kg	0.440	0.620	0.690	0.810	1.130
	缆风绳 ϕ8		kg	0.210	0.210	0.240	0.980	1.590
	原木		m^3	0.001	0.001	0.001	0.001	0.001
	垫木 60×60×60		块	1.980	1.980	1.580	1.640	1.980
	防滑木条		m^3	0.001	0.001	0.001	0.001	0.002
	挡脚板		m^3	0.007	0.007	0.008	0.009	0.013
	槽钢 18$^\#$ 以外		kg	—	—	—	—	78.776
	圆钢 ϕ15 ~ 24		kg	—	—	—	—	15.365
	扁钢(综合)		kg	—	—	—	—	3.076
	钢管 *D*63		kg	—	—	—	—	0.861
	顶丝		个	—	—	—	—	3.076
	钢丝绳 ϕ8		m	—	—	—	—	1.602
	管卡子(钢管用)20		个	—	—	—	—	1.144
	花篮螺栓 M6×250		个	—	—	—	—	0.286
	预拌混凝土 C20		m^3	—	—	—	—	0.005
	钢筋 ϕ10 以内		kg	—	—	—	—	0.114
机械	载重汽车 6t		台班	0.100	0.130	0.130	0.130	0.130

（2）里 脚 手 架

工作内容：1. 场内、场外材料搬运。
2. 搭设、拆除脚手架。
3. 拆除脚手架后材料的堆放。

计量单位：100m^2

编　号			17-47
项　目			里脚手架
名　称		单位	消 耗 量
人工	合计工日	工日	3.360
人工	其中 普工	工日	1.008
人工	其中 一般技工	工日	2.016
人工	其中 高级技工	工日	0.336
材料	脚手架钢管	kg	0.878
材料	扣件	个	0.327
材料	木脚手板	m^3	0.008
材料	红丹防锈漆	kg	0.077
材料	油漆溶剂油	kg	0.015
材料	镀锌铁丝 ϕ4.0	kg	0.612
材料	圆钉	kg	2.040
机械	载重汽车 6t	台班	0.020

（3）悬空脚手架

工作内容：1. 场内、场外材料搬运。
2. 搭设、拆除脚手架。
3. 拆除脚手架后材料的堆放。

计量单位：100m^2

编　号			17-48
项　目			悬空脚手架
名　称		单位	消 耗 量
人工	合计工日	工日	2.880
人工	其中 普工	工日	0.864
人工	其中 一般技工	工日	1.728
人工	其中 高级技工	工日	0.288
材料	脚手架钢管	kg	1.673
材料	扣件	个	0.312
材料	木脚手板	m^3	0.010
材料	镀锌铁丝 ϕ4.0	kg	2.101
材料	红丹防锈漆	kg	0.144
材料	油漆溶剂油	kg	0.010
机械	载重汽车 6t	台班	0.020

（4）挑脚手架

工作内容：1. 场内、场外材料搬运。
2. 搭设、拆除脚手架。
3. 拆除脚手架后材料的堆放。

计量单位：100m

编　　号				17-49
项　　目				挑脚手架
名　　称			单位	消　耗　量
人工	合计工日		工日	19.120
	其中	普工	工日	5.736
		一般技工	工日	11.472
		高级技工	工日	1.912
材料	脚手架钢管		kg	1.780
	扣件		个	3.315
	木脚手板		m^3	0.008
	镀锌铁丝 $\phi 4.0$		kg	5.386
	红丹防锈漆		kg	0.174
	油漆溶剂油		kg	0.005
机械	载重汽车 6t		台班	0.020

(5)满堂脚手架

工作内容: 1. 场内、场外材料搬运。
2. 搭设、拆除脚手架。
3. 拆除脚手架后材料的堆放。

计量单位: 100m^2

编号				17-50	17-51
项目				满堂脚手架	
				基本层(3.6 ~ 5.2m)	增加层 1.2m
名称			单位	消耗量	
人工	合计工日		工日	6.088	1.388
	其中	普工	工日	1.826	0.416
		一般技工	工日	3.653	0.833
		高级技工	工日	0.609	0.139
材料	脚手架钢管		kg	7.341	2.447
	扣件		个	2.852	0.951
	脚手架钢管底座		个	0.150	—
	木脚手板		m^3	0.063	—
	镀锌铁丝 ϕ4.0		kg	29.335	—
	圆钉		kg	2.846	—
	红丹防锈漆		kg	0.642	0.215
	油漆溶剂油		kg	0.073	0.025
	挡脚板		m^3	0.002	—
机械	载重汽车 6t		台班	0.040	0.010

(6)活动脚手架

工作内容： 1. 场内、场外材料搬运。
2. 搭设、拆除脚手架。
3. 拆除脚手架后材料的堆放。

计量单位： 100m²

编　号				17-52
项　目				活动脚手架
名　称			单位	消 耗 量
人工	合计工日		工日	6.260
	其中	普工	工日	1.878
		一般技工	工日	3.756
		高级技工	工日	0.626
材料	脚手架钢管		kg	6.670
	扣件		个	0.870
	木脚手板		m^3	0.019
	脚手架钢管底座		个	0.030
	镀锌铁丝 $\phi4.0$		kg	9.000
	红丹防锈漆		kg	0.390
	油漆溶剂油		kg	0.050
	其他材料费		元	244.00
机械	载重汽车 6t		台班	0.100

（7）水平、垂直防护架

工作内容：1. 场内、场外材料搬运。
2. 搭设、拆除脚手架。
3. 拆除脚手架后材料的堆放。

计量单位：100m²

编号				17-53	17-54
项目				水平防护架	垂直防护架
名称			单位	消耗量	
人工	合计工日		工日	6.910	2.800
	其中	普工	工日	2.073	0.840
		一般技工	工日	4.146	1.680
		高级技工	工日	0.691	0.280
材料	脚手架钢管		kg	81.670	50.510
	扣件		个	5.000	3.310
	木脚手板		m^3	0.794	—
	脚手架钢管底座		个	0.960	—
	镀锌铁丝 ϕ4.0		kg	0.010	—
	圆钉		kg	5.570	—
	红丹防锈漆		kg	0.250	—
	油漆溶剂油		kg	0.030	—
	尼龙编织布		m^2	—	10.000
机械	载重汽车 6t		台班	0.280	0.070

(8)单独斜道

工作内容： 1. 场内、场外材料搬运。
2. 搭设、拆除脚手架。
3. 拆除脚手架后材料的堆放。

计量单位： 100m^2

编号				17-55	17-56
项目				单独斜道（m以内）	
				5	15
名称			单位	消耗量	
人工	合计工日		工日	0.890	1.160
	其中	普工	工日	0.267	0.348
		高级技工	工日	0.534	0.696
		一般技工	工日	0.089	0.116
材料	脚手架钢管		kg	2.020	7.490
	扣件		个	0.450	1.840
	脚手架钢管底座		个	0.030	0.030
	木脚手板		m^3	0.012	0.023
	镀锌铁丝 ϕ4.0		kg	5.570	4.400
	圆钉		kg	0.340	0.670
	红丹防锈漆		kg	0.250	0.580
	油漆溶剂油		kg	0.030	0.070
	其他材料费		元	0.05	0.09
机械	载重汽车 6t		台班	0.020	0.100

(9)整体提升架

工作内容：1. 场内、场外材料搬运。
2. 选择附墙点与主体连接。
3. 搭设、拆除脚手架。
4. 测试电动装置、安全锁等。
5. 拆除脚手架后材料的堆放。

计量单位：$100m^2$

编号				17-57
项目				整体提升架
名称			单位	消耗量
人工	合计工日		工日	12.296
	其中	普工	工日	3.689
		一般技工	工日	7.377
		高级技工	工日	1.230
材料	木脚手板		m^3	0.060
	镀锌铁丝 $\phi4.0$		kg	4.980
	提升装置及架体		套	0.090
	钢丝绳 $\phi8$		m	0.150
	钢脚手板		kg	6.150
机械	载重汽车 6t		台班	0.210

(10)安　全　网

工作内容：支撑、挂网、翻网绳、阴阳角挂绳、拆除等。

计量单位：$100m^2$

编号				17-58	17-59
项目				立挂式	挑出式
名称			单位	消耗量	
人工	合计工日		工日	0.200	1.690
	其中	普工	工日	0.060	0.507
		一般技工	工日	0.120	1.014
		高级技工	工日	0.020	0.169
材料	安全网		m^2	32.080	32.080
	脚手架钢管		kg	—	23.520
	镀锌铁丝 $\phi4.0$		kg	9.690	22.950
	红丹防锈漆		kg	—	2.040
	油漆溶剂油		kg	—	0.230
机械	载重汽车 6t		台班	—	0.040

（11）外装饰吊篮

工作内容：1. 场内、场外材料搬运。
2. 吊篮的安装。
3. 测试电动装置、安全锁、平衡控制器等。
4. 吊篮的拆卸。

计量单位：100m^2

编　号				17-60
项　目				外装饰吊篮
名　称			单位	消　耗　量
人工	合计工日		工日	1.586
	其中	普工	工日	0.476
		一般技工	工日	0.951
		高级技工	工日	0.159
机械	电动吊篮 0.63t		台班	5.460

（12）粉饰脚手架

工作内容：1. 场内、场外材料搬运。
2. 搭设、拆除脚手架。
3. 拆除脚手架后材料的堆放。

计量单位：100m^2

编　号				17-61	17-62	17-63
项　目				内墙面粉饰脚手架（m）		
				3.6 ~ 6	10 以内	20 以内
名　称			单位	消　耗　量		
人工	合计工日		工日	2.350	2.480	3.560
	其中	普工	工日	0.705	0.744	1.068
		一般技工	工日	1.410	1.488	2.136
		高级技工	工日	0.235	0.248	0.356
材料	扣件		个	0.110	0.420	0.720
	脚手架钢管底座		个	0.060	0.040	0.020
	木脚手板		m^3	0.010	0.009	0.007
	脚手架钢管		kg	0.940	1.500	2.790
	红丹防锈漆		kg	0.100	0.170	0.310
	油漆溶剂油		kg	0.011	0.019	0.034
机械	载重汽车 6t		台班	0.020	0.020	0.020

二、垂 直 运 输

1. 卷扬机施工[20m(6层)以内]

工作内容:单位工程合理工期内完成全部工程所需要的垂直运输全部操作过程。 **计量单位:**100m²

编 号			17-64	17-65	17-66
项 目			卷扬机施工		
			砖混结构	现浇框架结构	装配式混凝土结构
名 称		单位	消 耗 量		
机械	电动单筒快速卷扬机 5kN	台班	7.914	8.708	6.371

2. 塔式起重机施工[20m(6层)以内]

工作内容:单位工程合理工期内完成全部工程所需要的垂直运输全部操作过程。 **计量单位:**100m²

编 号				17-67	17-68	17-69	17-70
项 目				塔式起重机施工			
				砖混结构	现浇框架结构	现浇剪力墙结构	装配式混凝土结构
名 称			单位	消 耗 量			
人工	合计工日		工日	2.299	2.490	2.083	1.929
	其中	普工	工日	2.069	2.241	1.875	1.736
		一般技工	工日	0.230	0.249	0.208	0.193
机械	电动单筒快速卷扬机 5kN		台班	3.166	3.483	2.805	2.548
	自升式塔式起重机 400kN·m		台班	2.299	2.490	2.083	1.929

3. 塔式起重机施工［20m（6层）以上］

工作内容：单位工程合理工期内完成全部工程所需要的垂直运输全部操作过程。　　**计量单位**：$100m^2$

编号				17-71	17-72	17-73	17-74	17-75	17-76
项目				现浇框架结构					
				建筑物檐高（m以内）					
				40	70	100	140	170	200
名称			单位	消耗量					
人工	合计工日		工日	5.875	5.491	5.299	5.158	5.093	5.046
	其中	普工	工日	5.287	4.942	4.769	4.642	4.584	4.541
		一般技工	工日	0.588	0.549	0.530	0.516	0.509	0.505
机械	自升式塔式起重机　400kN·m		台班	2.350	—	—	—	—	—
	自升式塔式起重机　600kN·m		台班	—	2.023	—	—	—	—
	自升式塔式起重机　800kN·m		台班	—	—	1.892	—	—	—
	自升式塔式起重机　1 000kN·m		台班	—	—	—	1.805	—	—
	自升式塔式起重机　2 500kN·m		台班	—	—	—	—	1.767	—
	自升式塔式起重机　3 000kN·m		台班	—	—	—	—	—	1.740
	单笼施工电梯　1t　75m		台班	1.958	—	—	—	—	—
	双笼施工电梯　2×1t　100m		台班	—	2.408	2.523	—	—	—
	双笼施工电梯　2×1t　200m		台班	—	—	—	2.579	2.598	2.610
仪表	对讲机（一对）		台班	2.350	2.890	3.028	3.095	3.118	3.132

工作内容: 单位工程合理工期内完成全部工程所需要的垂直运输全部操作过程。 **计量单位:** 100m²

编号				17-77	17-78	17-79	17-80	17-81	17-82
项目				现浇剪力墙结构					
				檐高(m 以内)					
				40	70	100	140	170	200
名称			单位	消耗量					
人工	合计工日		工日	4.915	4.594	4.433	4.315	4.260	4.221
	其中	普工	工日	4.423	4.135	3.990	3.883	3.834	3.799
		一般技工	工日	0.492	0.459	0.443	0.432	0.426	0.422
机械	自升式塔式起重机 400kN·m		台班	1.966	—	—	—	—	—
	自升式塔式起重机 600kN·m		台班	—	1.692	—	—	—	—
	自升式塔式起重机 800kN·m		台班	—	—	1.583	—	—	—
	自升式塔式起重机 1 000kN·m		台班	—	—	—	1.510	—	—
	自升式塔式起重机 2 500kN·m		台班	—	—	—	—	1.478	—
	自升式塔式起重机 3 000kN·m		台班	—	—	—	—	—	1.455
	单笼施工电梯 1t 75m		台班	1.638	—	—	—	—	—
	双笼施工电梯 2×1t 100m		台班	—	2.015	2.111	—	—	—
	双笼施工电梯 2×1t 200m		台班	—	—	—	2.157	2.174	2.183
仪表	对讲机(一对)		台班	1.966	2.418	2.533	2.589	2.608	2.620

工作内容: 单位工程合理工期内完成全部工程所需要的垂直运输全部操作过程。 **计量单位:** 100m²

编号				17-83	17-84	17-85
项目				装配式混凝土结构		
				檐高(m 以内)		
				40	70	100
名称			单位	消耗量		
人工	合计工日		工日	4.551	4.254	4.105
	其中	普工	工日	4.096	3.829	3.694
		一般技工	工日	0.455	0.425	0.411
机械	自升式塔式起重机 400kN·m		台班	1.820	—	—
	自升式塔式起重机 600kN·m		台班	—	1.567	—
	自升式塔式起重机 800kN·m		台班	—	—	1.466
	单笼施工电梯 1t 75m		台班	1.517	—	—
	双笼施工电梯 2×1t 100m		台班	—	1.866	1.955
仪表	对讲机(一对)		台班	1.820	2.239	2.346

三、建筑物超高增加费

工作内容：1. 工人上下班降低工效、上下楼及自然休息增加时间。
2. 垂直运输影响的时间。
3. 由于人工降效引起的机械降效。
4. 水压不足所发生的加压水泵台班。

计量单位：100m²

编　号				17-86	17-87	17-88	17-89	17-90	17-91	17-92	17-93	17-94
项　目				建筑物檐高（m 以内）								
				40	60	80	100	120	140	160	180	200
名　称			单位	消　耗　量								
人工	合计工日		工日	24.380	40.630	56.880	73.130	89.380	105.630	121.880	138.130	154.380
	其中	普工	工日	7.314	12.189	17.064	21.939	26.814	31.689	36.564	41.439	46.314
		一般技工	工日	14.628	24.378	34.128	43.878	53.628	63.378	73.128	82.878	92.628
		高级技工	工日	2.438	4.063	5.688	7.313	8.938	10.563	12.188	13.813	15.438
机械	电动多级离心清水泵 50mm		台班	0.256	—	—	—	—	—	—	—	—
	电动多级离心清水泵 100mm 120m 以下		台班	—	0.465	0.705	0.977	—	—	—	—	—
	电动多级离心清水泵 150mm 180m 以下		台班	—	—	—	—	1.279	1.612	1.976	—	—
	电动多级离心清水泵 200mm 280m 以下		台班	—	—	—	—	—	—	—	2.372	2.798
	电动多级离心清水泵停滞 ϕ50		台班	0.256	—	—	—	—	—	—	—	—
	电动多级离心清水泵停滞 ϕ100		台班	—	0.465	0.705	0.977	—	—	—	—	—
	电动多级离心清水泵停滞 ϕ150		台班	—	—	—	—	1.279	1.612	1.976	—	—
	电动多级离心清水泵停滞 ϕ200		台班	—	—	—	—	—	—	—	2.372	2.798
	其他机械降效		%	7.50	12.50	17.50	22.50	27.50	32.50	37.50	42.50	47.50

四、大型机械设备进出场及安拆

1. 塔式起重机及施工电梯基础

工作内容：1. 组合钢模板安装、清理、刷润滑剂、拆除、运输，木模板制作、安装、拆除。
2. 钢筋绑扎、制作、安装。
3. 混凝土搅拌、浇捣、养护等全部操作过程。

计量单位：座

编号				17-95	17-96
项目				塔式起重机	施工电梯
				固定式基础（带配重）	固定式基础
名称			单位	消耗量	
人工	合计工日		工日	15.520	14.230
	其中	普工	工日	4.656	4.269
		一般技工	工日	9.312	8.538
		高级技工	工日	1.552	1.423
材料	预拌混凝土 C30		m^3	7.930	8.000
	钢筋 ϕ10 以内		kg	396.000	—
	钢筋 ϕ10 以外		kg	—	387.000
	组合钢模板		kg	7.020	7.120
	木模板		m^3	0.106	0.108
	水		m^3	6.370	6.510
	零星卡具		kg	2.610	2.650
	其他材料费		%	2.00	2.00
机械	钢筋调直机 14mm		台班	0.105	0.064
	钢筋切断机 40mm		台班	0.050	0.026
	钢筋弯曲机 40mm		台班	0.140	0.075
	电动夯实机 250N·m		台班	0.108	0.110
	汽车式起重机 8t		台班	0.008	0.008
	载重汽车 6t		台班	0.029	0.029
	机动翻斗车 1t		台班	0.215	0.218
	木工圆锯机 500mm		台班	0.093	0.094
	交流弧焊机 32kV·A		台班	—	0.123
	对焊机 75kV·A		台班	—	0.034

工作内容: 1. 路基碾压、铺渣石。
2. 枕木、道轨的铺拆。

计量单位: m

编号				17-97
项目				塔式起重机 轨道式基础(双轨)
名称			单位	消耗量
人工	合计工日		工日	1.500
	其中	普工	工日	0.450
		一般技工	工日	0.900
		高级技工	工日	0.150
材料	石子		m^3	0.240
	枕木		m^3	0.054
	轨道		kg	3.440
	其他材料费		%	2.00
机械	钢轮内燃压路机 12t		台班	0.010

2. 大型机械设备安拆

工作内容: 1. 机械运至现场后的安装、试运转。
2. 工程竣工后的拆除。

计量单位: 台·次

编号				17-98	17-99
项目				自升式塔式起重机安拆费	柴油打桩机安拆费
名称			单位	消耗量	
人工	合计工日		工日	120.000	40.000
	其中	普工	工日	36.000	12.000
		一般技工	工日	72.000	24.000
		高级技工	工日	12.000	4.000
材料	六角螺栓带螺母 M(6 ~ 12)×(12 ~ 50)		套	64.000	50.000
	镀锌铁丝(综合)		kg	50.000	5.000
机械	自升式塔式起重机 2500kN·m		台班	0.500	—
	履带式柴油打桩机 3.5t		台班	—	0.500
	汽车式起重机 8t		台班	—	3.000
	汽车式起重机 20t		台班	5.000	2.000
	汽车式起重机 40t		台班	5.000	—

工作内容：1. 机械运至现场后的安装、试运转。
2. 工程竣工后的拆除。

计量单位：台·次

编号			17-100	17-101	17-102	17-103	17-104	17-105
项目			静力压桩机安拆费（kN 以内）					架桥机安拆费
			900	1 200	1 600	4 000	10 000	160t 以内
名称		单位	消耗量					
人工	合计工日	工日	24.000	36.000	48.000	50.000	52.000	36.000
	其中 普工	工日	7.200	10.800	14.400	15.000	15.600	10.800
	其中 一般技工	工日	14.400	21.600	28.800	30.000	31.200	21.600
	其中 高级技工	工日	2.400	3.600	4.800	5.000	5.200	3.600
材料	其他材料费（占机械费）	%	0.60	0.60	0.60	0.60	0.60	—
机械	静力压桩机 900kN	台班	0.500	—	—	—	—	—
	静力压桩机 1 200kN	台班	—	0.500	—	—	—	—
	静力压桩机 1 600kN	台班	—	—	0.500	—	—	—
	静力压桩机 4 000kN	台班	—	—	—	0.500	—	—
	静力压桩机 10 000kN	台班	—	—	—	—	0.500	—
	铁路架桥机 160t	台班	—	—	—	—	—	0.500
	汽车式起重机 8t	台班	1.000	1.000	1.000	2.000	2.000	1.000
	汽车式起重机 20t	台班	2.000	3.000	4.000	4.000	5.000	3.000

工作内容：1. 机械运至现场后的安装、试运转。

2. 工程竣工后的拆除。

计量单位：台·次

编号				17-106	17-107	17-108	17-109	17-110
项目				施工电梯安拆费（m 以内）				三轴搅拌桩机安拆费
				75	100	200	300	
名称			单位	消耗量				
人工	合计工日		工日	54.000	72.000	90.000	90.000	40.000
	其中	普工	工日	16.200	21.600	27.000	27.000	12.000
		一般技工	工日	32.400	43.200	54.000	54.000	24.000
		高级技工	工日	5.400	7.200	9.000	9.000	4.000
材料	六角螺栓带螺母 M（6 ~ 12）×（12 ~ 50）		套	24.000	24.000	28.000	32.000	50.000
	镀锌铁丝（综合）		kg	8.000	8.000	10.000	12.000	20.000
机械	单笼施工电梯 1t 75m		台班	0.500	—	—	—	—
	单笼施工电梯 1t 100m		台班	—	0.500	—	—	—
	双笼施工电梯 2×1t 200m		台班	—	—	0.500	—	—
	双笼施工电梯 2×1t 300m		台班	—	—	—	0.500	—
	三轴搅拌桩机 850mm		台班	—	—	—	—	0.500
	汽车式起重机 16t		台班	4.500	5.000	6.000	7.000	—
	汽车式起重机 25t		台班	—	—	—	—	5.000

3. 大型机械设备进出场

工作内容：机械整体或分体自停放地点运至施工现场（或由一工地运至另一工地）的运输、装卸、辅助材料费用。

计量单位：台·次

编号				17-111	17-112	17-113	17-114	17-115	17-116
项目				履带式挖掘机进出场费		履带式推土机进出场费		履带式起重机进出场费（t以内）	
				$1m^3$以内	$1m^3$以外	90kW以内	90kW以外	30	50
名称			单位	消耗量					
人工	合计工日		工日	12.000	12.000	6.000	6.000	12.000	12.000
	其中	普工	工日	10.800	10.800	5.400	5.400	10.800	10.800
		一般技工	工日	1.200	1.200	0.600	0.600	1.200	1.200
材料	枕木		m^3	0.080	0.080	0.080	0.080	0.080	0.080
	镀锌铁丝（综合）		kg	5.000	10.000	5.000	5.000	5.000	5.000
	橡胶板 δ2		m^2	—	—	0.780	0.780	—	—
	草袋		m^2	6.380	9.580	6.380	6.380	12.760	12.760
机械	履带式单斗液压挖掘机 $1m^3$		台班	0.500	—	—	—	—	—
	履带式单斗液压挖掘机 $2m^3$		台班	—	0.500	—	—	—	—
	履带式推土机 90kW		台班	—	—	0.500	—	—	—
	履带式推土机 240kW		台班	—	—	—	0.500	—	—
	履带式起重机 30t		台班	—	—	—	—	0.500	—
	履带式起重机 50t		台班	—	—	—	—	—	0.500
	载重汽车 15t		台班	—	—	—	—	1.000	2.000
	平板拖车组 40t		台班	1.000	—	1.000	—	—	—
	平板拖车组 60t		台班	—	1.000	—	1.000	1.000	1.000
	回程费（占基价）		%	25.00	25.00	25.00	25.00	25.00	25.00

工作内容：机械整体或分体自停放地点运至施工现场（或由一工地运至另一工地）的运输、装卸、辅助材料费用。

计量单位：台·次

编号				17-117	17-118	17-119	17-120	17-121	17-122
项目				强夯机械进出场费	柴油打桩机进出场费		压路机进出场费	锚杆钻孔机进出场费	沥青混凝土摊铺机进出场费
					5t 以内	5t 以外			
名称			单位	消耗量					
人工	合计工日		工日	6.000	12.000	12.000	5.000	12.000	8.000
	其中	普工	工日	5.400	10.800	10.800	4.500	10.800	7.200
		一般技工	工日	0.600	1.200	1.200	0.500	1.200	0.800
材料	枕木		m^3	0.080	—	—	0.080	—	0.080
	镀锌铁丝（综合）		kg	5.000	5.000	5.000	2.000	5.000	5.000
	草袋		m^2	12.760	12.760	12.760	6.380	12.760	12.760
机械	强夯机械 2 000kN·m		台班	0.500	—	—	—	—	—
	钢轮内燃压路机 12t		台班	—	—	—	0.500	—	—
	锚杆钻孔机 32mm		台班	—	—	—	—	0.500	—
	沥青混凝土摊铺机 15t		台班	—	—	—	—	—	0.500
	汽车式起重机 20t		台班	1.000	2.000	3.000	—	2.000	—
	载重汽车 4t		台班	2.000	—	—	—	—	—
	载重汽车 8t		台班	—	2.000	2.000	—	1.000	—
	载重汽车 15t		台班	2.000	2.000	2.000	—	2.000	—
	平板拖车组 40t		台班	—	1.000	1.000	1.000	1.000	1.000
	平板拖车组 60t		台班	1.000	—	—	—	—	—
	回程费（占基价）		%	40.00	40.00	40.00	25.00	40.00	25.00

工作内容：机械整体或分体自停放地点运至施工现场（或由一工地运至另一工地）的运输、装卸、辅助材料费用。

计量单位：台·次

编号				17-123	17-124	17-125	17-126	17-127
项目				静力压桩机进出场费（kN 以内）				
				900	1 200	1 600	4 000	10 000
名称			单位	消耗量				
人工	合计工日		工日	24.000	24.000	36.000	36.000	36.000
	其中	普工	工日	21.600	21.600	32.400	32.400	32.400
		一般技工	工日	2.400	2.400	3.600	3.600	3.600
材料	镀锌铁丝（综合）		kg	5.000	5.000	5.000	5.000	5.000
	草袋		m^2	12.760	12.760	12.760	12.760	12.760
机械	汽车式起重机 20t		台班	2.000	2.000	3.000	3.000	4.000
	载重汽车 15t		台班	5.000	7.000	9.000	12.000	18.000
	平板拖车组 40t		台班	2.000	2.000	2.000	2.000	3.000
	回程费（占基价）		%	40.00	40.00	40.00	40.00	40.00

工作内容：机械整体或分体自停放地点运至施工现场（或由一工地运至另一工地）的运输、装卸、辅助材料费用。　　　**计量单位：**台·次

编号				17-128	17-129	17-130	17-131	17-132	17-133	17-134
项目				履带式旋挖钻机进出场费	自升式塔式起重机进出场费	架桥机进出场费	施工电梯进出场费（m以内）			
						160t以内	75	100	200	300
名称			单位	消耗量						
人工	合计工日		工日	12.000	40.000	30.000	10.000	14.000	20.000	22.000
	其中	普工	工日	10.800	36.000	27.000	9.000	12.600	18.000	19.800
		一般技工	工日	1.200	4.000	3.000	1.000	1.400	2.000	2.200
材料	枕木		m^3	0.080	0.006	—	—	—	—	—
	镀锌铁丝（综合）		kg	5.000	10.000	5.000	7.000	9.000	12.500	16.000
	草袋		m^2	12.760	23.620	12.760	8.300	10.850	15.960	21.500
机械	履带式旋挖钻机 2 000mm		台班	0.500	—	—	—	—	—	—
	汽车式起重机 8t		台班	—	4.000	—	3.000	3.500	5.000	6.000
	汽车式起重机 20t		台班	—	6.000	3.000	—	—	—	—
	载重汽车 8t		台班	—	8.000	—	4.000	5.000	6.000	7.000
	载重汽车 15t		台班	1.000	4.000	1.000	3.000	3.500	5.000	6.000
	平板拖车组 40t		台班	—	1.000	2.000	—	—	—	—
	平板拖车组 60t		台班	1.000	—	—	—	—	—	—
	回程费（占基价）		%	25.00	20.00	40.00	30.00	30.00	30.00	30.00

工作内容：机械整体或分体自停放地点运至施工现场（或由一工地运至另一工地）的运输、装卸、辅助材料费用。

计量单位：台·次

编号				17-135	17-136
项目				三轴搅拌桩机进出场费	履带式抓斗成槽机进出场费
名称			单位	消耗量	
人工	合计工日		工日	10.000	12.000
	其中	普工	工日	9.000	10.800
		一般技工	工日	1.000	1.200
材料	枕木		m^3	—	0.080
	镀锌铁丝（综合）		kg	5.000	5.000
	草袋		m^2	12.760	12.760
机械	履带式抓斗成槽机 1 000mm		台班	—	0.500
	汽车式起重机 25t		台班	1.000	—
	载重汽车 10t		台班	5.000	—
	平板拖车组 30t		台班	1.000	1.000
	回程费（占基价）		%	25.00	25.00

五、施工排水、降水

1. 成　　井

工作内容：1. 钻孔、安装井管、地面管线连接、装水泵、滤砂、孔口封土及拆管、清洗、整理等全部操作过程。
2. 槽坑排水，抽水机具的安装、移动、拆除。

编　　号				17-137	17-138	17-139	17-140
项　　目				轻型井点	喷射井点	真空深井降水（井管深　m）	
						19	每增减 1
				10 根		座	
名　　称			单位	消　耗　量			
人工	合计工日		工日	7.500	34.200	7.440	0.150
	其中	普工	工日	6.750	30.780	6.696	0.135
		一般技工	工日	0.750	3.420	0.744	0.015
材料	喷射器		个	—	0.056	—	—
	铝及铝合金法兰		副	—	0.013	—	—
	黄砂 毛砂		t	4.720	26.430	7.070	0.400
	轻型井点总管 *D*100		m	0.010	—	—	—
	轻型井点井管 *D*40		m	0.210	—	—	—
	喷射井点总管 *D*159		m	—	0.046	—	—
	喷射井点井管 *D*76		m	—	0.540	—	—
	橡胶管 *D*50		m	1.700	—	—	—
	滤网管		根	—	0.042	—	—
	铝合金龙骨连接件		件	—	0.023	—	—
	水箱		kg	—	0.356	—	—
	水		m^3	53.360	261.000	15.850	0.790
	镀锌钢管 *DN*20		m	—	0.500	—	—
	黏土		m^3	—	—	0.140	0.007
	钢板井管		m	—	—	6.000	—
机械	履带式起重机 5t		台班	1.050	—	1.680	0.018
	履带式起重机 10t		台班	—	3.600	—	—
	污水泵 100mm		台班	0.570	5.360	—	—
	电动多级离心清水泵 150mm 180m 以下		台班	0.570	2.680	—	—
	电动空气压缩机 $6m^3/min$		台班	—	1.760	—	—
	工程地质液压钻机		台班	—	1.760	0.750	0.038
	潜水泵 100mm		台班	—	—	0.100	—
	电动双筒快速卷扬机 50kN		台班	—	—	1.330	—
	泥浆泵 100mm		台班	—	—	0.750	0.038
	排放泥浆设备		台班	—	—	1.410	0.071

工作内容：1. 钻孔、安装井管、地面管线连接、装水泵、滤砂、孔口封土及拆管、清洗、整理等全部操作过程。
2. 槽坑排水，抽水机具的安装、移动、拆除。

编　号			17-141	17-142	17-143	17-144	17-145	17-146
项　目			直流深井降水（井管深 m）（钻孔 D800）		无砂混凝土管井点（直径 cm 以内）		集水井（井深 4m 以内）	
			20	每增减 1	50	60	干砖砌排水井	钢筋笼子排水井
			座		m		座	
	名　称	单位	消　耗　量					
人工	合计工日	工日	9.240	0.300	1.150	1.420	14.110	10.660
人工	其中 普工	工日	8.316	0.270	1.035	1.278	12.699	9.594
人工	其中 一般技工	工日	0.924	0.030	0.115	0.142	1.411	1.066
材料	黄砂 毛砂	t	16.000	0.800	—	—	—	—
材料	水	m^3	46.000	2.400	1.820	2.370	—	—
材料	黏土	m^3	0.580	0.029	—	—	—	—
材料	PVC-U 加筋管 DN400	m	21.000	1.050	—	—	—	—
材料	密目网	m^2	27.630	1.385	—	—	—	—
材料	镀锌铁丝（综合）	kg	13.500	0.660	—	—	—	—
材料	砂子	kg	—	—	86.000	100.000	386.000	2 302.000
材料	板枋材 杉木	m^3	—	—	0.002	0.002	0.131	—
材料	镀锌铁丝 ϕ0.7	kg	—	—	—	—	—	0.530
材料	镀锌铁丝 ϕ2.8	kg	—	—	0.250	0.300	—	0.300
材料	镀锌铁丝 ϕ4.0	kg	—	—	0.500	0.500	—	—
材料	石油沥青 10#	kg	—	—	0.220	0.220	—	—
材料	木柴	kg	—	—	0.100	0.100	—	—
材料	页岩砖 240×115×53	千块	—	—	—	—	1.160	—
材料	圆钉	kg	—	—	—	—	0.200	—
材料	石碴	t	—	—	0.280	0.330	1.501	8.823
材料	无砂管 D500	m	—	—	1.020	—	—	—
材料	树棕	kg	—	—	0.560	0.670	—	—
材料	铜芯塑料绝缘电线 BV-16mm^2	m	—	—	0.147	0.147	—	—
材料	钢丝绳 ϕ14.1 ~ 15	kg	—	—	0.005	0.005	—	—
材料	电闸箱	个	—	—	0.002	0.002	—	—
材料	无砂管 D600	m	—	—	—	1.020	—	—
材料	钢筋 ϕ10 以内	t	—	—	—	—	—	0.024
材料	钢筋 ϕ10 以外	kg	—	—	—	—	—	0.051
材料	苇席	m^2	—	—	—	—	—	6.190
机械	回旋钻机 800mm	台班	1.768	0.088	0.058	0.075	—	—
机械	电动空气压缩机 10m^3/min	台班	0.800	—	—	—	—	—
机械	泥浆泵 100mm	台班	1.768	0.088	0.058	0.075	—	—
机械	电动夯实机 250N·m	台班	—	—	—	—	2.970	1.870
机械	履带式起重机 15t	台班	—	—	0.029	0.029	—	—
机械	振动平板夯 20kN	台班	—	—	—	—	0.050	0.302
机械	钢筋弯曲机 40mm	台班	—	—	—	—	—	0.020
机械	钢筋切断机 40mm	台班	—	—	—	—	—	0.020
机械	钢筋调直机 40mm	台班	—	—	—	—	—	0.020

2. 排水、降水

工作内容：抽水、值班、降水设备维修等。

编　　号				17-147	17-148	17-149	17-150
项　　目				轻型井点	喷射井点	真空深井降水（井管深 m）	
						19	每增减 1
				套·天		座·天	
名　　称			单位	消　耗　量			
人工	合计工日		工日	0.900	3.000	—	—
	其中	普工	工日	0.810	2.700	—	—
		一般技工	工日	0.090	0.300	—	—
材料	喷射器		个	—	0.225	—	—
	铝及铝合金法兰		副	—	0.042	—	—
	轻型井点井管 *D*40		m	0.830	—	—	—
	轻型井点总管 *D*100		m	0.040	—	—	—
	喷射井点井管 *D*76		m	—	1.520	—	—
	喷射井点总管 *D*159		m	—	0.120	—	—
	滤网管		根	—	0.136	—	—
	铝合金龙骨连接件		件	—	0.075	—	—
	水箱		kg	—	1.120	—	—
	钢板井管		m	—	—	0.020	0.002
机械	射流井点泵 9.50m		台班	1.150	—	—	—
	电动多级离心清水泵 150mm 180m 以下		台班	—	1.110	—	—
	潜水泵 100mm		台班	—	—	1.160	—
	真空泵 660m^3/h		台班	—	—	0.750	—

工作内容：抽水、值班、降水设备维修等。　　　　　　　　　　**计量单位：**座·天

编　　号				17-151	17-152	17-153
项　　目				直流深井降水 井管深 20m 钻孔 $D800$	无砂混凝土管井点	集水井
名　　称			单位	消　耗　量		
人工	合计工日		工日	0.100	0.300	0.300
	其中	普工	工日	0.090	0.270	0.270
		一般技工	工日	0.010	0.030	0.030
机械	潜水泵 50mm		台班	—	1.150	—
	潜水泵 100mm		台班	1.350	—	—
	电动多级离心清水泵 50mm		台班	—	—	1.150

附　　录

表　例

附表 1 现浇构件模板一次使用量表

单位：100m² 模板接触面积

编号	项目			模板种类	支撑种类	混凝土体积	一次使用量							周转次数	周转补损率
							组合式钢模	模板木材	复合模板	复合模板木龙骨	钢支撑	零星卡具	木支撑		
						m³	kg	m³	m²	m³	kg	kg	m³	次	%
1	混凝土基础垫层			复模	木	127.24	—	—	100	5.004	—	—	—	5	15
2	带形基础	毛石混凝土		钢模	钢	64.52	3 137.52	0.689	—	—	2 260.6	445.08	1.874	50	—
3					木	64.52	3 137.52	0.689	—	—	—	445.08	5.372	50	—
4				复模	钢	64.52	—	—	100	1.44	2 268.6	—	1.874	5	15
5					木	64.52	—	—	100	1.44	—	—	5.378	5	15
6		无筋混凝土		钢模	钢	45.87	3 146	0.69	—	—	2 250	582	1.858	50	—
7					木	45.87	3 146	0.69	—	—	—	432.06	5.318	50	—
8				复模	钢	45.87	—	—	100	1.44	2 250	—	1.858	5	15
9					木	45.87	—	—	100	1.44	—	—	5.318	5	15
10		钢筋混凝土	有肋式	钢模	钢	31.05	3 655	0.065	—	—	5 766	725.2	3.061	50	—
11					木	31.05	3 655	0.065	—	—	—	443.4	7.64	50	—
12				复模	钢	31.05	—	—	100	1.44	5 766	—	3.061	5	15
13					木	31.05	—	—	100	1.44	—	—	7.64	5	15
14			板式	钢模	木	168.27	3 500	1.3	—	—	—	224	1.862	50	—
15				复模		168.27	—	—	100	1.433	—	—	1.862	5	15
16	独立基础	毛石混凝土		钢模	木	24.87	3 308.5	0.445	—	—	—	473.8	5.016	50	—
17				复模		24.87	—	—	100	1.76	—	—	5.016	5	15
18		混凝土		钢模	木	33.72	3 446	0.45	—	—	—	507.6	5.37	50	—
19				复模		33.72	—	—	100	1.76	—	—	5.37	5	15
20	杯形基础			钢模	钢	34.84	3 129	0.885	—	—	3 538.4	657	0.292	50	—
21					木	34.84	3 129	0.885	—	—	—	361.8	6.486	50	—
22				复模	钢	34.84	—	—	100	1.6	3 530.4	—	0.292	5	15
23					木	34.84	—	—	100	1.6	—	—	6.486	5	15
24	满堂基础	无梁式		钢模	木	222.22	3 180.5	0.73	—	—	—	195.6	1.453	50	—
25				复模		222.22	—	—	100	1.426	—	—	1.453	5	15
26		有梁式		钢模	钢	119.05	3 383	0.085	—	—	2 108.28	627	0.385	50	—
27					木	119.05	3 383	0.13	—	—	—	521	3.834	50	—
28				复模	钢	119.05	—	—	100	1.426	2 108.28	—	0.385	5	15
29					木	119.05	—	—	100	1.426	—	—	3.834	5	15

续表

编号	项目		模板种类	支撑种类	混凝土体积	一次使用量							周转次数	周转补损率
						组合式钢模	模板木材	复合模板	复合模板木龙骨	钢支撑	零星卡具	木支撑		
					m^3	kg	m^3	m^2	m^3	kg	kg	m^3	次	%
30	设备基础	$5m^3$ 以内	钢模	钢	39.68	3 392.5	0.57	—	—	3 324	842	1.035	50	—
31	设备基础	$5m^3$ 以内	钢模	木	39.68	3 392.5	0.57	—	—	—	692	4.975	50	—
32	设备基础	$5m^3$ 以内	复模	钢	39.68	—	—	100	1.76	3 324	—	1.035	5	15
33	设备基础	$5m^3$ 以内	复模	木	39.68	—	—	100	1.76	—	—	4.975	5	15
34	设备基础	$20m^3$ 以内	钢模	钢	74.63	3 368	0.425	—	—	3 667	639.8	2.05	50	—
35	设备基础	$20m^3$ 以内	钢模	木	74.63	3 368	0.425	—	—	—	540.6	3.29	50	—
36	设备基础	$20m^3$ 以内	复模	钢	74.63	—	—	100	1.76	3 667	—	2.05	5	15
37	设备基础	$20m^3$ 以内	复模	木	74.63	—	—	100	1.76	—	—	3.29	5	15
38	设备基础	$100m^3$ 以内	钢模	钢	111.11	3 276	0.4	—	—	4 202.4	786	0.195	50	—
39	设备基础	$100m^3$ 以内	钢模	木	111.11	3 276	0.4	—	—	—	616.2	5.235	50	—
40	设备基础	$100m^3$ 以内	复模	钢	111.11	—	—	100	1.76	4 202.4	—	0.195	5	15
41	设备基础	$100m^3$ 以内	复模	木	111.11	—	—	100	1.76	—	—	5.235	5	15
42	设备基础	$100m^3$ 以外	钢模	钢	224	3 290.5	0.25	—	—	2 811.6	784.2	0.295	50	—
43	设备基础	$100m^3$ 以外	钢模	木	224	3 290.5	0.25	—	—	—	640.4	5.335	50	—
44	设备基础	$100m^3$ 以外	复模	钢	224	—	—	100	1.76	2 811.6	—	0.295	5	15
45	设备基础	$100m^3$ 以外	复模	木	224	—	—	100	1.76	—	—	5.335	5	15
46	矩形柱		钢模	钢	10.35	3 866	0.305	—	—	5 458.8	1 308.6	1.73	50	—
47	矩形柱		复模	钢	10.35	—	—	100	2.676	5 458.8	—	1.73	5	15
48	构造柱		钢模	钢	10.01	3 866	0.305	—	—	5 458.8	1 308.6	1.73	50	—
49	构造柱		复模	钢	10.01	—	—	100	2.676	5 458.8		1.73	5	15
50	异型柱		钢模	钢	9.98	3 819	0.395	—	—	7 072.8	547.8	—	50	—
51	异型柱		复模	钢	9.98	—	—	100	3.324	7 072.8	—	—	3	15
52	圆形柱		复模	钢	13.33	—	—	100	3.324	7 072.8	—	—	3	15
53	基础梁		钢模	钢	38.76	3 795.5	0.205	—	—	849	624	2.768	50	—
54	基础梁		钢模	木	38.76	3 795.5	0.205	—	—	—	624	5.503	50	—
55	基础梁		复模	钢	38.76	—	—	100	3.098	849	—	2.768	5	15
56	基础梁		复模	木	38.76	—	—	100	3.098	—	—	5.503	5	15
57	矩形梁		钢模	钢	10.96	3 828.5	0.08	—	—	9 535.7	806	0.29	50	—
58	矩形梁		复模	钢	10.96	—	—	100	3.098	9 535.7	—	0.29	5	15
59	异型梁		木模	钢	11.17	—	6.306	—	—	9 535.7	—	7.603	5	15
60	圈梁		钢模	钢	12.19	3 787	0.065	—	—	9 535.7	806	1.04	50	—
61	圈梁		复模	钢	12.19	—	—	100	4.305	9 535.7	—	1.04	5	15
62	弧形圈梁		木模	钢	12.19	—	6.538	—	—	9 535.7	—	1.246	3	15

续表

编号	项目	模板种类	支撑种类	混凝土体积	一次使用量							周转次数	周转补损率
					组合式钢模	模板木材	复合模板	复合模板木龙骨	钢支撑	零星卡具	木支撑		
				m^3	kg	m^3	m^2	m^3	kg	kg	m^3	次	%
63	过梁	钢模	钢	7.38	3 653.5	0.92	—	—	9 535.7	806	1.04	50	—
64		复模		7.38	—	—	100	4.16	9 535.7	—	1.04	5	15
65	拱梁	木模	钢	12.87	—	6.5	—	—	9 535.7	—	0.29	5	15
66	弧形梁	木模	钢	11.22	—	9.685	—	—	9 535.7	—	0.29	5	15
67	斜梁	木模	钢	10.96	—	—	100	3.098	9 535.7	—	0.29	5	15
68	直形墙	钢模	钢	10.53	3 556	0.14	—	—	2 920.8	863.4	0.155	50	—
69		复模		10.53	—	—	100	4.378	2 920.8	—	0.155	5	15
70	弧形墙	钢模	钢	11.13	3 556	0.14	—	—	2 920.8	863.4	0.155	50	—
71		木模		11.13	—	5.357	—	—	2 920.8	—	0.155	5	15
72	短肢剪力墙	复模	钢	10.53	—	—	100	4.378	2 920.8	—	0.155	5	15
73	挡土墙	复模	钢	21.54	—	—	100	4.378	2 920.8	—	0.155	4	15
74	电梯井壁	钢模	钢	7.54	3 255.5	0.705	—	—	2 356.8	764.6	—	50	—
75		复模		7.54	—	—	100	4.378	2 356.8	—	—	5	15
76	大钢模板墙	大钢模	钢	10.53	11 481.11	0.113	—	—	308.4	90.69	0.104	120	—
77	有梁板	钢模	钢	12.66	3 567	0.283	—	—	7 163.9	691.2	1.392	50	—
78		复模		12.66	—	—	100	3.127	7 163.9	—	1.392	5	15
79	无梁板	钢模	钢	23.36	2 807.5	0.822	—	—	4 128	511.6	2.135	50	—
80		复模		23.36	—	—	100	3.127	4 128	—	2.135	5	15
81	平板	钢模	钢	12.66	3 380	0.217	—	—	5 704.8	542.4	1.448	50	—
82		复模		12.66	—	—	100	3.127	5 704.8	—	1.448	5	15
83	斜板、坡屋面板	钢模	钢	12.66	3 567	0.283	—	—	7 163.9	691.2	1.392	50	—
84		复模		12.66	—	—	100	3.127	7 163.9	—	1.392	3	15
85	拱板	复模	钢	12.19	—	—	100	4.298	7 163.9	—	1.392	3	15
86	薄壳板	复模	钢	5.53	—	—	100	5.338	7 163.9	—	1.392	2	15
87	预应力空心板	钢模	钢	8.86	3 380	0.217	—	—	5 704.8	542.4	1.448	50	—
88		复模		8.86	—	—	100	3.127	5 704.8	—	1.448	5	15
89	复合空心板	钢模	钢	8.86	3 380	0.217	—	—	5 704.8	542.4	1.448	50	—
90		复模		8.86	—	—	100	3.127	5 704.8	—	1.448	5	15
91	栏板	复模	钢	5.14	—	—	100	4.64	—	—	—	4	15
92	挂板	复模	钢	5.66	—	—	100	4.64	—	—	—	3	15
93	雨篷板（$100m^2$投影面积）	复模	钢	1.47	—	—	167.2	3.752	—	—	—	4	15
94	圆弧雨篷板（$100m^2$投影面积）	复模	钢	1.55	—	—	173.4	3.752	—	—	—	3	15

续表

编号	项目	模板种类	支撑种类	混凝土体积	一次使用量							周转次数	周转补损率
					组合式钢模	模板木材	复合模板	复合模板木龙骨	钢支撑	零星卡具	木支撑		
				m^3	kg	m^3	m^2	m^3	kg	kg	m^3	次	%
95	悬挑板（$100m^2$ 投影面积）	复模	钢	1.05	—	—	120	3.752	—	—	—	4	15
96	圆弧悬挑板（$100m^2$ 投影面积）	复模	钢	1.07	—	—	120	3.752	—	—	—	3	15
97	阳台板（$100m^2$ 投影面积）	复模	钢	1.55	—	—	173.4	3.752	—	—	—	4	15
98	圆弧阳台板（$100m^2$ 投影面积）	复模	钢	1.55	—	—	173.4	3.752	—	—	—	3	15
99	天沟挑檐	复模	钢	5.3	—	—	100	3.127	—	—	—	3	15
100	直形楼梯（$100m^2$ 投影面积）	复模	钢	2.688	—	—	195	6.553	—	—	—	4	15
101	圆弧形楼梯（$100m^2$ 投影面积）	复模	钢	1.85	—	—	195	6.553	—	—	—	3	15
102	螺旋楼梯（$100m^2$ 投影面积）	复模	钢	1.85	—	—	194	6.487	—	—	—	3	15
103	地沟	复模	木	12.25	—	—	100	3.098	—	—	—	5	15
104	小型构件	复模	木	3.26	—	—	100	3.127	—	—	—	3	15
105	门框	复模	钢	7.07	—	—	100	2.676	—	—	—	3	15
106	台阶（$100m^2$ 投影面积）	复模	木	1.64	—	—	147.2	5.004	—	—	—	3	15
107	场馆看台板（$100m^2$ 投影面积）	复模	木	1.8	—	—	163.5	5.004	—	—	—	3	15
108	扶手（100m）	复模	木	1.34	—	—	42	0.735	—	—	—	4	15

附表 2 预制构件模板一次使用量表

单位：$100m^2$ 模板接触面积

编号	项目	模板种类	混凝土体积	一次使用量								周转次数	周转补损率
				组合式钢模	模板木材	复合模板	复合模板木龙骨	定型钢模	零星卡具	木支撑	钢支撑		
			m^3	kg	m^3	m^2	m^3	kg	kg	m^3	kg	次	%
109	过梁	木	8.03	—	1.872	—	—	—	—	—	—	5	10
110	地沟盖板	木	15.11	—	0.919	—	—	—	—	—	—	5	10
111	隔板	木	14.13	—	2.553	—	—	—	—	—	—	5	10
112	架空隔热板	木	12.5	—	1.277	—	—	—	—	—	—	5	10
113	漏空花格	木	0.95	—	8.766	—	—	—	—	—	—	5	10
114	小型构件	木	4.75	—	4.255	—	—	—	—	—	—	5	10

主编单位：北京市建设工程造价管理总站

参编单位：浙江省建设工程造价管理总站

陕西省建设工程造价与建筑行业劳动保险基金统筹管理总站

山西省建设数据服务中心

新疆工程造价管理总站

湖南省建设工程造价管理总站

天津市建筑市场服务中心

计价依据编制审查委员会综合协商组：胡传海　王海宏　吴佐民　王中和　董士波　冯志祥　褚得成　刘中强　龚桂林　薛长立　杨廷珍　汪亚峰　蒋玉翠　汪一江

计价依据编制审查委员会专业咨询组：龚桂林　汪亚峰　王兆建　孙　璐　张　莉　徐佩莹　汪一江

编制人员：刘志超　李　慧　燕　燕　袁　星　张绍磊　何雨思　胡建明　傅立群　王建荣　吴敏彦　黄玲媛　原　波　杜浐阳　刘　英　王小东　翟亚青　杜善启　赵清军　张　莉　王亚晖　冯明洲　王　洋　唐亚丽　朱晓燕　龙华中　任　亮　胡再祥　张国金　彭英武　卢季宁　肖宗颖　陈　斌　高　迎　杨　军　陈友林　尚　惠　张依琛　王　敏　王豫婉　徐梦熊　王书鹏

审查专家：龚桂林　汪亚峰　王兆健　孙　璐　徐佩莹　熊淑芳　徐作民

软件支持单位：成都鹏业软件股份有限公司

软件操作人员：杜　彬　赖勇军　可　伟　孟　涛